U0162643

诗情与优雅

宋代园林艺术
与
生活风尚

侯迺慧 —————— 著

浙江人民出版社

图书在版编目（CIP）数据

诗情与优雅：宋代园林艺术与生活风尚 / 侯迺慧著
. — 杭州：浙江人民出版社，2022.10
ISBN 978-7-213-10762-7

Ⅰ. ①诗… Ⅱ. ①侯… Ⅲ. ①古典园林—园林艺术—研究—中国—宋代 Ⅳ. ①TU986.62

中国版本图书馆CIP数据核字（2022）第160349号

浙江省版权局
著作权合同登记章
图字：11-2021-004 号

诗情与优雅：宋代园林艺术与生活风尚

SHIQING YU YOUYA: SONGDAI YUANLIN YISHU YU SHENGHUO FENGSHANG

侯迺慧 著

出版发行：浙江人民出版社（杭州市体育场路 347 号　邮编：310006）
　　　　　市场部电话：（0571）85061682　85176516
责任编辑：尚　婧
营销编辑：陈雯怡　赵　娜　陈芊如
责任校对：陈　春　戴文英
责任印务：刘彭年
封面设计：曹添阔
电脑制版：北京之江文化传媒有限公司
印　　刷：浙江海虹彩色印务有限公司
开　　本：710 毫米 × 1000 毫米　1/16　　印　　张：29.5
字　　数：450 千字　　　　　　　　　　插　　页：4
版　　次：2022 年 10 月第 1 版　　　　印　　次：2022 年 10 月第 1 次印刷
书　　号：ISBN 978-7-213-10762-7
定　　价：148.00 元

如发现印装质量问题，影响阅读，请与市场部联系调换。

目 录
Contents

再版序

　　园林，作为一个模拟自然山水的可居可游的艺术化空间，确实是古往今来人们向往企盼的生活场域。如孔子所定位的精神生活实践蓝图：志于道，据于德，依于仁，游于艺——悠游于各种各样艺术情境之中，该是生命圆融贯通后整体所呈现出的从容优雅。而园林，正是一个融合多样艺术于一体的空间，正是让生命全然游化其中的场域，是游于艺的饱满实现。中国古代文人从园林得到生命安顿的归宿，从中体现了主体生命的精神价值，也融贯了道艺为一的生命内涵。这些园林的精神价值，在魏晋南北朝萌芽，到宋代正是蓬勃繁盛的花期。我们可以在众多文人园林筑造与书写的作品中，品味到中国园林文化的精髓与动人的生命情意。它们值得一再进入其中游赏。

　　现代人阅读或欣赏这些园林文学作品，可以开启乐园的想象，满足对乐园的企盼。体味宋代园林的生活文化，神游于其中，可以怡情养性，滋润心灵。在获得文化知识，进行艺术品赏之外，这些文学作品更是悠游乐园与逍遥道境。期盼透过本书，我们能与古人一起体验润泽而舒缓的生命情味。

　　本书自2010年出版，如今售罄，即将再版。在这期间，中国古典园林的研究日趋活跃。回想撰写博士论文《诗情与幽境——唐代文人的园林生活》时，学界尚无人涉足此领域，只有少数建筑系与园艺系的学者研究中国古典园林，主要是探究园林本身的设计和艺术成就，较少从文学书写等文献资料切入，因而较难进入古代园林居游者的审美体验中，也较难就园林主人的情志与道境领会加以诠解。在学界较全面的文献阅读与解析之后，中国园林文化中生动而深刻的生命精神得到了充分的抉发。尤其近十年来，学界对园林的研究明显活络起来，其成绩也越加丰硕。本书的出版，正逢这一波研究流脉的小小源头，展望未来，值得期待。

但是，因为中国现存的古典园林，大多为明清两代以后的作品，而古典园林的研究，也以明清两代为多。宋代则可能因为时间久远，且少有实体园林遗迹提供线索，因此目前少有对个别园林的深入研究。本书的再版，希望能为宋代园林的研究开启活跃的契机，提供宽广的基础，在不久的将来能看到更为丰硕而精彩的成果。

侯迺慧

绪 论

宋代园林是认识中国文化不可或缺的重要课题

笔者曾于1991年撰成《诗情与幽境——唐代文人的园林生活》一书，于其中深深了解园林自唐代开始，已成为中国文化中一个非常重要的内容。首先，园林成为中国生活传统中非常重要、非常普遍、与日常生活密切相关的环境背景。富豪权贵固然可经营广大宏伟的山水环境，普通的市井小民乃至贫贱之家也可以在房屋周围种植花木，以盆山盆池布置成简易小园，如《吴风录》所载："虽闾阎下户，亦饰小山盆岛为玩。"其次，园林这么普及的生活环境，与在其间活动的人之间必然产生紧密的互动关系，深深地影响着他们生活的形态，甚至影响他们的人生看法、选择和天人观。再次，具体生活中的各个部分又是互动的网络，这样一种生活环境所笼罩下的各种活动，都可能在无形之中受到山水氛围潜移默化的熏染，进而产生文化意义上的深刻影响。

基于这样的认识，明了园林与园林生活的研究不能仅止于唐代这个中国园林开始兴盛的阶段，更应该研究中国园林最典型也是进入艺术高峰时期的宋代。因此，笔者延续唐代既有的研究成果，期望能借由本书清晰地论明宋代园林的文化意涵，展现中国文化特色在宋代园林中实践的情形。

金学智在《中国园林美学》中写道："在宋、元特别是明、清时期，古典园林艺术臻于鼎盛和升华的阶段。"（见金学智《中国园林美学》，第32页）而宋代是这个阶段的起点，可说宋代是中国园林进入艺术化、典型化的重要时期。张家骥的《中国造园史》对于宋代园林也有这样的评论："'郁郁乎文哉'的宋代，不但是绘画艺术中山水画的成熟与高度发展时代，也是造园艺术中摹写山水达到最高水平与最佳状态的时代。"（见张家骥《中国造园史》，第117页）由此可知，宋代是中国园林史上一个重要的转型、突破的时代，也是明清园林进一步发展的重要基础。基于这样的园林史意义，和上一点结合所产生的文化史意义，对于宋代园林做一个更全面的研究便成为深入认识中国文化全貌所不可或缺的重要课题。

当代研究中国园林的学者专家在中国园林史的研究上已有丰富的成果。尤其自宋代开始，因为资料渐多，以及一些可见的园林遗迹，使得研究的成绩愈见精准、具体和丰硕。然而，相较于明清时代，宋代尚未出现系统的园林理论专著，学者可采用的资料多见于笔记丛谈和传记等一类史料，以及极为稀少模糊的园林遗迹。但是基于第一点所论，园林因为与生活日常息息相关，成为情思触发的重要时空背景，故而发为诗词文作的情形相当普遍。因此，诗文资料蕴藏着非常丰富的中国园林信息，是研究园林者一个非常珍贵而重要的资源。而宋代延续着唐诗发达的余绪，诗歌创作仍然十分旺盛，作品众多，而且又有新兴的词作。金学智《中国园林美学》也说：

> 宋词和唐诗的区别之一，几乎可说是有无"园林情调"。但是到了宋诗中，有些作品的"园林情调"则相当浓……宋诗中这类写景作品的"园林情调"，与其说是受了宋词的同化，还不如说是取决于宋代宅园数量之多，园林美的普及面之广。（见金学智《中国园林美学》，第39页）

姑且不论唐诗与宋词的区别之一是否真在于园林情调之有无，但是宋诗与宋词作品中充满了园林情调则是确实的。那么，研究宋代园林若遗漏或忽略了文学作品这一部分的资料，则是相当可惜的。因此作为一个中国古典文学的研究者，尤其是身为一个对中国园林有所了解的中国文学研究者，便应该，也有责任来整理宋代大批的文学资料，结合其他相关的史料，来呈现宋代园林更完整、更全面的风貌和文化意义。

"园林"一词在中国园居发展史中具有代表性

本书名为《诗情与优雅：宋代园林艺术与生活风尚》，因此，在时间上是以宋代为其研究范围。而所谓的"宋代"，并非以宋王朝政权的建立和灭亡为界线，而是以文献资料上被分属为宋人的作品及记载宋人故事者为主。

至于在内容上，则是以园林及园林生活为研究范围。因为在阅读宋代园林相关的资料时，我们可发现很多诗文在标题或数句之间无法显示出其写的是园林，为避免读者对论证的例证产生疑虑，因此首先必须对园林的范围做一解释。

今日学界通常使用"园林"与"庭园"二词。两者本有其定义上的差别（例如乐嘉藻《中国建筑史》以庭园为城内之别院，园林在城外，参见第10—13页。黄长美《中国庭园与文人思想》以庭园为小型园林，参见第51页。不著撰人《中国建筑史论文选辑·漫谈岭南庭园》以为庭园是以适应生活起居要求为主，所以建筑空间是主，而山池树石等则从属于建筑。反之，园林规模较宏大，为了游憩观赏，则以山池树石为主。参见第489页），然因今日使用者已将两者的范围混同，有以"庭园"一词指涉园林者（一般说来，现今中国大陆学者多采"园林"一词，日本则均用"庭园"，中国台湾地区虽两者皆用，但"庭园"更常见。使用"园林"者如中国大陆学者冯钟平《中国园林建筑》，安怀起《中国园林艺术》等，其内容包含了称"庭园"者），亦有以"园林"一词涵盖庭园者（使用"庭园"一词者，如程兆熊《论中国之庭园》，黄文王《从假山论中国庭园艺术》等，其所论内容亦同于"园林"者），因而两词的分别已不甚严明。本书之所以采用"园林"一词，乃是因为在宋代诗文及相关典籍中，并无"庭园"一词出现，而"园""林"二字连用者则甚为常见。首先是"园林"一词已是确指山、水、花木与建筑的组合，意同今日之"园林"，如（关于本书引文卷册数的标注，见第008页说明）：

水竹园林秋更好。（邵雍《秋日饮后晚归》，三六五）
日暮园林洒微雨。（韩维《和晏相公小园静话》，四二九）

园林游兴未应阑。（苏颂《次韵程公辟暮春》，五二六）

五亩园林都是诗。（方岳《秋崖集·卷九·山中》，册一一八二）

并塞园林古。（韩琦《后园春日》，六二四）

像这种以"园林"二字为名的例子还有很多。再如中国园林最早的系统性理论专著《园冶》，其书中也是用"园林"而无"庭园"之词。大抵"园林"一词较诸"庭园"更属于中国园史的传统用法。因此，在尊重宋代当时用语习惯，并衡量现今常用名称的双重考虑下，本书遂采用"园林"一词。

园林之外，宋代还有很多以"园"为名的称法，其意同园林。有称"林园"者，如：

更赏林园入画图。（吕祐之《题义门胡氏华林书院》，五四）

张方平有《城南林园避暑示道友……》诗。（三〇七）

有称"园池"者，如：

洛下园池不闭门。（邵雍《洛下园池》，三六七）

夸示园池妓妾之盛，有骄色。（《宋史·卷三五七·梅执礼传》）

有称"园亭"者，如：

石延年有《金乡张氏园亭》诗。（一七六）

韩琦有《寄题致政李太傅园亭》诗。（三三六）

有称"园圃"者，如：

家人鬻其服马、园圃，得钱十万以葬。（《宋史·卷二六二·张铸传》）

堤上亭馆、园圃、桥道，油饰装画一新。（吴自牧《梦粱录·卷一·二

月》，册五九〇）

有称"园囿"者，如：

> 凡园囿之胜，无不到者。（魏泰《东轩笔录·卷三》，册一〇三七）
> 治园囿台榭，以乐其生于干戈之余。（《宋史·卷四三六·儒林传·陈亮》）

其他如：

> 渐治园庐，号武林居士。（高晦叟《珍席放谈·卷下》，同上）
> 洛中公卿庶士园宅，多有水竹花木之胜。（邵伯温《闻见录·卷一〇》，册一〇三八）

这些不同的名称若以严格的定义标准来看，各有其强调的主题内容，如有的强调水景，有的强调建筑，有的强调农植，有的强调居住功能。但是正如彭一刚先生所说："这些不同的名称虽然可以反映出造园手段上的差异，例如有的以花木构成主要景观，有的以山景为主，有的以水景为主，但在多数情况下都不外综合运用建筑、花木、水、山石等四大要素来组景造景，所以用一个'园'字便可以概括其余。"（见彭一刚《中国古典园林分析》，第20—21页）

若与唐代做一比较，可以发现，园林和林园的称呼一直是唐宋两朝较常见的，而园林较林园更普遍。至于园池、园囿则在宋代渐多称用，唐代用法十分稀少（李春棠《坊墙倒塌以后——宋代城市生活长卷》，第56页，曾说："宋代私园一般叫园池或园囿。"这只反映了部分实况而已）。至于唐代常见的"别业"一词，宋代使用则大大减少，而仍保有"别墅"一名的频繁用法（如宋祁有《和鉴宗游南禅别墅》诗，二〇九；文同有《蒲氏别墅十咏》诗，四三三），大约"别业"一词所含带的大片田地的经济意义已不被宋人所强调，而且宋代时兴小巧精致、艺术化的园林，已渐渐摆脱广大庄田的模式。因此，从历史发展中检视这些名词上的变化，一方面可以了解园林内容重点的发展，另一方面也可以确定"园林"一词在中国园居发展史中所具有的代表性。

值得注意的是，在许多宋代资料标题中显现不出"园"的内涵，实际上却是指涉园林的，这也都在本书研究的范围内。首先是以局部代整体的现象。如以园林中的建筑物为主，"臞庵"，像是一间简陋的房屋而已，但是周必大《归庐陵日记》说它是"名园也"（《文忠集·卷一六五》，册一一四八）。子章子的"大愚堂"竟然"环亘百亩，亭观相临，径术相错，仰有苍翠，俯有清泚"（曾协《云庄集·卷四·大愚堂记》，册一一四〇），而苏舜钦在吴郡著名的"沧浪亭"是当时及今日均非常著名的园林。其多半以园林中某一著名的或主要的建筑或景点作为全园的名称。因此，宋代资料中一些看似平凡简单的某斋、某楼、某馆、某堂、某池、某泉者，其实大部分是园林资料。

其次是只显现普通居住功能的资料，其中也常包含了园林的内容，如邵雍的"天津弊居"有诗云："重谢诸公为买园，买园城里占林泉。"（《天津弊居蒙诸公共为成买作诗以谢》，三七三）宋尚书的"山居"有日涉园、虚静堂、息斋、见南山亭、赋梅堂、卓然堂、亦乐堂、醉陶轩等八景（方岳《秋崖集·卷四·次韵宋尚书山居》）。而归来子"缙城所居"则有松菊堂、舒啸轩、临赋轩、遐观台、流憩室、寄傲庵、倦飞庵、窈窕亭、崎岖亭等九景（晁补之《鸡肋集·卷三一·归来子名缙城所居记》，册一一一八）。这些也都是园林的范畴，因其名称只显现出是普通的居住场所，容易被忽略。

其他园林有只称呼大的地名，如北谷、东湖、竹洲、北村等[如文同有《庶先北谷》诗（四三四），祖无择有《袁州东湖记》（《龙学文集·卷七》，册一〇九八），吴儆有《竹洲记》（《竹洲集·卷一〇》，册一一四二），叶适有《北村记》（《水心集·卷一〇》，册一一六四）]；有的园林名称十分特别，如藏春峡、藏春坞、盘隐、钓隐、小蓬莱等[如王汝舟有《藏春峡》诗（七四七），司马光有《寄题习景纯藏春坞》诗（五〇九），姚勉有《盘隐记》（《雪坡集·卷三五》，册一一八四），张栻有

《题邢使君钓隐》诗（《南轩集·卷四》，册一一六七），罗愿有《小蓬莱记》（《罗鄂州小集·卷三》，册一一四二）]。这些例子太多，无法一一举明，它们都是十分珍贵的园林资料，都是本书研究的对象，都值得细心解读与分析。以下本书在举证的过程中因篇幅的限制以及避免旁出纷琐，而无法一一将引证诗文的全文录出以显示出其园林身份，故均于此纲举其范围原则如上。

宋代诗文呈现的园林艺术与园林生活

园林，今可见而著名者，多为明清时代之作品，宋代遗留者仅一二，且均如沧浪亭一般已经过明清的改造重修（归有光的《沧浪亭记》可清楚看到虽为同名同地点之园林，但已经过多次改建的过程）。因此，研究宋代园林，文字资料就成为最重要的探析寻索的对象。而生活实况与生活文化均随着时间消逝，今人也只能从遗留的文字资料或绘画作品去寻索分析。

在众多文字资料中，历史典籍可资窥晓宋代整个大环境，了解宋人生活的背景和时代风尚，及宋人生活受到时代背景和时代风尚的影响情形。而搜奇抉怪的笔记丛谈，虽不免传说辗转所致的夸张耸听，却更加接近当时生活的细部实况，可资更深微、更切要地呈显宋人生活的种种，更清楚地展现宋代园林的具体内容、特殊造景。而方志的文字和图片可帮助我们了解宋代著名的园林概况及其周围的自然环境与人文环境，还能了解当时某些名园的著名景观，以及园林的分布情形。这其中尤其像《洛阳名园记》《东京梦华录》《吴郡志》《梦粱录》《武林旧事》等载籍，均设有园圃一类专篇，详细且系统地记述了两宋著名的园林及游赏盛况，是十分珍贵有价值的资料。

然而史地的资料终究是比较概略而僵硬的记载，且多出自传闻、后人之笔，终隔一层。若得园居者亲身的描绘叙述，当可更进一步深入贴切地掌握宋代园林及宋人具体生活的实境，尤其是能从其感受领悟中去了解其文化意涵。而宋人亲身描绘叙述其园林经验的便是诗文作品。诗文往往是作者生活当下有所感，故而抒其情、叙其事、写其景、言其志，我们因而可以经由诗文进入作者所在的场景、所历的事况、所兴的情意。因此本书拟以全宋的诗文作为核心资料，期由宋人亲留的笔墨中了解他们所在的园林，造设的成绩，及其在园林内生活的情形，进而了解宋代在中国造园艺术的发展历史上所居的地位，及其园林活动所蕴含的文化意义。

然而，诗文作为一种抒情表意的艺术形式，诚挚真实的情感自是可信的。但当诗文已普遍成为社会上广行的应制酬酢工具时，在人情、声誉及利害的顾全下，难免有流于矫情歌颂、浮夸不衷者，此为引用诗文之危险。但由其形式化、僵硬化的歌颂内容，足以彰显当时世人生活的风尚和心态。因此，若能善加观察辨析并推绎，诗文应是了解宋人园林艺术理念、园林生活形态与意义的直接且重要的资料。

在中国的台湾岛上没有宋元明清等朝代的北方与江南园林可资参证，但是尚有如板桥林家花园之类的岭南园林可亲临。岭南园林虽较窄小精致，但诸多布局手法及原则均与江南、北方的园林相通，置身其中依然可以感受亲近山水、自成一方天地及与自然交流的喜悦。此外，如溪头、太平山之类的山林胜境，寄宿于林间木屋，休憩于山腰亭台，也可以略领山居丘园的悠游之乐，并会心于深林里光影交错洒落的幽邃秘静及光影悠悠漫漫移转的出世时间感。又游走南横，在垭口山庄长坐石上静听流泉松涛、默看青山浮云，在利稻山庄俯视山谷平台上的世外桃源般的小村庄。兴至太鲁阁溪谷，蹲踞石滩上，仰看上流的泉水咽咽滚过白滩，翻腾为雪浪皑皑……这些山林经验也都有助于对文人吟咏诗文的情境深切细致地了解和领悟。

因此，本书即以宋代诗文为主要依据，通过对诗文整理、解读和分析，证以其他史籍地志、笔记丛谈的记述，加以亲身的山居园游体验，来探讨宋代的园林艺术成就以及园林生活内容和文化意涵。

至于全宋诗文，因为截至笔者收集、整理资料为止，《全宋诗》只出版至第十五册，其未出版的部分则从《四库全书》的宋代集部去采录。至于文的部分，则全由《四库全书》采录。特此说明。

在引用资料时，凡出自《全宋诗》者，均在书后标明卷数；凡出自《四库》者，均加注标明册数，唯同一节重复出现者不复加注。

对于资料的处理，首先是翻检并引录出与园林相关的部分，做成资料卡。其次是仔细反复地研读，解构这些资料。在这个阶段，一些宋代园林的重要问题已——显现，待进一步解析、整理，则其重要的问题意涵与结构便越趋有秩序地建立。而就符号的解析而言，大抵笔记丛谈与方志的说明性文字已十分明显地展露出当时的园林境况与活动实况。而诗文则可由其写景句及静态意象的呈现，析论出其园林造景的概况和理念；可由其叙事句及动态意象的呈现，析论出其园林生活的内容特色与生活态度；由其抒情写意的句子和意境的呈现，可析论出其追求的园林意趣和蕴含的文化意义。

至于本书的结构，第一章乃是时代大环境的呈现，是最基本的底色与背景。第二章以当时几个著名的大型园林为例，说明宋代园林所提供的广泛且普及的游赏机会，并条列著名人物拥园情形，以显现宋代园林的众多与宋人园林经验的频繁普遍。第三章则在前两章的基础上写出宋代园林的山水美感与造园理念。第四章与第五章分别说明宋代造园与宋人游园的创新特色。这两章均省略与唐人相同的部分，只论及创新部分，以避免诸多与笔者《诗情与幽境——唐代文人的园林生活》雷同复沓之处。第六章则总结讨论宋人园林的文化意涵。而最后有"余论"，特别用以比较唐宋两代园林及园林生活的异同，借以彰显出宋代造园与园林生活在中国历史发展中的承先启后情形，明确宋代在园林史与文化史上的地位。

第一章　宋代园林的兴盛

　　宋代是中国园林发展史上开始大量展现诗情画意、高度艺术化的文人园时代，而且在数量上，园林作品更多，更广泛地深入到一般平民庶士的日常生活中。王振复在《中华古代文化中的建筑美》一书中曾说宋代因为商品经济的进一步兴起，致使"大量私园涌现"。（见王振复《中华古代文化中的建筑美》，第130页）张家骥也在《中国造园史》中说，因为商业繁荣，生活奢靡，所以宋代的"私家园林非常兴盛"。（见张家骥《中国造园史》，第118页）

　　宋代园林的兴盛，可由下列资料略窥一二：

　　天下郡县无远迩小大，位署之外，必有园池台榭观游之所，以通四时之乐。（韩琦《安阳集·卷二一·定州众春园记》，册一〇八九）

　　洛阳名园不胜纪，门巷相连如栉齿。（司马光《题太原通判杨郎中新买水北园》，五〇一）

　　荆州故多贤公卿，名园甲第相望。（陆游《渭南文集·卷一七·乐郊记》，册一一六三）

　　士大夫又从而治园圃台榭，以乐其生于干戈之余，上下晏安，而钱塘为乐国矣。（《宋史·卷四三六·儒林传·陈亮》）

　　大抵都城左近皆是园圃，百里之内，并无闲地。（孟元老《东京梦华录·卷六·收灯都人出城采春》，册五八九）

天下的郡县，不论大小远近，均有园池台榭以供四时游观之乐。这说明宋代园林的兴盛没有地域的限制，遍及天下各地。其中以洛阳园林自古即著名，其园林之多已经到了无法数清记录的地步。而南方远至四川、荆州及东南钱塘、吴县一带均有高密度的园林。而京城所在的汴梁，园林更是密集到无闲地。这些资料同时显示出宋代园林的数量多与分布广。

如此兴盛的园林，自然也会出现热闹的游赏风尚，如：

（洛中）都人士女载酒争出，择园亭胜地，上下台池间，引满歌呼，不复问其主人。（邵伯温《闻见录·卷一七》，册一〇三八）

次第春容满野，暖律暄晴……红妆按乐于宝榭层楼，白面行歌近画桥流水……（孟元老《东京梦华录·卷六·收灯都人出城采春》，册五八九）

杭州苑圃，俯瞰西湖，高挹两峰，亭馆台榭，藏歌贮舞，四时之景不同，而乐亦无穷矣。（吴自牧《梦粱录·卷一九·园囿》，册五九〇）

成都游赏之盛，甲于西蜀。盖地大物繁，而俗好娱乐。（元·费著《岁华纪丽谱》，同上）

青州富庶，地宜牡丹，春时游乐之盛不减洛阳。（元·于钦《齐乘·卷四·古迹亭馆》引元丰时语，册四九一）

可以看到洛阳、汴京、青州、杭州、成都各地均有游赏热潮，可说是自北至南、从东到西均有此风尚。这样的游赏风潮虽以春天最为鼎盛，但基本上是四时无穷的，尤其是一年四季中的岁时佳节。而如此众多的园林，如此频繁兴盛的游园活动，究竟是在怎样的时空背景之下形成的呢？本章将从不同的角度来解析、展现其背景，借以说明宋园兴盛的原因。

第一节　宋代以前园林已成熟渐兴

宋代是中国园林已臻艺术化、典型化的重要时期。但它不是突如其来的，而是经过漫长的演进历程，逐渐成熟而兴盛的。唐代时，园林已逐渐地成为文士生活中重要的游息空间。由于文人的参与，园林已摆脱过去帝王苑囿及六朝庄园式园林的广大绵亘、富丽堂皇的风格，逐渐地向着文人园林发展。宋代园林的巅峰成就便是在这样的基础之上水到渠成的。

　　为了清楚呈现宋代园林成就与兴盛的历史背景，本节将依时代先后简要地说明宋代以前园林发展概况。又因笔者博士论文正是研究唐代文人的园林生活，于《诗情与幽境——唐代文人的园林生活》一书中，已详细地举例整理出唐代以前中国园林发展的情况，并对唐代园林的造园、园林活动有多方面的分析讨论，为了避免赘述，本节将非常简明扼要地摘录该书重点来介绍宋以前的园林历史。若欲了解更详细的内容，可参看该书。

唐代以前的园林：园林生活融入文人世界

神话中的园林

　　中国园林最初大抵是由皇家苑囿发展而来的。目前可见的文字记载中，最早的园林大致是传说中黄帝的玄圃。神话中的玄圃坐落在昆仑山之上，似乎是附属于昆仑山的一片蔬圃。而整个昆仑山是更广大的一座宫城苑，为黄帝的下都，或者仍可以玄圃之名指称这座含有宫城、宝树、山、水及蔬圃的大园林。这座神话园林有几点值得注意。

　　其一，这座黄帝的行宫别馆，建筑物颇为雄伟密集，但这组建筑群并不过分显露，因其四周各生长了不同的树木，可算是林木掩映的园林。

　　其二，这是一座以大自然既有地势为主的园林，但是又充满了灿烂耀目的珍木宝树及雕饰华美的建筑，显得富丽堂皇，还不算纯粹的自然山水园，属于自然山水园的雏形。

　　其三，这是一座神仙乐园，由地面往上升，须先经过不死的层阶，才能至此灵仙之地，而上与天帝神所相邻。在此可食凤卵、饮甘露，凡其所欲，其味尽存，一片歌舞和乐。因而，玄圃也就每每成为后世文人向往的园林典范。

　　其四，这里有一条清泠明澈、纤尘不染的瑶池流过，又有许多玉槛之井，不仅水源充沛，也显示园林中的水流以洁净清澈者为上。

　　其五，玄圃之下有凉风之山，这座四季不断吹拂着凉风的山岭，对其上的玄圃应也起到清凉降温的作用。这样清澈、洁净、凉爽的环境，一直是后代园林的重要标准。

虽然玄圃是以神话的姿态出现在载籍中，其真实性令人怀疑，然而这些神话想象的背后，可能暗示着某种想望与向往。在往后实际的生活中就会有人模拟和实践这种想望，所以汉赋以玄圃来譬喻帝王苑囿，南齐文惠太子直接以玄圃为其园林之名，而唐代文人也屡以玄圃为园林之喻。可见玄圃这个神话园林对后来中国园林的发展产生了真实且深远的启示和影响。

先秦园林与神仙崇拜的加入

神话之外，中国历史上第一座可考的园林，通常被认为是周文王的灵圃。同时，当时在各国之中也都有诸侯所享拥的园圃。就是这些皇家苑囿构成了周代的园林。其发展情形大体如下。

其一，最初以蓄养动物、提供狩猎的实质经济效益与祭祀为基本功能，甚至还有专为某种动物而造设的园圃。

其二，狩猎之余，王侯们也将园圃作为游赏观览的场所。这些娱乐性活动有的在田狩后进行，有的则独立进行。

其三，园圃中也用来款待宾客、设置宴席，甚至提供住宿。可以想见，建筑的比例因渐受重用而在不断增加，而娱乐与居息的功能也日渐加重。

其四，在自然的山林地里，水的重要性除饮用灌溉和洗涤等益处外，也因娱乐及美感而被肯定。建筑与水结合，证明建筑技术的成就，也显示水景美感受到重视。

其五，虽然囿与圃的名称已相通用，但从许多资料不难看出，囿仍以田猎为主，蓄养动物的功能非常突出；圃则多被当作游宴休憩与交际的场所，林木的栽植与建筑物应是比较重要的。《周礼·地官司徒第二》"囿人掌囿游之兽禁、牧百兽"，"场人，掌国之场圃，而树之果蓏珍异之物，以时敛而藏之"的制度，也可以证明这一点。

其六，园林的发展至此还是帝王诸侯阶层的特殊产物，一般百姓不能拥有，但住家堂前的庭地大约也有一点花木，尚不足以构成园，但也可能在逐渐扩展中。由庭而院而园的发展也许是园林在私人平民间的发展路线。

秦统一天下，以阿房宫建筑群最为著名的上林苑为秦代园林的代表，其带动的园林发展如下。

其一，建筑物的比例大大地提高。在大自然环境中，依顺原有地势加入庞大密集且曲巧缛丽的建筑组群。由商周至此，人为文饰的成分迅速地增加。

其二，大量以回廊来连接建筑，显示营建修缮技术的进步，而且在游赏动线的安排上已注意到纤婉灵活的空间布局，在丰富的变化中增加空间感。

其三，开始了人工挖池引水，并在池中筑造假山，是可见资料中的第一座假山，属人工堆制的土山。

其四，模拟假想的蓬莱仙岛。秦始皇已将园林视为生活享乐的仙境，神仙崇拜于此具体地实践在造园上，与神话乐园的园林源头一脉相承。

其五，园林功能的重心已由田猎渐转至娱乐宴游和居息等方面。

汉代园林与私家园林的出现

园林到了汉代有显著的发展，除了帝王苑囿之外，公卿列侯、皇亲近臣也开始拥有私属园林，甚至平民中的富人（如袁广汉）也享有私家园林。此时期园林发展的要点如下。

其一，园林不再只是帝王特有的，贵族大臣们已群起仿效，连庶民都开始建造私人园林。

其二，帝王的御苑偶尔开放给百姓观赏舞戏表演，以示与民同乐。贵族们的园林也广泛地对文士丽人开放。至于平民园林，应该更有一般百姓的往来。可以说整个汉代的园林活动正朝平民参与的方向发展。

其三，无论哪个阶层的园林，都极尽雕丽瑰奇之能事，成为权势或财富的象征。因此，园林的风格比较奢华。

其四，园林活动已明显地以游赏娱宴为主。神仙崇拜于此更进一步地应用于帝王园景中，不仅有海上仙岛，还有仙人塑像，因而创造了世界园林史上第一个喷水池景。

其五，造园的重点也扩展到林植与山水。假山的堆造渐受重视，土山和石山都有，但以土山较为普遍，石山较为新奇。挖凿大池以养鱼、植花、筑岛、积洲的情况也逐渐出现。

其六，开始见到对幽隐趣味的追求。

其七，由于园林活动的重点及参与者的改变，人们的注意力由早先的动物、建筑渐转向花草树木及山水。在园林名称上也有相应的转变，由圃囿而苑而园。

六朝园林与文人雅集的渐兴

六朝园林在私家园林方面迅速发展，同时因佛道的兴盛，寺观园林也兴盛起来。其发展的要点如下。

其一，依园林所属，可分为皇家、私人与寺观园林三类；依园林所在，则可分为自然山水园与城市园林两类；以营造风格来看，则有宏丽雕饰（皇家及部分私人）与自然朴素（文士及寺院）之别。

其二，皇家园林大抵承袭汉代，但园中游赏玩乐的活动愈加新奇，甚至有粗俗亵玩的游戏。人工石山更常见，却涂以彩色，呈现绚丽繁缛的风格。神仙崇拜的思想仍然浓厚。总之，进步不明显。

其三，自然山水园中发展出耕种经济型的庄墅、别业，又有与隐居生活相结合的丘园，其风格较朴素自然。

其四，城市园林由于地理空间的限制，出现了小中见大的集中化典型化手法，表现纡曲盘回之趣，及借景入户的空间深化。这是文人园的一大开端。城市园林因与居住的日常生活相结合，故多以园宅称之。

其五，自然美的呈现与鉴赏渐受重视，简朴是文士们追求的园林质量。开始注意游赏者观想神游的精神性审美活动，可以创造人与山水精神相应的会心境界，园林意境遂也呈现，这是文人园的又一开端。

其六，花木栽植方面，已显出对修竹清松的特别喜爱，花药的栽培也渐普遍。

其七，因大量文人的参游，文学性雅士在园林的活动渐成重点，使园林生活与文学创作产生互相刺激推进的正面关系。

其八，寺观园林的兴盛，以及文人雅集的经常参与，公共园林就此形成，一般平民的园林游赏活动必也随之普及。

总结唐代以前园林的发展，可以看出由先秦到六朝产生了许多变化与累积。

其一，皇家园林由玄圃、灵囿到陈后主后宫的御苑，规模在逐渐缩小。其活动重点也由狩猎生产转移为观赏、娱乐和休憩。私家的自然山水园则因与耕植生产结合，仍然保存颇大的空间范围；而城市园林则比较小，却对园林美感经验的触发、觉醒都有正面启示，为日后园林生活的精神境界之提升做好准备。

其二，园林已由特权产物转为娱游、交际的场所，甚至已是精神生活的象征。园林风格也由雕琢华丽走向简朴自然，前者在帝王园中一直存在，后者则正由文人们广泛地推展着。

其三，神仙崇拜表现在造园设计中，一直是皇家园林的特色。一般文人则因隐遁自洁或修行的追求，也视园林为超俗洁净的世外逍遥地（陶渊明的郊园成为日后文人们的典范）。两者具有异曲同工之妙。

其四，从真山实水的大苑囿发展到城市中的园宅，人工堆山与引水挖池的造园设计日渐普遍。堆山技术以土山为先，石山晚出且渐成主流。引水技术开展得早，水中筑洲岛、水上筑屋等手法是以后水与建筑种种新奇结合设计的稳固基础。

其五，园植由最早的自然生成或经济性栽种，发展为权势象征的珍花奇木，到六朝大批文人参与后，却转而对竹松等清雅花木有较深的喜爱之情，这才形成了中国园林一直保持的传统。

其六，园林活动由帝王贵戚推展向权臣宠宦而后豪富大族与文人名士，进而连无资财造园的人都可以参与园林宴游。所以园林逐渐与广大民众的生活联系起来。进入唐代，园林生活更普遍地融入文人的世界，不必是佳节良辰才特有的活动，而是日常生活了。

其七，园林的空间布局由开阔广远的大山大水，渐趋向幽隐曲折，造园的艺术性不断提高，文人园林已得到很好的发展。

唐代园林：从私家园林到公共园林

根据上述可知，园林在唐代以前已发生过非常多的变化，进展丰富。进入唐代，在这深厚的基础之上，由于更多的文人参与，园林便开始朝向文人化且更普遍更兴盛的道路发展。唐代不但拥有私家园林的文人比例大大提高之外，而且还出现了像长安曲江这样一种大型的公共园林，提供给社会各阶层的人民游园的机会，使平民百姓更普遍地拓展了园林经验。

兹依园林的五大要素，分条列明唐代园林在造园上的成就概况。

在山石方面

其一，由于唐代文人对山有深深的喜爱，希望能终日坐看、卧看青山，因此在园林选址相地时，能考虑岩岭与屋庐之间的位置关系；往往以门庭直接面对青山，以便于长看，或邀请青山入门对饮谈心。

其二，为了配合看山的嗜好，唐人也以凿开窗牖的方式延请山景入室，而把它当作一幅画来欣赏。有时窗上加设帘幕，卷帘看山就像展阅卷轴的山水画。这就使园林的赏景活动与赏画品画有异曲同工之妙，同时也使赏山加上了时间流动的因素，富于时空缩现的意趣。

其三，在造山方面，石山较土山普遍。他们喜欢叠怪石以成假山，欣赏其巍峨峥嵘的雄奇气势。还常引泉水作悬崖飞瀑，带来流动飘逸之感，使假山能展现刚柔并济的美。

其四，假山叠放的位置，有的摆置门前，有的则在窗口，与其欣赏真山的处理方式一致。有时则设置于弯曲小径之旁，给游者山形随步移的不同面貌和惊喜。也有置于水岸池中，以拟似蓬莱仙岛。

其五，假山有由庞大体型转为片石小山的趋向。大山求其形似，小山则强调求其神似，这是假山史的一个重要转折期。

其六，唐人已开始将太湖石立为园中的假山，或堆叠或独立。而石山的盛兴与其能生云的特质有关，石旁常萦绕云烟，正符合真山的美感。他们也将石当作艺术品独立地赏玩，并赋予生命，视同亲友贤哲来对待，与之生活共处。

其七，作为独立艺术品，唐代文人看到石头本身"百仞一拳，千里一瞬"的特性，这些特性使它富于写意山水画的艺术性，这使园林充满了诗情画意，园林的写意倾向也于此初露萌芽。

在水景方面

其一，水在园林中因具备灌溉花木、供给饮水、调节湿度等实质功用，并能形成各种景观，所以成为园林的重要内容。在唐人心目中，其重要性超过山石。

其二，水还具有明净澄澈的性质，文人因而喜爱其淡泊清恬的性情，并肯定其具有涤荡洗滤的功能，可令人心胸也随之洁净灵明，因而待之如友。

其三，由于重视水的园林功能及欣赏其动人美感，唐人盛行引泉凿池的造园工作。为了迁就小空间的限制，小池已经出现，甚至出现了盆池的水景形式，这遂为园林的写意化、象征化提供了艺术化的契机。

其四，不论是天然还是人工的溪池，为了模糊岸界以使空间通透空灵，通常在水畔种植竹树及花木，以掩映水脉；并砍树引风以制造水波，设洲岛使穿错萦回，这都使水面显得无限辽远，而且富于精神气韵。

其五，积水可以引来飞禽栖戏，其群聚、飞上飞下的种种活动，也为园林增添景观，同时流行砌石阻流或引泉作飞瀑以制造泉声，泉和万籁鸣，成为园林中可聆赏的听觉景。

在花木方面

其一，花与木在诗文中有对举的倾向，人们认为树木使园林清爽阴凉、翁郁深邃；花卉使园林明媚光彩、灿烂活泼。树木是园林的常态；花卉是春天的精粹。树木是园林的本质；花卉则近于文采装饰。唐人已有以栽树为主、养花为次的先质后文的造园理念。

其二，唐代园林的树木以竹最为常见，并以"水竹"二字为园林的代称，白居易以水竹为园林本质。文人爱竹的程度难以比拟，他们欣赏竹如玉般的青翠鲜洁及润泽，婵娟曲柔、潇洒飘逸的风姿，含烟滴露的蕴藉迷蒙之美，如雨的竹声及清凉，尤其欣赏它虚心、刚劲、贞定等树德、体道的德行，与化龙栖凤成仙的神话传说等象征之美，以此象征之意把园林的时空拉展开去，变成无限。

其三，在栽植理念上，种竹以作为天然的分隔空间的屏障；植于水边能掩映水流以断其脉，来增扩水景的辽远景深；栽于窗前以卷帘品赏，当月光照洒下来，竹影映于白纸上，成为摇曳动态的墨竹佳画，卷帘遂似展读卷轴画。白居易还强调种竹须要以自然相间的方式种列，而不采用排列的呆板形式，才能扶疏。

其四，松也是重要园植，文人爱其苍古遒劲之美，也爱松涛涤滤胸襟的精气。松树的栽植较多在岩涧，并以松与石的并置为美，强化松石之清、之苍、之劲。

其五，在花卉方面，唐人狂爱牡丹。爱牡丹鲜灿艳丽的色泽，爱其繁富雍容、丰厚典重的形态，爱其浓烈特异的香气，更爱它富贵的象征及高昂娇贵的身价。其他如荷花、桃花也是常见的园花，且各具佛与道的象征意涵。

其六，已注意到莓苔的作用、象征及养植。文人以为绿苔的存在带给园林幽深僻静与古朴阴凉的气质，并显示园林与世隔绝、不染世尘的隐秘特质。因而常在水边、竹径、砌阶、窗台等处保持潮湿，甚至以水泼洒，使苔藓能浓密滋长。

其七，园林动物也是景观，具有美感与造园价值。唐代文人尤其强调鸟和鱼，以之对举，凸显它们的快乐自足、逍遥自由、无猜悠闲，以及种种动态之美，给园林增添了快乐安闲的气氛及盎然活泼的生气，也为园林制造开展的动线，曲柔流畅。

其八，有些园林特别重视鹤之挺俊及翔姿，也爱其仙道隐逸的象征，故鹤成为园禽中最常见的主人好友。鹿群亦然，常以静眠的姿态来呈现园林的宁谧及对主人的信任友好。

在建筑方面

其一，唐人认为园林的建筑，是为了山水而存在的。它们是山水的眼睛，能框点出山水最美的景幅，进而清人耳目、畅人神气，使人胸臆为之宽阔宏肆。

其二，建筑本身可以视为风景之一，与整个自然景观结合为一个整体，加以欣赏。有人还认为加上建筑的园林景观较诸纯粹只有山水林木的景色更富有情味，因而肯定建筑具有点化山水的作用。

其三，唐代文人重视建筑与自然的和谐统一的美感，所以尽量使建筑园林化。以花木来掩映建筑，使建筑不致突兀、压迫、强烈，而能在幽深隐秘中与大自然完全和谐地融合为一，所以常见松斋、竹阁、竹轩、萝屋等名称。

其四，建筑也常和水相配合，成为水景的一部分，池亭是普遍的水上建筑。另有自雨亭、凉殿之类由屋顶洒垂水帘的方式，技术高超，十分新颖。在空间布局上，还很流行在水池四周筑造建筑，成为一种向内封闭的水景空间。

其五，园林建筑有华丽的画楼，也有就地取材而强调简朴原始的自然风格。前者是皇族豪富的喜好，后者多半是文人们的追求。但是画阁也有只画写意山水的，在园林山水之外增添另一度可资神游卧游的山水空间。

其六，园林建筑以亭最为普遍。"亭"的指涉范围很大，可以代表一座园林，可以统称各类型的建筑，可见亭是园林中最重要且常见的建筑。而亭的形制由汉代发展下来，前代多以有墙有门窗的密闭式为主，到唐代在欣赏景色及园林化的要求之下，文人故意不安上四面墙壁，使其通透流畅，而逐渐成为今日常见的只有基台、柱子与屋顶的亭式。

在空间布局方面

其一，在向往大自然名山胜水的心理下，唐园林喜爱模仿江南或胜地的风景。但囿于空间及地形的限制，只能以缩影的手法来写意其景，从而引导游赏者在小园林中观想大山水。

其二，游园最主要的动线是路径，通常采用迂曲盘折的形式来增加空间感，使园景变得幽邃莫测。他们由自然山水园中发现动线曲折的"之"字原则。迂回的园路常常制造似无还有、忽然转出新景的惊喜，富于戏剧起伏的律动之美。同时也在园林或建筑的入口摆置或栽种花木，营造先抑后扬、壶中天地的情趣。

其三，廊道是高山崖涧的常见动线，用以联系建筑，因其能适应崎岖坎坷的山势而或高或低地盘桓，故而回廊或高山廊成为园林里灵活变化并联系贯穿的脉络动线。此时已出现复廊的形式。弯曲如虹的桥梁也是水面重要的动线血脉，均以委婉曲折的方式来增加视觉美感及园林空间深度。

其四，为了空间的通透交流，借景手法已相当普遍。远借、近借、仰借、俯借等方式均能推扩园林的空间、增添园林景观，它们皆被后世造园家推为重要的造园原则。

其五，以墙垣分隔空间或以窗牖来联通空间；或以素白粉壁的易隐没在烟雨虚无中来泯化被截划割阁的空间阻碍；同时以粉墙为画纸，其前立以奇石花木，以形成山水图绘；或者以茂密的花木来掩映墙垣，使其隐约含敛。凡此种种均是园林空间布局上的通透流畅、辽远缥缈的手法，使园林空间得以推展至无限。

唐代园林：成为日常生活的空间

园林在唐代既已逐渐兴盛，文人们广泛地参与园林活动，使园林成为生活中十分重要的舞台，使园林能够深入到日常生活中，这对园林日后更兴盛有非常重要的影响。其概况可分列如下。

宴游与文学创作

其一，园林宴游属于人际交往应答的酬酢事务，一切活动皆以人为主，园林退居为人文活动的背景。这类活动使园林充满俗情世故，十分入世。

其二，宴游的内容包括宴饮、歌舞音乐表演、游园、赋诗，气氛热闹欢娱。而一切的和乐愉悦，多为了建立良好的人际关系、交流情谊等人事目的而展现。园林山水没有独立的生命与美感，只为社交入世的方便，只是主人雅兴的标榜而已。因此宴终席散后，园林也被深锁在静寂落寞之中。

其三，宴游赋诗的动机，大多来自外在的指定，或为展现文才，或为圆融人际关系，或为娱乐助兴。但在诗文中文人赋予宴游创作的名义是，记录欢乐时光，展示太平盛世，以资千载留存，四海得知。

其四，就宴游而产生诗文的创作动机及作用而言，园林仍是背景，在以人事为主的创作目的下，园林提供的是意象资源，景物自身却没有直接露面，呈现完整独立的生命。亦即，在应制酬答的要求下，园林通常是帮助表达情志的意象，而不是兴发情志的根源。

诗书与谈议

其一，唐代文人在园林中读书，一部分是习业以为科举考试做准备，具有非常入世的精神。一部分则是为了个人修养，以默契至道为读书最自然的成果，具有向内收束的隐逸倾向。

其二，无论出于何种动机而读书，读书都是他们的生活日常。园林一方面以其幽静清凉的特质来助成读书时所需的专注和清明；另一方面又以其优美景色的陪伴，使读书成为一件怡然喜乐、充满情趣的智与美的缱宴。

其三，园林里因有山水美感的调节，可消解掉思考判辨的冷硬严峻和紧张，因而文人多以随兴自由的态度阅读，表现为形式上的书帙散落凌乱，表现为方法态度上的不求甚解，追求陶潜的冥契忘言、心领神会。而园林通透开放与回环不尽的空间及花木山水的生生、无言，都有助于中国学问之契入文人生命中。

其四，谈议是读书的向外延伸，同时文人也从交谈的往返中调整或丰富加深自己的识见内涵。谈论的内容或是宴席上的闲聊谈笑，或是主题式的玄谈清言，或是正式的讲经说法，抑或是闲逸地品议名山，讨论诗文创作及作品也是其一。这些都使读书生活在独学之外，还能得友共学，得到生命的交流契应。

其五，对弈是文人另一种形式的谈议，以行棋的智谋来表现他们对天下事的权衡能力，尤其是借下棋的专注凝神、观局审势，以涵养沉潜纯静、翛然自在的精神，终而达到入神的境界，呈现的是艺进于道的中国艺术特质。

其六，园林对弈喜欢选在竹林里，以竹的清气来醒脑明神，以竹的共鸣来回荡棋声，使园林萦绕着静寂幽邃的气氛，并显出隔世离尘的闲逸特色，既而进入羽人仙客的仙境象征。

纳凉独坐与高卧闲行

其一，唐人将园林视为避暑佳地，炎夏常在树荫水亭纳凉，以祛除伏暑酷热。而园林在山、水、花木、建筑乃至空间布局等安排设计上，都恰能为纳凉之需提供良好的环境。

其二，唐代文人更珍视纳凉避暑的精神意义，园林各方面集聚的冷凉之气，拂洗过肌肤，进入体内而涤荡五脏六腑，既而通达头脑心神，以澄汰万虑、淡寂耳目，使人清醒灵明、虚静安闲。

其三，标榜隐逸无争者则时常终日在园林里闲坐、高卧、漫游，这并非僵滞的无聊，而有其观照赏览的丰富性与变动性；因此无所事事且慵懒成为被歌颂的高行，文人们引以为自得。他们的生活在随兴顺势中充盈着各种机趣及禅味。因此，文人们常以疏懒慵散的情态度日，强调疏放朴野可与道同在，于是"养闲"遂成为文人园林生活的修养功夫之一。

耕植药钓

其一，农耕与药钓都具有经济生产效益与隐退的象征意义。这类生活使园林成为自给自足、不假外求的向内收束、定静自得的怡乐世界。

其二，不论布衣隐者还是拥禄士大夫都视农耕为闲逸的资源。宦者或大地主文人不必躬耕，却也偶尔在督视慰劳之中亲近农事，这虽只是他们生活的点缀，却能在当下真正地放下尘务机心，感受到的是农事的野趣与闲逸的心态。

其三，造园栽植具有艺术创造性，文人比较能以恬静投入的坦然态度从中获得深刻的乐趣，由人间退回，暂忘挫折忧伤，并对大自然生命产生纯真的情意与关爱之心，欣赏其美，且创造其美。

其四，在园林中文人颇致力于种药、采药，并服食草药或丹药。其目的可能是治病，但养生及延年企仙才是更普遍的用心，他们服药行药的生活使园林成为他们心目中的仙乡乐园。

其五，垂钓具有悠闲自在、忘机无争的特质，为唐代文人笔下常见的隐逸象征之一，只要是具有钓矶钓湾的园林，便被视作幽邃隐秘、孤绝超世的世界。

弹琴饮酒

其一，琴与酒同为唐代文人隐退的园林生活内容，它们更向文人内心幽深的角落退回，表现出孤绝寂傲的生活状态和心灵，极其凉冷而又萧索；而它们被用于三五好友或野叟山人的聚赏，又保有一些温馨情谊。

其二，在园林中弹奏的琴曲多以"曲景"为题，大自然的山水景色在琴弦的拨弄中翻跃而出。这些以山水内容为主的琴乐，使时间（声相）的山水与空间（色相）的山水彼此产生转位的妙趣，也使作曲者、弹奏者与聆赏者在山水的贯串之下流动着一脉相连的默契。《醉吟先生传》也有同类内容，把琴、酒和诗的关系串联起来。

其三，琴乐的山水内容、孤绝清极的情调、朴淡疏拙的特质，皆有助于弹闻者能够致中和、涤万虑，而以清静之心观照天地之心，灵觉天地之机，在了然会心之中文人遂强调弹琴听琴的契道修行的境界。

其四，饮酒因有轻盈飘逸的体感，可松弛平日的束缚压抑，文人每每在春光烂漫、光彩乍现乍落的季节里借酒以慰其不遇的困顿之情与无常短暂的生命悲剧感。

其五，琴与酒同样可以引领文人臻于浑然忘我之境，其酣畅淋漓的化境正是神思的最佳境势。因此，文人每每在园林中以琴酒诗三友为伴，进而提出了琴、酒、诗的园林艺术创作的曼妙神思历程。

依据上述所摘录的宋代以前园林发展的概况可以了解，中国园林发展到唐代已经相当成熟，中国园林所具有的大部分特色已经开发出来。而且园林已逐渐兴盛，成为日常生活中普遍可接触到的空间，加之公园的出现，使一般人可以自由游观，增加园林经验。

宋代园林就在这样的历史基础之上，很自然地更加兴盛，更加普遍地成为一般人日常生活中重要的活动空间，而且这样的历史基础也使宋代园林朝向更精致、更艺术化的方向进步。整个中国园林文人化、典型化的艺术造诣于焉展开。（因本节乃节录拙著《诗情与幽境——唐代文人的园林生活》的成果要点，故而全节无注。详细的析证过程请参看该书第一、第三、第四章）

第二节　私园开放与公园众多

宋代园林的兴盛和当时方便游观赏玩的环境有密切的关系。因为便利的游观环境让广大民众得到了观摩的机会，民众便产生了向往的心理，并养成了游赏的生活习惯，致使园林游观成为大众生活中频繁进行的一项活动。高度的需求自然会促成园林的大量建造，而使园林更加兴盛。

而所谓便利的游观环境，在宋代有两种情形：一是私家园林的开放，纵人游观；一是公共园林众多，提供给当地居民休闲游玩的场所。这两种情形造就宋人无所阻碍的游园环境，只要兴之所至，便可以尽情游赏，因而游园的风潮大盛，园林的需求也大为增加。这是游园与造园之间的循环性影响。

私园开放，纵情游乐

在宋代诗歌中时常可以见到某些人游某园的作品，如：

宋庠有《春晚独游沂公园》。（一九七）
韩维有《同辛杨游李氏园随意各赋古律诗一首》。（四二三）
宋祁有《闰正月二十五日送客寻春集裴氏园》。（二一五）
晏殊有《寒食游王氏城东园林因寄王虞部》。（一七二）
苏轼有《携妓乐游张山人园》。（七九九）

有的人是独自前往这些私家园林，有的是约同一二好友共游，有的则是群集宴游，更有的携带妓乐前去（"山人"之园），还有的寒食游后作诗寄送朋友。除了独游于春晚之外，多数的情形都显得相当热闹，这些私园俨然成了群众游乐的公共场所。究竟这些私园是在什么情况下让这些人进入的呢？是主人限制性的邀请，还是开放任其参观呢？当然，毫无疑问地，受邀的情形必然是有的，然而开放任民众自由参游的情形也非常普遍。如：

> 苏人多游饮于此园。（蒋堂《过叶道卿侍读小园》诗自注·一五〇）
>
> 游人醉不去，幽鸟语无时。（释契松《书毛有章园亭》，二八〇）
>
> 课儿子兮薙松菊……春月桃李兮士女倾城。（黄庭坚《山谷集·卷一·王圣涂二亭歌》，册一一一三）
>
> 士女蜂蚁来，蟠香散经帙。（张镃《南湖集·卷一·自广岩避暑西庵》，册一一六四）
>
> 薙此百亩园，池亭粗供游。（张镃·同上《次韵答张以道茶谷闲步》）

叶道卿的小隐堂、秀野亭（范成大《吴郡志·卷一四·园亭》，在小隐堂秀野亭一条下面载有蒋堂此诗，并引录其自注之语，是知叶道卿此园即小隐堂）是苏人常游的地方，依常理判断，叶道卿不可能多次地邀请大部分的苏人到他的小园游赏，应是苏人主动前去。同样的，称"游人""士女倾城""士女蜂蚁来"（西庵是张镃南湖园的一部分），都间接表示这些私园是开放供人参观的，主人不可能邀请倾城的士女蜂蚁而来，而且，若是受邀而来，应称为"宾客"，而非"游人"。而"供游"二字则更清楚地说明茶谷本身的建设也以供应游观为目的。由此看来，宋代私园对外开放参观的事实已经隐约浮现。

下面的资料能更清楚地呈现出私园开放的情形：

> 名园虽是属侯家，任客闲游到日斜。（穆修《城南五题·贵侯园》，一四五）
>
> 溪头冻水晴初涨，竹下名园昼不关。（韩维《和朱主簿游园》，四二五）
>
> 一任人来往，兹怀亦浩然。（徐玑《二薇亭诗集·题陈待制湖庄》，册一一七一）
>
> 西都名园相望，谁独障吾游者？（袁燮《絜斋集·卷一〇·秀野园

记》，册一一五七）

（方子通）尝径造一园亭，不遇主人，自盘礴终日。（元·陆友仁《吴中旧事》，册五九〇。龚明之《中吴纪闻·卷三》有相似记载，见册五八九）

这里说明即使是贵侯之家的名园也往往在白昼时候开着门，一任人们做客闲游到日落时分方罢。徐玑称赞这样的做法是主人胸怀浩然的表现，表示这种做法在当时并非每一家私园都有，所以受到赞美。但是袁燮说长安城的名园众多，没有谁会单单阻碍他前去游赏，则又表示这种私园开放的情形在长安城一带是极普遍的常态，算是一种惯例。至于《吴中旧事》所载，方子通在未通报的情形之下径访一园，不遇主人却又盘桓终日，将此事记录下来成为一件特殊的事情以为谈资，表示在苏州一带也有私园开放的事况，也显示方子通性情的自在。

宋代许多诗人为了强调自己纵游的闲适与自得，也在诗歌中透露了私园开放的消息：

为怜潇洒近城闉，来往何曾问主人。（祖无择《张寺丞鸣玉亭书事》，三五六）

洛下园池不闭门……遍入何尝问主人。（邵雍《洛下园池》，三六七）

往来何必见主人，主人自是亭中客。（方惟深《游园不遇主人题壁》，八七五）

有花即入门，莫问主人谁。（陆游《剑南诗稿·卷七·游东郭赵氏园》，册一一六二）

何必游园问主人，只寻花柳闹中春。（陈文蔚《克斋集·卷一六·壬申春社前一日晚步欣欣园》，册一一七一）

他们共同强调进入某人园林游赏不必询问主人是否答应，亦即不须经由主人——许可就可入园。这表示一般游客纵或与主人不相识，只要想参观，都可以自由进入。而事实上，园林既为私人所有，外人进入当然必须经由主人允许，所以这种开放纵游的情形是主人一开始就采取的决定，也就是一种原则性的许可，在此前提之下游客就可以自由地出入而不必询问主人了。这个现象在洛阳也十分普遍，邵雍描述洛阳的著名园池都是不闭门的，所以他可以在不曾问主人的情形下遍赏洛下名园。而从陆游"有花即入门，莫问主人谁"的游赏经验里也可以知道，在四川剑南一带也是普遍开放私园供参观的。由这些例证可以了解宋代私园开放自由参观的事实，也可以了解它对游赏风气的促进与助益。

私园开放：分享、成名与营利

园林的兴建、整修与维护是非常复杂且辛劳的。开放给广大的民众参观，以至于士女倾城蜂蚁地前来游玩，这对园林可能造成的损坏很大，而后续的整理清洁与维修都会耗费相当大的人力，而且喧闹与歌舞等娱乐也会破坏幽寂美妙的园林气氛。园林主人为什么甘冒破坏的风险与损伤的负担而将他私人拥有的优美景色开放供人观游呢？其原因约有四个。第一个原因是，园林主人较诸游客反而更少有机会享受他的园林景色，所以与众人分享：

虎节麟符抛不得，却将清景付闲人。（贾昌朝《曲水园》，二二六）

伊人何恋五斗粟，不作渊明归去来。（梅尧臣《依韵和希深游乐园怀主人登封令》，二三二）

主人归未归，谁省曾游乐。（梅尧臣《暮春过洪氏汝曲小园》，二四二）

洛下名园比比开，几何能得主人来。（韩琦《寄题致政李太傅园亭》，三三六）

主人贪绁绩，未暇答惊猿。（宋祁《兰皋亭张学士充别墅》，二二〇）

主人往往忙碌于功业或宦游他方而无法时时居息游赏自家园林，反而将美丽景色、动人猿啼都闲置或送给闲暇的游客，主人根本无从了解有哪些人游过他的园林。由此可以明白，由于主人无暇观览，私园往往闲置荒废，而园林美色的荒置是主人极不愿意的事，不如开放供人参游以发挥园林的意义与价值。故此有善尽物用和与人分享的两重心态与因素在内。因此即使主人罕至，洛下名园却都是毗邻着开放的。在吴坰的《五总志》中记载了一件事，说司马光在西京时，每日与文彦博等人携妓行春，一天来到他自己的独乐园，园吏见到他便叹息着说道："方花木盛时，公一出数十日，不惟老却春色，亦不曾看一行书……公深愧之。"（册八六三）这显示司马光为了游赏长安不尽的园林春光，而疏远了自家园林，所以游客至独乐园当然见不到主人。这条资料除了说明园林开放与主人时常不在的对比情况之间存在着互相促进的循环关系，也间接说明了园林开放的另一个好处是可以在自家园林之外享有更多园林的游赏机会与乐趣，并收到互相观摩的效果，这隐然也是私园开放的另一个原因。而与人分享的同时也能得到像上述徐玑所称美的"兹怀亦浩然"的声誉，可以算是一举数得。

第二个原因是开放供人参观之后，园林景致自然会在人们口中得到描述、流传与称扬，而获得"名园"的声誉。所以私园的开放也有一点竞赛争名的意味：

春色先从禁苑来，侯家次第竞池台。（沈遘《依韵和韩子华游赵氏园亭》，六三〇）

于是雪斋之名，浸有闻于时，士大夫喜幽寻而乐，胜选者过杭而不至，则以为恨焉。（秦观《淮海集·卷三八·雪斋记》，册一一一五）

稍晴春意动，谁与探名园。（欧阳修《对雪十韵》，二九四）

名园新整顿，樽酒约追随。（赵汝镳《野谷诗稿·卷四·刘簿约游廖园》，册一一七五）

宴于郊者，则就名园芳圃、奇花异木处。（吴自牧《梦粱录·卷二·清明节》，册五九〇）

第一条资料清楚地叙述春天来临时，贵侯之家陆陆续续地竞现其池台之美。"竞"字说明有互相较量之意，较量谁家的园林最美最巧妙。既然要较量，总须有人来评判，而越多人来评赏，其园林之好就越能声名远播，而成为所谓的名园。而从游客的立场来看，游览赏玩当然要选择景色优美怡人、造景特殊的园林，所以上列资料显现的大多是以名园芳圃为其游观的场所，对于名园过而不至则深以为恨，可见当时的名园已成为人们游憩活动所高度需求的生活空间，已经非常生活化了。

园林在中国最初的发展中本是权贵特有的，直到唐宋仍然是权贵拿来当作兴盛的象征。而文人参与造园之后，它更是家风与主人风范格调的代表。就园林主人而言，园林在精神与声名之意义上的价值是最宝贵的。因而开放参观虽然在整修与维护上会耗费人力与钱财，但是能因而得到美好的声名——包括园林的、主人的、家族的（关于园林的家族性意义可参阅本章第三节）美好声名，仍是园主所乐见且乐于从事的。

第三个原因是游赏宴集活动之后时常有吟咏作品完成，这些作品往往被题于园林的壁柱或石头上。而题咏的内容多是由描写园林景色开始，由于优美诗境也同时展现园林之美好，而且基于应酬情面上的需要而多加夸颂园林之奇美，更由于题咏的诗与书法也可成为园林中的特殊景观，制造诗情画意与书艺的效果（关于题诗与书法问题可参阅第四章第三节），所以园林主人非常喜欢游者留下诗文作品。而园林的开放有助于多方人才的题咏，这是与园林声名有关的另一个因素。因为题咏问题将在第六章第四节详论，故此不复赘论。

第四个原因则是非常具体的营利因素。不过这在文字资料中显示得并不多：

魏氏池馆甚大，传者云：此花（指魏家牡丹）初出时，人有欲阅者，人税十数钱，乃得登舟渡池至花所，魏氏日收十数缗。（欧阳修《洛阳牡丹记·花品叙第一》，册八四五）

独乐园，司马公居洛时建……（有园丁吕直）夏日游人入园，微有所得，持十千白公，公麾之使去。后几日，自建一井亭，公问之，直以十千为对，复曰："端明要作好人，在直如何不作好人。"（张端义《贵耳集·卷上》，册八六五）

洛阳牡丹号冠海内……其人若狂而走观，彼余花纵盛弗视也。于是姚黄

花圃主人是岁为之一富。（蔡絛《铁围山丛谈·卷六》，册一〇三七）

魏氏池馆开放供人泛舟欣赏牡丹是要收取费用的，每日可获取十数缗。而司马光的独乐园也采取收钱的方式，游人方得入园，虽说只是微有所得，却足以建造一座井亭，可见亦颇有补益。至于园中种有奇异牡丹者，则甚至可以在一次的花季中就靠游赏人潮而致富，可见收入丰赡。司马光将收入赏给园丁吕直以做好人的事况来看，有些园林主人是不在意也不依靠这些钱来维持园林或帮助生活的。但是酌收费用可以为辛劳维护园林的仆丁们增添一点外快，至少可以在某种程度上维修园景。然而为何称之为营利？为何这类资料鲜少？文人写诗作文，尤其是记录其游园经历与心得的作品，就一般的心态来讲，为了营造诗文的深远意境、呈现优美意象、抒发动人的情感或赞扬主人优雅脱俗的格调，即使入园必须缴纳费用，应该不需要也不适合写入诗文。试想以司马温公的身份地位尚且收费，那么一般人家的园林收费开放应是十分普遍的。而就普通人家而言，其收费的原因应是含有营利的成分，就像魏氏园池收费供赏牡丹的日入十数缗便是如此。

私园开放促进游园风尚

由于私园的开放促成游园活动的便利，所以促进了游园活动的兴盛，如：

司马光有《和子华喜潞公入觐归置酒游诸园赏牡丹》诗。（五一一）
共挈一尊诸处赏，谁家得似故园春。（苏舜钦《寒食招和叔游园》，三一六）
陆游有《花时遍游诸家园》诗。（《剑南诗稿·卷六》，册一一六二）
时通判谢绛、掌书记尹洙、留府推官欧阳修皆一时文士，游宴吟咏未尝不同。洛下多水竹奇花，凡园圃之胜，无不到者。（魏泰《东轩笔录·卷三》，册一〇三七）
间与浮图、隐者出游，洛阳名园山水无不至也。（《宋史·卷

二八六·王曙传》）

游诸园与诸处赏等描述，说明他们常常在一次出游的过程中就一口气游好几座园林。而陆游在一个花季中能够遍赏诸家园，一方面说明了他游园的嗜好，游赏在他生活中的重要性与频繁度，同时也说明了私家园林开放游玩的普遍性，他才有机会遍赏每一家。而如前所述，因为洛阳名园不闭门，所以欧阳修和王曙等才能无所不到地把洛阳园囿之胜景赏尽。欧阳修、尹洙和谢绛等是文士，而与王曙同游的则是浮图或隐者，这显示出游园的嗜好与习惯广泛地流行于不同身份不同阶层的人的生活中。

　　因为可以自由进出，不必询问主人，不必与主人酬对应答，只是兴之所至而行游，所以游赏活动显得相当自在惬意：

　　洛阳交友皆奇杰，递赏名园只似家。却笑孟郊穷不惯，一日看尽长安花。（邵雍《和君实端明洛阳看花》，三七三）

　　遍地园林同已有，满天风月助诗忙。（邵雍《依韵和王安之少卿六老诗仍见率成七》，三七三）

　　乘兴东西无不到，但逢青眼即淹留。（司马光《看花四绝句》，五〇九）

　　日日寻春春欲还，园林游兴未应阑。（苏颂《次韵程公辟暮春》，五二六）

　　可观可乐，知者劝游，游者忘归。（陈造《江湖长翁集·卷二一·寓隐轩记》，册一一六六）

轮流游赏所有的园林都不会因为为客而有所不便之处，反而因为主人不闻不问而觉得十分自在，好似自己家园一般适意。所以会日日前往，会因而忘归。可以想见，自在如家的游赏活动也会促使游园的风气更加兴盛。以上的资料十分清楚地显示，由于私园开放的方便，由于这些游赏活动的自在，园林游赏活动在宋代变得非常普遍且兴盛，几乎成为生活日常中不可或缺的部分。

以下尚可从两个角度更广泛地呈现私园开放促成宋人游园的普遍性。其一是在宋人的行录一类的资料中往往可以看到文士在宦游或旅行的过程中一面前进一面游观的习惯，如：

> 辛亥，同辛大观游杨氏园、紫极宫。（张舜民《画墁集·卷七·郴行录》，册一一一七）
>
> （淳熙二年四月）初三日游刘氏园，前枕溪，后即屏山。（吕祖谦《东莱集·卷一五·入闽录》，册一一五〇）
>
> （庚辰）游惠氏南园。（周必大《文忠集·卷一六五·归庐陵日记》，册一一四八）

这是随着广大空间上的迁徙而一路游赏的例子，显示游园的方便及其在空间分布上的普遍性。其二是游观者不只是文士贵游，还包括众多的平民百姓，如：

> 春时纵郡人游乐。（周密《癸辛杂识·吴兴园圃·丁氏园》，册一〇四〇）
>
> 内侍蒋苑使住宅，侧筑一圃，亭台花木最为富盛。每岁春月放人游玩。（吴自牧《梦粱录·卷一九·园圃》，册五九〇）
>
> 南园，吴越广陵王元璙之旧圃。（后属蔡京所有）……每春纵士女游观。（范成大《吴郡志·卷一四·园亭》，册四八五）
>
> （朱）有园极广……春时纵妇女游赏。（元·陆友仁《吴中旧事》，册五九〇）
>
> 都人争先出城采春……大抵都城左近皆是园圃……并纵游人赏玩。（孟元老《东京梦华录·卷六·收灯都人出城采春》，册五八九）

这些广大的群众多半在春时争相游赏，虽然在春去之后这股热潮也随之消退，但是众多私园的开放纵游才使得这么多的各阶层的人都能自由地赏玩，都能参与并体验园林活动。

由以上所论可以知道，宋代的私园普遍地开放供人参观游赏，使得宋人拥有便于游赏的环境，他们不分阶层不分身份地享受这种便利，而兴起了游园的风潮。这股热潮使园林成为生活中不可或缺的游憩处所，一方面大大地提高了园林的需要量，一方面也在互相观摩与刺激之中创造更多佳园。这是宋代园林兴盛的一个原因。

公园众多促进游赏之风

宋代在中国园林史上的另一个重要特色是公共园林的广设。本文于下一章讨论几个宋代著名的园林时，将特别对西湖这个在宋代兴盛的巨型园林组群式的公共园林做一详细的介绍，并对宋代郡（县）圃兴盛的情形做一分析，以呈现各地方政府所属办公单位园林化与地方政府提供民众游憩场所的情形。这些都是为广大的民众开放的公共园林。而本节所论的私园开放的情形事实上也是一种公园化的倾向，可见宋代的公园之众多与普及。由于下一章将对郡圃及地方性公园的兴盛原因做详细的分析，此处只针对一些地方官致力于公园的兴建与整修的事况做一简要的呈现，以为宋代人民游园赏玩风气之所以兴盛的基本说明，再在此背景之上进一步讨论其对园林兴盛的循环性影响。

而所谓地方性公共园林一般说来包含几种内容：

（一）园林化的地方政府治政中心，亦即所谓的郡（县）圃。

（二）郡圃以外由地方政府建设或管理的公共园林，通常有特定的名称，如定州众春园。（见下引文）

（三）园林化的古迹名胜，如南京的乌衣园。（周应合《景定建康志·卷二二·城阙》，册四八九）

（四）园林化的名山胜水，如滁州丰乐亭。（梅尧臣《寄题滁州丰乐亭》，二四七）

这些都是地方政府所掌管的公共园林，也是其治政的内容之一。

在宋代的资料中不难看到地方官致力于公共园林的兴建与整修，首先是兴建工程，如：

蒲宗孟有《新开湖诗六首》。（六一八）

魏了翁有《眉州新开环湖记》。（《鹤山集·卷四〇》，册一一七二）

姚勉有《次杨监簿新辟小西湖韵》。（《雪坡集·卷一九》，册一一八四）

舒亶有《和新开西湖十洲之什》。（八八九）

这是完全开设新景的兴建工程，另有整修增补者，如：

凡栋宇树艺前所未备者一从新意……于是园池之胜益倍畴昔。（韩琦《安阳集·卷二一·定州众春园记》，册一〇八九）

近移溪上石，怪古苍藓惹。芍药广陵来，山卉杂夭冶。（梅尧臣《寄题滁州丰乐亭》，二四七）

选置东湖最佳处……顿觉亭台增气色。（祖无择《题袁州东湖卢肇石》，三五九）

又如苏轼增筑的西湖苏堤、六桥等景，都是在既有的公园中增造新景物，使其游乐的内容更为丰富。

地方官致力于公共园林的兴建与增修在宋代是不遗余力的。在众多的记文与诗歌中可以了解他们视园林为太平盛世的产物，唯其政修治善、国泰民安，人们才有余力、有心情、有闲暇可以游赏嬉乐，也才有财力可以建造园林。而地方官也往往强调在治务完善、讼稀无事之后才致力于公园的兴修。这样的工作对上可以体现皇帝的仁政德泽，表现平治盛世，所谓"知为太平民，叹语竞聚首"（韩琦《康乐园》，三一九）；对下则有教化百姓，使其在耳目的调畅之中宽阔其胸襟，平和其性情而敬顺自然，所谓"寓闲旷之目，托高远之思，涤荡烦绁，开纳和粹……吾以敦朴化人……兼存为政之体"（余靖《武溪集·卷五·韶亭记》，册一〇八九）；对地方官自己而言则可以因此受到歌颂并留下声名，所谓"为湖始何人，人贤物亦久，所以甘棠名，百年犹不朽"（苏颂《补和王深甫颍川西湖四篇·甘棠湖》，五二一）。这种种因素都使各任的地方官努力地兴修公共园林，因而促成公园的兴盛。

公共园林除了由地方政府兴建的之外，还包括众多的寺观园林。寺庙或基于清修的需要而建筑在山林幽寂处，或基于招徕游客以便传教并增添香油钱等因素，如释智圆《孤山种桃》诗自咏道："我欲千树桃，天天遍山谷……夺取武陵春，来悦游人目。"（一三九）为了招徕游人，怡悦其视觉而遍种桃树以拟武陵春色，这说明了寺院致力于造园造景的事实与其原因。因此寺观多拥有优美的园林景致，也成为人们时常游赏的公共园林，如蔡絛《铁围山丛谈·卷五》曾论及宋代皇帝"向道家流事，尊礼方士，都邑宫观，因浸增崇侈。于是人人争穷土木，饰台榭，为游观，露台曲槛，华僭宫掖，入者迷人"。（册一〇三七）这一方面说明了道教庙观园林兴盛的原因，另一方面也展现了庙观园林的华丽精美。至于寺院园林在《武林梵志》中也清楚地展现其园林部分与游客盛多之情形。这从六朝时期便已成为传统，《洛阳伽蓝记》有详细的记载和描绘。宋代寺院也继承此传统。郭祥正在《青山集·附录·青山记》中记述了青山白云院园林的造设之后说："游人无日不来。"（册一一一六）由以上资料可见宋代的寺观园林相当兴盛，宋人游赏寺观园林的风气也非常兴盛。

下面资料可以窥见宋代寺观园林的游赏活动分布的季节也颇广泛，如：

春游千万家，美女颜如花。三三两两映花立，飘摇尽似乘烟霞。（张咏《二月二日游宝历寺马上作》，四八）

予暮春行乐僧舍，涉其中圃，见其牡丹数十本。（宋祁《僧园牡丹》，二二四）

（任中正）张筵赏花于大慈精舍，时有州民王氏献一合欢牡丹，任公即图之，时士庶观者阗咽竟日。（黄休复《茅亭客话·卷八·瑞牡丹》，册一〇四二）

（杨汀）天祐初，在彭城避暑于佛寺。（徐铉《稽神录·卷一·彭城佛寺》，同上）

（淳熙元年九月）三日游外氏园，有梅坡、月台……（吕祖谦《东莱集·卷一五·入越录》，册一一五〇）

春天在游春的风尚下，寺观园林也成为士女嬉游的去处，而且万紫千红的花景和装扮艳丽的女子之间相映成趣。这个季节正是园林阗咽终日的时候。夏天里寺观园林又因清寂幽深成为人们避暑的胜地，而秋冬又有季节性花木的赏玩活动，吕祖谦便是在秋天前去欣赏梅与月景。而第五章第一节论及宋代四季皆游的特色时，亦可看到满觉寺因桂花盛开而游人甚盛。这些景象都说明寺观一类公共园林大量提供了宋人的游赏活动空间。

公园的盛多促成游赏的便利，所谓"吏民随意赏芳菲"（韩琦《壬辰寒食众春园》，三二三），因而也就促进游赏的盛况。在资料中可以看到很多公园的热闹场面，如：

> 一旦维新既成，偕贤士大夫相与置酒而落之，游人士女摩肩叠趾聚而观者不下数千人。（郑兴裔《郑忠肃奏议遗集·卷下·平山堂记》，册一一四○）
>
> 四时盛赏得以与民共之，民之游者环观无穷而终日不厌……宴豆四时喧画鼓，游人两岸跨长虹。（钱公辅《众乐亭二首并序》，五三四）
>
> 嘉时令节，州人士女啸歌而管弦。（欧阳修《文忠集·卷四○·真州东园记》，册一一○二）
>
> 于是游者日往焉，予乐州人之观游是好。（祖无择《龙学文集·卷七·袁州东湖记》，册一○九八）
>
> 时时四方客，顾此亦踯躅。（刘敞《石林亭成宴府僚作五言》，四六四）

不只是公园新落成之日，游人士女摩肩叠趾地聚观着，而且在一年四季的嘉时令节也是环观无穷，终日不厌。"游者日往焉""时时四方客"等描述说明日日时时都有游客前往，所以游园活动在时间上与人数上都显得十分密集。这样的游赏风潮必然致使园林成为日常生活中不可或缺的部分，也会促使更多的人在生活的空间里追求园林化的居家天地，进而创造更多的园林。金学智认为，宋代开始，"群体游园之风走向炽盛"，这与园林的开放有密切关系。此外，从接受美学的角度，他还认为作为审美客体的园林"培养着善于接受园林美的公众"（见金学智《中国园林美学》，第41—46页），而刘天华在《园林美学》中也认为，"公共游憩的风景园林的发展就具有更大的普遍性，更大的社会意识"（见刘天华《园林美学》，页六三）。这样的接受态度与社会意识对园林的兴盛势必具有正面的促进作用。这是园林与游园之间的循环性因果关系。

由以上所论可以得知宋代的游赏环境对园林的兴盛产生的正面影响。

其一，宋代的私家园林普遍地开放供民众参观游玩，民众可以不必询问主人就自由出入其园，使得私家园林也半具着公共园林的性质。

其二，私园对外开放的原因有：（一）让园林美名远播而得以成为名园；（二）众多游客留下题咏可为园林增添诗情书艺等美景，并有助于声名远播；（三）可酌收入园费用以帮助维护、整修、增添园景或营利；（四）园林主人在功业奔走中荒废园林美景，故将之分享众人，主人之胸襟气度与造园风雅也可得到赞扬。

其三，地方政府视公共园林的兴修为太平治世的象征，并以此为治政之功绩，故多致力于公园之兴修，造成宋代地方性公园的普及与众多。

其四，寺庙往往附有景致优美的园林，也成为宋人游赏的胜地，使宋代的公共园林益形众多。

其五，基于上述几点，宋人的游园环境十分便利，因而促成游赏风尚的盛潮。人们不分身份地位、男女老少，一年不分四季时日，总有游赏活动在各处进行着。这种游赏风尚使园林成为生活中不可或缺的必需品，自然会更加提高园林的需求量与制造量，而循环性地促进园林的兴盛。

第三节 美学眼光——园林理论的肯定与促进

虽然中国的造园理论要到明代计成的《园冶》才真正系统地被表述，正式成为一套专业的学问，但是在这之前，在园林逐渐发展的过程中，六朝、唐代、宋代的许多资料已显示出，一些热爱游园或积极参与造园的人已在即兴的情况之下表达出他们的园林理念。这些园林理念虽然不成系统，却有极敏锐的审美眼光与对园林价值的高度肯定。

尤其唐代，在园林已进入渐兴时期，正逢隐逸风尚的蓬勃，加上诗歌成就的辉煌，使我们在唐代的诗歌作品中看到大量歌咏园林的作品。文人们将其丰富的美感经验与敏锐的山水感受和启悟融入诗歌之中，时时于其中透露出他们的园林理念。例如白居易对其履道园的喜爱与自得，对于园林生活不厌其烦的描述，使我们在他的诗歌之中看到很多经营园林的法则与透显山水精神的要诀。又如王维的诗歌在禅与画的境界之中，也展现了辋川别墅主题景点式的设计理念与园林境界的经营。再如杜甫晚年在四川成都浣花草堂过了四五年悠游生活，在诗歌中对于亲手栽植与造园的细部记述，也充分表达了杜甫对质朴园林的匠心。其他尚有很多例证与零星片段的理论，已大致勾勒出中国园林特有的风貌。（唐代文人的园林理念，其详细情形请参考拙著《诗情与幽境——唐代文人的园林生活》，第二、第三、第五章）

宋代园林就在唐代文人的这些园林理念的基础与指导之下更加蓬勃地发展，而且宋代文人也继续在其文学作品中更明显更有意识地发表其园林见解，于是又更大大地促进了园林的兴盛。由于唐代文人的园林理论已于笔者其他书中详细论述过，故此不复赘述。本节将专由宋代文人的作品中论析宋人的园林理念，以呈显出宋代园林臻于鼎盛的理论基础及其理念支持之所在。

园林理论的范畴甚广，在实际的造园技术与一些空间布局手法方面较为细琐，将留待第三章再行讨论。本节将就园林功能论与部分造园的美学规则来讨论，以显现由于宋人对于园林的修养功能、涵泳功能、家族传承功能的肯定，使创治园林成为贤智的重要表现，因而促进了园林的需求与兴盛，同时，美学的日趋成熟，帮助宋代园林更加展现艺术成就，也就促进其园林造诣的提升与兴盛。

从格物穷理出发的园林修养论

园林具有修养功能，这在唐代诗文资料中已有提及。而在宋代文章中有直接称说其造园目的即在修养者：

> 于所居之侧筑斋于松竹间，以为修身穷理之地。（陈文蔚《克斋集·卷一〇·浩然斋记》，册一一七一）
>
> 名之曰颐，用易颐养之义也……带以飞泉，萦以磴道，翠光紫雾，潮汐之声，日在观听，有以养其德性。（华镇《云溪居士集·卷二八·温州永嘉盐场颐轩记》，册一一一九）
>
> 君子之为圃，必也宽闲幽邃，缭绕曲折，争奇竞秀。可以观，可以游，可以怡神养性。（袁燮《絜斋集·卷一〇·是亦园记》，册一一五七）

居息的轩斋盖筑在松竹之间，带以飞泉，萦以磴道，如此优美而贴近自然的居所，可以在居息游观之际修身穷理。这修身穷理，就是君子治园的用意之所在，并非苟为逸乐。

然而园林山水只是以人工点化、集中的方式将大自然中的美景与人文建筑的居息空间做一个美的组合与布局，可谓为艺术品，又怎能对人产生德行修养的作用呢？陈文蔚所说的修身穷理，刚好是《大学》八条目里的格物与修身，这是一个渐进的修养历程。从格物开始，对宇宙间的事物有精确如理的认识，是修身的最基本功夫（此处采用的是朱熹的解释系统）。而园林是一个浓缩精致的小自然，其中丰富的物色正是格物功夫的最佳实践场所。宋代文人对这一点是自觉且大加宣告的：

夫天壤间一卉一木，无非造化生生之妙。而吾之寓目于此，所以养吾胸中之仁，使盎然常有生意，非如小儿女玩华悦芳，以荒嬉愉乐为事也。（真德秀《西山文集·卷二六·观莳园记》，册一一七四）

天壤之间，横陈错布，莫非至理。虽体道者，不待窥牖而粲焉毕睹。然自学者言之，则见山而悟静寿，观水而知有本……其登览也，所以为进修之地，岂独涤烦疏壅而已邪？（同上，卷二五《溪山伟观记》）

今夫水生于天一，根固有也；含蓄群象，该万善也；润泽百物，恻隐仁也；不舍昼夜，纯不已也；盈科后进，毋自欺也；入纤介之隙，巽也；干鳌极之运，健也。余因之以玩此性之理，岂独恣心目之娱哉……子今与予临是水也，不独鉴形，于以鉴心；不独观物，以之观性。反稽中省，久焉有得。则异日游是园也，波光水色，无一非性矣。（周应合《景定建康志·卷二一·使华堂·戴楠记》，册四八九）

然而寓吾仁智之所乐凡十有五，而三乐实主之。（黄裳《演山集·卷一四·东湖三乐堂记》，册一一二〇）

天借使君仁智地，此来山水更相亲。（宋祁《步药北园》，二一二）

这里说明天地间的一草一木皆有其存在的道理，皆有其质性以呈现"道"，用心去格物者必能自其中体悟造化至理，由体道进而修道。例如园林中重要的因素之一是水，而君子细观水的种种性质，竟然可以领受到有本、该万善、恻隐、毅力、不自欺等启示。因为君子在观物之时，不仅是观看其物形，而且还格思其物性，并反观自照。如此一来，从格物穷理而能进入类比推衍、反躬自省，达到悟道、修养的境地。这样的修养论，在中国其实有很长的传统，从《论语》里仁者乐山、智者乐水的山水比德论，到六朝清士的山水悟道说，都使中国文人认可天道至理是无所不在地存蕴于山水自然中的。所以这里可以看到干脆用"仁智地"来称唤园林。既然是仁智之地，就须善加体悟领受。姚勉在《雪坡集·卷一四·溪山堂玩月》一文中就特别提醒："动智静仁须有得，栏干莫只等闲凭。"（册一一八四）在凭栏观赏景物时，不可泛泛作物形物态之欣赏，应在景物的动静之间对仁智之德有所领受，才是造设园林的深意所在。这样切切叮咛的语气，告示着宋代的文人士大夫对园林居息游赏所抱持的一分悟道修道的责任感。

下面一些资料可以显现宋代文人在园林的居息游观或营造之时，无不时时谨记着悟道修德的责任：

> 园东乡，中为志堂，序分十舍：曰求仁，曰立义，曰复礼，曰崇仁，曰请益，曰由颐，曰履信，曰穷理，曰近思，曰笃志……（魏了翁《鹤山集·卷四八·北园记》，册一一七二）
>
> 非特仰乔木修竹而俯幽花怪石，中有经史百氏之书……视此数物犹善人君子，而吾室乃芝兰之室也。（晁说之《景迂生集·卷一六·兰室记》，册一一一八）
>
> 人徒知其接花艺果之勤，而不知其所种者德也。（苏轼《种德亭》诗序，七九九）
>
> 亭沼如爵位，时来或有之；林木非培植根株弗成，大似士大夫立名节也。（《宋史·卷三三一·卢革传》）
>
> 抱瓮荷锄非鄙事，栽花移竹似清谈。（刘克庄《后村集·卷七·即事四首》，册一一八〇）

从园中堂舍的命名开始，便处处提醒园居者穷理、修身、立德的责任。而草木竹石的种种特性都具有善人君子之德，也无所不在地砥砺着居游其间的人。这样一种恭敬勤恳的心，加上栽植营造工作所需的耐性，对用心的人而言，栽花移竹不啻是一种"种德"的修养实践。而且更可以将花竹当作灵应的君子，与之有一来一往的对谈，从中领受诸多修身立节及天地至道等丰富内涵。这样的悟道环境，清楚地告诉我们，宋代文人对于园林悟道的自觉性要求具有很深切的自我期许。

这样深切的园林悟道理念，虽不是宋人独创的，诚如叶适在《水心集·卷九·沈氏萱竹堂记》中曾追溯孔子乐山乐水、登泰山、叹逝水等事例来说明君子有所谓"游观之术"（册一一六四）。可见山水格物悟道的说法源远流长，是有所秉承的。只不过因为宋代是理学盛朝，所以这样的格物修身之论更被强调出来。《书院与中国文化》一书曾论及：

事实上在理学家那里，天理本身已非一个神秘的东西，无非是世俗伦理的上升与概括。天地之性即是人性本身，那么，人自身的完善，自然也可以通过体悟天地万物之灵秀而实现。（见丁钢、刘琪《书院与中国文化》，第199页）

就是这样的时代背景，加上悠远的历史承传，使得宋代文人在生活中对于园林景物寄予如此重大的责任，对于园林的居息生活或游观活动赋予如此重大的期望。由此可以想见，宋代文人在布置自己的生活空间时，自然会花费心思去经营一个模拟自然天地、有山有水、有丰富物色的园林环境。

从怡神养气出发的园林涵泳论

园林物色可以启发道理，帮助德行修养；而园林整体环境质量、氛围、情境则可以怡养人的精神，涵泳人的性情。这一点，宋人比较强调的是空间的通畅特性可以使人气顺神明：

湫陋必气郁，爽垲则神莹。（韩琦《安正堂》，三二〇）

时盛夏蒸燠，土居皆褊狭，不能出气。思得高爽虚辟之地以舒所怀……形骸既适，则神不烦；观听无邪，则道以明……予既废而获斯境，安于冲旷，不与众驱，因之复能见乎内外失得之源，浩然有得。（苏舜钦《苏学士集·卷一三·沧浪亭记》，册一〇九二）

非得萧散之地、休偃之乐，则何以胖勤体，旺劳神，彷徉日出，专气阗实，入寥天之域哉。（宋祁《景文集·卷四六·西斋休偃记》，册一〇八八）

人之志于道者，在乎去烦释累，静虑和衷，视听动息，不汩不诱。然后以居者则安，以学者则专。自非离尘绝俗不能至于是也。（余靖《武溪集·卷一八·书谭氏东斋》，册一〇八九）

堂在县圃之东北隅，与翠阴亭相望。堂之虚静可以清人心，高明可以移人气。（黄裳《演山集·卷一七·阅古堂记》，册一一二〇）

这些议论主要是从园林空间的虚敞通透特性（至于宋代园林空间的通透特性将于第三章第五节空间布局部分细论）、园林地点的偏僻绝尘以及建筑物的高明虚敞来带引园林之内的"气"能够流动通畅。因为在中国人看来，人的气息是与整个宇宙天地之间的气息相流动连通的，所以居息环境的气息会深深地影响居息者的血气、神气。因此，从反面言之，当空间湫隘窘迫之时，整个园林环境会有压迫郁闷之感，气得不到疏通，人之气因而也会纠结闭塞，造成精神的烦愗躁郁。因此这里可以看到他们强调，园宅亭堂的虚旷爽垲让他们精神清朗莹洁，怀抱得以舒展，气韵得以流动宁和。

当人之气从外在环境得到最通畅平顺的调节之后，不仅精神胸臆会有奕奕朗朗的明快感，而且也能轻易自然地契合于道。所以苏舜钦的沧浪亭在他最初注重调气的要求之下经营得高爽虚辟，而且让他形骸舒适，神不烦而道以明。所以园林的怡神畅气的功能，最终仍是以明道体道为目标的。

虚明爽朗的环境可怡养人的神气，使人清灵明畅，而灵动的精神状态与畅顺的气韵又使人易于自由无阻地在天地万物之间悠游，臻于一种忘我、齐物的混沌境界：

家园休息敞虚堂，直造希夷境外乡。（韩琦《题致政赵刚大卿宴息堂》，三二九）

方其寓形于一醉也，齐得丧，忘祸福，混贵贱，等贤愚，同乎万物而与造物者游。（苏轼《东坡全集·卷三六·醉白堂记》，册一一〇七）

默室之中盘踞而独坐，寂然而言忘，兀然而形忘，杳杳为天游……与忘形交于此，为谈笑以寓道情之至乐。（黄裳《演山集·卷一七·默室后圃记》，册一一二〇）

安知一斛水，坐得万里心……独观物性得，鹏海均牛涔。（韩维《和原甫盆池种蒲莲畜小鱼》，四二〇）

每适意时，徜徉小园，始觉风景与人为一……盖光明藏中，孰非游戏。若心常清净，离诸取着，于有差别境中，而能常入无差别。（周密《武林旧事·卷一〇上·张约斋赏心乐事序》，册五九〇）

韩琦特别指出虚堂的敞阔可以直接连通无尽的尘外世界，可以令人的心神通达无碍地直造幽美仙境。那是环境空间的虚敞通透引导人的神气"以无间入有隙"，故而能够恢恢乎悠游徜徉于宽绰有余、丰富变化的天地，进而臻于东坡所述的平齐浑忘的境地，或是黄裳所说的心斋坐忘的境界。这些杳杳无际又逍遥浑然的心灵境地就是庄子所描述的道境。而张镃所领受的则是以一种游戏自在三昧的定境去参游园林，则处处皆得法意。而所谓的道境或法意，都需要由一颗清净灵明而松动的心去感应，这需要园林环境的通透空间来促成，需要类似于天地万物之缩影的园林环境来配合。

而浑然泯化、无所分别的悠游境界，是一种心灵的意境，而非道理的启悟与德行的修养，也非神圣的责任担当。它纯然是一种美的、乐的体会。因而文人们从中领受的是和乐至乐，是精神最大的享受与怡悦：

穷通虽百变，何往不自得。兹亭聊寓名，和乐在胸臆。（司马光《同子骏题和乐亭》，五〇一）

心闲生浩气，味薄得真经。凿沼观鱼乐，开樽与酒盟。（陈襄《留题表兄三哥养浩亭》，四一三）

当其暇也，曳杖逍遥，陟高临深……虽三事之位，万钟之禄，不足以易吾乐也。（朱长文《乐圃余稿·卷六·乐圃记》，册一一一九）

志倦体疲，则投竿取鱼，执衽采药，决渠灌花，操斧剖竹，濯热盥手。临高纵目，逍遥徜徉，唯意所适。明月时至，清风自来，行无所牵，止无所柅，耳目肺肠悉为己有。踽踽焉，洋洋焉，不知天壤之间复有何乐可以代此也。（司马光《传家集·卷七一·独乐园记》，册一〇九四）

北村亩余三十，中涵五池，大半皆水也……余谓公冲约有清识，既以天趣得真乐，而又能挹损其言……（叶适《水心集·卷一〇·北村记》，册一一六四）

这里同样都提到园林生活所能领受到的是乐：和乐、鱼的至乐、真乐。这快乐的体验，不是一般的声色口耳或四肢安逸的享乐，而是纯然地契悟至道、体味真意、逍遥茫洋地与天地为一的至乐。司马光说这种境界是在"志倦体疲"之后才徜徉进入的，可见它并非逻辑推理或道德涵养等令人疲倦、耗损心力的格物穷理与修身等儒家德行修养的系统，相对地，它是以垂钓采药等悠闲的活动以及纵目徜徉等欣赏品玩的态度去居游园林，比较切近于道家。所以非但不会因神圣庄严的道德责任产生压力，反而更能在涵泳陶蕴之中使人的心力得到最饱满宁和的休息怡养。上一目所述是一种仁智的训练，而本节所述则是一种心灵的滋润。

相对于儒家的修身治国的外王事业而言，事实上道家的心灵自由的涵泳、悠然深美的生活情味，更贴近中国文人在具体生活中的喜好和追求。因为园林是居息、游观的场所，是生活的环境，文人对它的要求是更贴近于道家情态的。因此这种由怡神养气出发所建立的混沌至乐的园林涵泳论对中国文人是深具吸引力的。而宋代文人对此的强调也可以显示出这样的园林理论对宋代园林兴盛发展所产生的正面促进作用。

以教育承传为基础的家族功能论

园林既为可居息的生活空间，它也是一个家。因为它的空间通常较为宽敞，有充分的余地可安排起居建筑的次第，所以它也适合大型家族的居住。对于注重家庭伦理的中国人，提供家族团聚共居又能各不干扰的园林是深具伦理意义的。（关于中国园林的伦理内涵，可参阅黄长美《中国庭园与文人思想》第二章）

在繁杂细密的家族伦理中，家风的传续、子弟的教育是十分重要的部分。宋人在有关园林的诗文中便一再地强调园林中教育子弟的事况：

诗书教子雍容外，琴酒娱宾笑傲间。（吕陶《题致仕袁成均燕申亭》，六六八）

诗书诲儿侄，筋豆燕逢遇。（文同《王会之秀才山亭》，四三四）

以读书自娱，教其侄孙。（范成大《吴郡志·卷一四·园亭·逸野堂》，册四八五）

课儿子兮蓺松菊。（黄庭坚《山谷集·卷一·王圣涂二亭歌》，册

一一一三）

迎风揖月，课儿觞客，洒然无累于外。（黄仲元《四如集·卷二·意足亭记》，册一一八八）

对于儿侄子孙加以教课，这些家族教育工作应是大部分家族都会进行的，似乎无关乎园林。但是上列资料显示的是在园亭中进行教育的，这有一些原因。首先，他们教诲儿侄的是诗书。就诗这一门类而言，不仅是教他们读诗、解诗，更重要的还需教他们写作吟创。而园林里的山水花木、丰富变化的物色正是诗歌创作时最重要的触媒和意象资源。园林景物的经营并非苟为玩乐而已。所以文彦博有一首诗为《初泛舟新池观子弟辈作诗因为此示之》（二七六），在园中新砌一池开始启用泛舟之初，便命子弟辈前来观赏并练习作诗。而文彦博不但在泛舟的同时要督导验收子弟们的作品，同时也要随手吟咏以为示范，并在诗中教示为诗之道。这例子非常清楚地告诉我们，园林物色是家族教育中非常重要的教学资源。而上两目所论的园林格物穷理功能与怡神养气功能也都是教育子孙不可或缺的内涵。从这些角度看来，园林在家族教育中确实扮演着十分重要的角色。

园林的教育功能除了丰富的物色有助于诗歌创作、格物穷理、怡养神气之外，还表现在功能性专区的设计上。园林中主题性的分区是到了宋代才普遍的，而其中读书堂的设立往往成为园林景点特色之一，可见读书教育在园林中的重要性。如：

又辟其后为堂，聚先世所藏之书，以遗其子孙。（杨时《龟山集·卷二四·乐全亭记》，册一一二五）

堂中储书数百千帙，先生当前，子弟群植。（蔡襄《端明集·卷二八·葛氏草堂记》，册一〇九〇）

二轩之制，不侈不陋。聚书万卷，足以示子孙。（杨杰《无为集·卷一〇·二轩记》，册一〇九九）

家多藏书，训子孙以学。予为童子，与李氏诸儿戏其家，见李氏方治东园……（欧阳修《文忠集·卷六三·李秀才东园亭记》，册一一〇二）

程氏园，文简公别业也。去城数里，曰河口。藏书数万卷，作楼贮之。（周密《癸辛杂识·吴兴园圃》，册一〇四〇）

宋代是私家藏书开始兴盛的时代。数以万计的典籍需要专设的建筑来贮藏，这在园林的广大空间中比较容易安排布置，又能为园林山水的自然气息增添一点人文成分。而这些藏书最主要的目的并非装饰、夸耀，而是为示其子孙、遗其子孙、子弟群植的教育目标而设的。在园林中专设教育子弟的读书堂、藏书楼已可看出宋人对教育的重视和具体实践，也可看出园林是其实践过程中的一个重要助因。甚至在资料中可以看出这样的园林见解：

（余友卫君湜）酷嗜书，山聚林列，起栎斋以藏之。与弟兄群子习业于中。夫其地有江湖旷逸之思，圃有花石奇诡之观，居有台馆温凉之适，皆略不道，而独以藏书言者，志在于学而不求安也。（叶适《水心集·卷一一·栎斋藏书记》，册一一六四）

有一子，其材性以嗜学，家亦幸岁入有羡，可卒就业。后时欲于此饰宾馆，于此敞书室，于此开宴堂，于此辟射圃，使四方名人闻士或至即舍此，相与朝夕讲肆评议，将赡给之无厌。（文同《丹渊集·卷二三·武信杜氏南园记》，册一〇九六）

虽一子，不敢不教。某所燕息之室曰竹窗，环以竹。而教子读书之室有阁焉，曰芳润。阁之前杂莳四时花……取陆士衡《文赋》所谓漱六艺之芳润者。（姚勉《雪坡集·卷三四·龚简甫芳润阁记》，册一一八四）

这里很清楚地说明，为了教育子弟而特别筑造了某园某阁。那么，园林的教育功能与教育目的是十分明显了。尤其像叶适所说的，园林内虽然有江湖旷逸之思，有花石奇诡之观，有台馆温凉之适，但都不被园林主人所重视。园主独独对其藏书和教育弟兄群子之事特别强调，原因是当初造园的志意便在于学。可见园林确实在习业方面具有良好的功能。其原因除了上述的园林物色有助于作诗、穷理、养神，以及藏书有助于学习之外，园林内的宾馆、宴堂、射圃可以招待（事实上还有优美的景色可以吸引）四方名人贤士，以与园主、子弟朝夕讲肄评议，这些师友对于受教的子弟而言是非常重要的学习资源。由此看来，园林主人苦心孤诣地经营园林景点，是存有一分家族教育的特别期待的。

在严肃的教育内涵之外，园林也提供家族共同的休闲娱乐空间：

手栽园树皆成实，引着儿孙旋摘尝。（李昉《更述荒芜自咏闲适》，一三）

皤腹老翁眉似雪，海棠花下戏儿孙。（滕白《题汶川村居》，二一）

雨后看儿争坠果，天晴同客曝残书。（苏舜钦《夏中》，三一四）

仙翁晚归来，子孙笑牵衣。（姚勉《雪坡集·卷一六·王君猷花圃八绝·鉴池》，同上）

这里展现的是轻松、和乐、趣味的生活琐事。翁孙可以一起嬉笑，一起摘尝父祖手栽的树果，或者争拾坠落的果实，可以拉着祖父的衣摆撒娇。园林里的赏景、嬉玩以及种种有趣的活动，是不分年龄老少的，是不分身份男女的，它适合全家一起生活、一起活动、一起休闲。老的少的，有了园林的丰富物色、优美风光，都不会觉得寂寞无聊，全家人可以安住于此，同享天伦之乐。所以许多资料也显现出园林里的大型家族团聚的场面：

幽芳啼鸟，爱之而不可胜名；老木修竹，荫之而不可胜算。每晨昏燕闲，亲族咸集，老者坐于上，稚者戏于下……（杨杰《无为集·卷一〇·采衣堂记》，册一〇九九）

凡海陵之人过其园者，望其竹树，登其台榭，思其宗族少长相从愉愉而乐于此者，爱其人，化其善，自一家而刑一乡，由一乡而推之无远迩。（欧阳修《文忠集·卷四〇·海陵许氏南园记》，册一一〇二）

今为精舍于斯，欲吾子子孙孙钦奉其先之祀；又为亭于斯，欲吾子子孙孙毕其先之祀而相与会聚于斯亭。劝酬欢洽之余，追念本始。（真德秀《西山文集·卷二四·睦亭记》，册一一七四）

如此园池如此寿，儿孙满眼庆无涯。（邵雍《延福坊李太博乞园池

诗》，三六九）

晨昏燕闲之时亲族咸集；宗族少长相从愉愉而乐；子子孙孙祀毕而相与会聚劝酬欢洽，追念本始……这些展现的是十分壮观的家族团聚图，在和乐欢洽中有家族香火承递不断的信息，有积善多庆的成就。什么样的居家空间可以容纳如此庞大的亲族晨昏咸集？可以让长者有序地分坐于上而稚幼孙童又可以兴味盎然地嬉戏于下呢？可以让亲族聚居在一起而各房之间又因山水花木的配置分隔而有各自独立的空间呢？无疑，园林是相当理想的一种空间。张镃南湖园里有东寺一区为报上严先之地，有西宅一区为安身携幼之所，有北园一区为娱宴宾亲之地（南湖园的详细内容可参看第五章第一节），这些分区可以清楚地证明园林所提供的家族团聚功能。

海陵许氏的南园能够让前往游观者在登览之际就会思羡其家族少长相从的愉愉和乐景象，可见得海陵许氏的慈孝融洽的家风与其南园之声名均名闻遐迩。当其慈孝和睦的家风成为一乡或更远者的模范表率足以感化乡党之时，南园便成为这慈孝和睦家风的一个最鲜明最具体的表征了。

这种以园林为家风的表征或为家族的代表的观念，除海陵许氏的南园深具典型性之外，其他例证尚如：

日与其子若孙周旋其间，考德问业，忘其为贫……与其增膏腴数十亩而传之后裔，孰若复三亩之园而不坠其素风乎？（袁燮《絜斋集·卷一〇·秀野园记》，册一一五七）

此圃者，先光禄之所遗，吾致力于此者久矣，岂能忘情哉？凡吾众弟若子若孙，尚克守之：毋颓尔居，毋伐尔林，学于斯，食于斯，是亦足以为乐矣……千载之后，吴人犹当指此相告曰：此朱氏之故圃也。（朱长文《乐圃余稿·卷六·乐圃记》，册一一一九）

余深顾长虑而冀永年，子孙孙子勿替引之。（黄仲元《四如集·卷二·意足亭记》，册一一八八）

某座园林一旦有了家风声名，就是这个家族最弥足珍贵的传家至宝，即使只有三亩大小的素朴之园，也较之增膏腴数十亩更值得家族珍守。所以园林主人往往殷殷告诫子孙后裔不能荒废家园，连一棵树一拳石都不能伤损，这才是孝顺的表现。从这些告诫的话语中可以明白，园林在宋人看来，是家族的象征，是家人精神力量的来源和凝聚点，是一个家族代代传承不衰的有力证据。为人子者，如何能不努力持守住一个园林呢？为人父母者，如何能不努力去营设开创一个有家风的园林呢？朱长文说他致力于乐圃的经营久矣，便是这样一片孝顺先人、承继家风的苦心。这是宋代园林兴盛的另一端由。

以点化山水之美为贤智的表现

在园林发展的早期，拥有园林是有权、有钱者的专利。等到园林兴盛普遍之后，只要有若干资产就可以拥有。在宋代，加上小园的流行与园林艺术化手法的大量运用，不需要有广大的土地，即或是三亩一亩也可以创造美园。尤有甚者，像邵雍在当时是德高望重的学者，有二十户人家争着出钱替他营设天津园居，他没有花费分毫钱财便坐享胜景。所以在宋代的园林观念里往往也强调拥园、创园者的贤智德行：

嘻！山林泉石之胜，必待贤者而后出。（刘敞《彭城集·卷三二·寄老庵记》，册一〇九六）

嘻！天下佳处尝藏于众人不识之地，而臭腐化为神奇。且物有是理，则兹境也未必不待我而显，又乌知仆之意不出于造化之所使耶！（宗泽《宗忠简集·卷三·贤乐堂记》，册一一二五）

园林固足胜，景着必人贤。（梅尧臣《依韵和李密学会流杯亭》，二四七）

原来山林泉石之美好似一块玉璞，在一般人眼中只是一块普通的石头，看不出它的珍贵。所以佳地最初总是潜藏在众人不识之处，必待贤者以其慧眼灵心才能识赏，才能用心琢磨点化出一片优美出众的园林胜景。之所以称之为贤者，是因为他们能明白天心，能依顺且实践天意，化臭腐为神奇，将天地之美原现于世人之前，供世人玩赏。此岂非贤者？

其实园林的五大要素之中，山石、水、花木属于自然景物，而建筑与布局则是人工产物。所以园林是将大自然素材加以人工的点化与安排，基本上是需要相当的精心经营设计的。宋人便相当强调其中的人力作用：

只知造化随人力，岂觉光阴换岁华。（冯山《戏题辛叔仪花园》，七四五）

物色随心匠，形容记绘图。（吴中复《西园十咏·方物亭》，三八二）

胜概本天成，增营智亦精。（韦骧《横翠亭》，七三三）

择地为亭智思全……目逆千山秀色边。（韦骧《丁承受放目亭》，七三三）

风景只随人意好，昔贤何事厌湘沅。（孔武仲《西园独步二首》其二，八八三）

即或是石水花木等自然生成的要素，在园林里依然是要经由人心意匠的安排布置，彼此之间才能组成一个不仅可观、可居，而且可游、可玩的艺术化、有机化的活空间。于此而言，即使胜概形势本自天成，园林仍是人力、匠心、智思的成果，园林的成败仍是随主事者的贤智来决定的。甚至从拥有者、欣赏者的角度而言，眼中的风景是好是坏，是否值得赏玩，也完全是由人意来决定的。因此可以说，造就一个形胜的园林，懂得品赏园林的美好，都被宋人认可为贤智之人。

受到贤智的称誉是人们所喜爱的，尤其是文人士大夫。在享受优美的景观、适逸的居息空间以及悠闲自在的生活步调的同时，又能创造美的艺术作品，获得贤智的荣誉，园林的经营价值实在是很高而且是多重的。尤其以具创造性、艺术性的原因来看待园林，对文人创园有很大的鼓舞。

然而贤智的称誉通常似乎来自德行的美好表现，是对人们有所助益的行为，此处却将造园的优异成就也看作贤者之行，其间的意味颇为有趣。除了上述实践天意天美的贡献之外，事实上中国人心目中的贤者应进有所为、退有所守，出入之道把握得宜。自魏晋开始，隐逸之风兴起，在六朝的正反招隐议论中，隐逸无论是心或迹的表现，都被认可是洁义之行，致使唐代文人沉浸在希企隐逸的风尚中。宋代虽是新儒学时代，却也继续着这样的生活习尚。因此，园林的功能之一便是提供仕宦大夫们在实践其政治抱负的过程中同时能满足对自己不慕荣利、淡泊有节的心志的表白。于此，在尘世里，忠国爱民、利益众生是为贤者，而在公余个人生活上，仍是开创天地美景的贤智者：

　　开门而出仕，则跬步市朝之上；闭门而归隐，则俯仰山林之下。（苏轼《东坡全集·卷三六·灵璧张氏园亭记》，册一一〇七）

　　乃知仁智乐，不与冠盖妨。（刘敞《奉和府公新作盆山激水若泉见招十二韵》，四七一）

　　人生富贵无不成，都门坐置山林观。（苏辙《游城西集庆园》，八五四）

　　近市而有山林趣，花竹成阴，啼鸟鸣蛙，常与人意相值。（黄庭坚《山谷别集·卷四·张仲吉绿阴堂记》，册一一一三）

　　此山林之景，而洛阳城中遂得之。（李格非《洛阳名园记·董氏西园》，册五八七）

把园林当作吏与隐、都市与山林的兼容并蓄者，这样的观点在唐代已非常盛行。这对宋代人而言是极具吸引力的一种生活方式。筑造一座都市里或近郊的园林就可以同时拥有仕宦与隐逸的生活内容，就可以同时享有城市生活的便利与山林生活的清幽，就可以同时完成济民经世与创造山水的双重贤智之理想。即或是完全遁身在山林之中，过着纯粹隐逸的生活，只要用心思去点化山水、筑设园林，依然是贤智者。这种以造园为贤智工作的理论，对于宋代园林的兴盛也具有相当的促进作用。

造园法创造更多佳园

中国园林经过长时期的发展已逐渐在揣摩试验中汇集出许多造园法则。

尤其中间经过唐代文人的高度参与，并以审美眼光歌咏入诗，更使许多园林美的原则被一一彰显出来，这对宋代园林的发展与成就是一大助益。宋代文人因而也在诗文资料中记述了他们的园林美学理念。

首先，他们认为在造就园林的成就方面，能够以最少的力量制造最大效果者是最被叹赏的。他们有如下这样的眼光：

心营目顾，因高就下，而作堂于中……工不罢人，作不费财……于是邑人见之，咸以谓忽生顿出，而不以为故所有也。（张嵲《紫微集·卷三一·崇山崖园亭记》，册一一三一）

《兰轩初成公退独坐因念若得一怪石立于梅竹间以临兰上隔轩望之当差胜也……寻命小童置石轩南花木之精彩顿增数倍……》。（宋祁·二一四）

亭以山构而能尽山之美，其名韶云。（余靖《武溪集·卷五·韶亭记》，册一〇八九）

为堂于其中，一境遂清绝。（韩琦《虚心堂会陈龙图》，三二〇）

庾郎真好事，溪阁展新开。水石精神出，江山气色来。（穆修《鲁从事清晖阁》，一四五）

心营目顾，是先进行一番相地的功夫。对于相地这个程序，宋人相当重视。（宋人的相地之说详见第三章第五节）先了解园地的形势地脉才能因顺其既有的高下特色，才能在工不罢人、作不费财的情形之下让人有耳目一新、以为是忽生顿出的惊讶。其实其中景物多半是"故所有"的，只要一点点的增损，就可以达到点化的神效。而所谓的点化，就像宋祁在轩南立置一块石头就可以让所有的花木精彩顿增数倍；构一山亭就可以尽山之美；筑一虚堂就能使一境皆为之清绝；开一溪阁便足以使水石精神顿出、江山气色全来。这好比手指轻轻一点就能让顽石化金一般。这种在相地的基础之上所宣扬的点化功夫论，可以帮助园林营造所花费的人力、物力得到很多节省，对园林的兴建是一大帮助，对经济不宽裕者而言，拥有园林也是易为之事。这无形中也促进了园林的普遍与兴盛。

其次，在长期累积的经验中，一些美的原则已逐渐确立，什么样的情况适合什么样的植造都已成为原则。所以宋人治园时，心中已有"法"的理念了。例如周必大在其《归庐陵日记》中就曾经这样评论道：

> 惠氏南园，葺治极有法。溪流正贯园中。隔街即大第。（《文忠集·卷一六五》，册一一四八）

姑且不论周必大此处所指之法为何，但可知治园有法无法已成为评鉴的一个重要标准，亦即宋人造园时已明确地注重一些法则并加以遵循了。

而所谓的园法为何？周必大此处指的是园林以水脉为其组织结构的主轴。而宋人尚有许多以水为园林主角的造园理念：

> 有水园亭活，无风草木闲。（邵雍《小圃睡起》，三六二）
> 有山无水山枯槁，有阁无书阁未清。（方岳《秋崖集·卷一一·寄题盐城方令君摇碧阁》，册一一八二）
> 为园池，盖四至傍水，易于成趣也。（周密《癸辛杂识·吴兴园圃·倪氏园》，册一〇四〇）
> 薛野鹤曰：人家住屋须是三分水、二分竹、一分屋，方好。此说甚奇。（同上，续集《水竹居》）

在园林的五大要素中，水最为灵活、柔软、流动、滋润；没有水的园亭显得坚硬、干枯、呆滞。所以说有山无水，山就显得干枯。相反，园亭有了水就生气活泼，水的流动或波纹的推移让园林有了"气"，犹如血脉的流动，园林便"活"起来了。而且水的倒映特质能让园林增加双倍的空间感，能让景物在倒影中得到柔化，能增加园林的亮度和滋润感，能让各景经由水流的联系作用而成为有组织的空间结构，能增加水上活动……因而说园林多水则易于成趣。至于三分水二分竹，白居易早已有类似的说法（白居易在《池上篇》的序文中自述其履道园是"屋室三之一，水五之一，竹九之一"，《全唐诗·卷四六一》。虽然比例与此不同，但都强调水与竹的重要性。）但此处又大大地提高了水与竹的比例，可说是更大幅度地增加了园林化的程度。

在这些论说之中可以见到宋人造园理念中对水的重视，而且可以知道他们善于运用水的种种特殊性质以营造鲜活有韵的园林。这对园林形态的进步提供了正面的指导作用。

再次，宋人也从经验中归纳出一些造园法则，如：

因相地而措其宜。旷而台，幽而亭。（刘宰《漫塘集·卷二一·秀野堂记》，册一一七〇）

窈而洞，崇而坛，位置略如京洛好事家。（牟𪩘《陵阳集·卷九·苍山小隐记》，册一一八八）

这是相地之后配合地形而形成的法则：地势高者宜筑坛，地形空旷而视野开阔者宜筑台，较为幽静偏僻的地方宜建亭，地势深窈幽陷者宜为洞。这些所宜的情况其实是依循着相地功夫之下的"因随"原则而决定的。又如：

绕岸便须多种柳。（蒲宗孟《新开湖诗六首》其二，六一八）

夹岸近教多种柳。（张咏《曲湖种柳》，五〇）

这是湖岸种柳的法则。用柳条低垂柔软的线条来美化水岸分隔线，以柳条拂掠水面来制造涟漪波纹，使柳浪与波浪相连成趣。"便须"二字，显现出这已经是个公认的定则，故应须如此造设。又如：

朱阁偏宜翠柳笼。（范纯仁《和王乐道西湖席上》，六二四）

映轩临槛特为宜。（梅尧臣《依韵和新栽行》，二五七）

这是建筑物四周的布置，用柳或竹的萧散姿态来掩映坚硬的建筑物，使人为的建筑物自然化，得到园林化的效果。两个"宜"字也是颇具力量与信心的论定。又如：

后墙皆密竹，轩楹太敞，宜夏不宜冬。（吕祖谦《东莱集·卷一五·入

越录》，册一一五〇）

长夏宜高明。（宋祁《锦亭晚瞩》，二〇六）

这是建筑物形制与大自然之间气息的互动情况所造成的季节适应特性，对于建筑形制的设计是一种提醒。又如：

胜景更新数步间。（徐亿《巾山广轩》，六八九）

更远更佳唯恐尽，渐深渐密似无穷。（欧阳修《西湖泛舟呈运使学士张揆》，三〇一）

望中千里近。（苏颂《补和王深甫颍川西湖四篇·宜远桥》，五二一）

这是视觉原理的发现，在曲折的动线中，每走数步，由于角度已转变，景物的姿态面势也随之而改变，所以曲折的动线可以创造丰富变化的景观，产生游览时的心理期待与落差等戏剧性效果。此外登高远眺时由于视野的广阔，景物尽收眼底，会造成"望中千里近"的视觉效果。这些描写对于园林造景是很精要的提点，也会对较后的造园产生示范与启示。而这些视觉原理在宋代画家的画论中已被系统整理出来，可信宋代画论对于园林造设亦有极正面而典型的启示，如郭思《林泉高致集·山水训》中有如下的理论：

山以水为血脉……故山得水而活……（水）以亭榭为眉目……（故水）得亭榭而明快。

山近看如此，远数里看又如此……每远每异，所谓山形步步移也。山正面如此，侧面又如此……每看每异，所谓山形面面看也。

可行可望不如可游可居之为得。何者？观今山川地占数百里，可游可居之处十无三四，而必取可居可游之品，君子之所以渴慕林泉者，正谓此佳处故也。

这些虽是山水画的原则，但却与上述的宋人园林理论相切合。这主要是因为园林是由山水花木亭台等组合成的，自然是要符合山水美学。而宋代的山水画作中又有为数不少的园林绘画，但看山水画家的园林生活经验（可参阅米芾《宣和画谱》中画家生平的记述）与其山水绘画结合的情形（如李公麟有《龙眠山庄图》，乃其自家园林的写生图。参见苏辙《题李公麟山庄图并叙》八六四），便可了解山水画论与园林理论之间的共通性。而宋代山水画论的成熟正可给予园林的兴建提供一些指导与提升的良机。

总之，无论是造园所适宜的法则还是山水画论，都可以看出，到了宋代，园林美学的发展日趋成熟。无疑，这将帮助园林的设计与营造，使园林作品更加成熟而更臻于艺术化的境地。

综观本节所论，可以了解宋代的园林理论对其园林的兴盛产生了如下的正面影响。

其一，以园林中丰富的物色具有格物穷理的功能出发所发展出来的园林悟道功能论，在宋代理学的背景之下，使宋代文人对园林的居游赋予深重的责任与期待。此其兴盛原因之一。

其二，以园林空间的气之特质可以怡养精神、调节人气的理论出发，园林成为可以浑然逍遥真乐之乡，使人的精神心灵得到最大的休养与滋润。这样的园林涵泳论也增强了园林在文人契道生活中的重要性。此其兴盛原因之二。

其三，强调园林的教育功能、家族和睦相处共聚的功能以及象征家风与家族兴衰，致使园林在一般家庭生活中的重要性更具普及性。此其兴盛原因之三。

其四，由于认可设计、兴造型胜优美的园林乃是贤智的表现，也由于主张园林具有兼融史与隐、城市与山林等两难的包容力，使进退出处的智慧与操守得到最适宜的兼容，文人士大夫对于园林产生了很大的需求与期许。此其兴盛原因之四。

其五，长期的园林发展，宋人已归纳出许多造园的美学原则，再加上已成熟的山水画论的启示，促使宋代园林作品更臻艺术化的境地，使宋代园林达到中国园林史上的巅峰。

第四节 文学背景——诗文创作的需求

唐代虽是中国诗歌史上成就最高、最辉煌的黄金时代，但其遗留至今的诗歌作品在数量上却比宋代少得多。宋代的诗歌数量庞大，而且在风格特色上也与唐诗各有胜场，仍是中国诗史上一个重要的时代。

诗歌数量众多所包含的意义之一就是，在宋代文人的生活中，写诗已成为相当生活化的事，可以遇事即写，也可以无所不入诗。而从诗风来看，宋诗的特色之一即是在意境、气韵、情味方面不像唐诗那么深远、生动、蕴藉，使人回味无穷，而是显得直接、说明性强、没有太多艺术化的构思。刘大杰先生在《中国文学发展史》中结合前人对宋诗的指责为"多议论""言理不言情""以文作诗""理俗而不典雅"，他认为这是宋诗的缺点也是长处。（见刘大杰《中国文学发展史》第二十章，第688页）造成这种现象的原因之一便是诗的生活化，直接地记述生活事物，抒发生活感慨。只要有所感、有所需，生活中可见的、所遇的，不论其能否营造或呈现深美的意境，都将之拈入诗中，这是作诗生活化、频繁化的结果。无论如何，宋诗这种以文作诗及数量众多的情形都说明宋人比较随兴自在的作诗态度和构思过程，作诗更普遍地、更大众化地在文人生活中进行着。

宋代在文学史上虽然以词为代表性文体，但是作为流行歌曲的歌词，作为青楼歌女演唱的内容，词在文人心目中仍旧不似诗歌那么典雅，不像诗歌可以广泛地抒写各种情意和理念。因此诗歌仍是表现文学成就的重要内容和指标，诗歌仍是文人创作的重要项目。因此拥有良好的、有益于诗歌创作的环境对文人而言是十分重要的。而园林的景致、物象正是诗歌创作的有利环境与触媒。宋人对此的自觉也促进了园林的兴盛。

五亩园林都是诗

园林是经由人工布局设计而将山、水、花木与建筑等物组合成的优美景色。美景不但愉心悦目、令人心旷神怡，而且常常带给人莫大的感动，产生无限的情意与妙悟，这些感兴是文学创作的丰沛资源。因此在宋人的园林经验中不断地强调着园林对文人创作的刺激与支援，如：

骚人得助是江山，千里幽怀一凭栏。（李觏《留题归安尉凝碧堂》，三五〇）

新火飞烟上柳梢，天供好景助诗豪。（张先《次韵清明日西湖》，一七〇）

遍地园林同己有，满天风月助诗忙。（邵雍《依韵和王安之少卿六老诗仍见率成七》，三七三）

诱引吟情终不尽，装添野景更无过。（李盼《齿疾未平炙疮正作……》，一八三）

情知天也眷诗人，借与林园别样春。（史弥宁《友林乙稿·林园》，册一一七八）

这里说明文人骚客在吟咏创作的时候得到江山大地很大的帮助，因为江山大地充满了上天提供的美好景色，而园林正是大自然的缩影，满天的风月，千里的山水，在凭栏观览之际都能引发文人不尽的兴怀与吟情，进而题写下诗歌作品。豪、忙、不尽等字表现出园林山水景色对诗歌情感的触发之强力与丰沛，是源源不断的诗歌活水，让文人浸淫其中。因此史弥宁说园林（尤其是园林春色）的存在是上天对诗人的眷顾，好似园林是特别为诗人而设似的。

江山可以帮助骚人抒发情兴，园林不仅缩影了江山，或者可以眺望江山，它更提供了欣赏、神游、沉吟山水美景的舒适视点——一个平台、一座亭榭或楼阁，让人在遮风避雨、坐卧凭倚的舒适的状态之下去赏玩、感兴、沉思，在从容余裕之中进行构思、吟咏、创作。所以较诸大自然天成的江河大地，园林是更适合帮助墨客们创作的。

园林中的美景是经过布置设计的，一草一木都含有人的情意在里面，因此细微的景物也都能引发情思，触发创作灵感，如：

多谢此君意，墙头诱我吟。（王禹偁《东邻竹》，六三）

吟怀长恨负芳时，为见梅花辄入诗。（林逋《梅花三首》其一，一〇六）

从此添诗景，为题好共分。（魏野《谢冯亚惠鹤》，八〇）

水精宫里石奇哉……都与先生助吟赏。（赵抃《寄题导江勾处士湖轩》，三四三）

斜阳更起题诗兴，还喜重来或未能。（赵湘《登杭州冷泉亭》，七七）

雪引诗情不敢慵，来登高阁犯晨钟。（王禹偁《雪后登灵果寺阁》，六四）

连摇曳于墙头的邻家的竹丛也能诱引诗情而发为吟咏。一个"诱"字表示并非王禹偁主动刻意地苦思诗材，而是在不经意的情况下被墙竹所勾触，自然地生涌出情思来。同为园林中的重要花木的梅花亦是作诗的良好触媒，林逋每见到梅花就会有所感兴而吟咏出作品。园林中的动物，通常象征清高隐者的鹤，也被视为是"诗景"，可以召唤众人来分题吟咏。此外，一块湖石也可以有助于吟赏活动，至于像斜阳、飞雪等时间性景象也会引起诗情诗兴。由于园林包含许多优美的景物，组成一些优美的景致，而这些景物与景致又会随着时间流逝而成长变化，所以其所能产生的触动就更加多样而丰富。华岳《池亭即事》诗便自述道："诗怀搅我丹心破，节物催人白发侵。"（《翠微南征录·卷七》，册一一七六）他在池亭之上感受到节物的推移而诗怀搅动不已。所以园林中无论是单一的景物或组成的景境或日月时分的流动下两者的变化，无一不是触发诗情的资源，所以文人们深有感触：

五亩园林都是诗。（方岳《秋崖集·卷九·山中》，册一一八二）

满眼皆诗足胜吟。（姚勉《雪坡集·卷一四·题百花林书堂》，册

一一八四）

不论大小，整座园林在文人们看来都是诗，可以说放眼看去，满眼所见皆是诗，足以让诗人吟玩不尽。园林是诗的说法确有其根据，其一如上所述，园林组成的要素，无论是一山一水、一花一木还是一座亭榭、一个角度，都是优美的物色。而对文学创作而言，物色是触发情思的触媒，也是提供意象的基本材料，这点刘勰在《文心雕龙》中特别以《物色》一篇来加以讨论，在写作中是非常重要的。而园林中到处是优美的物色，也即是丰富的意象所在，所以说满眼皆诗。其二，宋代园林在设计建造上本就以诗情画意的境界为目标，所以传统诗典在造园上也常常发挥启发、指导的作用。这种园林境界的追求与营造也会使"五亩园林都是诗"。这样如诗如画的园景，自然会教文人情思涌动，那是一种情境、氛围的完全浸染与包围。邵雍面对《盆池》时"幽人兴难遏，时绕醉吟哦"（三六三），梅尧臣欣赏《泗守朱表都官创北园》时，不禁"令人忘羁旅，洒虑起微吟"（二五七）。都是园林的诗情画意让文人产生不可抑遏的情思。因此园林给文人提供了丰富的诗源诗材，也就成了非常重要的创作环境与资源。对注重创作成就的文人而言，尤其对写诗生活化、频繁化的宋代文人而言，如何拥有，或如何游观优美的园林就变成非常重要的事，这必然也会促使更多的文人致力于购买、营造园林，这也是园林兴盛的原因之一。

乍登顿觉诗毫健

园林既是丰富的诗源诗材，文人到此自然会创作出诗歌，留下作品。吟创也就成为他们园林活动中重要的部分：

好景尽将诗记录。（邵雍《安乐窝中吟》，三七〇）
林泉好处将诗买。（邵雍《岁暮自贻》，三六八）
一首诗吟一种花。（史弥宁《友林乙稿·再赋晏子直百花林》，册一一七八）

江山好景吟新句。（何若谷《顶山寺》，二六六）

《那日获诣芳园窃见新栽丛竹萧然可爱不能无诗辄献五章望垂台顾》
诗。（李至·五三）

　　眼前不尽的好景，种种游赏的好处都让人感动喜悦，文人便用他们习惯
的、熟悉的、在意作品成就的诗歌加以吟咏、加以记录，好似用这些作品来
酬答园林的美好。在园林里不断地产生新句，也不断地磨炼创作能力，更也
不断细观移情于景物而产生隽永的情趣。李至在诗题中说，游园时见新栽的
丛竹萧然可爱故而不能无诗。"不能"两字表示丛竹对他产生的感动与触发
是盈满的，有涌动溢出之势，以至于不能不抒写下来。这说明园林对诗歌创
作的推动力量之强大。"尽"字与"一首诗吟一种花"则说明园林对诗歌创
作的推动力量之持久，文人可以源源不断地创作。

　　邵雍在我们印象中，是宋代著名的理学大家。理学家，似乎是严谨的、
岸然的。然而园林生活中的邵雍却展现出悠然的、趣味的、感性的、富于情
意的情调，而且诗歌创作丰富。园林对文人的沐浴力量及文学影响于焉可见
一斑。

　　由于园林触发作诗的力量强大持久，所以文人在园林中的经验充满了美
妙愉悦，其一是创作数量的众多：

好景自嗟吟不尽。（湛俞《灵峰院》，三四七）

好景吟何尽。（陈尧佐《林处士水亭》，《西湖志纂·卷一二·艺
文》，册五八六）

惟有诗情磨不尽。（席羲叟《凭栏看花》，七三）

园林萧爽开来久……此日开襟吟不尽。（孟宾于《赠颜诩》，三）

不可穷吟思，将须列画屏。（张咏《登崇阳县美美亭》，四九）

　　不尽的好景，不尽的诗情，不尽的吟思，对文人而言是神奇美妙的经验，也
是他们期望的。杨徽之《留宿廖融山斋》因为"别有堪吟处"，所以"相留
宿草堂"（一一）。这说明园林不尽的美景对文人产生的吸引力以及文人对

此现象的企求。某些文人容或不把文学创作的成就当作第一志愿，但这终究是他们心灵境地、人生见地、文字能力的重要展现，是生命的痕迹。当苏轼说"词源滟滟波头展"（《次韵曹子方运判雪中同游西湖》，八一六，词在广义的范畴之下是归属于诗）时，当文同说"好酒满樽诗满轴"（《剑州东园》，四三九）时，都是充满喜悦与满意之情的。这些经验的愉悦与重要性必然促成他们对园林更加亲近。这是园林吟创活动在数量上的优异成绩。

园林里吟创的第二个美好愉悦的经验是作品造诣的优异杰出：

写景不须搜画笔，诗参化匠自天成。（强至《依韵和判府司徒侍中雪霁登休逸台》，五九五）

不费思量句有神。（陈文蔚《克斋集·卷一六·壬申春社前一日晚步欣欣园》，册一一七一）

诗得幽奇句。（赵某《凉轩》，六八九）

吟得新词敌夜光。（青阳楷《题玉光亭和章邨公韵》，二六六）

坐来诗句清人骨。（强至《依韵奉和司徒侍中西园初暑之什》，五九五）

园林里创作所得的诗词可以"参化匠"，可以"敌夜光"，可以超逸高绝得清人肌骨，可以幽奇清俊。而这些卓绝的作品不是苦思搜索得来的，而是在自在轻松的情况下自然天成的，不费思量就能"句有神"。虽然这些资料有的在唱和酬酢的需求之下不乏夸张颂扬的成分，但是置身在园林优美深远的情境中，涵泳在大自然与人文巧妙的结合中，人的心灵与性情得到高度的涤荡与澄汰，其中隽永的情味、高远的境界、凝聚且精敏的心灵都会助人洞察许多事态和意趣，其对文学创作及作品的境界都有提升的作用。而且一路众多资料阅析下来，可以印证这种神奇的成绩有某种程度的真实。这是园林对诗歌创作的质量所产生的正面影响力。

源源不尽的美景诗情，让文人在诗歌的数量与造诣上得到莫大的助益，所以创造的过程就显得畅通无阻：

乍登顿觉诗毫健。（沈立《判官厅新建寿乐堂》，三〇四）

景对云山诗笔健。（余靖《静台》，二二八）

诗豪健笔题。（刘过《龙洲集·卷七·吴尉东阁西亭》，册一一七二）

毫健得新题。（韩维《和太素大雪苦寒》，四二七，此诗题目显不出园林的内涵，但有"旋委清池失，偏欺翠竹低"之句）

"健"字，含有文思充沛、强劲、流畅之意，"豪"字还表示文思飘逸骏放、不可抑遏。它们同时表现文人创作的敏捷迅速，内容的丰富，以及作品成绩的优异杰出。"顿"字则说明这些令人振奋的创作现象不须费力经营寻觅，是自然而然涌现的，仿佛文人的才华在园林中不自禁地就横逸辉煌了。

园林对文学的质与量有如此大的助益，对文人的诗才有如此美妙的提升，可以想见文人对园林的倚重，其对园林的需求必会促成园林的增加和兴盛。

强烈的文学创作意图与作诗专区的设立

正因园林对诗歌创作有如上的种种助益，所以有些文人前往园林游赏的目的就是作诗：

不因行药出，即为觅诗来。（陆游《剑南诗稿·卷六八·舍南杂兴》，册一一六三。此诗题目显不出园林的内涵，但有"莎径依山曲，柴扉并水开"之句）

争得才如杜牧之，试来湖上辄题诗。（王安国《西湖春日》，六三一）

有花即入门……借花发吾诗。（陆游·同上卷七《游东郭赵氏园》）

日午亭中无事，使君来此吟诗。（文同《郡斋水阁闲书·湖上》，四四六）

设席芳洲咏落霞。（文同《邛州东园晚兴》，四三八）

为觅取诗材诗思，就前来园中，这是园林提供创作资源的功能所造成的人为反应。甚至为了达到杜牧一般的才华和成就，就试着到西湖题写诗歌，这是园林提升诗歌造诣和文人才华的功能所造成的人为反应。似乎园林已变成了文人创作的利器和秘诀。所以当陆游想要借花抒发诗情时，看到有花之园，不问主人为谁便即入门，这是极为明显的以诗为强烈目的的游园行动。

以作诗为强烈意图的游园行动还典型地表现在园林督课的内容里。文彦博《初泛舟新池观子弟辈作诗因为此示之》诗，在园林新景之中督导子弟辈作诗，不但自己随手拈取眼前景象入诗以为示范，还在最后的主题中"借问阿连春草句，何人先把紫毫擒"（二七六），充满了鼓励督促的意味。这积极的督促口吻正显露出其园林新景的诗歌目的性。汪莘在《夏日西湖闲居》时感叹道："幽人不趁槐花课，收得西湖几句诗。"（《方壶存稿·卷三》，册一一七八）虽有"不"字的否定义，但却反映出一般人在西湖等风景优美的园林中忙于课诗的辛苦景象。这种在园林中课诗的情形正反映出宋代文人以作诗为目的的园林活动，也说明宋人视作诗为园林的重要功能。

园林对文学创作的助益更神奇的是一种神游作用。欧阳修在《答西京王尚书寄牡丹》诗中说："西望无由陪胜赏，但吟佳句想芳丛。"（二九四）虽然无法亲自参加游赏胜景的聚会，但是只要一想起芳美的牡丹花就能够吟思创作，而得出佳句。而释智圆《寄题聪上人房庭竹》说那些庭竹足以令他"遥想添吟思"（一四〇），也是用想象神游的方式就可以增添诗情。这一方面再度展现园林触发创作的神奇效力，另一方面表示宋代文人的园林活动已成为他们生活中频繁而熟稔的一部分，以至于用想象的方式就能够活现园林景境而得到情思。而这两方面又存在着互相促进的循环性关系。

为文学创作而游园的人，往往有其特别喜爱的或习惯的吟诗景点，甚至特别为吟诗而设景点，来进行他们的吟诗工作：

而舍旁列植竹、桂、梅、兰、莲、菊，名曰六香吟屋，日吟其间。（欧阳守道《巽斋文集·卷一四·六香吟屋记》，册一一八三）

赋阁并尘掩，诗阶伴药红。（宋祁《咏苔》，二〇八）

水穿吟阁过。（寇准《巴东县斋秋书》，九〇）

流过吟窗灭着灯。（赵湘《山居引泉》，七七）

静斋播风雅——自注：诗斋。（卢革《校书朱君示及园居胜概……》，二六六）

旋移吟榻并池横。（陆游《剑南诗稿·卷六七·池上》，册一一六三）

吟屋、赋阁、诗阶、吟窗、诗斋、吟榻等称谓表示这是诗人们常据以吟诗创作的所在，也表示文人们在园林中吟创的需求度甚高，所以必须为此特设适合的空间场所。也更说明园林之所以较诸原始大自然更适于吟创歌咏是因为它为文人提供了舒适的环境以便长时间从容地观览赏玩并构思创作，尤其像赋阁吟阁便于远眺纵怀，吟窗便于观览，诗阶也是向外放射的视点，而吟榻则更是可以便利地迁至任何美景处，而后舒适自在地吟咏。这种特为作诗而设立的功能性专区也更进一步证明在宋人心中对园林强烈的创作意图及对其文学功能的高度认可和倚重。

在创作上的倚重甚至导致文人对园林产生依恋与沉迷之情：

何事阌乡住三日，吟情难舍竹边池。（王禹偁《阌乡县留题陶氏林亭》，六五）

凭槛不能去，澄澄发静吟。（释智圆《冷泉亭》，一三四）

日于诗雅转沉迷，尤爱凭栏此构题。（林逋《水轩》，一〇八）

两衙簿领外，尽日吟望时。（王禹偁《北楼感事》，六一）

远梦有时寻水寺，孤吟终日对莎池。（寇准《夏日晚凉》，九〇）

在吟情的牵绊下难以舍离竹池，而连续停留三日。因为泉水澄澈能够引发静吟，所以凭槛不能去。因为沉迷于诗咏而挚爱凭槛以便构题。既然不忍离去，所以会吟望终日，会留连三天，甚至因为园林的"四时风月惬诗家"（韩琦《次韵和滑州梅龙图寒食溪园》，三二五）的丰腴条件，乃至于可以"岁华全得属文章"（韩维《寄题苏子美沧浪亭》，四二四）。也就是说，文人往往将大量的时间和生命投入园林中，其目的之一是为文学。由此可知园林在文人的创作生命中扮演着多么重要的角色，如此深度的倚重和大量时间的投注，造成文人对园林的强烈需求，必然促使园林更兴盛。

交游酬唱

园林提供的文学创作上的帮助还包括交游酬唱的部分。酬唱在中国文学的创作方面也是很重要且频繁的一种进行方式。园林为交游酬唱提供非常便利的场地，首先，在交游方面，如：

治园池，艺花卉，日与宾客相乐：饮酒、围棋、鼓琴、啸咏，脩然忘老。（李纲《梁溪集·卷一三三·毘陵张氏重修养亭记》，册一一二六）

躬筑别墅……日与平生故人徜徉图画壶觞之乐，四方宾客如归焉。（晁说之《景迂生集·卷一六·王氏双松堂记》，册一一一八）

辟径通幽，而亭乎其中，主人日与客游焉。（王十朋《梅溪后集·卷二六·天香亭记》，册一一五一）

带园为宅……日与宾客游适其上。（刘跂《学易集·卷六·岁寒堂记》，册一一二一）

中为小圃，购花木竹石植之，颇与朝士大夫游。（王辟之《渑水燕谈录·卷九》，册一〇三六）

与平生故人或宾客的交游若是在普通的屋堂之中将会较为乏味、窘迫而无法长期持续。在园林里则有优美的风光、多变的物色可以赏玩，可以行游，可以啸咏、饮宴，各种风雅、趣味的活动可以不拘形式和仪范地进行，宾主可以在轻松自在的情态下充分交流情谊，所以园林是很适宜于交游的场所。而这些拥有园林的主人也常常在此进行交游活动，甚至是日日如此，可见其频繁性。

有时候还可以看到有些人建造园林的目的之一即在于交游，如：

以愉宾友，以约亲属，此其所有也。（朱长文《乐圃余稿·卷六·乐圃记》，册一一一九）

为径为台，为庵为亭，以出眺而入息，以与宾客坐而谈笑为乐。（晁补之《鸡肋集·卷三〇·清美堂记》，册一一一八）

有别馆轩宇明清，前有池榭之观，中堂设圆床环榻，以与朋友共食。（郑侠《西塘集·卷三·温陵陈彦远尚友斋记》，册一一一七）

作小圃，时莳花木以待游子。（赵令畤《侯鲭录·卷二》，册一〇三七）

外设客舍，庖廪厮库，殆将百楹。（范纯仁《范忠宣集·卷一〇·薛氏乐安庄园亭记》，册一一〇四）

六个"以"字说明这些园圃台亭、池榭及花木是用来愉宾客的，让宾客在出可以眺览而入可休息的怡悦和舒适中谈笑为乐，进而交流情感。而且还特地设有客舍以招待宾客留宿，或作长期的游赏。这种特地为宾客的游息和留宿而造设的斋舍园圃，正说明交游活动是颇受园主重视的，而园林正提供这个重要的功能。

一般说来，园林所提供的交游活动并非苟为玩乐而已，尤其对文人而言，交游的内容尚包括切磋学问、见地和文艺等学习项目，如文同《武信杜氏南园记》记载杜氏于南园开宴堂，辟射圃，其目的是"使四方名人闻士或至即舍此，相与朝夕讲肄评议"（《丹渊集·卷二三》，册一〇九六），又如张守《植桂堂记》载明蔡子"即居之南圃筑为游息之地，士大夫过之，则受馆置醴，将考德问业以卒其老焉"（《毘陵集·卷一〇》，册一一二七）。这说明有些园林在筑造之初用心经营，是为了以优美及舒适的游息空间来吸引四方的名人闻士及士大夫，在他们停留期间得以相互讨论或向他们考德问业（本章第三节论及园林的教育功能时亦讨论过此问题，可参看）。这是交游活动中较为严肃的一面。然而诗文资料中提及更多的园林交游的内容则是诗歌创作。

园林既为作诗之佳地，又宜于交游活动，所以在园林交游活动中往往有诗歌酬唱的内容，如：

艺兰种竹其下，日与宾客饮酒赋诗，徘徊周览，盖将老焉。（汪藻《浮

溪集·卷一八·翠微堂记》，册一一二八）

　　于此乘兴而闲行，兴尽而宴坐，与所交游从事于文酒间，以度其生焉。
（黄裳《演山集·卷一八·风月堂记》，册一一二〇）

　　脱俗且将诗送酒。（韩琦《辛亥上巳会许公亭》，三三三）

　　使君诗藻无穷思，宾席谁堪奉唱酬。（沈遘《七言渭州新修东园》，
六二八）

　　《九月十日西园会范内翰李紫微已下诸公惠雅章谨成拙诗仰答厚意》。
（文彦博·二七五）

　　可以看出园林里时常举行一些聚会活动，聚会往往在宴游中进行。游而宴之
中，有酒佐兴，便伴随着吟咏赋诗的余兴节目。赋诗一方面是一种余兴节
目，另一方面也含有情谊交流、礼尚往来的应酬功用，同时也是展现才华名
声的机会。赵汝鐩《范园避暑》诗记述道："小童供笔砚，醉客竞赛诗。"
（《野谷诗稿·卷五》，册一一七五）便清楚地说明园林宴集酬唱是具有竞
赛的意味的，这种意味使酬唱者为了表现佳绩与才华而慎重构思经营，所以
也是琢磨诗艺、提升文学造诣的方法。

　　园林中的文学活动其频繁性与范围之广泛性，几乎是无事无物不可吟咏
的，只要一有宴集，必然会有分韵探题或就某景物某事赋咏之类的活动展开
（关于园林中歌咏的内容可参看第六章第四节）。而且有时候连邀约、答宴
游都采取唱和的方式。如张镃有《园桂初发邀同社小饮》诗（《南湖集·卷
四》，册一一六四），文彦博有《留守相公宠赐雅章召赴东楼真率之会次韵
和呈》诗（二七七），韦骧有《和刘守以诗约赏南园牡丹》诗（七三二）。
因此可以知道整个园林交游活动中包括了相当密集的诗歌创作，而且还是交
游活动中非常受到重视的部分。园林的内容及特色正适合这类交游宴集与酬
唱应和的需求，所以在文人的生活中备受倚重与喜爱。这是宋代园林兴盛的
原因之一。

以园命名诗文集所代表的意义

在研析宋代的资料时，可以发现一个有趣的现象，那就是很多文人的字号和作品集名称都以其所居住的园林来命名。不论这些作品集的命名是由作者生前自己决定，还是身后由子孙、朋友根据其字号和行迹所决定的，这个现象都显示出很多文人的园林生活经验对其一生行迹或诗文创作乃至整体人生观有着非常重大而深远的影响。不论其园居生活经验的时间有多长，这些经验的情境或记忆都常潜藏在文人的心中、情感和行径里发酵着，从而间接表现在其诗文作品中。这就形成当时的人（包括作者和其子孙、朋友）一个基本的共识：那就是园林、文人、诗文之间存在着互相触动、互相启发的密切关系。这也能更进一步让我们了解到园林在文人诗文创作中的重要地位，间接地衍示出宋代的文学风尚对园林的特殊需求。

以下将条列宋代文人——作品集——园林名的关系表，借以展示园林在文学创作上所位居的重要地位及对文人生涯所具有的重要意义。至于此表所根据的资料来源与其园林的详细情形，可参考本书第二章第四节《宋代名人拥园情形表》。

苏轼——《东坡志林》——东坡园

黄庭坚——《山谷集》——寅山谷之寅庵

沈括——《梦溪笔谈》——梦溪

沈辽——《云巢编》——云巢

朱长文——《乐圃余稿》——乐圃

吕南公——《灌园集》——灌园

李纲——《梁溪集》——梁溪

陈与义——《简斋集》——简斋

曹勋——《松隐集》——天台松隐

李弥逊——《筠溪集》——筠庄筠溪

程俱——《北山集》——北山山居

郭印——《云溪集》——云溪

刘子翚——《屏山集》——屏山潭溪

曾几——《茶山集》——茶山给孤园

王铚——《雪溪集》——雪溪亭

胡宏——《五峰集》——衡山五峰亭

郑刚中——《北山集》——北山小园

吴芾——《湖山集》——湖山园（小西湖）

郑樵——《夹漈遗稿》——夹漈草堂

吴儆——《竹洲集》——竹洲

朱熹——《晦庵集》——云谷晦庵

陈傅良——《止斋集》——止斋

王十朋——《梅溪集》——梅溪

王炎——《双溪类稿》——双溪

洪适——《盘洲文集》——盘洲

范成大——《石湖诗集》——石湖园

杨万里——《诚斋集》——诚斋

张镃——《南湖集》——南湖园

戴复古——《石屏诗集》——石屏山园

曹彦约——《昌谷集》——昌谷湖庄

刘宰——《漫塘集》——漫塘

魏了翁——《鹤山集》——鹤山书院

真德秀——《西山文集》——西山睦亭

其他尚有非常多诗文集作品在名称上显现出园林意义，但因在考证上没有非常明显的例证，于此不便一一列录。但是光是上列的诸例就足以展示上述的园林对人、对文学的重大深远的意义了。

根据本节所论可以得知，宋代文学创作与园林之间存在着重要关系，其要点如下。

其一，园林中存在着优美、丰富又具时间变化性的物色以及诗化的造境，为诗歌情感、意象与意境提供相当大的触发与相当多的资源，宋人甚至认为园林是上天对诗人特别眷顾的产物。

其二，在上述原因的基础之上，宋代诗人往往在园林中产生诗思敏捷丰沛、创作数量众多的美好经验，并且认为园林中创作的诗歌常有神奇曼妙的惊人造诣，所以园林对诗歌创作的量与质有相当大的助益。

其三，基于上述的理由，宋代很多文人往往为了觅发诗思、横逸才华而特别前往园林，甚至在园林特为吟诗而营造功能性专区，使诗歌创作成为园林存在的意义和功能之一。

其四，园林既对诗歌创作产生上述各种助益，因此诗人往往以其作为交游的场所，既可以从事多方面的游乐赏玩，又可以在丰富物色中进行文学酬唱活动，达到交流友情、琢磨诗艺的多重效果。

其五，园林对诗文创作的重要影响还表现在宋代文人诗文作品集的名称上，他们常常以园林之名来命名其人的字号与作品，显示出园林对于其人、其行、其情、其创作均具有深远的启发和影响。

其六，在上述的情况之下，文人对园林产生高度的倚重和需求，进而促使园林成为文人生活中几乎不可或缺的部分，这就造成文人大量购园、造园、游园，促进园林的兴盛。

第二章　宋代著名园林及名人拥园情形

宋代园林的兴盛与优异成绩不仅表现在一些著名的私家园林，而且也表现在广大的公共园林方面。在所有的公共园林中，又以杭州西湖这个巨型的园林组群最是当时游赏的著名胜地，其风光之丰富，游风之鼎盛，更胜于唐代长安的曲江。此外，皇家御园中也出现了艮岳这座特殊的人工山水园。这些著名的园林不但展现出宋代造园的杰出成就，也呈现出宋代园林兴盛普及与游园风尚流行的事实。因此本章将就西湖、郡圃等各地方公园、艮岳及宋代名人拥园情形等几个重点来呈现宋代园林的盛况。

第一节　巨型园林组群——西湖

西湖为中国著名的山水胜景，不仅拥有奇峻幽绝的山群林涧，浩渺辽阔的湖水，花木扶疏如烟，而且楼台亭阁错落，景点众多，是一座引人入胜的天然的巨型公共园林。刘天华在《园林美学》中就说："整个西湖及四周的群山本身就是一个大园林。"（见刘天华《园林美学》，第4页）而且在这巨园之中还有不计其数的私家园林、寺观园林以及官设的园区，可谓园中有园。可见其可资游赏的景点内容非常丰富，是一个典型的园林群区。

这么优美的园林群区并非在形成之初即受人注意与赏爱。根据明田汝成《西湖游览志·卷一·西湖总叙》与明朱廷焕《增补武林旧事·卷三·西湖游幸、都人游赏》所载：

六朝已前，史籍莫考……逮于中唐而经理渐着。代宗时李泌刺史杭州……至绍兴建都，生齿日富，湖山表里点饰浸繁。离宫别墅、梵宇仙居、舞榭歌楼，彤碧辉列，丰媚极矣。

西湖巨丽，唐初未闻。

这里说明西湖在六朝以前乃至初唐尚不受人们的注意，所以史料上也没有详细的记载与考察。可以想见到此来游赏的人尚属稀少，而人力的造设亦应不多。一直到中唐才渐渐地有所经营开发而声名渐播，开始成为著名的景区。这主要还是因为山水之美的欣赏与关注要到六朝才逐渐受重视，而到唐代，虽然游赏自然山水与园林的风气已经流行，但与两都长安、洛阳相比，杭州是稍为偏远的离心地带，较少有留心山水之美又能大力营造的文人仕宦参与，而且奢侈享乐的生活形态亦尚未进入西湖。而整个唐代正有长安的曲江满足着京城士女的游赏需求。到宋代，因为城市经济的繁荣，加以南宋建都临安，西湖成为京城门外的近邻，京城的繁华生活浸染西湖，于是使西湖成为极为炙热嚣闹的名胜，成为一般市民的行乐之地、著名的"销金锅儿"。

唐有曲江，宋有西湖，虽然两者均为极负盛名的公共园林，但是在园林呈现的形态、景致特色及游赏的内容等方面，宋代西湖确实比唐代曲江更具丰富性，且增添了创新的发展。因此本节拟就西湖的园林概况、景致的特色以及游赏活动的内容三部分来讨论。而在进入主题之前，将先为西湖的地理位置与形势做简要的介绍，以为下文三个主题的基本资料。

关于西湖的地理形势与名称，在清梁诗正等的《西湖志纂·卷一·西湖全图》与《西湖游览志·卷一·西湖总叙》中各有一段记载：

西湖古称明圣湖。在浙江会城之西。方广三十里。受武林诸山之水，下有渊泉百道，潴而为湖，蓄洁渟深，圆莹若镜。中有孤山，杰峙水心。山之前为外湖，山后曰后湖。西亘苏堤，堤以内为里湖。湖分为三……迨宋苏轼则有临安眉目之喻，至比之西子，遂称西子湖。后楼钥复因倪思之论，以西湖似贤者，更名贤者湖。明孙一元着高士服栖隐湖壖，明人复称高士湖。又有以西湖比明月者，亦称明月湖。拟议形容，篇什浩衍，皆不足殚西湖之胜。

西湖故明圣湖也。周绕三十里。三面环山，溪谷缕注，下有渊泉百道，潴而为湖。汉时金牛见湖中，人言明圣之瑞，遂称明圣湖。以其介于钱唐也，又称钱唐湖。以其输委于下湖也，又称上湖。以其负郭而西也，故称西湖云。西湖诸山之脉皆宗天目。

从大的地理形势而言，西湖所处的位置正当浙江与杭州城交会的西方，亦即就在杭州城的西面。其范围约为周回三十里，东面为杭州城与浙江入海处，北西南三面则是环山。这三面山统称为武林山，为天目山的支脉，绵延甚广远。中间这一潭湖水主要是由三面环绕的武林山上的泉涧之水下流贯注而汇集成的。

而就西湖范围内的地形而言，又可分为三个区域。湖水北边有一座岛屿名曰孤山，将湖面分隔成南北两区，南面为西湖的主要湖区，称为外湖。孤山以北则称为后湖。又在外湖的近西岸处有苏轼筑造的苏堤，堤岸为南北走向，故将外湖分隔成东西两个湖区，东面较大，即为外湖，西面较小，称为里湖。

至于西湖的名称，则非常多。有明圣湖、钱唐湖、上湖、西湖、西子湖、贤者湖、高士湖、明月湖等，不能殚记。这么多的称号，有的在显示西湖的地理位置，有的记述一段神话传说，但越往后代就有越多的比拟形容，多半在显示西湖的景致风韵之美以及它所引发的人文内涵（包括浪漫的想象、人文的活动、赋予的情意品格等）。但最主要的是这么多名称正显示西湖已成为众多人们欣赏赞叹的对象了。

密布的私园

不计其数的私家园林

西湖虽为一大型公共园林，但由于其周回三十里，范围非常广大，所以其中还分布了无数的私人园林和寺观园林，形成了园中有园的有趣现象。也由于西湖区域广大的山群是围绕在浩渺的湖水四周，几乎每一座山都有一些角度和面势可以眺望湖光景色，因此在周匝的群山谷涧中很容易就能截取到优美的山光水色，在造园的工作上深具因顺和点化的方便，因此处处可见园中之园。加以西湖紧临杭州城（尤其为南宋的京城），正是权贵富豪聚居之地，这些权贵富豪之家，除了有京城内的宅第之外，也往往会就近郊之处购置别墅（这在唐代已经成为风尚）。所以整个宋代的西湖区域出现的园中之园，数量就相当庞大，其情况也相当普遍。以下的资料可略见端倪：

岸岸园亭傍水滨，裴园飞入水心横。（杨诚斋《泛舟赏荷》，见清·梁诗正等辑《西湖志纂·卷一一·艺文》，册五八六）

溪山处处皆可庐，最爱灵隐飞来孤。（苏轼《游灵隐寺得来诗复用前韵》，同上卷十二《艺文》）

烟柳画桥，风帘翠幕，参差十万人家。（柳永《望海潮·东南形胜》，同上）

杨诚斋泛舟于西湖赏荷时，沿途所见的是西湖四周的岸边到处都有依傍水滨而建筑的园亭。"岸岸"一词描摹出西湖的轮廓线曲折弯转，增加了水岸线的长度。小舟在沿着水岸而行时，每一次转弯都会豁然呈现出隈隩里的许多园亭，给人无穷无尽、目不暇接的感觉。那么西湖这个大园林中的私家园林之多，是难以计数的。这最主要的原因还是因为西湖的胜景太多，随处随地都有可观之景足以点化成园，所以苏轼才会很自然地吟咏出"处处皆可庐"的诗句来。正因处处可庐，所以杭州附近错落参差的十万户人家，在风帘翠幕之中便可坐享烟柳画桥美景，几乎就是十万座园林围绕着西湖。这主要还是因为整个西湖景区是以湖水为中心而三面环山，因此分布在群山中的宅第多能俯览湖水，环观山色，产生无数个错综的对景关系。所以在这个巨型的公共园林中，很自然地能形成大量的园中园。

而这些园中园，有的是私人园林，有的则是寺观园林。在私人园林部分，有大量的名园是出自权贵之手，他们以其特殊的身份地位优先坐享西湖景色：

西林桥即里湖，内俱是贵官园圃，凉堂画阁，高堂危榭，花木奇秀，灿

然可观。（吴自牧《梦粱录·卷一二·西湖》）

　　湖边园圃，如……皆台榭亭阁，花木奇石，影映湖山。兼之贵宅宦舍，列亭馆于水堤；梵刹琳宫，布殿阁于湖山。周围胜景，言之难尽。（同上）

　　万松岭上多中贵人宅，陈内侍之居最高。（潜说友《咸淳临安志·卷九二·纪遗》）

　　自绍兴以来，王公将相之园林相望。（《西湖游览志·卷三·胜景园》）

第一条记载的是苏堤以西的里湖地区，其范围内都是贵官的园圃。第二条指的则是外湖地区（即孤山以南的主要水域地带），在湖岸的四周及水堤之上，罗列着许多贵宅宦舍的亭馆。第三条则是湖区东南角凤凰山上的万松岭，也存在着许多中贵内侍的宅园。里湖、外湖和东南角万松岭三个地区已经几乎包括了整个西湖风景区的大部分，在这么广大的范围内处处可见贵官园林，所以第四条资料说自南宋开始，其园林的密度更加到了"相望"的地步。这么多的园中之园，表明西湖虽是公共园林，但其内仍有很多私人所拥有的土地及运用权利。而这些私人土地及使用权自是贵官势人最容易取得的。他们以其功业或被宠幸，获得了帝王的赐予或是自行强占，著名的例子是贾似道：

　　景定初，诏以魏国公贾似道有再造功，命有司建第宅家庙。贾固辞，遂以集芳园及缗钱百万赐之……又以为未足，于第左数百步，瞰湖作别墅……通名曰养乐园。（《增补武林旧事·卷二·恩泽》）

理宗以贾似道有再造之功，便将孝宗的御园赏赐给他，贾似道犹以为未足，再加以大工程修造，成为著名的后乐园。后来又在左近建造了一座养乐园。此外在有关的资料中，还可见到他在西湖尚有水乐洞和水竹院落等园（参见明·田汝成《西湖游览志·卷三·水乐洞》，册五八五）。这些都是他得宠掌权的结果，所以周密《齐东野语·卷一二·贾相寿词》批评他这些治圃的行为"名为就养，其实怙权固位，欲罢不能也"（册八六五）。又如《增补武林旧事·卷二·恩泽》载：杨和王想要引西湖水环绕他的居第，孝宗首肯却又恐台臣责劾，便教他"宜密速为之"。杨和王便督濠寨兵数百，并募民夫，夜以继昼，将湖水引入，"蜿蜒萦绕，凡数百丈。三昼夜竣事。未几，台臣果有疏言擅灌湖水入私第以拟宫禁者"。但是孝宗却祖护辩解道："诸将有余力给泉池园圃之费，若以平盗之功言，虽尽以西湖赐之，曾不为过。况此役已成，惟卿容之。"言者遂止。

　　这段记载很清楚地揭露两个事实：其一，凡是有功于国者，得皇帝宠幸者，多能运用其权势，在房第的经营上得到诸多方便，不唯在西湖拥地盖园，连引灌湖水等只有宫禁才能享有的特权，也能肆无忌惮地加以逾越；其二，违法禁而造设园池者，只要他先行暗中进行，一旦已完工成为事实，往往不为帝王或有司所纠惩。这些都是在帝王的默许甚至暗中指导之下形成的。如此的事实必然引起诸多权贵的欣羡与效法，必然使在西湖营园成为权势高下的象征和指标。为了表示自己的权高势重或得宠承恩，必然费尽巧思以营园，以相互争夸园林的奇胜。长此以往，即使未亲自获得帝王的许可，大家也都竞相违法犯禁，想尽各种方法取得西湖最佳的位置、最好的土地，以至于强取豪夺了。《咸淳临安志·卷九三·纪遗》便记述了这个现象：

　　临安西湖旧传南北两山僧寺大小合三百六十。兵革之余，又为军营、禁苑、势人园圃之所包占，今存者不满百。

从僧寺数量剧减的情形便可看出势人包占湖山造园圃有多普遍了。也因为这种情形的严重泛滥引起了地方官的重视，故而早在庆历初年，太守郑戬便曾经一度"发属县丁数万人，尽辟豪族僧寺规占之地"。（见《咸淳临安志·卷三二·山川十一·西湖》）（至此可知，那些被军营、禁苑和势人园圃所包占的僧寺原来也多有违规占土地的）然而事到南宋，因西湖紧临京城，连军营和苑囿都带头包占，其示范作用不可谓不大，更不可能惩处这类情事了。权贵们也就更安心、更方便于夺取强占了。

　　从以上的资料与分析可知，无论朝贵宠臣是依恃皇恩御赐还是特权违法，抑或经由正当渠道买取，可信他们较诸一般平民百姓更容易获得西湖的土地以建筑风景胜美、雄伟富丽的园林。加上他们借此竞相较量权宠的心理作用，所以很自然地就造成了西湖景区里权贵园林的盛多。

虽然权贵中多有强取包占西湖以营造园林者，但其中也有不少依法的买卖活动。亦即广大的西湖景区之中包含了为数众多的私人土地，这应也是西湖园中多私园的原因。例如水乐洞原属杨郡王家别圃，而"贾似道尝用厚直得之"（《西湖游览志·卷三·南山胜迹》）。又如宝庆二年（1226），安抚袁韶想在西湖盖筑先贤堂，于是向朝廷请示道："近闻南山之北，新堤之上，居民有以屋庐园池求售者，因捐公帑以酬其直。"（《咸淳临安志·卷三二·西湖》）同样的情形，咸淳三年（1267），安抚洪焘建湖山堂也是"买民地创建"（《梦粱录·卷一二·西湖》）的。可见西湖里有众多的平民土地与屋庐园池，遇有需要时便会有买卖的变动，而且官方也往往与平民之间有买卖的情形。

土地既为私人所有，又能自由买卖，因此，只要有钱，即或是平民百姓，也能坐拥西湖的胜景，借纳入自家的园中，成为优美的景点。因此西湖中的私园，除了贵宅宦第之外，尽有的是普通百姓家。如：

今其民幸富完安乐，又其俗习工巧，邑屋华丽，盖十余万家，环以湖山，左右映带。（欧阳修《有美堂记》，见《西湖志纂·卷一一·艺文》）

尧臣以前所锡万金筑园亭于西湖之上，极其雄丽，今所谓陈侍御花园是也。（《咸淳临安志·卷九一·纪遗》）

数年闲作园林主，未有新诗到小梅。（林逋《又咏小梅》，见《咸淳临安志·卷九六·纪遗》）

欧阳修提及在西湖的四周，环绕着十余万华丽的人家，这是其民生活富完安乐的结果。可信这么多的富民华屋，在湖山景区应该大多是园林形式。又，像陈尧臣因罪被罢了官，以平民的身份，用得宠时皇帝所赐予的万金筑园亭于西湖之上，极其雄丽，这是富豪平民的例子。至于林逋则是知名的隐士。他没有万金，并非富豪，只是一个生活简朴清逸的高士，但是在孤山所居住的是"一径衡门数亩池，平湖分涨草含滋"（《园池》），是"雪后园林

才半树，水边篱落忽横枝"（《梅花》，上引两诗出处皆为《全宋诗·卷一
〇六》）的景胜之地。不但有现成的西湖山水，还有篱落之内挖凿而成的池
水以及梅树绿草。难怪他一再地称呼这衡门为"园林"，而要自称为"园林
主"了。连这样一位清简的隐士都能在西湖孤山拥有一座园林，更遑论一般
生活富足的人了。

　　由以上所论可知，不论是权贵宠臣，还是豪族富民，乃至清贫的隐士，
都足以成为西湖私园的主人，则西湖这个巨型的公共园林中的个别私人园林
之众多，便可想见。那么，"岸岸园亭"与园林"相望"的描写便极其写实
了。所以《梦粱录·卷一九·园囿》在介绍完一些西湖著名的园囿之后还说
道："其余贵府内官，沿堤大小园圃，水阁凉亭，不堪其数。"这"不堪其
数"便是西湖园中园的最佳写照。以上是西湖中私园兴盛的情形。

　　以下依据《梦粱录·卷一九·园囿》的记载，辅以《咸淳临安志》《武
林旧事》《西湖游览志》以及笔记丛谈等资料，条列尚可追索到的西湖私家
园林于下，以略见概况之一二：

　　外山　钱塘门外：择胜园、新园、隐秀园（刘郿王府）、谢府玉壶园、
秀野园（谢府）、史园（史右屏徽孙园）、乔园（乔幼闻园）、杨府云洞
园、西园、杨府具美园、饮绿亭、杨和王水阁、裴府山涛园、钱氏园、刘氏
园（内侍刘公正所居）、秀邸新园。

　　涌金门外：一清堂园、张府咏泽园、环碧园（清晖御园）、大小渔庄、
张府七位曹园、杨府驸马挹秀园、廖药洲园、贾府上船亭、大吴园、小吴
园、迎先楼。

　　城北西门外：赵郭园、水丘园、张氏园、王氏园、万花小隐园（谢府
园）、瑶池园（吕氏园）、梅花庄（韩蕲王别业）、聚秀园、养乐园、后乐
园、半春园（史卫王府）、小隐园、香月邻（廖莹中园）。

　　孤山：张内侍总宜园、水竹院落、和靖庐、嬉游园。

　　葛岭：赵秀王府水月园、张府凝碧园。

　　武林山：朱墅。

　　九里松旁：斑衣园（韩世忠别墅）、香林园。

南山　嘉会门外：包家山（桃花关）内侍张侯壮观园、王保生园、张府真珠园、谢府新园（湖曲园、甘氏园）、罗家园、霍家园、方家坞、刘氏园、方家溪、水乐洞、赵翼王府园（华津洞）、杨王上船亭、卢园（内侍卢允升小墅）、南园（韩侂胄园）、冰壑、书堂（枢密金渊园）。

三堤：雪江书堂（胡枕所居）、松窗（张濡别墅）、杨园（杨和王府）。

以上所录多半仅为达官贵人园宅中较著名者之园，尚有一般众多的仕宦之第未列录，如《都城纪胜·园苑》所说："其余贵府富室，大小园馆，犹有不知其名者。"（见《武林掌故丛编》第一册，页五七）又如在周密的《齐东野语·卷一六·菊花新曲破》中曾记载道：孝宗朝有菊夫人者善歌舞，但因不获际幸而以为恨。既而称疾告归，宦者陈源乃以厚礼聘归，蓄于西湖之适安园。这适安园在以上诸资料中并未提及，可见尚有宦者园池未被收录，更遑论普通平民百姓家了。可信今日可见的西湖中的私园名称和数量都远比宋代时的真实情况少了不计其数。另外一个难以窥见当时西湖私园的重要原因在于其园林之兴废易主非常频繁，易主之后又往往更换名称，造成一园多名或数变面貌的情况。

错落相望的寺观园林

西湖园中园的另一个重要成分是寺观园林。由于三面环山，西湖的周边多为深幽静寂的山林，适于修行养练，因此西湖的寺观为数众多。在诸多资料中均显现西湖的寺观密布，可谓为佛道圣地。例如：

西湖招提三百六，佳处如春有眉目。（僧慧洪《游西湖》）

三百六十寺，幽寻遂穷年。（苏轼《怀西湖寄晁美叔同年》）

三百六十古精庐，出游无伴篮舆孤。（苏轼《再和李杞寺丞》）

临安西湖旧传南北两山僧寺大小合三百六十。（《咸淳临安志·卷九三·纪遗》）

一样楼台围佛寺，十分烟雨簇渔乡。（林逋《酬画师西湖春望》）

梵刹琳宫，布殿阁于湖山。周围胜景，言之难尽。（《梦粱录·卷一二·西湖》）

今浮屠老氏之宫遍天下，而在钱塘为尤众。二氏之教莫胜于钱塘，而学浮屠者为尤众。合京城内外暨诸邑寺以百计者九。（《咸淳临安志·卷七五·寺观》，第一二五例皆出自《咸淳临安志·卷三三·西湖题咏》，而第三例则出自《咸淳临安志·卷九六·纪遗》）

在西湖的诸多寺观园林当中，又以寺院较道观为盛。所以第七条资料说明宋代虽然浮屠老氏之宫遍天下，且以钱塘为尤众，但是学浮屠者尤众于老氏，所以在整个临安府治内，光是寺院以百计者便有九处之多。因此在这一节的讨论资料中，寺院的记载丰富得多。前四条资料皆直称西湖有僧寺三百六十座。而这些招提依僧慧洪的感受而言，其中风景佳美者，犹如春天是西湖最美丽的季节一般，使整个西湖有了眉目，情韵精神为之鲜亮起来。足见这么多的寺院往往自身有优美的景致，使寺院建筑与周围山水之间产生掩映烘托的美感效果，再加上如第五、六条所述，寺院的附近或其内往往亭台楼阁错落，就使得这些园林可资细细游赏久而不厌了。因此苏东坡在忆怀西湖时，印象最深刻的便是到寺院寻幽访胜，而三百六十座寺园一一玩览细赏，竟花费了偌长的时间，耗尽了年光。由此可知，西湖中的寺观园林不仅为数众多，而且是游赏的佳处。

这些众多的寺观园林借纳了西湖的自然美景，使其成为京城士女游览访胜的热门对象，除了像苏轼的"幽寻遂穷年"的追述之外，像倪文节在为净相院所写的《重建佛殿记》中也叙述道："始予在学馆，遇胜日或休沐，时时游焉。盖院占湖山之胜而处地最僻，又距城闉不远，此余所以乐数往也。"（见《咸淳临安志·卷七八·寺观》）凡有假日良辰便往净相寺游玩，其原因有三，而最重要的是"占湖山之胜"。而事实上西湖的寺院多半均占有湖山之胜，拥有优美的景色。例如：

荐福寺有宜对亭……湖山至此，幽邃极矣。（明·吴之鲸《武林梵

志·卷五》）

　　普福讲寺寺有十景：芝云台……（同上）

　　头陀庵在慈云岭下华津洞侧。本宋赵翼王园，叠巧石为之者，水石奇胜，花竹蕃鲜。（同上卷三）

　　延恩衍庆院元丰三年……始鼎新栋宇及游览之所，有过溪亭……山川胜概，一时呈露。（《咸淳临安志·卷七八·寺观》）

　　下天竺灵山寺大凡灵筑之胜，周回数十里，而岩壑尤美，实聚于下天竺灵山寺。（同上卷八〇）

　　上天竺灵感观音寺，寺内堂轩亭馆几五十所。（同上）

这里透露出寺观的园林美景主要来自两方面的配合：一类是"湖山至此，幽邃极矣""山川胜概，一时呈露""岩壑尤美"等摄取自西湖的大自然美景；另一类则是叠巧石、蕃花竹、鼎新栋宇、堂轩亭馆等人工的营造设计。两相配合，便成为可观、可游、可憩的园林了。所以往往其中一座寺观拥有多处景点，如普福寺有十景，而堂轩亭馆几五十所的观音寺似乎就有五十处景点可游赏了。由此可知，西湖有颇多风景优美的寺观园林，且赏点接连不绝。

　　在西湖中有如此大量的寺观园林，其中又多胜美绝妙之景，其经营的力量究竟从何而来呢？衍庆院的资料透露了第一个原因：辩才大师在元丰三年（1080）退休到下天竺，便整修栋宇及游览之所。这"游览之所"四个字说明，佛寺之建在山林幽邃处，一方面是为修行之需，另一方面则为提供游览之所以招徕善男信女或广大的民众，因为游览之人众多不仅有助于传教及寺院声名的传播，亦可增添香油钱。这传教及经济的原因关乎寺观的经营与存续至为重大，是以不难了解为何西湖胜地里的寺观常常是景致优美且经营用心的园林胜地了。第二个原因可自第三条资料中得知：头陀庵的水石奇胜、花竹蕃鲜，并非完全出自寺院僧尼之手，而是其原先为赵翼王的园林，在成为寺院之前已是景色奇胜巧致了，这主要还是缘于善男信女因虔敬或积福立功德的信念而舍宅园为寺的风尚。西湖的寺院中由私园舍建的例子尚如永宁崇福院"元系内侍陈源花园"；洞明庵乃"咸淳六年朱端卿舍宅为庵，且

捐田以助"。（以上二例各见《咸淳临安志》卷七十九与卷八十二的寺观部
分）既然原本为私园，则其内之建筑、花木、水石、布局等造景必已经过一
番营造设计，这也是寺观园林多优美景观的原因。第三个原因则是奉佛的帝
王贵族与高官出于爱西湖美景及宗教信仰的实践，往往在西湖捐建寺院或提
供香火，使得寺院有足够的财力势力以选地造设。如：

崇真道院咸淳四年，太傅平章贾魏公给钱创建。（《咸淳临安志·卷
七六》）

下竺灵山寺咸淳三年，太傅平章贾魏公领客来游，命筑亭其处，为名曰
天香。（同上卷八〇）

宝德院杨和王存中舍地创建，请今额。（同上卷七八）

水乐净化院咸淳三年，太傅平章魏国公修复水乐胜概，乃为葺治寺宇。
（同上）

中兴观理宗御书东岳之殿四字以赐。（同上卷七六）

明真观宁宗御书明真二字。（同上）

上清宫理宗御书清净道场……（同上）

旌德显庆寺嘉定初恭圣仁烈皇太后建，充后宅功德院。宁宗皇帝御书。
（同上卷七八）

常清宫沂靖惠王府香火院。（同上）

普宁寺奉成肃皇后香火。（同上）

荐福寺为徽宗吴太后葬所，高宗书额，太后手书金刚经置塔中。（《武
林梵志·卷五》）

法因院嘉定十三年，充景献太子攒所。（《咸淳临安志·卷七八》）

修吉寺安穆皇后、成恭皇后、慈懿皇后、恭淑皇后攒所皆在其地。
（同上）

不论是给钱建造、舍地修筑还是御书赐字，都使寺院拥有不虞匮乏的财力及
雄厚的依恃势力，这在选取西湖胜地以及设计建造可游可观的园林方面，无
疑是提供了诸多的方便与助力。此外由于西湖景美，帝王、皇后、太子或诸

王本身热爱其地，遂指定某寺为其死后的葬所；或者皇帝御笔亲书额匾以赐院观等风尚，更使帝王的力量多方面地加入寺观之中。上一节曾引证西湖的土地多为权势所侵占，以至于庆历初太守郑戬发县丁数万人尽辟豪族僧寺规占之地，便是僧寺依恃其特有的助力而违法取得西湖公有土地以扩增其寺园面积的例证。西湖的寺观便在这多方助力之下兴盛蓬勃地发展着，也使西湖中的私人公共园林多得令人目不暇接。

谨将《咸淳临安志》中有关西湖的寺观资料加以整理归纳之后，条列其中景点于下，以略见其景胜之概：

旌德观：虚舟亭、云锦亭皆枕湖。（卷七五）

显严院：峰顶有通元亭、望湖楼。

净相院：无尽意阁、娱客轩、一段奇轩。

兴教寺：齐云亭、清旷楼、米元章琴台。

广果寺：虚悦轩、栖凤轩、山龛罗汉。

宝林院：可赋轩。

修吉寺：西湖奇观。

荣国寺：华光宝阁，门庑斋堂，亭台等屋，一切整备。

延恩衍庆院：过溪亭、德威亭、归隐桥、方圆庵、寂室、照阁、赵清献公闲堂、讷斋、潮音堂、涤心沼、狮子峰、萨埵石。

崇恩演福寺：清壑亭、靖云亭。（卷七八）

水心保宁寺：思白堂、好生亭、陆莲庵。

兴福院：心渊堂、清莲堂、凝碧轩。

定水院：水鉴堂、湖光堂。

菩提院：南滪堂、迎薰堂、澄心轩、涵碧轩、甋瀚轩、玉壶轩。

九曲法济院：明轩、爽轩。

寿星院：寒碧轩、此君轩、观台、杯泉。

宝云寺：宝云庵、清轩、月窟、澄心阁、南隐堂、妙思堂、云巢。

宝严院：垂云亭、借竹轩。

广化院：竹阁、柏堂、水鉴堂、涵辉亭、凌云阁、金沙井。（卷七九）

下竺灵山教寺：枕流亭、七宝普贤阁、香林洞、曲水亭、回轩亭、西岭草堂、日观庵、七叶堂、登啸亭、客儿亭、跳珠泉、枫木坞、大悲泉、石梁翻经台、天香亭、重荣桧、石面灵桃。

上竺观音寺：寺内堂轩亭馆几五十所。寺外有肃仪亭、梅峰庵、琮老桥、杨梅坞、金佛桥、复庵、流虹洞、梦泉、植杖亭、谢屐亭、凝翠泉、观音泉、云液池。

永安院：有小圃、清芬亭。

报先明觉院：虚心轩。

护国仁王禅寺：龙洞。（卷八〇）

宏丽奇伟的御园与官园

西湖的园中园另一个特色便是有多处的皇家御园。兹将整理自《咸淳临安志·卷一三·苑囿》《都城纪胜·园苑》《武林旧事·卷四·御园》等资料所得的御园情况条列于下：

聚景园（西园）、玉津园、富景园、翠芳园、玉壶园、庆乐御园（南园）、屏山御园、集芳园、四圣延祥御园、下竺寺御园、小隐园、瀛屿、凤凰山禁苑（皇城中的禁苑因在临安城的南面凤凰山上，而凤凰山又有一大部分是矗立伸展到城外的临西湖岸上的，因此亦可属于西湖上之御园）、御圃（含香莲亭、射圃、金沙井、六一泉堂、香月亭、挹翠堂、清新堂、香远亭、梅亭、上船亭、桧亭、聚远楼、玛瑙坡）。

这样的数量是很惊人的，其空间范围加起来的总量也是异常可观的。在上一目的引文中已经看到禁苑本身带头规占西湖的寺地，而其独特至高的地位，使其在享有西湖景观及土地方面较诸其他权贵势人更具有绝对的便利。又如《咸淳临安志·卷一三·苑囿》在聚景园一处记载："孝宗皇帝致养北宫，拓圃西湖之东，又斥浮图之庐九以附益之。"这九座浮图之庐在卷七十九寺观部分提及的有慧明院、水心保宁寺、兴福院、定水院、法善院五处。光是一座聚景园就拆了九座寺院，则其范围之宽广辽阔、其气势之宏伟真是难以想象了。而西湖里的御苑又是那么众多，则帝王皇族在西湖所坐拥的景致游玩实是特别丰赡而富于变化的。这主要还是缘于其至尊的地位。然而帝王在上，其嗜好之所在多亦为民所争效，所谓上行下效，则（尤其南宋）这些众多而广大宏伟的皇家御园，对于西湖园中园的兴盛，可信是具有潜默的带领示范作用与影响力的。

在大量地兴建苑囿之后，帝王们临幸西湖赏玩的可能仍高。例如《武林旧事·卷三·西湖游幸、都人游赏》中记载："淳熙间，寿皇以天下养，每奉德寿三殿游幸湖山……时承平日久，乐与民同，凡游观买卖皆无所禁……小舟时有宣唤赐予。如宋五嫂鱼羹尝经御赏，人所共趋，遂成富媪。"这段记载以一个"每"字说明帝王临幸西湖游玩的频率是频繁的。而且每至其地，均不禁游观买卖之人活动，反而宣唤赐予一些买卖的小舟，这对宋人游湖活动必然产生鼓励促进的作用。但看一经御赏，宋五嫂的鱼羹便成为人所共趋的热门吃食，便知上行下效之不虚。而这对西湖园中园的兴盛自然也会产生正面的影响。又如叶绍翁在《四朝闻见录·卷三·宪圣拥立》中记载道："高宗经始东园，盖恐频幸湖山，重为国费。"（册一○三九）这"频幸湖山"四个字直接说明了高宗喜爱西湖山水（《武林旧事·卷四·御园》的聚远楼中记载："高宗雅爱湖山之胜，恐数跸烦民，乃于宫内凿大池，引水注之，以象西湖冷泉。叠石为山，作飞来峰。"亦可说明帝王对西湖山水的喜爱），也喜爱游赏其景，以至频频临幸其地的事实。因此为了避免频幸湖山造成的国费损耗，乃营造东园以为其游憩之地。然而事实证明，东园营造之后，高宗虽然多了一处西湖的赏景御地可稍自在而心安地前去一游，然而他还是会超越御园的范畴而往西湖的其他景点玩览，如同书同卷还记载了这样一件事："高宗居德寿，到灵隐冷泉亭闲坐，有一行者奉汤茗甚谨……明日孝宗恭请太上帝后幸聚景园……"这一回是退位之后前往灵隐寺游玩，而在冷泉亭里闲坐。那么，即使在多造了御园之后，帝王还是会忍不住前往广大的西湖地区游玩。由此可知，西湖里不仅有为数众多的皇家御园可供帝王娱乐，帝王还喜欢到西湖的名园胜地去游览，而且毫不避讳地接触市井小民，这样的嗜好与活动，必然会带动在下者的仿效。而西湖里的园林之所以密集且兴盛，此亦为重要原因之一。

西湖尚有众多著名的官设景点和亭榭。虽然这些景点往往没有明显的围墙篱笆以确定其范围，但是因其选地与造设之时均经过景观的考虑与设计，且在其左近用心经营花木水石与建筑，以形成许多可游之地，创造了很多优美的景点，成为游赏的胜地，故而也可算是公共园林。

宋代临安的官府和首长也颇乐于在西湖创造景观或修造建筑物与花木水石，使得西湖在时间的流嬗与累积中，景点不断增加，景色愈加变化。其中为西湖创造新的景区者，著名的例子为苏公堤与小新堤：

苏公堤：元祐中，东坡既奏开浚西湖，因以所积葑草筑为长堤，起南迄北，横截湖面，绵亘数里。夹道杂植花柳，中为六桥……

小新堤：淳祐三年，赵安抚与筹筑……夹岸植柳如苏堤，路通灵竺，半堤作四面堂一、亭三，以憩游人。（以上二资料均见《咸淳临安志·卷三二·山川·西湖》）

这两座堤不仅为游人开创了游览行走的空间，为西湖的其他景点增加很多的欣赏角度，而且堤之本身遍植花柳，又架桥，又筑亭堂于其上，使得堤也成为甚有可观之景区。尤其苏堤更是游西湖时重要项目之一，其上常游人如织且摊贩云集（详见下文）。至于在以建筑群为主体的造设方面，著名的例子如：

丰乐楼：据西湖之会，千峰连环，一碧万顷。柳汀花坞，历历栏槛……顾以官酤喧杂，楼亦卑小，与景弗称。淳祐九年，赵安抚与筹始撤新之。瑰丽宏特，高切云汉，遂为西湖之壮。其旁花径曲折，亭榭参差，与兹楼映带。缙绅多聚拜于此。

三贤堂：嘉定十五年，安抚袁韶上书请于朝："近踏逐到废花坞一所，正当苏堤之中。前挹平湖，气象清旷，背负长岗，林樾深窈。南北诸峰，岚翠环合，遂以此地筑叠基址……"其祠堂之外，参错亭馆，因植花竹，以显清概。

先贤堂：宝庆二年，袁韶又向朝廷请示修建先贤堂以祠先贤高士。其概况为："祠宇虽滨湖，入其门，一径萦纡，花竹薇翳，亭相望五六，来者蹑振衣、历古、香循、清风、登山亭憩流芳而后至祠下。"

湖山堂：咸淳三年，安抚洪焘买民地创建。栋宇雄杰，面势端闳……后三年安抚潜说友增建水阁六楹，又纵为堂四楹……迤延远挹，尽纳万景，卓然为西湖最，游者争趋焉。

江湖伟观：外江内湖，一览在目。淳祐十年，赵安抚与筹重建。广厦危栏，显敞虚旷。旁又为两亭，可登山椒。

这五处官造的公共园林，资料中透露出以下几个事实：

其一，官府在取地方面拥有选择的优势与便利，故而这些公园往往都处在西湖视野最好的地点：据西湖之会，故能欣赏到千峰连环，一碧万顷，柳汀花坞，历历栏槛；正当苏堤之中，前挹平湖，故而气象清旷；背负长岗，故而林樾深窈，南北诸峰，岚翠环合；面势端闳，故能迤延远挹，尽纳万景，甚至能外江（指钱塘江）内湖，一览在目，卓然为西湖最。这些选取地点上的优势，使得官园在先天上就具有挽摄自然胜景的优点。

其二，由于官资的雄厚，在选取得土地之后，建筑物的修造上，多具有雄伟富丽的特色：丰乐楼的瑰丽宏特，高切云汉，为西湖之壮；湖山堂的栋宇雄杰；江湖伟观的广厦危栏。这一点似与中国园林普遍追求建筑物深窈掩映、通透虚灵的特色不同。这主要还是因其为官修公园之故。

其三，这些以建筑物为主体的景点，往往在其附近造设许多建筑群，以形成对景与相互映带的效果。所以有亭榭参差、与兹楼映带、参错亭馆、亭相望五六、旁又为两亭的现象，往往成为颇为庞大的建筑群。

其四，由于在位的官员每每因各人的欣赏领会、审美观点、财力掌握及是否用心于此等不同因素，而在长期的时间流动与主事者调迁之下，这些官造的公共园林之内容也常常随之扩大增设。例如原本卑小的丰乐楼被撤新成为瑰丽宏特者；湖山堂园区增建了水阁六楹与四楹之堂；而江湖伟观在经过重建之后，也增筑了两亭。这里更加清楚地显现出园林随时间变化的特质，而官园在这方面的特质是更加强烈的。

其五，除了建筑群的修筑以为园之主体外，还注意到建筑与自然景物之间的搭配，以使其更具有美感。所以其附近花木游径的经营很用心，创造了富于景深的空间幽邃美感。如花径曲折、植花竹以显清概、一径萦纡、花竹薇蕤。这些都使人工硬件的建筑得到柔化，也使之自然化。而且迂曲的花径为游览园林的活动增长了动线，也就增加了空间与景观。所以一座先贤堂虽然紧临湖滨，过于显露，但是经过布局上的设计之后，便需依循曲折的小径，游历过六座亭子，才能到达主建筑体。所以这些官园由于经费与人力上的优势，往往能设计出深美的园林来。

其六，基于以上五点，官造的公园因为风景优美而空间布局佳，且因其出入方便，所以成为当时游人热门的玩览胜地。缙绅聚拜，游人争趋。因此《武林旧事·卷三·西湖游幸、都人游赏》在叙及都人游赏的热闹场面时便说："如先贤堂、三贤堂、四圣观等处最胜。"西湖中的官造园林建筑，见于资料者尚有：

候山亭：守韩仆射皋建。
翠微亭：韩蕲王世忠建，安抚周淙重建。
放生亭、泳飞亭、枕山亭、
德生堂：安抚赵与篪建。

造园与景致特色

西湖本为一天然的大型公园，其山水花木等方面的园林要素，在先天上原已富赡而优美。因此其中的个别园林在造园方面也多吸纳这些来自大自然的美景，就大体的形势而言，不需大费周章亦能自成园林。例如处士林逋隐居所在的孤山之庐，其结庐择居的过程也如处士的生活一般是清简朴素的，其物境也十分自然，并未经过复杂的人工营造。但是林逋却屡次称唤其庐为园林（详上）。这主要是因为："湖水入篱山绕舍"（林逋《湖上隐居》，见《咸淳临安志·卷二三·题咏》）、"山色凝岚水色清"（蔡襄《经林逋旧居》，见《西湖志纂·卷一二·艺文》）。有西湖的青山环绕，有西湖的清水流入篱内；山随岚烟而风貌万变，水随季节而涨落深浅。流入篱内的湖水，林逋又简单地加以挖引贮蓄，成为数亩之大的水池："一池春水绿于苔"（林逋《池上春日》，见《咸淳临安志·卷九六·纪遗》）、"一径衡门数亩池，平湖分涨草含滋"（林逋《园池》，同上）。这样的山水景色，便是优美的园林了。所以林逋自得地说："我亦孤山有泉石。"（《闻灵皎师自信州归越以诗招之》，同上）所以由林逋的处士庐看来，其园林即是善于应用西湖自然美景而略加点化的素朴园林。

因此，依园林的五大要素：山（石）、水、花木、建筑与布局来看，资料上显示西湖的园中园在山与水的两大要素方面用力营造的迹象较不明显。故以下谨将山与水合为一目，其余三要素则各立一目讨论，以见其景致特色。此外，由于自然地形的影响，西湖的烟云变化迅速莫测，也造成景观上的多样变化；加以各种活动制造出的声音对西湖情境颇有影响；而且在多人反复的游览经验与画家作画的观察后对某些特定的景致有所深爱，形成了西湖十景。以下将分点讨论。

山石与水泉

西湖的园林在山景方面，多半直接借纳自然的山群，或者利用山势山质的特色来布局。故而在堆造假山方面的工程显得非常少。资料中仅见者如云洞（又称古柳林、杨和王园）的洞景乃是"筑土为之，中通往来，其上为楼……洞之旁为崇山峻岭，有亭曰紫翠，间尤可远眺"。（《咸淳临安志·卷八六·园亭》）云洞原来是由土所筑构而成的，也就是先以土堆积成山，而使其中空，成为可相互往来行走的洞穴。这工程是需要相当高难度的技巧的。首先是如何让松软的土能够凝聚成为一座坚固挺立的假山而不会崩塌流失；其次是如何让这些土制之山能中空，而悬空部分的泥土如何固定稳妥；再次是这些悬空成洞的泥土又如何能在固定稳妥之后更在其上立基为楼，而能承受住这楼的重量。这显示假山人工洞的造园成就之高且巧。

又如南山分脉的头陀庵，在慈云岭下华津洞侧。本是宋赵翼王园，"叠巧石为之者，水石奇胜，花竹蕃鲜"（《武林梵志·卷三·头陀庵》）。而水乐洞在为杨郡王家别圃时，"累石筑亭"。这里既然谓之为"巧"石，且石既然可以且值得叠累，应指太湖石一类形状奇巧的石头，那么叠巧石所成者，则应是象征峻岩的假山，是模拟山水的手法。又如陆游为韩侂胄的南园（原为胜景园）所写的《南园记》记述其园林各景时提及"其积石为山曰西湖洞天"（《西湖游览志·卷三·胜景园》），可知南园内堆造了一座假山。这山以石为材质，故能营造出奇突峥嵘的山势，因石之本身起伏凹凸、波折棱角的形状特质，有如西湖自然景色中的洞崖岩壑（从唐代开始，园林已渐喜爱使用太湖石，宋代造园更普遍使用太湖石。而太湖石具有皱、瘦、透、漏等形状特色）。取名曰"西湖洞天"似有模拟西湖山水之意，则是取法自然、缩影真山水的造山手法。

然而既然这些园林有西湖的自然山水可资借纳、可资欣赏，为什么还要模拟真山水叠造石山呢？这主要还是为了满足玩赏园林时的想象与神游，提供心灵自由驰骋的对象和空间。这是园林创造与欣赏的一个重要部分。

累叠石头以成假山之外，也有颇多单个石头作为欣赏对象而成为一景的。因为西湖的山群中颇多巉岩之类的山，而有"怪石玲珑"（《西湖游览志·卷三·南山·南屏山》）的现象。所以在整个西湖的大公园中原有的或人造园的摆置取材，石景的内容都相当易见。如韩侂胄的南园"清流秀石拱揖于外"（陆游《南园记》）；又如胜果禅寺有晦夜放光石、飞龙石、观微石、卧醉石、题石（《武林梵志·卷二》）；法相寺有梦化石（《武林梵志·卷三》）。这些石头应都是未经堆栈而保持自然原形的。因为它们的形势颇有姿态（如拱揖），形状特殊（如飞龙等），以及遗留了时间历史的痕迹（如题咏）等因素，而成为园林中一个景点。法相寺另有种石轩一建筑，从"种"字可知，他们是将石头当作一种会生长变化的生命体来看待的。所以，虽然这些单石的景点基本上并没有什么造园功夫，然而园中置放石头的时候应是经过一番布局考量的。因为在中国园林中作为观赏用的立石，往往具有皱、瘦、透、漏、丑等美感，单个石头的本身已有相当可观、可赏玩的内容，以让游人在休憩或游走之时欣赏（至于石头的皱、瘦、透、漏、丑甚或是清、巧、顽、拙等美感之详细内容，为避免本文旁出太多，不复细论，可参看诸多有关中国园林之著作，如刘天华《园林美学》，第271—272页，或金学智《中国园林美学》，第222—231页）。所以对欣赏者而言，无论是形势姿态看似有情味，还是特殊形状的形似，抑或是历史痕迹的遗留，基本上都是游园时一个非常广大的遐思神游的天地。从园林选地选景的角度而言，这些以自然存在的独立石为景点的事实，也正反映了园林设计与建造时对意境的追求与游赏园林的审美趣味。

在水景方面最引人注目的应是湖水区，整个西湖园区就是围绕着这一片湖水而形成的，可谓为西湖的核心所在。所谓的"一湖春水绿漪漪"（周紫芝《湖上戏题》）、"十里青漪菱草荡"（魏了翁《领客泛湖》），正显现西湖水的碧绿随风波动，具有深湛灵动又扩散的美感，是西湖的眉目精神。而上文提及的"岸岸园亭"正说明，众多的园林是围绕着湖水四周，借取其一角一湾之景以成趣的。所以湖水正是西湖景致与园林造景的重要对象。此外，它也是游览的重点，正所谓"乌榜红舫早满湖"（苏轼《寒食未明至湖上太守未来两县令先在》）、"满湖风月画船归"（陈襄《和子瞻沿牒京口忆西湖寒食出游见寄》）（见《西湖志纂·卷一二·艺文》），说明来到西湖游览的人多半会泛舟湖面，因此从湖上往四周做放射性的观赏所得到的景色，应是游湖的另一个重点所在。这是西湖水景中最重要也最广大的自然景致，属于平远辽阔的景区。

湖水区虽是自然生成的景观，但西湖的个别园林却有以人工手法利用湖水加以造景者。如第二部分的第一目就曾经引述资料记载杨和王在孝宗的指导之下，模拟宫禁引灌湖水以环绕他的居第。这说明不但宫禁本身引湖水造园，皇族权臣也有僭仿者，而且还"蜿蜒萦绕，凡数百丈"。则整个园林里应有多处的建筑为水所围绕，可四面眺览流水之景。若还积贮成池，则又将是重要的园景核心了。又如《西湖志纂·卷一·花港观鱼》介绍在花家山下有园林为内侍卢允升别墅，"凿池甃石，引湖水其中，畜异鱼数十种，称花港观鱼"。则是应用湖水积蓄成池的工程，使之成为珍异鱼类的蓄养所，变成西湖著名的景观之一。这些都是运用湖水，加以人工营设而成的水景。

此外，在西湖周围的广大山区里，尚有无数大小的涧泉在山谷峰壑之间流动。其中尤以寺院中有水泉，因与宗教的神奇传说有关而具有特色。如胜果禅寺有"许僧泉，泉不盈握，大旱如注"（《武林梵志·卷二》）。如许多寺院的开创因缘故事中自然涌现的灵泉，像灵泉广福寺"有灵泉一泓，覆之以亭"（《咸淳临安志·卷七七》）。像明性院初为涌泉庵（同上）；

又如法因院的"钱王古井，其水至甘，遇旱不竭"（同上卷七八），而大慈禅寺"有泉甘冽"（《武林梵志·卷二》），有滋味特别的泉井；至于像仙芝泉、葛翁泉（《武林梵志·卷五·普福讲寺》）、灵泉井（《咸淳临安志·卷七九·宝云寺》）等，则观其名便知含有神奇传说。因此这些水泉作为寺园中的一景，颇能使空间之景与时间之历史故事以及曾在这时空交叠之下出现过的特殊人物也成为玩赏时的内容。这是泉景的特色所在。

西湖最著名的涧泉便是冷泉。例如在《西湖志纂·卷一》之中介绍西湖的名景时，其中一景便是"冷泉猿啸"。在宋代，冷泉便已经是著名的奇胜景观。高宗十分喜爱西湖，除了在其上造御园之外，叶绍翁的《四朝闻见录·卷二·驻跸》中还载有高宗"暨观钱塘表里，江湖之胜，则叹曰：舍此何适？"，遂定都于此。这说明高宗对西湖的赞叹与喜爱，故频频游幸。而在西湖诸多美景之中，高宗最爱飞来峰冷泉。除了上文引述高宗之幸冷泉亭独坐的事之外，更在"宫内凿大池，引水注之，以象西湖冷泉。叠石为山，作飞来峰"（见《武林旧事·卷四·御园》）。则更可见出高宗对飞来峰与冷泉的特殊偏爱了，以至于希望能方便于随时鉴赏它的景色。冷泉，据《西湖志纂·卷一·冷泉猿啸》所载：

> 冷泉即石门洞之源。一名灵隐浦。汉志所称武林山出武林水是也。在云林寺前，环飞来峰。

原来这泉水源远流长，从重峻深幽的武林群山里沿着谷涧蜿蜒流向渐次开阔的平湖，而在灵隐山飞来峰曲折环绕，与峰相合成为奇景。葛天民在《西湖泛舟》中写，环视西湖的景色时，欣赏到"涧绕飞来小朵峰"的景象。而苏轼在《闻林夫当徙灵隐寺寓居戏作灵隐前一首》诗中对冷泉的描绘是："灵隐前，天竺后，两涧春淙一灵鹫。不知水从何处来，跳波赴壑如奔雷。无情有意两莫测，肯向冷泉亭下相萦回。"（两首诗均见于《西湖志纂·卷一二·艺文》）这说明冷泉的源远流长让人不知水从何处来，产生了神秘幽邃的美感及悠悠漫漫的时间感。在历历的路途中，因山势石形的阻隔而往往有分分合合（如两涧）的变化，以及跳波赴壑如奔雷的壮阔瀑布景观，与落聚平池后萦回亭侧的依依。可知一条泉水在西湖群山之间流转所形成的景致有多么地丰富，风貌韵致又有多大的变化，而其引触的情感又是多么地深窈撼人。

在人工泉洞的设计方面，较具巧思的有赵翼王园中的华津洞。不但叠巧石为洞，而且还"曲引流泉灌之"（《西湖游览志·卷五·南山胜迹》）。还有贾似道整修水乐洞，使其"洞中泉自爱此引贯其下，入漱石，汇于声在，达于玉渊。山之洼为泉以受之。每一撇捷伏流，飞注喷薄如崖瀑然"（同上）。基本上都是模仿真山水，让泉水在山洞凹洼之间奔流。尤其水乐洞以亭子（爱此、漱石、声在、玉渊）为基点，引泉水流贯其中，并且制造落差以形成瀑布。又使泉水在洞岩之间或伏或露，遇狭窄洞口则飞注喷薄，形成宏壮奇妙的景观。而这样精彩高卓的水泉设计与营造技巧，仍然是依循着模拟自然、缩影真山水的原则而构筑的。

总的看来，不管是自然景致还是造园内容，西湖的水景部分是非常奇胜而杰出的。

花木栽植

在园林的五大要素中，花木是最能展现活泼生命力的一个，也是最能显示时间性的一个，对于园林整体风貌质感的影响至大。西湖园林在花木的栽种上呈现出几个特色，讨论如下。

烟柳葱蒨

现有的资料显现出，西湖的花木景色中，栽植最普遍且予人印象最深刻而被歌咏最频繁的，应属柳树。首先在贯穿湖面的著名的苏公堤上，于筑堤之初便已"夹道植柳"；接着是与之相望的小新堤（赵公堤）也是"夹植桃柳，以比苏堤"（详上）。这是游人常走的两条观览路线，其夹道而植的柳树，在游人观景时透过款款摇摆的柳条所得的风景将也产生依依柔柔的韵致。而堤岸本身应也更具有生动的美感。此外宋时在丰豫门外尚有"沿堤植柳，地名柳州，上有柳浪桥"（《西湖志纂·卷一·柳浪闻莺》）的地方，以及钱塘门外有古柳林（《梦粱录·卷一·二月望》）。实则苏公堤与小新堤既然都沿岸植柳，必也同柳州柳浪一样：柔软的柳条随风轻摆，仿若一阵一阵起伏摇荡的波浪，十分富于情致；而下垂弯曲的柳条则拂动湖面，掀起一阵阵微小的涟漪波浪，将柳绿深情也传向较远的湖面，是一幅动人的图画。另外，堤岸的边界线也因这些连绵的柳树遮阴而消泯，这就化解掉过于鲜明僵硬的分界线，产生柔和自然的美感。

这样看来，柳树在西湖景区所占有的空间是漫延广泛的，以至于成为游者印象最深刻的景色之一，而频频成为吟咏的对象。如：

> 烟柳画桥，风帘翠幕，参差十万人家。（柳永《望海潮·东南形胜》）
> 苏公堤远柳生烟。（杨万里《沈虞卿秘监招游西湖》）

写的是西湖柳树密集而蓊郁、恰如朵朵绿云。其叶形细长萧散常让人有如烟之感。加上临近水面的地形位置，使其附近常萦绕迷蒙苍茫的烟气，烟水相映衬，产生了深窈莫测而凄迷虚渺的美感。而更多的时候诗人也注意到它们沿堤而列的景象：

> 西湖两岸千株柳，絮不因风暖自飞。（杨万里《西湖晚归》）
> 画舫参差柳岸风。（王洧《苏堤春晓》）
> 风前柳作小垂手。（周紫芝《湖上戏题》）
> 岸柳自敧斜。（梅尧臣《西湖闲望》）
> 柳拂长堤月满汀。（蔡襄《西湖》）
> 垂杨影断岸西东。（辛弃疾《与客游西湖》。以上均见《西湖志纂·卷一二·艺文》）

放眼望去，西湖两岸尽是柳树，罗列遮阴不尽，万条呼应。尤其暮春时节，柳絮飘飞满天，成为一幅浪漫美妙的景观。而更多时候是随风款摆，反映其敏锐的风感，故曰柳岸风，曰"风前柳作小垂手"。即使平日无风时，其纤细的枝干多曲折而弯腰向水面的姿态，似在拂弄堤岸，也给人敧斜兀自玩逗之感。这是列岸杨柳的情态风姿的多变。至于像"影断岸西东"这样的诗句，则描写出另一种视觉经验：向下垂挂而亲地亲水的杨柳因为遮覆了堤岸湖岸，使得水岸线若续若断。这势将在视觉心理的作用下使水岸线加长。如画家郭熙在《林泉高致集》中所云："水欲远，尽出之则不远；烟树断其脉则远矣。"（册八一二）这里的水脉犹如湖岸线，因被烟树遮断了，而遮断的部分就变成一个个遐想神思的对象，产生了无限可能性（包含长度上的无限可能性），于是遂感觉岸线加长了，间接地也使西湖水柳之景的赏玩空间推扩增加了。而岸线的若续若断，加以烟水弥漫，也就使得柳树仿若是浮生于湖水之上，而有"寺在湖心更柳中"（杨万里《晚至西湖惠照寺石桥上》）的咏叹。这些视觉心理与视觉误差导致游人在欣赏西湖景色时，因柳树的作用而增加了许多曼妙神奇的美景。

至于个别园林中的柳树栽植，如水月园"中有水月堂，俯瞰平湖，前列万柳"（《咸淳临安志·卷八六·园亭》）等则在技巧审美的追求上皆与西湖公园相似。故不复赘述。

十里香荷

西湖另一种令人印象深刻的花木景色是荷花。

荷属于水生植物，西湖辽阔的水域为荷的生长栽植提供了先天的优良条件。而宋代西湖也确实善加应用这个卓越的条件，在广大的水域里养植了一望无尽的荷，以至于柳永在写《东南形胜》时咏叹着"重湖叠巘清佳，有三秋桂子，十里荷花"（《西湖志纂·卷一二·艺文》）。荷花十里，是何等壮观撼人的景象！红绿交映在隐隐水波中，而清挺婀娜的身姿时时在微风轻拂中卷翻着绿摆、舞动着粉容，将清凉的耳语传递向水天，又是多么活泼的画面。这样的气息正合游者的心意，所以常常泛舟憩息在擎荷之下。如杨万里《泛舟赏荷》诗的第三首所说的："旁人莫问游何许，只拣荷花闹处行。"（《咸淳临安志·卷三三·西湖题咏》）"闹处"可有两层意思，一指荷花的盛茂密集，给人一分热闹多彩、目不暇接的感觉；一指赏荷者众多，画舟游舫往往泛集于荷叶荷花之下，有一股热闹欢腾的气氛。因此曾觌《游湖·柳梢青》歌咏道："波光万顷溶溶，人面与荷花共红。"（《西湖志纂·卷一二·艺文》）波光连延万顷的浩壮湖面上尽是如水流般的人面与荷花相映其红颜，亦是荷花与游人交织的热闹缤纷。荷花是被赏的美景，风姿绰约万千；游人也成为可赏的风光，于是人花共同成就了一幅幅气氛欢愉而生动活泼的美丽景致。

荷花的美，不仅来自视觉上的——姿态的绰约婀娜，色彩的粉红娇媚，时间的随风摇舞，更来自嗅觉与触觉。在嗅觉上，"荷花夜开风露香"（苏轼《夜泛西湖》其二），这样的香气，在十里荷花的大数量的放送下，自然也会使整个湖面飘逸着"十里香风"（曾觌《游湖·柳梢青》，以上二诗见处同上），为湖水的风光增添了幽幽淡淡的香甜宁馨之美。而在触觉上，则如曾南丰《西湖》其二所云："一川风露荷花晓，六月蓬瀛燕坐凉。"（《咸淳临安志·卷三三·西湖题咏》）在炎暑的六月伏天里，宴坐于临湖的亭阁中，眼前尽是粉嫩盛放的荷花。湖水清清、晨风清清、高擎的枝茎与伸展的花朵将水与风的清凉交传递送到宴游者的身上。且荷叶本身平展如伞的形状、翠绿的颜色以及因擎举而具有遮阴覆盖的姿态，还有瘦长的枝梗易于摇曳摆动的敏锐风感，也都使大片的荷花水面产生清爽阴凉的感觉。这是荷景在触感上的怡人特色。

正因荷景在视觉上、嗅觉上与触觉上的多层美感，所以荷花也是西湖胜景内容之一。如在宋代时，西湖十景中便有曲院风荷一景，而著名的御园也是"集芳园下尽荷花"（杨万里《泛舟赏荷》其五）。这些胜景也成为游客喜爱临赏的对象，杨万里说："湖上四时无不好，就中最说藕花时。"（同上）而赵汝愚的《柳梢青》则叙述道："正十里荷花盛开，买个小舟，山南游遍，山北归来。"（以上三诗均见《西湖志纂·卷一二·艺文》）说明荷花盛开时是游人最爱的赏景之一，可以为了赏荷而雇舟遍游整个湖。正显现十里风荷是西湖景致的重要特色之一。

桃花与其他

西湖的花木景色中，桃与梅也是具有特色的。它们都是春天的赏景。桃花在春天以其红艳夺目的色彩为西湖的层山清水点缀了缤纷光辉的面貌。其较著名的地区有苏堤的"苏堤一带，桃柳阴浓，红翠间错"（《增补武林旧事·卷三·祭扫》），还有小新堤的"夹植桃柳，以比苏堤"（《西湖志纂·卷一·玉带晴虹》）。这是桃与柳交错相间而植的情形，产生红绿相映、衬托对比的效果。因为桃之美不似柳树之在于叶片枝条，给人萧散疏朗而又柔情依依的感觉，所谓的"弱柳新缲万缕丝"（《西湖志纂·卷一二·王洧·柳浪闻莺》）；桃之可观乃在于花朵绽放时的艳丽灿烂，所以两堤柳桃交植可以形成强烈对比。而西湖的包家山则是纯以桃花闻名的。

《梦粱录·卷一·二月望》记述二月十五日为花朝节，都人均往西湖的一些个别园林去"玩赏奇花异木。最是包家山桃开，浑如锦障，极为可爱"，这就是所谓的桃关。因为整片山园都栽植桃树，所以仲春花季最盛时，桃花满目，郁郁累累，犹如锦障，一片纯粹的红艳，有欲燃之势。其他个别园林中也多植有桃树，如杨万里《寒食雨中同舍约游天竺十六绝呈陆务观》之十二说："西湖北畔名园里，无数桃花只见梢。"（《咸淳临安志·卷八〇·纪遗》）写个别园林中的桃花在春天的充满生气、欣欣向荣的阳气中怒放，连篱墙都无法完全遮挡它们的美艳，而要伸露出墙头之上。而西湖北畔的无数名园中，放眼望去的最深刻印象便是这些无尽的桃花梢头嵌空分布的景象。这是西湖幽邃澄明的园林景致中较为活泼跃动的一景，也是多彩多姿的一季。

所以文人写西湖的春景时，桃花便成为典型的花木，如柳永《木兰花慢·清明》写清明时节倾城之人出城寻春，看到了"正艳杏烧林，缃桃绣野，芳景如屏"的景象。如周紫芝《湖上戏题》曰："一湖春水绿漪漪，卧水桃花红满枝。"（两例均见《西湖志纂·卷一二·艺文》）桃红开满枝头，似乎把整个绿野都织绣起来了，可见其郁密簇集。至于卧水桃花，则将其红艳映染春绿的湖水，看来是充满热情与喜气的。这与春天的气息正好相合，所以王希吕在《湖山十咏》其三就说："落尽桃花春事退。"（《咸淳临安志·卷九七·纪遗》）正可证明桃花是西湖春天的重要赏景，因此在桃花落尽之时也就是春天过完的表示。

至于一般在中国古典园林中常见的竹与梅，在西湖似乎较少被提及，较少在著名的胜景中出现。如林逋处士庐的梅林虽在他的诗咏中常有，但作为写意的对象，其园林特色并不明显。而竹子则描写更少，故于此不拟也无法细加讨论。

建筑特色

西湖虽是巨型的自然公园，但其中的人工建筑也是为数众多且十分精巧，很能突显人为力量与人文精神在西湖园林的景观上所具有的明显影响力。到西湖游玩的人首先得到的整体印象之一，便是建筑物的众多。如：

佛宫高下裹岩扃。（蔡襄《西湖》）

楼台高下自鸣钟。（葛天民《西湖泛舟》）

古寺东西，楼台上下，烟雾冥蒙。（曾觌《游湖·柳梢青》，三诗见处同上。）

寺内堂轩亭馆几五十所。（《咸淳临安志·卷八〇·寺观·上天竺灵感观音寺》）

光是一个观音寺就有将近五十所的堂轩亭馆，而西湖有三百六十寺与更多的私园，其中的建筑物加起来，其数量之多就更难计数了。所以诗人们在泛舟游湖时便看到了西湖周围的山群怀抱中，散布着许多寺观楼台，高高下下地错落对望着，点缀着岩峋，使山林幽寂之中有了人烟人事，有了情意，有了生活。

风格特色

从资料看来，西湖较著名而为游人热门休憩的建筑物有许多宏伟高丽者，如前一部分所介绍的官造公园，其中的丰乐楼瑰丽宏特，高切云汉；湖山堂是栋宇雄杰，面势端闳；江湖伟观则是广厦危栏，显敞虚旷。这大约是因其为游客自由休止的公共场地，需有较大容量的空间，也因其为官造公园的主体，成为可赏的景观内容之故。然而私家园林也多有这一类壮丽的建筑，如：

真珠园：内有高寒堂，极华丽。（《都城纪胜·园苑》）

庆乐园：内有十样亭榭，工巧无二……堂宇宏丽。（《梦粱录·卷一九·园囿》）

里湖：内俱是贵官园囿，凉堂画阁，高堂危榭。（同上卷一二《西湖》）

胜景园：飞观杰阁，虚堂广厦，上足以陈俎豆，下足以奏金石。（《西湖游览志·卷三·南山胜迹》）

集芳园：飞楼层台，凉堂燠馆，华邃精妙。（同上卷八《北山胜迹》）

及中兴以来，衣冠之集，舟车之舍，民物阜繁，宫室巨丽，尤非昔比。（《咸淳临安志·卷三二·西湖》）

高、危、飞、杰、虚、广、层等字都显现出亭榭楼馆等建筑物在体积上所具有的宏壮高广的特质。而华丽、工巧无二、画、精妙等字则说明其建筑具有精雕细琢的巧致特质。而十样则表示这种宏壮精巧的建筑之多。这都呈现出其人为的色彩十分强烈，表现了高官权贵的园林特色，也表现了南宋京城一带衣冠骈集、民物殷富故而奢丽豪华的风貌。

地势与观景特色

在地势与观景上，西湖的建筑多居高临湖或紧临湖岸以拥有尽纳万景的优势。如《梦粱录·卷一九·园囿》中直接说明"杭州苑囿俯瞰西湖，高挹两峰，亭馆台榭，藏歌贮舞"。既然苑囿本身是俯瞰西湖的，那么其中的台榭亭馆自然也就多俯瞰西湖。这样的地势与取景才能充分享有湖光山色。而在俯瞰湖景的地势中，又有一些绝佳的点与角度是大家争取的，结果还是官造公园最能得其便，如丰乐楼"据西湖之会，千峰连环，一碧万顷"（同上），其地点面势恰是西湖美景会集可一目了然的点。所以建筑物所在的地势对其所能观赏的景色影响至巨。有好的地点，便能适切地收纳好的视野与景致，因此湖山堂能够"迤延远挹，尽纳万景"（同上）；江湖伟观能够"外江内湖，一览在目"（同上）；而有美堂能够"山水登临之美，人物邑居之繁，一寓目而尽得之"（《西湖志纂·卷一一·艺文·有美堂记》）。此外在建筑物的取名上，如云洞有堂曰"万景天全"（《咸淳临安志·卷八六·园亭》），这样的称号更直接地说明宋人在西湖的建筑物上所强烈追求的观景与美化景致的效用，以及其在建筑上所表现的审美趣味。

园林化的特色

与文人园林所追求的意趣相同的，西湖的建筑也注意到园林化、自然化的经营。如：

寺藏修竹不知门。（苏轼《是日宿水陆寺寄北山清顺僧》其二）

寺在湖心更柳中。（杨万里《晚至西湖惠照寺石桥上》）

青山断处塔层层。（苏轼《望海楼》其三。三诗见处同上）

香月亭，亭侧山椒环植。（《梦粱录·卷一二·西湖》）

（孤山凉）堂规模壮丽，下植梅数百株以备游幸。（《咸淳临安志·卷

九三·纪遗》）

（水月园）中有水月堂，俯瞰平湖，前列万柳。（同上卷八六
《园亭》）

这里显现的许多建筑物多隐身在花木深处，有的是全部藏掩在修竹林丛里
面，有的是若隐若现地掩映在垂柳背后，有的则是半隐于青山交叠断处的谷
凹中，嵌空露出上半部的数层塔顶。这大约是先有花木地势的考察之后，再
选择能遮翳建筑体的地点与面向，而后才营造建筑物的。至于像香月亭侧环
植山椒、凉堂下植梅数百或水月堂前列万柳等，则是先有建筑而后栽植花
木以局部遮蔽。然而不论程序如何，其表现的造园观念则是相同的，那就
是希望建筑物本身不要完全呈露在游人的视线中，那会使园林景物变得坚
硬且人为的痕迹过于明显，故将其隐藏在花木山林之中，与大自然的景物
交融在一起，不但建筑本身得到柔化而具有生命感，而且可与整个园林的
景色和谐统一。这就是建筑园林化、自然化所追求的天人浑和统一的情境
与意趣。

专用功能化的特色

西湖建筑中颇有一些专为某种游憩功能而造设者，如有些亭子专为欣赏
某种花木而建造：

梅庄园：又有澄绿堂、水阁、梅坡、芙蓉堆及四时花木各有亭。（《咸
淳临安志·卷八六·园亭》）

云洞：桂亭曰芳所，荷亭曰天机，云锦皆号胜处。（同上）

梅庄园里为四时的花木各设有亭，则这些亭子是专为欣赏某种花木而设的，
是其专用功能性至为明显。云洞也是如此，有芳所专为赏桂，有天机专为赏
荷。这除了是建筑园林化、自然化的展现外，同时也因为花木有极为规律而
明显的季节性，致使这些亭子的功能发挥也具有了季节的递嬗特色，使人为
的建筑也具有了时间的内容。

此外在休憩的提供上，也有建筑物具专用的功能性，那就是避暑纳凉的

作用：

> 自夸清暑堂中景。（赵抃《清暑堂》，见《西湖志纂·卷一二·艺文》）
> 凉堂燠馆，华遬精妙。（《西湖游览志·卷八·北山胜迹·集芳园》）
> 里湖，内俱是贵官园囿，凉堂画阁，高堂危榭。（《梦梁录·卷一二·西湖》）

此外尚有上引孤山凉堂等。清暑与凉，最基本的是为游人提供一个适惬畅爽的赏景与休憩场所，同时也为游人清心涤垢、澄明思虑以达身心的清明灵净提供最适宜便利且具引导作用的客观物境。因此这样的建筑对游园活动而言是一种心灵薰化沐浴的暗示与引导。可以想见的，这一类建筑必然在形制上追求通透虚空且简素的风貌，以完成清凉的功用。

至于在空间布局方面，西湖主要的特色是以湖水为中心的向内集中借景的手法。其余在空间通透性与幽邃性两兼等特色则与一般私园没有两样，可见于本书第三章第五节，故此不做细部说明。然而值得一提的是，空间的增扩容易产生散漫之弊，但西湖这个巨型公园里的空间却没有这样的问题。首先外山内湖的地形很自然地就有向内凝聚的力量，无涣散之虞。其次是其景物之间有着强烈的联系，其中最明显的一点便是对景关系的产生，如：

> （先贤堂）亭相望五六，来者繇振衣、历古、香循、清风、登山亭憩流芳而后至祠下。（《咸淳临安志·卷三二·西湖》）
> （水乐洞）洞中泉自爱此引贯其下，入漱石，汇于声在，达于玉渊。（《西湖游览志·卷五·南山胜迹》）

此外尚有前引的佛宫高下裹岩扃、古寺西东、楼台上下等景象。这样就上下相望，左右映带。而两两相望的景物之间便产生呼应，也就产生情意，彼此之间便紧紧联系起来了。同时在一群建筑体或景点中，由小径的萦纡或由泉水的引贯带领游客一座座亭子游憩、一个个景点赏遍，这也就等于是把散落不同地点的景观联系起来，使整个西湖各景结合成一个有机的生命。

所以西湖园林的空间，向内是无限深窈幽邃，向外是敞旷延展，而整体又是紧密结合。总的来说，其空间是深具无限性又凝聚成一体的有机生命。

富于时间内容的景致

西湖风景最大的特色在于随着季节与时间的递嬗，其景色也有很大的变化。首先在季节的更迭上，西湖展现了截然不同的风景面貌。如：

夏潦涨湖深更幽，西湖落木芙蓉秋，飞雪暗天云拂地，新蒲出水柳映洲。湖上四时看不足，惟有人生飘若浮。（苏轼《和蔡准郎中见邀游西湖》，见《西湖志纂·卷一二·艺文》）

春则花柳争妍，夏则荷榴竞放，秋则桂子飘香，冬则梅花破玉，瑞雪飞瑶。四时之景不同而赏心乐事者亦无穷矣。（《梦粱录·卷一二·西湖》）

且湖山之景四时无穷，虽有画工，莫能摹写。（同上）

杭州苑圃俯瞰西湖，高抱两峰，亭馆台榭，藏歌贮舞，四时之景不同，而乐亦无穷矣。（同上卷一九《园圃》）

苏轼说西湖春天到处是垂柳与新蒲，夏天湖水上涨深幽浩渺，秋天是落叶飘零芙蓉枯索，冬天则雪花纷飞云堆迫地，一片昏暗。而吴自牧印象中较注意的是春天花柳鲜发妍丽，夏天有荷花石榴花竞放耀眼，秋天到处飘散着桂花香，冬天则有梅花瑞雪的一片洁白清芬。无论如何，四季的递嬗使西湖的景色有明显的变化，而展现不同的风格。或者有人说，中国的四季风光本来就是这些变化，上述者并无特殊之处。然则因其为巨型公园，广大的山光水色与花木，其所呈现出来的季节变化特别明显且给人遍地皆是季节景致之强烈感受，所以四时皆有可观者。此外人为的营设也配合着季节时间的变迁，如庆乐园的堂宇宏丽，野店村庄"装点时景，观者不倦"（《梦粱录·卷一九·园圃》）。这里有人工的装设点缀来加强其景色的时间性与季节性，那么其景观所具之时间内容便更丰富了，所以令人目不暇接而观者不厌倦。因其景色"四时无穷"，因此观游者也随之有不同的赏心乐事而乐亦无穷矣。总之，西湖的景色与观景活动是明显地含有时间的特性以至于内容丰富多样。

另一个时间内容来自白昼的游人如织而午后至黑夜的岑寂，使湖面的画舫歌舞景象有着大起大落的变化。（详下）

西湖另一个更具特色的时间性景致就是烟云的迅速变幻。宋人描绘西湖景色时，往往令人对其烟云弥漫的景致印象深刻。如：

绿涨连云翠拂空。（辛弃疾《与客游西湖·小重山》）
苍山半带寒云重。（林逋《秋日湖西晚归舟中书事》）
山云常与水云平。（蔡襄《经林逋旧居》其二）
云连合抱前村树。（葛天民《西湖泛舟》）
山边花雾晓氤氲。（参寥子《清明日湖上呈秦少章主簿》）
晚烟深处蒲牢响。（王洧《南屏晚钟》）
春云漠漠雨疏疏，小艇冲烟入画图。（武衍《正元二日与菊庄汤伯起归隐陈鸿甫泛舟湖上》。以上除第五例见《咸淳临安志·卷九七·纪遗》之外，余五诗均见同《西湖志纂·卷一二·艺文》）

大约因为三面环山一面向海，致使中央这一潭巨型的湖水的水汽蒸散不易，所以水面时常弥漫着烟雾甚或是凝聚成更厚的云团，到了绿水几乎与云相连的地步。而周围的山群也与一般的山峰一样常有云岚萦绕，所以见到苍山半带寒云重的景象。而山云水云在阴雨天里往往连成一气，而让人有"山云常与水云平"的感觉。在水汽较薄的时候则烟雾轻罩，尤其早晚日升与日落产生气温的变化，往往可见烟雾氤氲、烟水茫茫的景象，使西湖沉浸在一片迷蒙幽渺而空寂的深美中。

在这"云水国中"（杨万里《沈虞卿秘监招游西湖》），烟云景色最具奇特性的莫过于其随时间而迅速变化的面貌，使人产生惊奇莫测的诡谲感受。如：

似寒如暖清和在，欲雨翻晴顷刻间。（杨万里·同上）

易晴易雨，看南峰淡日北峰云。（周密《木兰花慢·两峰插云》）

去住云情浑不定，阴晴天色故相欺。（周紫芝《湖上戏题》）

朝曦迎客艳重冈，晚雨留人入醉乡……水光潋滟晴偏好，山色空蒙雨亦奇。（苏轼《饮湖上初晴后雨二首》。以上四诗均见《西湖志纂·卷一二·艺文》）

晚晴晓雨如翻手，有底亏侬不好来。（杨万里《寒食雨中同舍约游天竺十二绝呈陆务观》，见《咸淳临安志·卷八〇·寺观》）

在晴日与阴云之间常常是顷刻就翻脸了，有时候甚至在同一个时刻里南高峰晴日而北高峰却是阴云，这就是地形的起伏多样所导致的易雨易晴的特色。所以周紫芝忍不住半瞋地数落云情是善变而犹疑的，竟故意欺弄游人，将阴而忽晴，欲晴而忽阴，其变易之快犹如翻手一般。而苏轼则认为阴景晴景皆各有其美。但是无论如何，这变幻莫测的景象之本身使西湖景色随时间而迅速变动，其景致的时间内容之丰富实难以计量。

听觉景致的丰富

西湖有深山有平湖，乃为自然生成的大公园。所以在此能够听到大自然的种种天籁。如梁诗正等介绍冷泉猿啸时，追述飞来峰在六朝时僧智尝畜猿山中，故有呼猿洞一景，可时时听闻猿之啸声（《西湖志纂·卷一》）。既为啸声，其声必然回荡远传；既为猿啸，则回荡的必然多凄凉悲伤之音。故周密在《木兰花慢·两峰插云》中有"武鸷啼猿"之歌咏，而毛宝文的《冷泉亭》诗说："试寻橹响惊时变，却听猿啼与旧同。"（《咸淳临安志·卷二三·城南诸山》）陈允平对此感性地说："鹫岭猿啼，唤人吟思起。"（《南屏晚钟·齐天乐》）在南屏山仍可听见北高峰鹫岭上的猿啼声，可见其传声之远，而空间的远隔将可使猿啼声更显悲凉感。此外尚有"如簧巧啭"的莺啼（王洧《柳浪闻莺》）与鸠语（陆游《与儿辈泛舟游西湖一日间阴晴屡易》），其声音则展现的是轻松活泼愉悦快乐的气氛。而像曾兰墅《西湖夜景》所述的"一湖春月万蛙声"（《咸淳临安志·卷三三·西湖题咏》），以及苏轼《次韵述古过周长官夜饮》所描绘的"已遣乱蛙成两部，更邀明月作三人"（《咸淳临安志·卷九六·纪遗》），则由繁碎的蛙声反衬出西湖夜晚的寂静。此外尚有"江上潮音晓暮闻"（赵抃《清暑堂》，以上引诗未见出处者均见《西湖志纂·卷一二·艺文》）的钱塘潮澎湃震耳的怒音，在经过一小段水程与山群的回响之后，变得规律而有些静默。

不管是悲凉的猿啸、悦乐的莺鸠语唱或是碎乱的蛙鸣、寂远的潮音，都是大自然的天籁，原始质朴而与自然融为一体，并不特别让人感受到它的突兀。在西湖比较具有特异性而能突显在自然景物之上的声音则是来自于人为的音响内容。首先，在白天，我们会听到喧杂的玩乐之声，热闹非凡。如：

画桡鼍鼓聒清眠。（苏轼《次韵刘景文寒食同游西湖》）

羌笛弄晴，菱歌夜泛……乘醉听箫鼓，吟赏烟霞。（柳永《望海潮·东南形胜》）

一曲谁横笛。（林逋《北山写望》）

词源滟滟波头展，清唱一声岩谷满。（苏轼《次韵曹子方运判雪中同游西湖》）

冬冬鼓声蹴场边，秋千一蹴如登仙。（陆游《西湖春游》。以上均见《西湖志纂·卷一二·艺文》）

在游人如织的湖面上（尤其春天），到处都可以听到鼓声，那是节奏明朗轻快而传播广远的声音，那是船上歌舞娱乐用的箫鼓，往往终日不绝。加以箫笛齐鸣或是歌女的唱声，以至于聒扰了局外人的清眠。这样的声音呈现的是一片热闹升平而人文突显的景象。

此外尚有鼓声是来自陆地上各种游艺表演或竞赛，其声必然震天轰耳，配合着的当是群众大声欢呼或鼓掌喝彩的声音，应是高潮迭起、欢腾鼎沸的场面。这些都是西湖的人为声音，其所唤起的视觉转换形象该是喧腾光鲜的人群正津津有味、笑意浓厚地在湖光山色中嬉游享乐，形成一幅姿采丰富、昂扬鼎沸的景致。西湖的景色仿佛在这些热闹的声音衬配之下退为背景了。

然而这样喧腾的景象正如其声音特质是骤起骤落的。陈允平《南屏晚钟·齐天乐》仔细地记述其起落："戏鼓才停，渔榔乍歇，一片芙蓉秋水……画桡催舣，渔板敲残，数声初入万松里。"（《西湖志纂·卷一二·艺文》）从戏鼓到渔板疏残，到一片芙蓉秋水以至万松里，由热闹到稀落到静谧到幽寂，情境的转变实在是太大了。所以姜白石《湖上寓居》就感叹地吟咏道："游人去后无歌鼓，白水青山生晚寒。"（《咸淳临安志·卷三三·西湖题咏》）那是多么清寂寒凉的一份孤独。

西湖的空寂不只表现在几声疏残的渔板或是默然无言，它还经由一种人文的声音衬显得更深更远，那就是寺院的钟鼓：

孤山落日趁疏钟。（王洧《苏堤春晓》）
楼台高下自鸣钟。（葛天民《西湖泛舟》）
为传钟鼓到西兴。（苏轼《望海楼》）
长嫌钟鼓聒湖山。（苏轼《是日宿水陆寺寄北山清顺僧》其二，同上）
（永明院）寺钟一鸣，山谷皆应，逾时方息。盖兹山隆起，中多岩壑，嵌空珑灵，传声独远，故称南屏晚钟。（《西湖志纂·卷一·南屏晚钟》）

单听一座寺院的钟鼓，在每一声响之间持续着的是深沉而悠渺的回荡，所以王洧听到的是疏缓从容的钟声。但是西湖有三百六十寺，所有的寺院在相近的做早晚课或用膳及其他的时间里敲击钟鼓，将会予人不绝绵绵的感觉。因为在湖上看不到敲击者，所以葛天民觉得是错落的寺院楼台自己自然地鸣响起来。这时其他的声音都消退在静默中，整个西湖只听见远近高下互相呼应的钟声，这相应相答的钟声传递向远方的苍穹，无限庄严悠远又无限空寂。然而东坡对于这些延续回荡的钟声有时候会以旁观的立场讥嘲其为聒噪，其诗之意乃是要赞扬水陆寺的岑寂，但也间接说明西湖时常萦荡着梵钟寺鼓。而在南屏山特殊地形作用下，其钟声传送独远，逾时方息，则又是一个特殊的声音景致。

这是西湖景致中的一大特色。

西湖十景略说

　　西湖景致中最著名的大约就是十景，时至今日仍沿用这个具有概括性、代表性的审美结论。十景在今天仍然是标举西湖风光的典型代表。这十景的评赏与概括性的论定早在宋代便已完成了。祝穆在《方舆胜览·卷一·临安府》中记载："好事者尝命十题，有曰平湖秋月、苏堤春晓、断桥残雪、雷峰落照、南屏晚钟、曲院风荷、花港观鱼、柳浪闻莺、三潭印月、两峰插云。"（册四七一）这里只说是好事者的题名，至于好事者为何人，则并未言明。但是吴自牧在《梦粱录·卷一二·西湖》里则追忆道：

　　近者画家称湖山四时景色最奇者有十，曰苏堤春晓、曲院荷风、平湖秋月、断桥残雪、柳浪闻莺、花港观鱼、雷峰落照、两峰插云、南屏晚钟、三潭印月。

　　两人所录的十景除顺序与曲院一景之外，并无差别。但是吴自牧则比较具体地指出十景的概括是出自画家们。南宋在西湖附近设有画院（姚瀛艇《宋代文化史》，第443页："南宋画院设于杭州东城新开门外之富景园，画家们或在临安北山或在西湖风景佳丽之地从事画作，创造了西湖十景等大批优秀作品。"），画工终日置身湖山美景中，以便其观察湖光山色，以利其摹写山水。镇日终年的观察，其对西湖的了解应是入微的，应是较一般游乐的人更真切而全面。因此其所归结出来最奇胜的十景当是深具代表性，真有其奇胜绝妙之所在。但是祝穆称其为十"题"，也有可能是画院取士或训练的题目。然而这仍然还是出自画者的专业眼光与长期观察的结果。

　　以下兹依据《咸淳临安志·卷九七·纪遗》中所录的王洧《湖山十景》诗，并参考《西湖游览志·卷一》的介绍，简略说明十景的概况如下：

　　苏堤春晓：以南北贯连而偏西的长堤为主体，其上夹植花柳。春时远望一片烟柳遮岸，莺鸣鸠语断续其间。游人多半在落月疏钟的清晨，泛舟于柳荫之下，赏春景，闻鸟音。

断桥残雪：断桥为白沙堤第一桥，隔开前后两湖，为通往孤山必经要道。桥上有望湖亭。在春雪未消之时，积雪如玉，晶莹耀目。

雷峰落照：雷峰乃南屏山支麓。在黄昏时落日映照，满峰的红光奇彩。其上有著名的雷峰塔，尤以塔影与落照相映最美。

曲院风荷：取金沙涧水造曲以酿酒。因金沙涧水聚集成池，中多荷花，随风散播阵阵芳香与摇曳的姿态。

平湖秋月：秋水清澄，秋月皎洁，水月相照在阒黑静寂的秋夜中，恬静而虚明。有绝世超尘之感。

柳浪闻莺：在丰豫门外的沿堤皆植柳树，柳条随风款摆形成起伏不定的波浪。其上常有莺禽啼鸣。

花港观鱼：在苏堤第三桥与西岸第四桥斜对之间的一片水名曰花港。靠西岸的花家山下有卢允升别墅，凿池引湖水而畜奇鱼数十种。观者倚栏投饵观鱼戏，并赏其奇特之形色。

南屏晚钟：南屏山慧日峰下永明院，因山势隆起嵌空，岩壑多变，故寺钟一鸣，传声独远，逾时方息。因其为声音景致，故游者少亲至此山观听，而是就湖中远闻其音之余音回荡。

三潭印月：旧传湖中有三潭深不可测，故建浮屠以镇之。又传三塔是苏轼所立，盖因其浚湖，为防菱草埋覆，乃立塔以为标记，禁止侵植其内。塔影如瓶，浮漾水中，月光映潭，常影分为三。常有游船为观印月之景而泊宿三塔之旁。

两峰插云：两峰指西岸的南高峰与北高峰遥遥相望。山腰常有奇云缭绕，唯峰顶露峙，高出云表，犹如插立云间，显得山高近天，云低近人间。而烟云的多变化，常使两峰之间的气候与景色有迥然不同的差异，形成南峰淡日北峰云的奇异景象。

兹将王洧的《湖山十景》诗录于下：

苏堤春晓：孤山落月趁疏钟，画舫参差柳岸风。鸾梦初醒人未起，金鸦飞上五云东。

断桥残雪：望湖亭外半青山，跨水修梁影亦寒。待伴痕边分草色，鹤惊碎玉啄阑干。

雷峰落照：塔影初收日色昏，隔墙人语近甘园。南山游遍分归路，半入钱唐半暗门。

曲院风荷：避暑人归自冷泉，步头云锦晚凉天。爱渠香阵随人远，行过高桥旋买船。

平湖秋月：万顷寒光一席铺，冰轮行处片云无。鹫峰遥度西风冷，桂子纷纷点玉壶。

柳浪闻莺：如簧巧啭最高枝，苑树青归万缕丝。玉辇不来春又老，声声诉与落花知。

花港观鱼：断汉惟余旧姓存，倚栏投饵说当年。沙鸥曾见园兴废，近日游人又玉泉。

南屏晚钟：涑水崖碑半绿苔，春游谁向此山来。晚烟深处蒲牢响，僧自城中应供回。

三潭印月：塔边分占宿湖船，宝鉴开涟水接天。横玉叫云何处起，波心惊觉老龙眠。

两峰插云：浮图对立晓崔嵬，积翠浮空霁霭迷。试向凤凰山上望，南高天近北烟低。

游赏活动的盛况及其内容

园林游赏的活动在中国早先是以贵游的形态出现的：最早者可上溯至帝王的苑囿游猎及赐宴群臣的应制活动，而著名者则可推汉代梁孝王的梁园活动。其后在日渐普遍的园林发展中，公共园林尤其寺观园林让更多的平民加入游宴活动。到了唐代，这种情形更加风行（请参考拙著《诗情与幽境——唐代文人的园林生活》第二章第四节），尤其是都城长安东南角的人工公共园林曲江，往往是上自帝王下至贩夫走卒都常到此地游乐，在春天时更是"满国赏芳辰，飞蹄复走轮"（许棠《全唐诗·卷六〇三·曲江三月三日》），全城之人皆为之疯狂驰走，可见其游赏活动的普遍。

南宋的西湖正有似于唐代的曲江，也是京城士女喜爱游赏的重要大型公园，且"宋代踏青风俗远比唐代盛行"（见郑兴文、韩养民《中国古代节日风俗》，第170页）。但经过时间的迁移，其游赏的内容与娱乐活动则与唐代颇有差异。本部分将先讨论西湖游赏活动的盛况，再讨论其游赏与娱乐的内容。

游赏盛况

唐代曲江游赏主要集中在春天的赏花，而西湖的春天游赏活动内容则很多样，而且夏天避暑纳凉的活动同样是游人如织，秋天的水月及冬雪也都是其吸引游人的胜景。前文已引述载籍与诗文证明西湖"四时之景不同而乐亦无穷矣"。且唐代的曲江在夜禁及其内少私人园林的情况下以白昼活动为主，而西湖则因周围私园众多与寺院林立，加以西湖胜景从雷峰落照、平湖秋月、三潭印月到苏堤春晓多需夜至西湖，所以其游赏活动可谓一天到晚、一年四季不断。

《梦粱录·卷四·观潮》中曾评述道："临安风俗，四时奢侈赏玩，殆无虚日。西有湖光可爱，东有江潮堪观，皆绝景也。"《武林旧事·卷三·西湖游幸、都人游赏》也云："西湖天下景，朝昏晴雨，四序总宜。杭人亦无时不游，而春游特胜焉。"说明临安以都城之资盛行奢侈赏玩之风，此风延及四时，几乎没有一天停止过。而西湖与钱塘潮正是其奢侈赏玩的主要对象。其中西湖堪称天下奇景，虽然以春游最盛，但是不论早晚晴雨、不论四季变化，每时每刻都有人到此游赏的。尤其"南渡后英俊丛集，昕夕流连，而西湖底蕴表襮殆尽"（《增补武林旧事·卷三·西湖游幸、都人游赏》）。姑且不论这样地呈露西湖底蕴殆尽对西湖而言是幸与不幸，这种"相与极游览之娱"（欧阳修《有美堂记》，见《西湖志纂·卷一二·艺文》）的现象，正表现出南宋偏安纵乐的一面，也说明西湖游赏之盛正进入鼎盛时期。

从游人的角度来说，到西湖游赏的并不只是富家贵官或文士骚客而已，而是各行各业各色人等均爱游湖。以下两则资料可略窥一二：

（二月）初八日，西湖画舫尽开，苏堤游人来往如蚁……湖山游人至暮不绝。大抵杭州胜景全在西湖，他郡无此。更兼仲春景色明媚，花事方殷，正是公子王孙、五陵年少赏心乐事之时，讵宜虚度。至如贫者，亦解质借兑，带妻挟子，竟日嬉游，不醉不归。（《梦粱录·卷一·八日祠山圣诞》）

且高僧真士又得与达官长者唱和逍遥。故妆点湖山愈加繁媚。（《增补武林旧事·卷三·西湖游幸、都人游赏》）

西湖不仅是公子王孙、五陵年少独享的赏心乐地，而且高僧道人也能一起逍遥其上，甚至连贫者亦不惜典当借资以使全家人都能竟日嬉游，至醉方归。贫者尚且为了游赏西湖、赶趁美景而解质借兑，尽情畅意地玩乐至醉，那么尚有什么人自外于这样的良辰芳景？因此苏轼《怀西湖寄晁美叔同年》诗说："西湖天下景，游者无贤愚。"（《西湖志纂·卷一二·艺文》）难怪苏堤上会出现游人来往如蚁的盛况。

从个别园林的角度来看亦然。在《武林梵志·卷二·报先庵》中录有樊良枢的《凤凰山报先庵记》，感叹地描述当时的西湖寺观："予观虎林招提之在湖山者，未有不以湖山累者也。丛云香阁饰以丹璇，碧涧竹林杂以金翠，则中央浑沌凿矣。市声喧豗，车尘雾起，歌舞杂沓，壶觞交错，遂令净土化为火宅，良可忾叹。"则不仅可以看到西湖寺院为了招徕游客香火，将其建筑采饰得金碧辉煌，且将其园林中自然的涧竹装点得熠亮耀目，十分富贵之气。而游客至此亦非清净礼佛，素淡其行，而是歌舞杂沓，壶觞交错，犹如市集街逵般喧闹，致使寺院清修之地沦为尘浊恶世。那么，宋人如痴如狂的游赏活动不仅是在广大的湖区，更连周围山林里的寺院也成了鼎沸之地，则宋人游西湖的盛况可见其一斑。

西湖游赏的兴盛如潮，除了西湖如画的风光吸引人以及经济的繁荣之外，官府的提倡与协助也是一项推动的力量。《梦粱录·卷一·二月》叙及二月一日为中和节，州府为了庆祝这个节日，"委官属差吏卒、雇唤工作修饰，西湖南北二山堤上亭馆、园圃、桥道，油饰装画一新。栽种百花，映掩湖光景色，以便都人游玩"。原来官府本身会在特殊的节日里雇派卒工修饰装点湖山与西湖西岸一带的亭馆等建筑，并栽种百花，使整个西湖焕然一新。其目的是要便利并吸引都人，使其前往游玩时有更多可嬉玩的内容与欣赏的对象。如此可谓官府对于西湖游赏的活动是抱持鼓励提倡的态度的，并在实际的行动上大力资助游赏活动的进行。那么，宋人游赏西湖的活动实有官方力量在推助。由此不难想见其西湖游赏风尚之鼎盛与场面之热闹非凡。

四季游赏概况

前已述及西湖的游赏风尚到了宋代达于鼎盛，但以春游尤盛。这大约是延续自唐代游春的风尚，而宋人称之为"探春"：

> 都城自过收灯，贵游巨室皆争先出郊，谓之探春，至禁烟为最盛……都人士女两堤骈集，几于无置足地。水面画楫枻比如鱼鳞，亦无行舟之路。（《武林旧事·卷三·西湖游幸、都人游赏》）

既是探春，当取得先机微兆，因此争先恐后地出郊去寻访，以至于两堤的游人骈集几乎到了无所置足的地步，而水面的画船也多得没有行舟之路。这样的争游场面着实惊人。而这惊人的春游活动从正月十五开始一直到寒食节达到顶点，即使是三日后的清明节亦然："是日倾城上冢，两山间车马阗集，酒尊食罍，或张幕藉草，并舫随波，日暮忘返。"（《增补武林旧事·卷三·祭扫》）"宴于郊者则就名园芳圃、奇花异木之处；宴于湖者则彩舟画舫，款款撑驾，随处行乐。"（《梦粱录·卷二·清明节》）清明节趁祭扫出郊之便，仍然不忘就名园、泛湖上，所以随处可见行乐之人，乃至车马阗集在两山之间（南高峰与北高峰之间的西岸山林与苏堤一带）。可知，西湖春游活动的盛况是持续整个春天的。

到了夏天游湖者仍然非常多，因为西湖的十里香荷与烟柳覆堤正是避暑纳凉的佳处。《梦粱录·卷三·四月》记载："四月谓之初夏，气序清和。昼长人倦，荷钱新漾，榴火将然，飞燕引雏，黄莺求友。正宜凉亭水阁……以赏一时之景。"说明入夏之后由于昼长天热，人感昏倦；又值荷叶浮绿、榴花燃红之景，因此正是到凉亭水阁以憩以赏的时候。而整个夏天最热的三伏炎暑正是西湖纳凉的鼎盛期。《梦粱录·卷四·六月》即载有："（六月初六日）是日湖中画舫俱舣堤边，纳凉避暑，恣眠柳影，饱挹荷香。散发披襟，浮瓜沉李……盖此时烁石流金，无可为玩，姑借此以行乐。"而《武林旧事·卷三·都人避暑》除载有六月六日避暑之游的内容之外，并谓"入夏则游船不复入里湖，多占蒲深柳密、宽凉之地，披襟钓水，月上始还。或好事者则敞大舫、设薪簟，高枕取凉，栉发快浴，惟取适意。或留宿湖心，竟夕而归"。这里说得很清楚，原来是因为盛夏到处烁石流金的，无可为玩。只有西湖柳影深密、荷香十里以及广大的水域，正是宽凉之地，又有湖光山色可资赏玩。因此只好借西湖这块清凉地以行乐。所以前一部分我们看到"船入芰荷香处去""人面与荷花共红"的热闹场面，原来是为了避暑取凉。而在避暑当中仍有可资赏玩的美景，所以梅尧臣《西湖闲望》时曾赞叹道："夏景已多趣，湖边日更嘉。"（《西湖志纂·卷一二·艺文》）足见夏日的西湖游赏除了避暑取凉的切要功能之外，仍有如春日般赏景嬉游的内容，无怪乎其依然游人如织了。

秋天西湖景致中的三秋桂子、平湖秋月、三潭印月皆为清佳美景，仍受游人钟爱。如《武林梵志·卷三·满觉院》在此院"深涧茂竹，渐与世远。八月桂花盛时，游人甚盛"。至于冬天则以赏雪为主。《梦粱录·卷六·十二月》载："如天降瑞雪，则开筵饮宴，塑雪狮，装雪山……或乘骑出湖边，看湖山雪景。"则是湖山一片白雪皑皑，别有一番风味，因此也就成为一些清雅之士的去处。苏轼便有《腊日游孤山访惠勤惠思二僧》诗描绘西湖冬景："天欲雪，云满湖，楼台明灭山有无。"（《西湖志纂·卷一二·艺文》）这样的景致多么奇幻，色调又是多么灰沉，与平日光彩的西湖形象是截然有异的。

然而虽说冬天的奇特清景仍然有清雅之士赏爱，但就广大众多的一般人而言，毕竟是过于疏淡的。因此西湖的游赏活动仍然是以春与夏最为沸腾。而就西湖的明媚山水而言，在四季的变换中，展现各有可观的景色，所以时时均有赏宴的活动不断地进行着。

游赏内容

欣赏湖山风光

到西湖游玩最初且最普遍的目的应是为了欣赏湖光山色。因为西湖乃天下闻名的胜景，其风光之美是它吸引游客的最直接因素。在宋代游西湖的作品中，多以图画来比喻西湖的美景。如蔡襄《西湖》诗云"春送人家入画屏"，林逋《西湖》诗云"匠出西湖作画屏"。这是以图画来比拟。因为图画是人为的产物，经过画家的构思、布局、笔绘、上色等安排，所以创作出来的应是理想性的景色。现在将西湖比拟成图画，则显示其景色之美具有理想性、典型性。而林逋《北山写望》则更谓北高峰的日夕之景"图画亦应非"（以上引诗均见《西湖志纂·卷一二·艺文》）。连图画的理想性的美都比不上，可见西湖西岸一带的美景具有完美无缺的特色。此外更有苏轼著名的将西湖比拟为西施的说法，更传神地显现西湖之美在形色也在气韵情味。所以可以确定到西湖一游的人最基本的游赏内容便是欣赏其湖山风光。

在欣赏西湖的自然景致的活动中，如前所述的，有著名的十景，有四季皆吸引人的不同景观，有变化迅速丰富的具有时间内容的景象。亦即西湖一年到头，分分秒秒皆有可资欣赏的美景存在。而在诸多西湖的美景中，除了十景之外，最普遍地为人所赏爱的景色又以春天的奇花异木与夜晚的水月映照最具代表性。

总之，到西湖游赏的人最基本而最普遍的活动是欣赏山光水色，这是容易理解而不待多说的。至于其风光之内容与特色则已见于上文，此不复赘论。然而从资料上来看，大约以西湖十景、苏堤一带、冷泉亭、官设公园及湖中柳荷深密处较为宋人所热衷游赏。可见在自然景观较为优美雄奇之处，建造可供休憩的建筑，栽植可供荫蔽赏玩的花木，提供游人开阔视野、优美景色，同时还具有休憩、遮蔽效果的景点，是最受游人喜爱的。但因到西湖游玩的人，有时是为了观赏游艺表演、买卖或游戏、竞赛，所以游赏的热门景点并非完全是因为造园之特色或美感而引来游人。

泛舟游湖

西湖游赏活动中，乘船游湖可谓为一大特色。在载籍中提及西湖游赏时，令人印象深刻的便是到处都是画船游舫。如《武林旧事·卷三·西湖游幸、都人游赏》记载都人在西湖探春的景象时说："水面画楫栉比如鱼鳞，亦无行舟之路。"说明泛于湖面的船只栉比如鳞，多到几乎无法行走的境地。那真是惊人的密集拥挤景象。所以邱道源《咏钱塘》诗写他从南屏山俯瞰西湖时只见到"画舸千艘共醉迷"（《咸淳临安志·卷九七·纪遗》）的景象。画船有千艘之多，是十分热闹拥挤的。而苏轼《寒食未明至湖上太守未来两县令先在》诗则看到天色尚未全亮的时候已经是"乌榜红舷早满湖"（《西湖志纂·卷一二·艺文》）了。这么多画船证明宋人游西湖时喜欢选择泛舟的方式。

而这么多的游乐用画舫多半配合其玩乐的功用而以彩丽的形象出现。因此在资料中提及湖上的舟船时多用画船、画舫、画楫、画桡等词，至于像乌榜红舷或吴船越棹这样的描述则进一步描绘这些船只在色彩上、形制上的丰富变化、多彩多姿。其中较特殊的例子是《梦粱录·卷一·八日祠山圣诞》所载的"龙舟六只戏于湖中"以及《增补武林旧事·卷三·西湖游幸、都人游赏》的"宋时湖船大者一千料，约长十余丈，容四五十人……贾似道车船不烦篙橹，但用关轮脚踏而行，其速如飞"。这里可以看出西湖泛舟不仅尽力修饰其外表形貌，以及模仿一些特殊的物象，并且还追求舟身的巨大，可以容纳四五十人，以使游湖增添热闹活络的气氛（当然船家的第一目的应是为了可以赚取更多的租费）。而贾似道所发明的迅速省力的脚踏船，可以使船行的速度加快，还为湖面游赏活动制造一种新奇的画面。所以宋人泛舟游湖的活动不仅使西湖湖面充满彩丽的船只，还为西湖创造了新鲜奇特、活泼热闹、富贵气的景象。

泛舟游赏有其方便之处，也在其方便之上创造了一些趣味。

其一，西湖周围三十里，要以陆路绕行一周须花费颇长的时间，而且当游客只想往一个既定的景点时，沿着曲折的湖岸绕行是很不经济的，坐船前行可穿过湖面，直达目的。赵汝愚的《柳梢青》说"买个小舟，山南游遍，山北归来"（《咸淳临安志·卷三三·西湖题咏》）以及林逋《赠钱唐邑高秘校》的"轻棹绕湖寻佛宫"（同上卷九六《纪遗》），都给人一种轻快流利的感觉。

其二，沿湖岸赏需依循已铺设好的既定路线前行，且赏景时又受到角度的限制。加以西湖烟云变幻甚大，景物多有遮障。乘舟赏景就能突破这些限制。武衍《正元二日与菊庄汤伯起归隐陈鸿甫泛舟湖上》的"春云漠漠雨疏疏，小艇冲烟入画图"（《西湖志纂·卷一二·艺文》），杨万里《晚至西湖惠照寺石桥上》的"船于镜面入烟丛"（同上），"冲"与"入"字都说明泛舟湖上的灵动性，可自由超越视觉上的障碍。此外尚可进入蒲深柳密、芰荷香处而不受阻挡。所以《梦粱录》描述画舫款款撑驾，可"随处"行乐。

其三，泛舟湖中，接近水面，四周皆为浩水所包围，正是清凉的游赏方式。所以杨万里《泛舟赏荷》其八说"人间暑气正如炊，上了湖船便不知"（《咸淳临安志·卷三三·西湖题咏》）。

其四，坐船可以随处宿眠。《梦粱录·卷四·六月》写六月湖中画舫"恣眠柳影"，《武林旧事·卷三·都人避暑》写入夏好事者"留宿湖心"，王洧咏西湖十景的三潭印月时说"塔边分占宿湖船"。这些都证明泛舟有留宿湖上的便利，可以欣赏西湖著名的水月夜色，无怪乎西湖题咏中可以屡见夜泛之作。

其五，船上可以携带诸多器物，可以同时进行更多的娱乐活动，其中尤以炊煮饮食最为车马所难取代者。《咸淳临安志·卷九六·纪遗》载一故娼老姥追述东坡游湖之事，言"公春时每遇休暇，必约客湖上早食"。而东坡则自己在诗中述及，他的《有以官法酒见饷者因用前韵求述古为移厨饮湖上》云："欲脍湖中赤玉鳞……好将鱼钓追黄帽。"（《西湖志纂·卷一二·艺文》）而《和蔡准郎中见邀游西湖其三》也说："相携烧笋苦竹寺，却下踏藕荷花洲。船头斫鲜细缕缕，船尾炊玉香浮浮。"（同上）则是浮水垂钓，又可随处斫笋、摘藕，立刻趁其新鲜而就船上炊烧脍煮起来。这移厨船上的做法，让一趟泛舟游湖的活动增添了更多的情趣。

这是宋人泛舟游湖的情景。

宴赏以吟咏创作

对大部分的文人而言，美丽的物色常会触动他们的诗思，而不觉地面对清景吟咏起来。所以西湖美景往往也成为文人创作的重要思源。因此董嗣杲有《西湖百咏》，而《咸淳临安志》介绍宋代的西湖时也录有许多诗人的题咏。

苏轼在《六一泉铭》的序文中引述僧慧勤的一段话说："而奇丽秀绝之气常为能文者用，故吾以谓西湖盖公（指欧阳修）几案间一物耳。"（《西湖志纂·卷一一·艺文》）指出奇丽秀绝之景色是能文者可资运用的好对象，所以西湖遂常成为欧阳修写作的内容之一。这是直接说明西湖美景入文入诗的事实。所以文人们在西湖赏景而有创作时，也会在诗文中表白西湖对他们创作的触动。如：

> 吟怀长恨负芳时，为见梅花辄入诗。（林逋《梅花》，见《咸淳临安志·卷九三·纪遗》）
> 有眠月闲僧，醉香游子，鹜岭猿啼，唤人吟思起。（陈允平《南屏晚钟·齐天乐》）
> 乘醉听歌鼓，吟赏烟霞。（柳永《望海潮·东南形胜》）
> 好景吟何尽，清欢画亦难。（陈尧佐《林处士水亭》，以上三诗均见《西湖志纂·卷一二·艺文》）

林逋是见到他园中的梅花就会心有所感，每次都能援梅入诗。陈允平是见到众人游赏的景象、听见晚钟猿啼而唤起他的吟思，相信往下将有新作产生（或即此阕《齐天乐》）。而柳永眼前的西湖胜景在烟霞的摩挲中多风貌，使他不禁在赏叹之余吟咏起来，心中充满怡悦。陈尧佐则更强烈地感到西湖好景是源源不绝的情思与题材，永无吟尽之时。

对景吟咏创作，有的是在宴乐群聚的场合里展开的。如杨万里有一首诗题为《西湖雨中泛舟坐上二十人用迟日江山丽四句分韵赋诗余得融字云》，这是二十个人同坐一条大船浮泛在西湖之上，一面雨中赏景，一面饮宴，同时展开分韵赋诗的活动。这里的赋诗应是在分韵之后针对眼前的清美之景与宴乐之事而咏的，不但可以表现每一个人才思的敏捷与作品的造诣，而且这吟赏的活动也成为游赏过程中的一项娱乐。所以苏轼在《次韵述古过周长官夜饮》说："二更铙鼓动诸邻，百首新诗间八珍。"（《咸淳临安志·卷九六·纪遗》）把百首新诗和食用的八珍并列，并说它们相间交错。可见百首新诗的吟咏同饮宴一样都是他们享受愉悦的内容。在这种群聚宴饮的场面下创作的诗词，往往有乐工或歌女在旁立即演奏歌唱。像苏轼《次韵曹子方运判雪中同游西湖》诗记叙他们在游湖宴席上的情景说："词源滟滟波头展，清唱一声岩谷满……樽前有酒只新诗，何似书鱼餐蠹简。"（《西湖志纂·卷一二·艺文》）这里酒席上不仅有文人相酬唱的和诗，而且座旁有歌女清唱，演唱的内容或为旧作或为新声。从文字看来，似乎席上作诗的态度也是极用心的，在他们的心中，这一趟游湖活动似乎目的之一即是要有新作产生。

更有甚者，在《咸淳临安志·卷二三·城南诸山》中录有石林叶梦得诗并序曾追述："（张景修）往尝以九月望夜……与诗僧可久泛西湖……可久清癯苦吟，坐中凄然不胜寒。"一群人在月圆之时前往西湖，本应是去欣赏水月澄景的，结果留给人印象深刻的却是诗僧可久清癯苦吟良久，使满座之人为之凄然，饱受寒苦。那么不但可久本人无心欣赏西湖夜色，连在旁的人也不能轻松悦乐地享受这一趟西湖行了。所以这一场游湖活动虽有赏景的内容，但恐怕所赏者只是为吟咏创作而服务。

以上是群聚宴游而赋诗的情形。至于独行者也常常有对景吟创之事。如林逋《西湖春日》诗说："争得才如杜牧之，试来湖上辄题诗。"（《咸淳临安志·卷三三·西湖题咏》）在他想要展现和杜牧一样的文才时，想到的办法便是到西湖来试试身手。而每次到临湖上，面对广大奇秀的景致，看到丰富多变的物色，他便自然地吟咏出作品来。所以西湖是刺激他诗才文思的重要触源，来到这里，他的才华便纵横洋溢。而高翥《西湖暮归》诗则记述道："买断小舟休唤客，暗岸萍叶载诗归。"（同上）他泛舟湖上寻找灵感诗思，不喜欢有人吵扰，所以买断小船，不愿有人与他分租。在独自泛游了一天之后，在傍晚时分载着他的心血靠岸。这给我们一种满载而归、收获丰硕的悦乐之感。

有的时候，新得佳句则希望公之于世，而不像高翥般默默携带回家。《武林旧事·卷五·湖山胜概》介绍丰乐楼时曾经记载："吴梦窗尝大书所赋《莺啼序》于壁，一时为人传诵。"而苏东坡在其《行香子·怀旧》词中忆及在守杭州的日子时说："寻常行处，题诗千首。"（《西湖志纂·卷一二·艺文》）而提供他如此泉涌的诗思的是"湖中月、江边柳、陇头云"。可见他在西湖游玩时也是随处题诗不少。这在他留下的作品中可得到印证。至于陆盘隐《春游孤山》诗自述他在"独游无伴踏芳尘"时吟作的情形道："不妨笑我矜持意，吟到孤山句更新。"（《咸淳临安志·卷二三·城南诸山》）则是一路行吟不断，走到孤山又做了一次修改。这在分韵次韵的即席群体创作时较不可能。而独游独吟时一再地字斟句酌、不断地修改，可见其游赏吟咏的态度十分慎重。相信当时在西湖游赏的人往往可以看见一些文人一路不断行吟、思索的有趣景象。

由此可知，对文人而言，游赏西湖更切要的一个活动内容（或目的）是吟咏创作。

游艺表演、买卖与游戏

西湖游赏活动中最具特色的是有很多赶趁人的游艺表演与店舍摊贩的买卖以及各种游戏活动。这些内容也是西湖之所以游客如织的重要吸引力。其所展现的是南宋京城繁华欢腾的气象。

在前引的《梦粱录》中曾有一段文字说："临安风俗，四时奢侈赏玩，殆无虚日。西有湖光可爱……"西湖便是这"奢侈赏玩"的所在之一。虽说殆无虚日，但是每逢春天或特殊的节日则这些奢侈赏玩的活动更为浮夸，且更为普遍地实践在一般市井平民的身上。

首先，在游赏西湖时伴随而来的是歌舞表演与欣赏。《武林旧事·卷三·祭扫》载临安每至寒食祭扫之日倾城上冢，顺道往城外园林寻芳讨胜，极意纵游之事，曾感叹地说："概辇下骄民，无日不在春风歌舞中。"而上文论及西湖丰富的听觉景致时亦曾引证诸多诗词与载籍资料，说明西湖白昼的游赏常伴随不绝于耳的箫笛铙鼓歌舞之声。这正显示西湖游赏活动往往加以欣赏舞乐表演的娱乐内容，呈现歌舞升平的气象。

这一点在唐代的园林活动中已经多见，但比较特殊而未在唐代园林中发展成风的则是喧腾的游艺表演，其场面之惊人、其内容之丰富多样，略如以下资料所载：

至于吹弹、舞拍、杂剧、杂扮、撮弄、胜花、泥丸、鼓板……起轮、走线、流星、水爆、风筝不可指数，总谓之"赶趁人"。（《武林旧事·卷三·西湖游幸、都人游赏》）

苏堤一带，桃柳阴浓，红翠间错。走索、骠骑、飞钱、抛钹、踢木、撒沙、吞刀、吐火、跃圈、筋斗、舞盘及诸色禽虫之戏纷然丛集。外方优伎、歌吹、觅钱者，接踵承应。（《增补武林旧事·卷三·祭扫》）

这里可以看出，几乎所有的百戏内容都在这个巨型的公园里上演着。《宋代文化史》论及百戏时说："隋唐至两宋，百戏历演不衰，而且种类越来越多，成为城市娱乐的重要内容。"（见姚瀛艇编《宋代文化史》，第494页）这些百戏的表演者被称为"赶趁人"，应是临时于特殊节日在苏堤一带搭设露台或寻觅宽广的空地来进行的。大多是民间组成的社火或游动的路岐人在进行的。但是就《梦粱录》等书以及《西湖游览志》所附宋代西湖图看来，西湖内有多座瓦子，这些瓦子内应有更多的勾栏，均是提供专业艺人在固定场所做表演活动的。那么西湖在特殊的节日之外，平常的日子里也是有固定的场所、固定的游艺表演活动。这些游艺表演必也吸引了不少人专为参观欣赏而前去西湖。而这么多游艺表演的项目，细细看来恐怕还需花上一天以上的工夫。可以想见在表演的过程中精彩、刺激、紧张的内容应会引起喧然赞叹之音，喝彩、掌声此起彼落，使西湖一带显得喧哗欢腾。

西湖除了几座瓦子及临时赶趁人的游艺表演之外，还有各色各样的店舍或临时赶集的路边买卖，使两堤成为琳琅满目的街市。如：

> 时承平日久，乐与民同。凡游观买卖皆无所禁。画楫轻舫，旁午如织。至于果蔬、羹酒、关扑、宜男、戏具、闹竿、花篮、画扇、彩旗、糖鱼、粉饵、时花、泥婴等谓之涂中土宜。又有珠翠冠梳、销金彩段、犀钿、髹漆、织藤、窑器、玩具等物，无不罗列。（《武林旧事·卷三·西湖游幸、都人游赏》）

> 又命小珰内司列肆，关扑、珠翠冠朵、篋环绣段、画领花扇、官窑定器、孩儿戏具、闹竿龙船等物，及有卖买果木、酒食、饼饵、蔬茹之类，莫不备具，悉效西湖景物。（同上，卷二《赏花》）

这里所列西湖买卖的种类十分繁多，包含了食物、饰物、器物与玩具，还有各地的土宜特产，真是包罗万象。可以想见到西湖一游的人应有不少是抱持着逛街购物或看热闹的心情而来的。在此，西湖的景致与园林之趣都隐退为一个陪衬的背景而已，而消费娱乐等极高度的人文活动才是主角。自然美景与规范度高的人文活动之间似乎无法融合为一。

而皇帝在禁中诸苑赏花之时也命宦官摆设肆店以买卖诸多商品，而这些摆置与买卖的内容完全是模仿西湖的景象。可见得在亭榭花木之间列肆买卖，正是西湖最为独特的游赏内容。

在所有的肆店之中，以卖酒的店家与游赏风景的活动较能结合。因为游湖往往需要休憩或进食渴饮，而游宴者也需要水酒、佐食，所以酒店成为西湖买卖中与游赏美景的活动较能相互佐助的一项。在资料中可以看到西湖酒店为游湖之后提供休憩、谈笑、饮宴的场地。如：

> 周文璞、赵师秀数诗人春日薄游湖山，极饮西湖林桥酒垆，皆大醉熟睡……酒家图其事于壁，目为遇仙酒肆，好事者竞趋之，遂为湖上旗亭之甲。（《增补武林旧事·卷三·西湖游幸、都人游赏》）
>
> （林外）暇日独游西湖幽寂处，得小旗亭饮焉……明日都下盛传某家酒肆有神仙至云。（同上）

畅游湖山之后在酒肆中极饮，其心境应是异常舒畅爽快的，往往有率性倜傥的纵逸事态，所以颇能传为美谈。这些酒肆就成为文人雅士享受或展现风雅的所在。这些酒肆有的在幽寂之处，是简单的小旗亭，如林逋《西湖春日》诗"春烟寺院敲茶鼓，夕照楼台卓酒旗"（《咸淳临安志·卷三三·西湖题咏》，本诗亦见于《全宋诗·卷六三一》王安国作品中），或贾似道《梅花》的"山北山南雪半消，村村店店酒旗招"（同上）所描绘的是西湖处处可见酒旗而不见酒店的有趣画面。而有的酒店则俯临湖水，在视野最佳的地点。如丰乐楼这个官设的主体建筑即为一个著名的酒楼，瑰丽宏特，高接云霄。那么在此饮酒正可以一面饮酒一面欣赏湖光山色的宏阔奇伟。但也因为这个酒楼本身的壮丽，于此饮宴赏景的游客应是众多群集的，所以整个酒楼会充满热闹嘈杂的气氛。

总之，游园宴饮的活动在园林发展之初即有，但是像宋代西湖这样在公园中有无数大小酒肆提供游客宴游或休憩方便的则未曾有过，连唐代长安的曲江亦然。这是西湖游赏中富贵玩乐的一面。

在游艺表演与买卖之外，西湖也有一些游戏的活动。陆游《西湖春游》诗曾描述"冬冬鼓声蹴场边，秋千一蹴如登仙"（《西湖志纂·卷一二·艺文》）。写的是清明后上巳前的西湖游乐。蹴鞠比赛有着鼓声助阵，而秋千打荡在空中有如飞仙一般，这都是十分悦乐的游戏。《中国古代节日风俗》介绍清明节的风俗时说："清明的娱乐活动如击球、蹴鞠、秋千、斗鸡等在宋代均十分流行。"（见郑兴文、韩养民《中国古代节日风俗》，第170页）既然西湖有游艺表演与买卖活动，那么这些游戏的出现也就更容易理解了。很显然这些游戏除了秋千可同时欣赏湖山风光，并使风景在坐者的摆荡中旋转多趣之外，其他几乎都必须十分专注地投入其游戏中，几乎是与西湖的美景之间无关联的独立活动。它们使西湖美景退为一个平面模糊的背景，却也使西湖成为一个尽情行乐之地。在宋代的话本小说当中有不少小说出现行乐的情节时往往是在西湖上演的（如《西山一窟鬼》），可见西湖在宋代确实是一个行乐之地的典型代表。

西湖在宋代是个尽情享乐行乐的地方，与当时的社会风气是息息相关的。《宋代城市生活长卷》提及："随着社会经济的发展，宋代的高消费风气越来越浓烈。占有高级消费品的居民慢慢地超出了高官豪富的范围。"（见李春棠《坊墙倒塌以后——宋代城市生活长卷》，第50页）可知在宋代奢侈消费的风气普遍地流行在一般平民生活中，而西湖游赏便是这种风气实践时一个大众化的典型。《武林旧事·卷三·西湖游幸、都人游赏》曾载：

> 西湖天下景……皆华丽雅靓，夸奇竞好。而都人凡缔姻赛社、会亲送葬、经会献神、仕宦恩赏之经营、禁省台府之嘱托，贵珰要地，大贾豪民，买笑千金，呼卢百万，以至痴儿呆子密约幽期，无不在焉。日糜金钱，靡有纪极。故杭有"销金锅儿"之号，此语不为过也。

这里说明西湖正是奢靡享乐的所在，而至此地来"销金"的人各色各样；至此来"销金"的事由则千奇百态，可说无人无事不到西湖来走一遭了。那么西湖游赏活动真可谓是宋代奢靡行乐的典型渊薮。

金学智《中国园林美学》说："从历史上看，最典型的公共园林莫如杭州西湖……不过，西湖的真正园林化，是在南宋。"（见金学智《中国园林美学》，第43页）这说法在本节整体（包括园林与游园）的论述中可以得到印证。

依本节所论可知宋代的西湖在造园、景致与游园方面具有以下几个特色。

其一，园林组群：西湖是巨型的公共园林，其内尚有不计其数的个别园林，包括权贵富豪或隐居高士的私人园林、寺观园林以及官设的公园，形成了园中有园的特殊园林组群。

其二，造园特色：西湖园中园的造园艺术主要还是继承传统园林的发展重点，但官设的公园则着重富丽宏伟的气象。而两者同样都利用西湖原有的自然美景加以借纳入园，所以借景的手法特多。

其三，多变的自然景致：西湖的自然景致四时皆有可观，而最具特色的应是烟云的瞬息万变，欲晴还雨，欲雨还晴，使其景致呈现丰富的时间内涵而多面貌。

其四，十景形成：因为画院画家的长期观察与绘画，西湖中最美的景致已被归纳提点成著名的西湖十景，且成为文人题咏的组诗主题。

其五，泛舟游赏：西湖游赏的方式多半以泛舟纵游来进行，使其游赏胜景具有诸多便利，且能在游赏的同时钓取鱼鲜、采藕斫笋，立就舟上炊煮饮食，饶富趣味。

其六，游艺表演：西湖游赏的内容非常丰富，其中最具特色的莫过于百戏游艺表演与观赏。宋代西湖不但有瓦子勾栏提供专业固定的游艺表演，还有在节日里就两堤搭设棚台的各路赶趁人的表演，使西湖的游赏充满喧哗热闹的场面，山水美景退居为背景。

其七，买卖游戏：西湖游赏的另一个具有特色的活动是琳琅满目的买卖活动，使西湖成为一个逛街购物的临时市集。同时还有各种流行的游戏活动在此进行，使西湖盈溢着消费享乐的活动内容。

总的来说，在宋代不论贤愚、贫富、贵贱，各色人等均常游西湖；不论婚丧喜庆、请托幽会团拜赋诗，各种事务多喜就西湖进行。几乎使西湖游赏成为南宋京城之人日常生活的一部分。而这具有普遍性的游赏场所所展现的游赏风格却是奢靡喧嚣的，使西湖成为奢靡行乐的薮泽。而也因为大众化、奢靡化，其游赏活动便与身边的山水美景逐渐远离，这与此前的园林游赏活动是大异其趣的。

第二节　各地公共园林——郡圃

所谓的郡圃

宋代园林已普遍地深入一般人的生活之中，其最典型的例证之一便是在各级地方政府的办公单位所在地以及地方官吏的宿舍内，大多都造设有广大的园林，并局部地开放给民众参观游赏。这样的园林，不管是州（园）、郡（圃）或县（圃），本文一律以郡圃统称之。此外，在各地方的山水优美处也往往有官方建造的大型公园供民众游乐，其治理管辖权也归地方政府所有，地方政府也常常在此建造一些可供官吏住宿休憩的住所，因而也在广义的郡圃范畴之内。韩琦《安阳集·卷二一·定州众春园记》载："天下郡县无远迩小大，位署之外，必有园池台榭观游之所，以通四时之乐。"（册一〇八九）说明不论郡县大还是小，偏远还是近都，除办公府署之外，都必然有四时观游行乐的园林。可见郡圃是普遍地存在于宋代每一个郡县之中。

这种地方政府所有的园林，称谓颇多。较常见者，有称为郡圃者，如：

梅尧臣有《泗州郡圃四照堂》诗。（二五七）
宋庠有《郡圃洗心亭宴坐对春物》诗。（一九〇）
苏颂有《和签判郡圃早梅》诗。（五二八）

有称郡斋者，如：

宋庠有《郡斋无讼春物寂然书所见》诗。（一九六）
吕陶有《郡斋春暮》诗。（六六六）
俞德邻有《吴郡斋遣怀》诗。（《佩韦斋集·卷一》）

这些诗虽标题为郡"斋"，但其描述的景象有泉水、庭花、芳圃、花柳、叠嶂、幽禽等，故而实质内容仍为园林。大体上，称郡圃者，指涉的范围较大，含括州郡统辖的整座园林；而郡斋则是郡圃中的局部建筑，但从斋中仍可往外观眺园圃的景色。故而郡斋或郡圃两称谓有关的诗文所描述的仍多半是园林景物。同样，较低一层的地方政府园林，也是有县圃与县斋的称谓，如：

陈耆卿的《赤城志·卷六·公廨门》介绍宁海县的松竹林就在"县圃"中。（册四八六）

黄裳《演山集·卷一七·阅古堂记》记其"堂在县圃之东北隅"。（册一一二〇）

张舜民《画墁集·卷八·郴行录》记载其"与李令射会食于县圃"。（册一一一七）

显然都是指县府所在地所设的园圃。而称县斋者则如：

寇准有《巴东县斋秋书》诗。（九〇）

许棐有《招高菊涧时在县斋》诗。（《梅屋集》。册一一八三）

赵湘《赠兰江鞠明府》诗有"县斋深在白云间"之句。（七七）

同样，从其描述的内容也可确定其指称的重点是县圃中的局部建筑，仍是县府的园林所在地。

此外，由于郡圃（包含县圃，以下皆然）是民众可自由参观的公共园林，也由于地方政府常在风景优美的地方兴造公园，所以有时候也称为某州的某园，如：

梅尧臣有《真州东园》诗。（二五六）

文同有《阆州东园十咏》（四三五）、《邛州东园晚兴》（四三八）、《剑州东园》（四三九）等诗。

沈遘有《滑州新修东园》诗。（六二八）

这些诗作的标题看起来好像只是某州的公园而已，但事实上有些内容可以证实是地方政府办事或宿舍所在。如范仲淹《绛州园池》诗即明白地说："绛台使君府，亭阁参园圃。"（一六五）而在第三部分论述的引用诗文中也可以多方证实这一点。

又由于地方官吏的宿舍也往往建在郡圃中，因此有些标题为官舍一类的诗文，也涉及园圃，仍是本节讨论的范围。如黄庶《和柳子玉官舍十首》分别歌咏心适堂、思山斋、小池、新泉、竹坞、土榻、怪石、茴香、蜜蜂、芭蕉（四五三）；而司马光《和利州鲜于转运公居八咏》则分别写桐轩、竹轩、柏轩、巽堂、山斋、闲燕亭、会景亭、宝峰亭（五〇一）。从这些官舍公居的内容看来，很显然是景致丰富的园林，所以刘敞有诗题直接称《凤翔官宅园亭》（六〇七），文同的《彭山县君居》诗说"公馆静寥寥，园亭景物饶"（四三八）。可见得宋代的地方官员在各级州县政府所居住的宿舍往往是"园亭景物饶"的佳境。

事实上官园宿舍之所以是风景优美的园亭，主要的原因在于这些官舍多半就位于郡圃内。如文同在洋州任内有一组诗《守居园池杂题三十首》（四四五），这文同的守居在苏轼的唱和之作中称为"洋州园池"，苏辙称为"洋州园亭"，吕陶称为洋州的"公园"[苏轼诗题为《和文与可洋川园池三十首》（七九七），苏辙则题为《和文与可洋州园亭三十咏》（八五四），吕陶则题为《寄题洋川与可学士公园十七首》（六七〇），观其所咏景点，应为同一地，故疑洋川应为洋州之误]。可见这洋州太守的居止之所就在州园之内。这州园是开放给普通民众游赏的公园，实则即为洋州的郡圃所在。

综上所论可知，宋代在各级地方政府厅廨的所在地往往造设了景致优美的园林，总称为郡圃。这些郡圃一方面提供官员舒惬的办公环境，也为他们公退的余暇生活提供了悠游赏玩的家居环境，还为广大民众的休闲游憩创造了宽广的空间。这证明宋代园林不仅深具普及化、生活化、公共化等特性，而且也可能意味着园林与政治活动紧密地结合着，或者还意味着园林被赋予了一些严肃的政治意义。

　　以下节文将分成三个部分讨论：先分析郡圃的园林结构，以作为对这一类园林的基本认识以及本节讨论的基础；其次再讨论郡圃中的人文活动，以了解这一类园林的娱乐与政治功能；最后再探讨文人们所赋予郡圃的政治意义，借以了解郡圃在政治文化上的意涵。

郡圃的园林结构

　　作为园林，郡圃也同样具有山石、水、花木、建筑和布局五大要素。以下兹依此五要素分别讨论，以见郡圃的园林结构。

山石

在诸多诗文中显现出宋代郡圃的所在地，有很多依山傍岗的情形。如：

半醉秋登宅后山。（赵湘《赠兰江鞠明府》，七七）

延平据山为州，军事判官厅处其山之半。后枕重阜，前挹大溪。（真德秀《西山文集·卷二五·溪山伟观记》，册一一七四）

及吴兴施侯之来为知军也，政成俗阜，相地南山，得异境焉。前望龟山……乃筑杰屋……（陆游《渭南文集·卷二〇·盱眙军翠屏堂记》，册一一六三）

德清县治枕山，山特高……旧有台，下直令舍……（刘一止《苕溪集·卷二二·纵云台记》，册一一三二）

据山、傍山或面山而建，并不能成为园林的充足条件，但却为园林的造景提供了诸多的方便，如山林中本具的优美景色，天然的泉涧，茂密的花草树木，曲折起伏的地势动线等。只要些微的点化工作，适当的借景安排，就可以产生效果不错的园林。在造园的功夫上，最基本也是显现造园造诣与识见的一点便是相地、选地。可以说宋代许多郡圃在造设之初是经过相地、卜地的设计的，所以这些郡圃也往往可以借纳得视野宽阔的山景，以为园林景致之资。如：

群峰高拥碧嶙峋。（文同《剑州东园》，四三九）

四望逶迤万叠山。（司马光《和赵子舆龙州吏隐堂》，五〇六）

一境山形天际望。（苏颂《金陵府舍重建金山亭二首》，其

一·五二四）

公堂伴语山光入。（赵湘《寄兰江鞠评事》，七七）

叠嶂隐檐牙。（俞德邻《佩韦斋集·卷一·吴郡斋遣怀》，册

一一八九）

从这些描述当中可知，借纳进园圃中的山景是绵延逶迤的群峰叠嶂，甚至于整个境内所有的山都可尽收眼底，或是隐约地遮蔽在檐牙之后。这些自然天成的山峰虽不在郡圃的范畴之内，却能成为郡圃内可资赏玩的景致。即使是坐在公堂上，也能因山光的投射而享有优美沉静的山色，品玩"叠嶂互阴晴"（范纯仁《签判李太博静胜轩二首》其二，六二二）的变化。这是摄取自自然山景的结构。

宋代郡圃也多有人工营造的假山，其中又以石山最为常见。这正符合中国园林的发展历史。如：

延石象众山。（刘敞《石林亭成宴府僚作五言》四六四）

屏山叠石色苍翠，我疑巨灵掣断岷峨峰。（毛渐《此君亭歌》八四三）

润极云犹抱，坐看小终南。（韩琦《长安府舍十咏·石林》三二八）

山上草中多怪石，近取得百余枚，于东斋累一山，激水其间，谓之溅玉斋。（文同《寄题杭州通判胡学士官居诗四首·溅玉斋》序·四四〇）

累石为山，上有一峰穿窍如月，谓之月岩斋。（同上《月岩斋》）

"叠"与"累"二字说明这些假山是由诸多甚至是百余枚石头组合而成，它们往往在堆栈之初已预先构思好模拟一些名山，所以说像众山，令人怀疑以为就是岷峨或者说是小终南。而从"上有一峰穿窍如月"的描述可以知道其中也有一些造型相当复杂巨大，一座假山可以具有好几个峰顶，已是绵延的山岭，其气势应是雄伟的。除了堆栈成山之外，他们也在山上加以多种设

计，如韩琦《阅古堂八咏·叠石》说"叠叠云根渍古苔"（三二三），廖刚的《涤轩记》记载嘉禾仪参舍厅旁"其中叠石为峰峦，植以花木，森蔚可爱"（《高峰文集·卷一一》，册一一四二）。这里用苔藓的铺长和花木的遮映，让石山的表面变得青绿，显得生意盎然、韵致隽永。此外，这些堆栈成的人工石山，其雄伟的程度也超乎人们的想象，如建康府治内"叠石成山，上为亭曰一丘一壑"（周应合《景定建康志·卷二四·官府志一》，册四八九）。在假山上还能建造一座亭子，让亭子犹如在一丘一壑之间，可见这人工石山几乎与真实自然的山没什么大差别了。可见其巨大、坚固、逼真。

相反，也有以简单的独个石头作为山景加以欣赏的，如文同《兴元府园亭杂咏·桂石堂》说"尝闻阳朔山，万尺从地起。孤峰立庭下，此石无乃似"（四四四）。这是以单个石头来模拟阳朔山水的特殊景观。而司马光《和邵不疑校理蒲州十诗·涌泉石》之序文记载道："枢密学士蒋公知府事，得片石大如席，上有数十窍……乃于饮亭下凿地为坎，置石其上。"（四九八）这是单片石头的设置。因其本身多孔窍，大约是太湖石一类具有透漏形质而可资欣赏者，所以值得单独设置。又王禹偁有一首诗标题为《仲咸因春游商山下得三怪石辇至郡斋甚有幽趣序其始末题六十韵见示依韵》，欣赏的正是石头的"怪"：怪形质、怪姿势、怪气韵，这容易引起人的种种遐思而猜想它是"海山低岌嶪，华岳小麒麟"。而且还在这如山的单石周边加以"映合移红药，遮须剪绿筼"（七〇），用红药和绿竹来映衬它，使其富于生机生趣以及柔婉绰约之美。而韩琦《长安府舍十咏·双石》则是"藤萝穴任穿"（三二八），让石头本身的凹穴中含着土壤，可以生长并攀附藤萝，如此一来这"怪丑""嵌空"的石头便仿佛是深幽的山林了。有些单独的立石并非取其如山的形势，而是欣赏其近似于实物的特殊形状。如范仲淹描写《绛州园池》有"丑石斗貙虎"，这是以立石的形状特色引发人的想象而得到多种趣味。

有时郡圃立石，并非为了其形状姿态之美，而是取其实用的价值，如：

郡斋欲立题诗石。（田锡《池上》，四二）
中惟一诗石。（文同《兴元府园亭杂咏·照筼坛》，四四四）

孤吟刻幽石。（王禹偁《扬州池亭即事》，六二）

倦则抚石看王郑字法。（冯山《爱石堂》序·七三八）

题诗刻记应采用平面整齐平顺的石头，不太可能是多皱多漏的怪石，所以此处应该是只品味其上的诗文情意，一面映照眼前的山水景色，一面契入诗文的悠远意境。至于梓州的爱石堂，其立石虽然也是刻写着建堂的记铭与诗作，但因为是书法家王克真、郑文宝的手笔，所以变成了赏玩书法字法的对象。总之，这一类立石只是其他赏玩内容的工具而已，其自身并非是园林美感的焦点。

水景

郡圃的园景中最令人印象深刻的当为水景。其中当然也有自然天成的溪流，如文同《剑州东园》的"溪明夜阁轩窗月"（四三九）[另外冯山有《和刘明复再游剑州东园二首》其二的"危亭飞阁照寒溪"（七四四），应描写同一景色]，欧阳修《张主簿东斋》的"溪流穿竹过"（二九一），应是未经人工造设的天然溪流，其对园景具有滋润灌溉、点景美化、联系缩结等功能。此外，以人工的挖凿接引所造成的人工流泉则是十分常见的，如：

遥通窦水添新溜。（宋庠《郡斋无讼春物寂然书所见》，一九六）

清泉绕庭除。（文同《守居园池杂题·书轩》，四四五）

水穿吟阁过。（寇准《巴东县斋秋书》，九〇）

"遥通"与"添"字说明这是人工创造的水流景观。这样的工程应是在附近已有现成的泉沟，挖凿出一个连通的渠道，将水接引过来。既是人营造出来的渠道，其行走的路线应是依照人们的意思而划定的，因此它们和园中其他的景点之间就容易有比较紧密的联系，可以穿绕过建筑物，可以近在庭除之下，与建筑物之间产生并济互彰的效果。尤其当这些人工水泉与山石结合造景时，其产生的效果则更为特殊。如：

于东斋累一山，激水其间，谓之溅玉斋。（文同《寄题杭州通判胡学士

官居诗四首·溅玉斋》序·四四〇）

并山凿渠，上引湖水，悍波合注，如怒如奔。萦流西行，数步一折，众石回阻，激为湍声，其响泠泠……（唐询《题曲水阁》序·二七二）

置石其上，夏日从旁激水灌之，跃高数尺，以清暑气。（司马光《和邵不疑校理蒲州十诗·涌泉石》序·四九八）

在人工石山上挖凿渠道，引入水流，并让山的崎岖起伏形势或石头的阻碍来激触水流，使其奋激奔窜，喷溅水花，形成奇险激越的景观，发出泠泠如玉的鸣响，显得十分精彩撼人。而且还特意让山渠萦纡曲折，水流蜿蜒绕进，又具有丰富变化、出人意表的趣味。第三则诗例是在假石山的周沿灌水，并激阻水流，使之溅跃向上达数尺之高，一方面清凉之气足以消暑，一方面也制造了特殊的喷泉景观，是十分进步新巧的水景设计。

是什么样的技术能够营造出如此新奇的水景呢？在平面的接引水源方面比较简单，是以竹筒为传送输导的工具的。如苏颂有一首诗的标题即不厌其烦地叙述这样的引水方法：《石缝泉清轻而甘滑传闻有年矣前此数欲疏引入州治久不克就予至则命工人寻旧迹相地架竹旬月而水悬听事又析一支以给中堂一支以入西阁其下流则酾出外庑往来取汲人以为利因抒长篇以纪其功云》（五二一）。这么长的水流完全是以竹筒来接引的，所以其诗云"剪裁竹千竿，接联笕万尺"。至于在起伏多变的山势，水的流动或高或低，就需要更高深的技术。文同在《兴元府园亭杂咏·激湍亭》中描写道："高轮转深渊，下泻石蟾口。"（四四四）原来由下往上抽引水泉，其动力来自转轮，借由转轮上的竹筒将深渊里的泉水传递到较高的山上，再沿人工设计的水道一路奔泻下来，最后由人造的石蟾口中吐泻出来，其间应该经历过几个高度上的落差而形成瀑布景观。由此可以看出宋代郡圃在水的造景方面之巧思与技术之高超以及其效果之精彩。

以上是动态的水景。静态的水景则是较为普通常见的池沼。如苏轼《次韵子由岐下诗》的序文中自述其在岐下廨宇以北的隙地建亭："亭前为横池，长三丈……廊之两傍各为一小池，皆引汧水，种莲养鱼于其中。"（七八六）造设这些静态的水池，并不在制造激越惊人的精彩景象，而是追求沉静闲雅的怡人景致，所以往往在水中种莲。所谓"掘沼以秧莲"
（梅尧臣《真州东园》，二五六），所谓"一丈红蕖渌水池"（王安石《筹
思亭——在江东转运司南厅后园》，五五七），都是以莲蕖的形色和特性
来营造池沼的静雅之美。但为了不让其静闲之气氛显得过于死板沉寂，所
以种柳养鱼也是常见的水景配置，如"竹绕亭台柳拂池"（王禹偁《留别扬
府池亭》，六七），"池鱼或跃金，水帘长布雨"（范仲淹《绛州园池》，
一六五），以垂柳拂动水面造成微微扩散的涟漪，而且也以鱼的悠游和跃动为
池水带来活泼的动力。

郡圃中的水也常常和建筑物相结合，如：

砌迴波流碧。（张咏《登崇阳县美美亭》，四九）
水边台榭许题诗。（赵湘《寄兰江鞠评事》，七七）
溪上危堂堂下桥。（宋庠《新春雪霁坐郡圃池上二首》其二，一九七）
危阁飞空羽翼开，下蟠波面影徘徊。（文同《题晋原舒太博清溪阁》，
四三八）

这些建筑都是盖在水边或是水上，让水就在砌阶旁边流动，让建筑的身影倒
映在水面上而显得徘徊扭曲，让建筑为水气所浸染而变得清凉怡人，让人在
建筑之内以休憩舒适的姿态就能欣赏到水的景色，更还让人可以卧听水声，
如寇准《九日群公出游郊外余方卧郡斋听水因寄一绝呈诸官》所写"何似虚
堂听水眠"（九一），悠哉惬意地躺在虚堂之内，聆赏着近在耳边的潺湲水
声，是无限美好的经验，所以寇准认为这比群官出游郊外还要美妙。这是水
与建筑结合所产生的美感。

花木

花木是园林中最富生意的一项，也是最方便点化景物的一项。在宋代
郡圃中出现很多以花木为主要欣赏对象的景区，如：陈耆卿《赤城志·卷
五·公廨门》介绍了郡圃中有桃源一景，植桃百余（册四八六）。又洋洲园
亭中有竹坞、荻蒲、蓼屿、菡萏亭、荼蘼洞、筼筜谷、寒芦港、金橙径等
（册五八六）。而蒲州园池有槐轩、芙蕖轩、惜花亭、竹轩等（司马光《和

邵不疑校理蒲州十诗》，四九八）。又成都运司园亭有玉溪堂"花木四面围，如立复如侍"；有翠锦亭"华构饶花品。红紫镇长春，四时如活锦"；有小亭的"花木皆周匝"，有海棠轩等（吴师孟《和章质夫成都运司园亭诗》，五七九）。兴元府有垂萝径"垂蔓已百尺"（文同《兴元府园亭杂咏·垂萝径》，四四四）。不论是与建筑、岛屿、山谷还是动线（如路径等）结合，这些景区或景点都是以花木为主题，以花木的美作为主要的赏玩内容，而且还趋向于只以单一种花木作为主题。除了翠锦亭一景是以饶富多样的花品来制造万紫千红的效果，以使四时长春如锦之外，其他几乎均是欣赏纯一的花木，以庞大数量的清一色花形的聚集为美。可知，除了松竹一类长青树木之外，其他景点应都具有明显的季节性。

在众多以花木为主题的景点中，又以花木与建筑的结合最为常见。如：

面面悬窗夹花药，春英秋蕊冬竹枝。（梅尧臣《泗州郡圃四照堂》，二五七）

深深竹林下，圆庵最幽僻。（杜敏求《运司园亭》，八七四）

密密楼台花外好。（韩琦《寒食会康乐园》，三二五）

面竹者为亭，作室于花间。（韩元吉《南涧甲乙稿·云风台记》，册一一六五）

又为亭曰仰高，环其四旁植梅与桂，间以修竹。（真德秀《西山文集·卷二五·溪山伟观记》，册一一七四）

花木与建筑的结合，一方面方便于坐卧在建筑的蔽护之下以舒适的姿态来欣赏花木之美，一方面又能使建筑体在花木的掩映之下若隐若现，降低建筑体的坚硬性，使人工的建筑物能得到充分的园林化、自然化的效果，臻于刚柔并济、天人交融的境地。所以说密密的楼台透过视线在花丛之外更显得美好，而在深深的竹林下圆庵更为幽僻深静。除了上引的以花木为主题的景区例证之外，这里尚有几个例证可以进一步说明与建筑物结合的花木也常常是以单一的花木为主题的，如建康府总领所的园圃内有使华堂，堂后"复缔三亭：曰种花，以牡丹名；曰金粟界，以丹桂名；曰云锦乡，以桃花名"（周应合《景定建康志·卷二一·城阙志二》，册四八九）。而庆元府郡圃内有翕方亭"前植杏，三面植月丹"，清莹亭"前植以李"，春华堂"环植以桃"，秋思亭"枏菊、芙蓉相为掩映"（梅应发、刘锡同《四明续志·卷二·郡圃》，册四八七）。

在花卉方面，郡圃也继承唐代以来一般园林的传统，以牡丹花为珍尚，并以专赏牡丹花为重要的活动。如王禹偁《牡丹十六韵》中记述了他在滁州公署内"池馆邀宾看，衙亭放吏参"（六七）的赏牡丹活动。由于牡丹花娇贵易受风雨折损，所以在它开放最美、及时赏玩之后，往往也被剪取下来插瓶。韦骧有一首诗在标题上便记录了这样的事：《州宅牡丹盛开蒙剪栏中奇品见赠仍属为短歌于席上》（七二七），这是在宴席聚赏的活动中，当场剪下珍奇的品种分赠给与席的宾僚。此外由于宋代在花木栽培改良技术方面有相当大的进步，所以在暮春时节才匆匆开放又迅速凋零的牡丹也有冬日开放的情形发生。王禹偁有一首诗《和张校书吴县厅前冬日双开牡丹歌》便描写冬日牡丹引人兴奋奔走相告而纷纷来赏、纷纷"醉折狂分"的景象。

在树木方面，郡圃最常见且予人印象较深者是竹。这和六朝以来一般园林的喜好传统是一致的。如：

谁种萧萧数百竿。（王禹偁《官舍竹》，六五）
幽亭虚敞竹森耸。（毛渐《此君亭歌》，八四三）
移作亭园主，栽培霜雪姿。（黄庶《署中新栽竹》，四五三）
玉枝相戛竹风清。（强至《依韵和判府司徒侍中雪霁登休逸台》，五九五）

只要土地够广大，竹子的种植常常是成百上千的一大片，所以给人森耸幽密的感觉。加上竹子本身清凉多风的特性，随风摇曳撞击所发出的如玉如雨的清响，就更加寒气逼人了。宋人更进一步地欣赏霜雪降覆时竹子依然青翠挺劲的风姿。所以在园林中，竹子的栽植始终是最为普遍的。郡圃也不例外。

在郡圃的花木中，有一种植物常常受到文人的注意与歌咏，苫使得郡圃也感染了一种特殊的气氛，如：

苔径乍行侵屐绿。（王禹偁《移入官舍偶题四韵呈仲成》，七〇）

烟径树清苔藓长。（赵湘《赠兰江鞠明府》，七七）

扫径绿苔静。（欧阳修《暇日雨后绿竹堂独居兼简府中诸僚》，二九六）

莓苔滋宿雨。（俞德邻《佩韦斋集·卷一·吴郡斋遣怀》，册一一八九）

藓色青缘砌。（文彦博《和公仪隐厅书事》，二七四）

因为苔藓通常生长在阴凉潮湿的地方，足迹的到达会破坏它，所以苔藓所在之处常代表着幽寂、偏僻、静谧。因而对郡圃这样一个包括办公、诉讼、公共游憩等官民出入的公共场所而言，苔藓的出现便呈现了郡圃的传统园林特性。而且对苔藓的强调与歌咏更意味着文人对郡圃政治内涵的特殊心态与期待。

建筑

建筑是园林中人工成分最重的一项，它们的大部分是人为的创造，而且它们的存在几乎都是为了人的活动需求而造设的。在园林的游赏活动中提供了休憩观览的舒适空间，所以建筑所在的位置通常应是景观优美值得细加赏玩的地方。郡圃亦不例外，如：

凭栏堪入画。（王周《和程刑部三首·清涟阁》，一五四）

景美台榭临。（梅尧臣《泗守朱表臣都官创北园》，二五七）

满耳江声满目山。（赵众《题倅厅吏隐堂》，五一六）

秀色四时好，探春来此亭。（钱勰《睦州秀亭》，七四七）

堂前对花柳，堂后瞰沼沚。（杜敏求《运司园亭》，八七四）

可以看出这些建筑物的地点是经过选择的——地形的实地勘察与考量，而后加上人工的设计制造，使建筑的周围附近具有优美景象：前有花柳，后有沚沼，满目江山，秀色四时，因而说是美景如画。梅尧臣因此归纳造园的经验与理念，说景美便有台榭临。也正因为这样的缘故，所以许多景区都是以建筑物为基点而展开来的。如：洋州园池的三十景中就有书轩、披锦亭、望云楼、待月台、二乐轩、悦泉亭、吏隐亭、霜筠亭、无言亭、露香亭、涵虚亭、过溪亭、禊亭、菡萏亭、野人庐、此君庵、天汉台、溪花亭十八景是以建筑名称命名的。又如兴元府园亭的十四景之中有甚美堂、武陵轩、绿景亭、激湍亭、照筠坛、桂石堂、四照亭、北轩、棋轩、山堂、静庵十一景是以建筑物为中心。又如成都运司园亭十景中有玉溪堂、雪峰楼、海棠轩、月台、翠锦亭、潺玉亭、茅庵、水阁八景是以建筑来命名的（此处所列景点其引诗均已于上文出现，故不复注明）。再如瀛州河间旌麾园有高阳台、经武堂、来贤堂、流润亭、存景台、种德亭、成趣亭、繁华亭、惠风亭、和乐亭十景是以建筑物称名的（王安中《初寮集·卷六·河间旌麾园记》，册一一二七）。这些景点虽然都是以建筑为名，但多半是与其他景物如花木、溪山、云月等相结合，可见这些建筑物虽然其本身的造型也是观赏的内容，但是其主要功能还是供游人安坐其内以欣赏园林中山水花木与设计，以期能长久从容地细品其美。所以建筑物的面势、能够收纳的景物范围，就变成设计与建造时的一个重点。所谓"高明平旷，一目千里"（陆游《渭南文集·卷二〇·盱眙军翠屏堂记》，册一一六三），"凡一郡之山无逃焉"（韩元吉《南涧甲乙稿·卷一五·云风台记》，册一一六五），便是从建筑之中可以视野宽广地将夐远绵延的景色尽收眼底。这样的造设对郡圃而言似乎是特别需要且切合的。

此外由于郡圃的财力人力资源较丰富而方便，且为了与其特殊的身份相称，其中的建筑物常常追求雄伟壮丽的风格，如：

层台逾十寻。（文彦博《寄题密州超然台》，二七三）

螺榭岌嶪营高岗。（韩琦《又次韵和题休逸台》，三三二）

朱楼华阁府园东……楚台高迥快雄风。（文彦博《留守相公宠赐雅章召赴东楼真率之会次韵和呈》，二七七）

蒋公堂来为牧……人徒骇其山立翚飞，嶪然摩天，不知此阁已先成于公之胸中矣。（陆游《渭南文集·卷一八·铜壶阁记》，册一一六三）

云与危台接，风当广厦清。（梅尧臣《依韵和许发运真州东园新成》，

二五〇）

层、岌嶪、高迥、山立、巍然摩天、危、广、与云接等形容，充分描摹了这
些建筑的高壮雄伟。在气势上不仅为郡圃这样的公家园林营造了庄严肃穆的
气象，如宁参在白水县的《县斋十咏》序文中所说"邑大夫总理之庭，民版
图系瞻之地，苟壮丽弗取，则威仪匪修"（二二六），也象征了地方官府的
高卓地位，而且还能在建筑内开拓一望无际的视野，收纳逶迤千里的景色，
以符合郡圃掌握治境范围的要求。更重要的是，这样气势恢宏的建筑可以
展现主持修建者的见识与气度。所以陆游称述铜壶阁一旦完成，人徒惊骇其
高伟摩天，这样雄壮的建筑在营造之前，蒋堂心中早已擘划定案，这正是蒋
堂心胸襟怀的展现，并以一般民徒的惊异来映衬蒋堂的心量。徐度的《却扫
编·卷下》就曾经发表了这样的建筑见解："韩魏公喜营造，所临之郡必有
改作，皆宏壮雄深，称其度量。"（册八六三）足见在当时人们心中就已有
这样的观点，认为主事者在郡圃中的营造成就与风格，正和其个人的风范、
见识、气度相应。无怪乎当时郡圃中的建筑常有雄伟壮丽者。

空间布局

园林的空间布局主要由具有引导或暗示性的游览动线来呈现，也由动线
将各景做一个整体的联系绾结。而园林的动线通常由路径、水流、廊桥来担
任，其中又以路径最为普遍。

首先，为了使园林的空间感增大，产生景物丰富而无穷尽的感觉，路径
通常以曲折的方式来铺设，郡圃亦不例外，如：

移石改迁径。（刘攽《凤翔官宅园亭》，六〇七）
缭栈入云林，诘曲如篆字。（文同《子骏运使八咏堂·巽堂》，
四四四）
萦流西行，数步一折。（唐询《题曲水阁》序·二七二）
循桥而西，有数径诘曲相通。（施宿《会稽志·卷一·西园》，册
四八六）
自老香堂为步廊数十间，周回而至。（梅应发、刘锡同《四明续志·卷

二·郡圃》，册四八七）

小径是迂曲前行的；栈道是沿着山势的起伏而缭绕诘曲地深入云林之中的，有如篆字一般；水流是萦回的，频频转折；通过桥的连接之后，数条小径诘曲弯折，终而相通，造成循环相续，永无止境；即使是步廊的建筑也是周匝回绕，产生深邃隽永之美趣。这些曲折的动线使得游观的路程变长，也就增加了空间感。而且曲折转弯的动线将带领游人由不同的角度观览同一景物，无形中也增加了景物的可欣赏内容，同时也增加了惊喜意外的戏剧效果。如吕祖谦《东莱集·卷一五·入越录》所记述的郡圃西园中的假山："山盖版筑所成，缭绕深邃，曲径回复，迷藏亭观。乍入者惶惑不知南北。"（册一一五〇）这样的趣味是中国园林在空间布局上一项精湛的传统。

　　此外，动线本身造成的线条，其曲折性虽然符合自然的原则，但线条本身过于明显，会产生强烈的分隔感。因此，路径的两旁以各种植物来加以掩蔽，如前引的兴元府的垂萝径、洋州园亭的金橙径等，也是园林空间自然化的表现。

　　其次，郡圃也和一般园林一样追求空间的通透交融，因此建筑物本身墙面尽量减少，以去其遮障性，也是郡圃所致力的。如：

　　何似虚堂听水眠。（寇准《九日群公出游郊外余方卧郡斋听水因寄一绝呈诸官》，九一）

　　新葺公居北，虚亭号养真。（韩琦《题养真亭》，三二三）

　　幽亭虚敞竹森耸。（毛渐《此君亭歌》，八四三）

　　轩楹高明，户牖通达。（黄庭坚《山谷集·卷一七·北京通判厅贤乐堂记》，册一一一三）

　　堂之虚静可以清人心，高明可以移人气。（黄裳《演山集·卷一七·阅古堂记》，册一一二〇）

"虚"字描绘了堂亭的形状没有墙壁与外界隔离，显得十分虚旷通透，与外界保持着高度的交流呼应，这样整个园林的空间可以没有阻碍而融合为一体，一气呵成。而其他高壮雄伟或结构较为繁复的建筑则如前所论，常常借着花木的掩映遮蔽，以使其强大的阻隔感、人工感得以消泯。所以建筑物园林化的同时也是空间的融合通透。这对于游憩居处于其中的人而言也是一种涵泳。

至于对景的处理、尺寸比例的安排等问题，在郡圃有关的诗文中较少被文人注意或提及，本文只能略而不论了。

郡圃中的人文活动

郡圃的存在一方面提供官吏们公务之暇的休憩赏览，一方面也是他们公退休沐等时候的居家生活空间，此外还担任地方官吏招待贤达士绅等宾客的场所，同时也为当地居民游乐提供了去处。因此造成了"香入游人袖，红堆刺史家"（吴中复《西园十咏·锦亭》三八二）、"足以会宾僚、资燕息"（同上序文）的公园与私园同在的现象，所以郡圃内的人文活动就变得多样化。

纵民游乐

郡圃作为公共园林，当然会开放给广大的人民群众参观游玩，所以普通的平民百姓都可自由出入，所谓"与民同雉兔，邀客醉蓬瀛"（余靖《寄题田待制广州西园》二二七），说这广州西园是田待制与民共有的。虽然未必真的人人都前来雉兔刍荛，但是至此欣赏景色、享受游乐，则是人人自由可得的。这在许多诗文中都有清楚的描绘：

都人士女从如云，丝竹清音两岸闻。（王益柔《遥题钱公辅众乐亭》，四○八）

人烟扰扰事嬉游，落花啼鸟更汀洲。（吴充《众乐亭》，五三四）

邑民携觞连帘幕，或歌或舞何欢欣。（邵雍《内乡天春亭》，三七五）

以其近而易至，四时盛赏得以与民共之，民之游者环观无穷而终日不厌……宴豆四时喧画鼓，游人两岸跨长虹。（钱公辅《众乐亭二首并序》，五三四）

草软迷行迹，花深隐笑声。观民聊自适，不用管弦迎。（蔡襄《开州园纵民游乐二首》其一·三九一）

如云、人烟扰扰，可以看出在郡圃中游乐的人十分众多；宴豆四时、终日不厌，则叙述这么多人的游宴活动在一年四季之中经常是整日不断地进行着。这是游乐时间的持续不断。他们到郡圃中除了赏景之外，通常还配合着各式各样的人文娱乐活动。这些娱乐以宴席为基本形式，饮酒谈笑之际，尚佐以丝竹清音，或歌或舞等表演，这就使得郡圃内的嬉游活动显得喧杂热闹。所以郡圃游乐者除了"吏民随意赏芳菲"（韩琦《壬辰寒食众春园》，三二三）的吏与民之外，也常会有表演音乐歌舞的妓女进出，这些娱乐的提供者本身也喜欢游赏园林美景，而有"蝶随游妓穿花径"（杨亿《郡斋西亭即事十韵招丽水殿丞武功从事》，一一五）的景象出现。可见郡圃内的游赏活动是不分身份地位的，这为宋人带来了快乐繁荣的气象。吕陶在《北园》中说"欲知民乐否，处处是笙歌"（六七〇），郡圃竟成了民乐与否的标志。所以蔡襄为了让邑民能够尽情游乐而特别开设州园，并歌颂此事引以为荣。

宴客礼贤

郡圃作为地方性公园，虽然平民士女任何身份皆可自由出入，但它毕竟是归地方政府所有，又况其中有部分是地方官吏的宿舍所在，地方官终日在其内办公、居家，所以他们往往被认为就是郡圃的主人翁。因此一些地方官便常常以主人之身份邀客宴集游赏，如：

骑山楼下水轩东，一室初开待白公。（文彦博《招仲通司封府园避暑》，二七六）

池馆邀宾看，衙庭放吏参——自注：皆公署内所有。（王禹偁《牡丹十六韵》，六七）

中间载酒下，各到客前住。（文同《兴元府园亭杂咏·武陵轩》，四四四）

千骑丞游赏，宾盖纷相随。（宋祁《和延州经略庞龙图八咏·飞盖园》，二二一）

郡治之西有废圃，遂培基建堂……以享宾客，以合寮类，以接士民。
（洪皓《鄱阳集·卷四·中和堂记》，册一一三三）

他们邀请宾客前往府园，或是避暑纳凉，或是赏玩牡丹，但仍多是以酒宴为基本方式。酒宴也如一般士女平民的一样，常常间杂着音乐歌舞等娱乐节目。宋庠《立春日置酒郡斋因追感三为郡六迎春矣呈坐客》诗描写他与宾客"更听美人金缕曲"（一九八），而文彦博《留守相公宠赐雅章召赴东楼真率之会次韵和呈》诗则描绘在东楼的宴会情形是"四弦清切呈新曲，双袖蹁跹试小童"（二七七）。这些都和一般民众的宴游活动没有太大差别。宋祁还以宾从之多作为赞颂的内容，因而洪皓记述郑元任治理博罗时特别为了享宾客僚属等而重修郡圃、筑造中和堂时，其赞颂的成分仍然很浓。

受邀的宾客通常都是地方官们认识的友人，但也有辗转介绍或是素昧平生的人，然而多半以具有雅兴情趣、识见高超、气度非凡者为主。他们常在郡圃中进行着雅致的活动，如：

时引方外人，百忧销一局。（文同《兴元府园亭杂咏·棋轩》，四四四）

卷幕知客来……棋响入花深。（释希昼《寄题武当郡守吏隐亭》，一二五）

这是与客对弈，借着全神投入棋局中而消除百忧。当落子之声在丛花深处回响时，更显得清幽寂静，符合"吏隐"的意境。兴元府园还为走棋而特别设有棋轩这一功能性专区。又如：

飘飘壶中仙，亹亹物外谈。（孙甫《和运司园亭·西园》，二〇三）

宾主高谈胜，心冥外物齐。（欧阳修《张主簿东斋》，二九一）

日携嘉宾清谈池上，又以知公之理其多暇也。（张方平《姑苏蒋公北池诗》序·三〇八）

这是清谈。谈的内容当然是超乎世俗琐碎的物外心境，是超乎是非比较的泯化境地，所以是高谈。宾与主均能高谈胜，则显现宾与主识见之高卓。而曾丰《缘督集·卷一八·博见亭记》记述"来视丞事，葺而居焉……客至，相与茗饮、手谈、意行、燕坐，眷焉忘归"（册一一五六）。可以看出一次的聚宴，所进行的活动是多样的，或者煮茶品茗，或者下棋，或者冥想神思，或者只是无所事事地舒适地坐着……不论做什么，总是一副悠然自在、超逸俊雅的样子。正如文彦博在《和公仪隐厅书事》诗中所说："爱君高雅趣，琴酒屡相亲——自注：厅在池南，景物幽邃，予屡接公仪觞咏于此。"（二七四）因为公仪有高雅趣，所以文彦博才会屡屡招请他来。因而这些地方官纵使是日携嘉宾悠游于郡圃中，也不会招来非议。他们可以高声地说"斯亭不独与民乐，乐得贤者同登临"（金君卿《寄题浮梁县丰乐亭》，四〇〇）。这样一来，就使招待宾客、游宴郡圃成为礼贤的、请益的、资政的活动。有这么正大的理由，也就难怪乎宋代地方官们在郡圃中如此频繁地宴集了（除了地方官的主动邀请外，也有宾客主动携带作品求见者，有似于唐代盛行的投刺）。

除了邀请宾客，地方首长也常与群吏僚属一起聚宴游赏。如梅尧臣《和十一月十二日与诸君登西园亭榭怀旧书事》记述道："冬日萧条公府清，独将诸吏上高城。"（二四九）这是在办公的时间内，因为公府冷清，无何治务讼事，所以带领群吏登上西园亭榭临赏。而刘一止《苕溪集·卷二二·纵云台记》叙述沈次仲"退与僚佐休于台上，危坐剧谈，或随时觞豆，举酒相乐"（册一一三二），是退公之余的休憩状态，从容地宴豆剧谈，甚是欢乐。而在节庆假日，他们还会有例行的正式的宴集，如韩琦有一首诗题为《重九以疾不能主席因成小诗劝北园诸官饮》（三二四），可知这类聚宴通常是由单位首长主持，所以当他因疾无法主持宴席时，还特地写成小诗来劝诸官饮酒。不管是办公时间内的闲暇、退公之余的休憩或是节日的正式宴集，郡圃都为地方官吏同僚提供了一个最方便的游憩场所，使他们在公务之中也能同时享有悠闲愉悦，也能轻松自在。所以郡圃既是庄严肃穆的政务中心，也是令人逍遥自在的优美之地。

官吏的居家生活

许多郡圃既然也作为官吏们的宿舍，其中当然会有更具普遍性、日常性的活动，亦即是家居的生活。有时候公务简少，镇日闲暇，官员们就近地做个人的游赏休憩，其熟悉度与适惬度就像在自己老家一般。文同的《郡斋水阁闲书·独坐》中所抒发的"独坐水边林下，宛如故里闲居"（四四六），即可证明这种实情。

家居生活是随兴自在的，是私底下的，所以悠闲的情趣更浓。首先作为郡圃的局部，其风景自是优美怡人的，所以独自欣赏风景的闲情逸致每每出现在这一类诗文歌咏之中，如：

吏散收簿书，公馆如山居。归来换野服，携策将焉如。园亭极潇洒，阴森竹林下。（文同《此乐》，四四七）

公余时引步，一径静中深。（王周《和程刑部三首·碧藓亭》，一五四）

这是公退之后回到如山居一般的官舍，带着杖策与悠闲纯朴的心境在园亭四处散步，沿着深静的小径欣赏潇洒的园景。而更多时候则是静态的坐观，如：

一境山形天际望，四时风物坐中来。（苏颂《金陵府舍重建金山亭二首》其一·五二四）

尽昼山楹坐，居然物外身。（宋庠《郡圃洗心亭宴坐对春物因书所见》，九〇）

青山日相对，闲看白云生。（祖无择《袁州庆丰堂十闲咏》其四·三五九）

苏颂一年四季时常默默地坐在山亭内观览金陵全部的山景，赏尽了四时风物，显现出生活的从容闲逸。而宋庠说他整日坐在山楹里，自然也是坐观山景，欣赏大自然。祖无择则说他对望青山、闲看白云的生活是每天都在进行的。此外，同样展现官舍生活的闲逸，更有一些近于慵懒的形态：

使君寂无事，闭阁卧终日。（杨怡《成都运司园亭十首·玉溪堂》，八四一）

吏散铃斋掩，闲眠到日斜。（祖无择《袁州庆丰堂十闲咏》其一·三五九）

一整天闭门而卧，偶尔入眠，一副无所事事的样子。这不仅显现其家居生活的舒适闲逸，可以终日懒散地闲眠，同时也暗示着郡圃这种优美娴雅的地方对治政有着难以言喻的正面意义。以上是十分自在的个人家居式的生活。

因为喜爱赏景，对郡圃中的景观也颇有自己的审美意见，所以许多地方官吏也亲自参与郡圃的造设工作，甚至亲自动手栽植花木：

强夸力健因移石，不减公忙为种花。（王琪《绝句二首》其二·一八七）

对植同奇树，扶疏对近轩。（宋祁《公斋植竹》，二二四）

才初看君栽小园，已报新花着桃李。（穆修《希言官舍种花》，一四五）

手自除荒手自锄。（梅尧臣《和石昌言学士官舍十题·蔬畦》，二四九）

几日无公事，山堂兴颇清……斸石新棱出，浇蔬晚甲生。（文同《山堂偶书》，四四四）

移石、植竹、种花、斸石、锄荒、浇蔬等工作或者是为郡圃的山水花木景观而采取基本的栽植、润饰和变化造型的工作，或者是农家田园生活的模拟与农居趣味的尝试。这表示他们对于郡圃的造景有自己的见解，并亲自动手去实践这造景理念。而有时候投身于造景的工作竟比起公务来还要忙碌。但看他们公退余暇时常在郡圃内闲步赏景，就不难想见其对园景有所感受，应当也会引起改进或增设景点的想法。所以在郡圃中造景，享受体力劳动与审美观点相结合印证的趣味，也就成为他们津津乐道的活动了。

其他的家居活动当然很多，但是宜于优美林亭中做的、宜于入诗的，较常见的有：

日午亭中无事，使君来此吟诗。（文同《郡斋水阁闲书·湖上》，四四六）

尽日推琴默坐，有人池上亭中。（同上《推琴》）

看画亭中默坐，吟诗岸上微行。（同上《自咏》）

一篇楚客《离骚》，读罢却弹流水。（同上《流水》）

园林景物适宜于入诗文，是创作的丰富物色资源，而使君又是博学多文才的，所以闲居时漫步默坐之间便是吟诗创作的好时机。园林又是自然的模拟与缩影，其中有人文的巧思情意；中国琴曲亦多模拟自然声音景象，其中也有人文的巧思情意和超玄的境界。而弹琴听琴又是中国文人生活的优雅高远的传统之一，因此郡圃中弹琴也成为仕宦者体证天人合一境界的生活日常。又因园林景色如画，因而看画赏画也往往在园中进行，以与自然山水相对应。至于读书一事，更是文人不可或缺的生活内容，园林的幽邃寂静更宜于读书。

然而不论做什么事，进行什么活动，这些地方官员在如此深静优美的园地中，强调追求的多半是类似于隐身大自然的高士们的生活情调。陈襄《常州郡斋六首》其二说："山亭侧畔构山房，便是耕云钓月乡。"（四一五）耕云钓月即是大部分悠游于郡圃中的官吏们所乐于浸淫、炫示的生活情趣。

郡圃营造与游憩的政治意涵

郡圃是具有游憩功能的园林，不免让人怀疑它只是享乐放逸的薮泽，尤其可能对地方官吏的执行职务造成阻碍。但是宋代诗文却一再强调郡圃的修建或游历都是政治成绩的表征，其所富含的政治意涵是十分多面而深刻的。

政成俗阜的产物

在消极面来说，宋代文人基本否认修建郡圃会导致政务的荒废。他们几乎异口同声地强调这些修建郡圃的地方官都是在分内职务已经圆满达成之后才致力于此的。如：

> 政成治东圃，于焉解宾榻。（赵抃《留题剑门东园》，三三九）
>
> 居数月，上承下抚，政克有闻，于是即其厅事之右，荒芜废圃之中，择地而构堂焉，以为燕休之所。（邹浩《道乡集·卷二五·柬理堂记》），册一一二一）
>
> 政和，乃浚沼开圃，陆艺桃李，水植菱藕……（黄庭坚《山谷集·卷一七·河阳扬清亭记》，册一一一三）
>
> 政成有暇日，始作新堂，治燕息之地。（黄庭坚《山谷集·卷一七·北京通判厅贤乐堂记》，同上）
>
> 政成俗阜，相地南山，得异境焉。（陆游《渭南文集·卷二〇·盱眙军翠屏堂记》，册一一六三）

治政有成了，才有余暇相地浚沼，才有心情开圃作堂。这是在强调他们是多么认真于治务，多么用心于职守，甚至于是在"修饰庶务，宣道乾坤之泽"（邹浩《道乡集·卷二五·双寂庵记》，册一一二一）之后，才敢喘一口气，谋设一个略可休息放松的地方。所以郡圃的兴建或修改都可算是对群僚辛勤治政的一点点慰劳罢了。因此郡圃的存在与兴建，它不代表官吏玩忽职守，放逸享乐，反而标志着勤政爱民。

从严格的标准来看，政成应该不只是指分内职务的完成，更还包括教化的普遍完成，以至民俗淳厚，所以有关郡圃的诗文还进一步描述道：

> 政平讼简日多暇……旋治东园敞轩闳。（金君卿《寄题浮梁县丰乐亭》，四〇〇）
>
> 居数日，诉牒无十之七八……讼庭几可张雀罗，官舍与僧舍无异……乃辟其东，伐杂木数百株，得地十余亩……（李之仪《姑溪居士前集·卷

三六·分宁县厅双松道院记》，册一一二〇）

　　遂号无事。民则岁丰而义重，吏则日闲而兴长，始有公余之计，为堂于山水间。（黄裳《演山集·卷一七·公余堂记》，同上）

　　平政岁丰，士民康乐，遒作亭于北城之上……（陈师道《后山集·卷一二·忘归亭记》，册一一一四）

岁收丰盈了，士民康乐了，风俗淳厚了，民情重义了，所以诉讼的情事大量减少，甚至到了号称无事的境地。因而日常闲暇，会计宽绰，就有充分的余裕来治理园圃，就有充分的理由来游赏了。苏舜钦就说：“年丰诉讼息，可使风化酰。游此乃可乐，岂徒悦宾从。”（《寄题丰乐亭》，三一二）这里说明了一连串的因果关系：年成丰收而后民无所争，无争则诉讼息，诉讼息则风化淳浓，臻此境界才能真正享受游赏活动的乐趣，郡圃的兴造也才有意义。所以郡圃的修建并未占用治民的时间，反而标志着民化俗阜。从相对的角度来看，郡圃不仅是政成俗阜的产物，而且它也会再进一步去涵泳默化人民。赵某就认为“贤宰”所构筑的《凉轩》能使“居民陶美化”（六八九）。郡圃如何陶化居民呢？

　　其居于是财数月尔，而发挥山川之胜如恐不及……天壤之间，横陈错布，莫非至理……其登览也，所以为进修之地，岂独涤烦疏壅而已邪？（真德秀《西山文集·卷二五·溪山伟观记》，册一一七四）

　　堂之虚静可以清人心，高明可以移人气。（黄裳《演山集·卷一七·阅古堂记》，册一一二〇）

　　有亭如是，甚非所以壮士民之观。（郑侠《西塘集·卷三·连州新修都景楼记》，册一一一七）

　　太守曰：吾以敦朴化人，无事于侈……崇曰：明使君之言，非唯集事，兼存为政之体。（余靖《武溪集·卷五·韶亭记》，册一〇八九）

山水自然在仰观俯察之间莫不有至理可以启发人心，可以提供人进修之资源。连建筑物的形制尺寸也莫不对于观游者的视听、识见、气质、心境有提振、壮阔、清涤、灵明的作用。此外，造园时以淳朴浑厚的风格为尚，也是无形之中对人民的潜移默化，所以余靖认为太守造园能够存守住为政之体。这就是郡圃与教化之间产生了良性的循环。

总而言之，郡圃是治政绩优、时局清平的产物。文同《运判南园瞻民阁》说得很明白："民吏安闲财赋足，管弦时复在层空。"（四三九）在人民安闲、吏员安闲、财富充足的条件前提下，运判南园才得以修建，才会歌酒喧闹。而韩琦认为"后之人视园之废兴，其知为政者之用心焉"（《安阳集·卷二一·定州众春园记》，同上）。这就使郡圃的兴废情形变成考核为政者绩效的一个重要的评量标准，致使郡圃的修建成为为政之要务。

与民同乐、礼待贤士

郡圃的兴建，更积极的意义之一在于它的公共性，也就是一般平民均可自由进出。因而主事者喜欢强调郡圃的修造是为了平民：

> 欲识芳园立意新，康辰聊以乐吾民……朝来必要升平象，请绘轻绡献紫辰。（韩琦《寒食会康乐园》，三二五）
> 榜以休逸岂独尚，与众共乐乘春和。（韩琦《休逸台》，三一九）
> 熙然与民共，所喜朋僚俱。（赵抃《郁孤台》，三三九）
> 野老共歌呼，山禽相迎逢。（苏舜钦《寄题丰乐亭》，三一二）
> 府公经构民偕乐，鱼鸟犹知喜跃回。（苏颂《金陵府舍重建金山亭二首》其一·五二四）

原来郡圃不仅是为官吏的享乐而营造的（所谓独乐），更重要的是奉行孟子与民同乐的政治理念。为了让百姓共同沐浴在德政之中，呈现升平之治的景象，郡圃的修建就变成治政事务中很重要的一项。为此韩琦在《再题康乐园》诗中说："病守纵疲犹强葺，欲随民适醉东风。"（三三〇）即使是抱病在身，也要勉强支撑着来修葺康乐园，借此似乎可以显现出太守的勤政爱民之至。而且为了让这份太平安乐的政绩、勤政爱民的用心能传知于天子并永远存留下来，还特别请人绘画下来。他还把这份与民同乐的用意向上推至天子，在《安阳集·卷二一·定州众春园记》中说："不有时序观游之所，俾是四民间有一日之适以乐太平之事，而知累圣仁育之深者，守臣之过也。"（同上）原来这与民同乐的政策竟还能标示出天子仁育之深，是天子德泽圣恩广被的结果。这就使得郡圃的兴修与游宴具备了严肃宏大的政治意义。又由于园林是大自然与人文的结合，所以连鱼鸟也能感知这份和乐太平的气象，进而欣喜跃动，使整个郡圃更增添了鲜活的快乐气氛。我们仿佛看到了文王灵台灵沼于牣鱼跃的境界之重现。

在广大的民众之中，地方官吏时常以主人的身份邀请宾客宴膳参游，并且视这些宾客为贤者，因此这些邀请招待就变成是与贤士的交游，而郡圃也就被赋予了礼待贤士的责任。如：

斯亭不独与民乐，乐得贤者同登临。（金君卿《寄题浮梁县丰乐亭》，四〇〇）

侯之此意宁自乐，夷情劳士俱忘疲。（梅尧臣《泗州郡圃四照亭》，二五七）

我来亭早坏，何以待英游……亭焉讵可废，愿此多贤侯。（范仲淹《览秀亭诗》，一六五）

宾僚尊酒，笑语诗书，是宜为贤者有也。（黄庭坚《山谷集·卷一七·北京通判厅贤乐堂记》，册一一一三）

所以安吾贤者而佚夫民事之劳，使之清心定虑，湛然于事物纷至之中而无淆乱愤懑之病；非厉民之力以为己之奉也。（吴儆《竹洲集·卷一〇·爱民堂记》，册一一四二）

与贤士一同登游是太守治务中的一大乐事。黄庭坚认为这宴赏活动本来就宜为贤士所有。何以如此？梅尧臣认为这有慰劳贤士之意，范仲淹认为地方上多贤士是地方的福音，大约可对人民发生师表模范的作用，或为地方造福祉。吴儆更认为郡圃活动可以使贤者得到安惬，使之清心定虑，而得以在纷沓繁杂的事务中处理得妥帖切当。韩琦曾自述郡圃对其政务的帮助："新葺公居北，虚亭号养真。所期清策虑，不是爱精神。"（《题养真亭》三二三）这说明园林能涵养人的精神，澡雪其思虑，对于政务的办理大有帮

助；而一般的贤士到此亦能产生同样的效果。在中国地方治务的推展、百姓
力量的掌握上，地方贤达是具有举足轻重的地位的。因此以郡圃为招待宴游
之地以礼敬贤士，与政绩的优劣有着密不可分的关系。

不论是与民同乐还是礼敬贤士，抑或是清涤对治务的思虑，郡圃在地方
上均左右着政绩，因此对郡圃的兴建增修，实含具了地方官吏的治政苦心。
在上引韩琦自述他修葺养真亭的缘由之后，还概括地说："满目林壑趣，一
心忠义身。吏民还解否，吾岂苟安人。"这就把郡圃当作是地方官一心忠义
的展现了。

纪念贤官之所在

郡圃既是地方官一心忠义的展现，它也就成为人们歌颂或怀念地方官的
所在。如：

邑境人歌令尹贤，构亭裁址俯清涟。（张岷《如归亭》，二〇二）
胜游惠政成双纪，乞与州图后世传。（宋祁《寄题滑台园亭》，
二一四）
贤侯新葺水云乡，虚阁峥嵘绿渺茫……从此郡图添故事，岁时遗爱似甘
棠。（吴中复《众乐亭二首》其一·三八二）
许公作此意，吾亦见其权……不独利于己，愿书棠树篇。（梅尧臣《真
州东园》，二五六）
瀛之有此适，自公始，固将以荣公之来，故又取杜子美"十年出幕府，
自此持旌麾"语合而名之曰旌麾园。（王安中《初寮集·卷六·河间旌麾园
记》，册一一二七）

为什么人们会歌颂吴江县的令尹贤呢？因为他构筑了如归亭，所以如归亭就
成了他被歌赞的所在。滑台园亭的兴建开创了一州的胜游，这和惠政一样
都能列入功绩的记录之中。众乐亭与真州东园的建造也被歌颂为甘棠遗爱的表
征，而且前两者还将被绘入州图之中，传布广远，流芳后世。而旌麾园是瀛州
河间的第一座令百姓适意的郡圃，所以取名旌麾以表彰兴造者之功，以其为荣
耀。所以地方官对郡圃加以兴修也是惠政之一，将受到人民的拥戴歌颂。

由此进一步，宋人还以郡圃中的某些建筑物来具体地纪念地方官之德惠。如：

愿无忘公之德，宜日来贤堂。（王安中《初寮集·卷六·河间旌麾园记》）

民歌德惠，穆如清风。（晁说之《景迂生集·卷一六·清风轩记》，册一一一八）

作堂曰爱思，道僚吏之不忘宋公也。（王安石《临川文集·卷八三·扬州新园亭记》，册一一〇五）

丞相临人以惠和，三年乡校起弦歌。至今旌旆曾游处，犹道当时乐事多。（苏颂《和梁签判颍州西湖十三题·去思堂》，五二五）

甘棠人去想仪形——自注：吕许公所建。（韩琦《上巳会许公亭二首》其二·三三二）

来贤、清风、爱思、去思为建筑物名，在名称上都明显地表露着人民对于良吏的期待、喜爱、幸福的感受和思念之情。人们来到这些建筑物所在，一面游赏一面怀思，而眼前的景色也常引起他们津津乐道一些贤官当时宴游此园的景象。蒋堂在《清阴馆种楠》之后放心地说："还期莫道空归去，留得清阴与后人。"（一五〇）可见有郡圃中的建筑花木存在，有石碑记文的记载，惠政德泽就可以长久地流传，歌颂与怀思也就可以长久地存在人心。苏舜钦在《苏学士集·卷一三·处州照水堂记》中很明白地说："且将以风迹留遗乎后人，景与意并止，获乎元规之地，遂构广厦。"（册一〇九二）这里明白地说出建造郡圃之初衷即含有留名后人，受后人景慕风迹的用意。而事实也证明郡圃真的有这样的功能。刘攽《彭城集·卷三二·兖州美章园记》载："吾问于耆旧老人，其遗风余烈盖罕传焉。独府舍园池亭榭得二三公之遗事。"（册一〇九六）因此，不论是从地方官个人的声名的考量还是经过时间的证明，郡圃都为政治与政声创造了长久的痕迹。

另外值得一提的是，郡圃的兴建既然是政绩表征，而升贬迁徙的宦涯中，所到之处已有前任者修建的大型郡圃或多处的公园，并无创建之需时，也往往有重修改建的情形，如：

> 郡圃森森几阅春，一番太守一番新。（陈淳《北溪大全集·卷四·和傅侍郎至临漳感旧十咏》，册一一六八）
>
> 本朝皇祐间，蒋堂守郡，乃增葺池馆。（范成大《吴郡志·卷六·官宇》，册四八五）
>
> 楼台重拂前人记，池圃更新此日游。（沈遘《七言滑州新修东园》，六二八）
>
> 固有亭焉，基大而制卑……乃即其旧而新之，增卑以崇，易蔽以完。（郑侠《西塘集·卷三·连州新修都景楼记》，册一一一七）
>
> 韩魏公喜营造，所临之郡，必有改作。（徐度《却埽编·卷下》）

之所以常有改建，以至于一番太守就会使郡圃一番新，个人的喜爱营造如韩琦者，当然是一个原因。文人对于景物美感的敏锐度与高要求也是一个原因。而郡圃在历经时间的流蚀之后的坏旧，或是经费、识见上的差异等情况，也都是改建的原因。然而在知道兴建郡圃的政治意义之后，我们也不难了解改建增大的工程事实上也是一种政治表现。

最后引录刘敞《公是集·卷三六·东平乐郊池亭记》的一段文字来做这三点的总结，以见郡圃的政治大义：

> 士大夫无所于游，四方之宾客贤者无所于观，吏民无所于乐，殆失车邻、驷驖、有駜之美。（册一○九五）

为政可以清闲安逸

由于宋人强调郡圃的兴建增修是政成俗阜的结果，郡圃活动是在太平无事的情况下进行的；也由于郡圃风景优美，是大自然胜景的典型化，可以使人放松自在。所以不论是办公时间还是公退之余，郡圃中的游宴活动或是家居生活多被强调成清闲安适。如：

开轩纳清景，为吏似闲居。（范纯仁《签判李太博静胜轩二首》其一·六二二）

民含古意村村静，吏束刑书日日闲。（赵众《题倅厅吏隐堂》，五一六）

万井笙歌遗俗在，一樽风月属君闲。（欧阳修《和刘原甫平山堂见寄》，三〇二）

讼简岁丰盈，铃斋竟日清。（赵抃《次韵孔宪山斋》，三四〇）

几日无公事，山堂兴颇清。（文同《山堂偶书》，四四四）

如此清闲的郡斋生活，其所引发的政治意义就是，为政可以像是赋闲在家的无事人，心清意闲。而郡圃中的种种美景就是清闲时取代政务的心灵寄托。这就形成一个有趣而吊诡的局面。为政与清闲向来似乎是难以相提并论的，而政绩佳惠、受民歌颂怀思的贤官似乎应是为民奔走而不遑暇寝的，如今反倒是垂手悠闲。道家的政治理想境界在此仿佛隐隐地浮现了。

此外，由于清闲，由于郡圃的风景美好幽静，所以郡圃这个带有浓厚政治性的地方又在空间上形成另一个有趣的吊诡特性：

野兴渐多公事少，宛如当日在山家。（文同《北斋雨后》，四四四）
民淳无讼听，县僻类山居。（邵雍《内乡兼隐亭》，三七五）
只怜郡池上，不异山林居。（梅尧臣《汝州》，二四七）
潭潭刺史府，宛在城市中。谁知园亭胜，似与山林同。（杜敏求《运司园亭》，八七四）

谁知郡府趣，适有林壑幽。（梅尧臣《早夏陪知府学士登叠嶂楼》，二四五）

因为民淳无讼公事少，因为园亭胜美幽僻，郡圃官舍竟然与山林没有两样。郡圃有治政之厅廨，应该是侍卫森严、办事者或进或出之地；山林则是荒僻幽静、人迹罕至的地方，而今两者被等同起来了。这一方面固然应是居于其内的官吏心境超越，另一方面则是园林造设的成就。然而宋人何以要强调这些呢？除了炫示政绩，除了欣喜赞叹政治生涯也能享有清闲幽静的野趣，还有下一节的重要原因。

吏隐双兼的实践场所

由于郡圃内的生活，不论是办公时间还是公退之暇都可以像是山居，所以隐居的情调就产生了，隐居的感受也一再地被强调。如：

迹贵虽轩冕，心闲似隐沦。（文彦博《和公仪隐厅书事》，二七四）

自得真隐趣，不惭吴市为。（梅尧臣《隐真亭——诗注：乌程史尉署》，二四四）

病枕方行药，公门似隐居。（赵湘《官舍偶书》，七六）

官舍掩寒扉，聊同隐者栖。（欧阳修《张主簿东斋》，二九一）

这里明显地将行迹与心境分开来，客观的行迹事实上是贵为轩冕，但是主观的心境却深得隐沦之趣，那是自得的，而非客观事象上众人的认同。所以这样的歌咏其主要的目的其实是在赞颂心灵的超越与洁净。既然身为官吏，又心得隐趣，这就又将两种看似矛盾的情态加以兼摄统合起来。早在晋朝就有"大隐"之说，到了唐代又发展出"吏隐"之词。而今宋代的郡圃生活就承袭这个传统而被大量地冠上吏隐的称号。如：

铃斋长寂得吏隐，便是道家虚白堂。（韩琦《再和题休逸台》，三三二）

郡亭传吏隐，闲自使君心。（释希昼《寄题武当郡守吏隐亭》，一二五）

江城吏隐敞朱扉，旋筑高台望翠微。（余靖《静台》，二二八）

逍遥成咏歌，吏隐欣得地。（杨杰《至游堂》，六七三）

谁谓留都剧，翻同小隐年。（宋庠《西都官属咸备尹政得以仰成暇日池圃便同尘外因书所见以志一时之幸仍以东园吏隐命篇云》，一九五）

学而优则仕是中国读书人的追求，是实践经世济民、兼善天下的政治理想的途径；隐逸则是中国士人在心境上对天地自然的孺慕，对自由逍遥境地的追求，对执守正道与节操所做的选择。这两者同样是着重修养的士人所愿具有的。但两者往往犹如鱼与熊掌不可兼得，不论选择何者，都将有失落。如今郡圃的幽美如同山林，更方便吏与隐的统合兼得。所以郡圃的存在，圆满地提供了传统士人在政治意义上的两极化希求。

这种吏隐兼得的追求也反映在郡圃建筑物的名称上。如洋州园亭三十景中就有吏隐亭一景，而在本节上引诸例中也出现过隐厅、兼隐亭、真隐亭、吏隐堂之类的建筑，都非常清楚地表达出宋代仕宦者在政治理想的实践过程中仍然惦念着对隐逸生活的向往与追求。而且也试图以仕宦生活环境的造设（郡圃）来完成这份追求。

吏隐既是兼得政治理念上的两极追求，也就把两种追求所可能遭遇的困难避免掉而各取其利。吏，不仅是外王兼善理想的实践，也为个人生活的经济资源谋得基本保障，避免了隐者常见的贫窭困境；隐，则保守住某种心灵的质量或节操，且享有自由自在的生活方式，避免了仕宦常有的奔波尘垢与世故应酬。如此一来，吏隐在物质需求上不虞匮乏，在精神层次上又逍遥悠游，简直是圆满的人生了。于是宋人又把郡圃中的官居生活视为神仙生活：

> 不出公庭得仙馆，岂同徐福绝云涛。（吴可几《和孔司封题蓬莱阁》，二六六）
> 只此便堪为吏隐，神仙官职水云乡。（章得象《玉光亭》，一四三）
> 已葺吾园似仙府，莫教归信苦沈沈。（韩琦《再代（郡园）答》，三三三）
> 主人便是神仙侣，莫作寻常太守看。（赵抃《次韵程给事会稽八咏·鉴湖》，三四三）
> 谁知吏道自可隐，未必仙家有此闲。（司马光《和赵子舆龙州吏隐堂》，五〇六）

他们得意欣乐地说，不必走出公庭，更不必像徐福那样横越重洋历经艰险地去寻觅仙境，他们办公的地方就是仙府仙馆，就可以过神仙生活、担任神仙官职、做神仙太守。神仙是圆满如意的。正因为郡圃的特殊的多重空间特性，让政治生涯可以变得如神仙般快乐无比。

乡思与宦游

郡圃生活在诗文的歌咏之中虽是清闲安适、自在逍遥，甚至是快乐如神仙。但是作为地方官，不是固定的工作，不是固定的地点，更不是自己所能选择和决定的，随时都有可能被调动，变动性相当大。这就是宦游生涯。上文已论及一些地方官在郡圃中栽植花木，修造建筑，是含有留予后人纪念（所谓甘棠之思）的用意的，这样的用心实也建筑在宦游的变动性基础之上。

因此，作为地方官无论其如何专致于政务的修善，如何努力为民造福，在他们心中多少含藏着不安定的情愫。虽然他们会愉悦地赞颂着郡圃：

> 枝栖亦云稳，何用忆吾庐。（刘敞《凤翔官宅园亭》，六〇七）
> 虽有旧林泉，何须嗟去晚。（文同《子骏运使八咏堂·山斋》，四四四）
> 谁知故园兴，闲在使君家。（张伯玉《西楼晚望》，三八四）

这些文句表面上好像对于官宅园亭已经满意，可稳栖其中。认为故园之情兴已在郡圃中可以获得，所以不必急着回乡。但是事实上，当一个人不思乡、不眷念故园、不嗟叹晚年尚未归回旧林泉时，他是不需要强调也不需要提醒自己“何用”“何须”忆念故园的。所以这样看似满足现状的诗句，事实上适巧相反地透露这些宦游各地为吏者内心深处思乡的情怀。这是对于漂泊各地、迁徙浮沉的宦海生涯的一种极深微甚或是不自觉的慨叹。至于这份宦游的慨叹比较自觉而明显的时候则如：

> 使君待客多娱乐，只有醒时觉异乡。（李觏《东湖》，三五〇）
> 信美非吾乡，归心属兰杜。（俞德邻《佩韦斋集·卷一·吴郡斋遣怀》）

而时时慨然南望，思淮而莫见之也。（张耒《柯山集·卷四一·思淮亭记》，册一一一五）

轩冕去来皆外物，云山早晚是归期。（吕陶《郡斋春暮》，六六六）

虽然在公园中接待宾客多是娱乐欣悦的，但是在宴散酒后、清醒时分，异乡漂泊的感觉就清晰地浮现上来。是否意味着，如果没有郡圃中各式宴游活动，则时时刻刻都将堕入异乡的失落悲愁中呢？俞德邻便很真实地表示，吴郡斋虽然优美，但无论如何，终究不是自己的乡园，终究是无心久留。而张耒则是时时眺望、时时思念淮地而慨叹不已——慨叹洛阳寿安的官居虽"游而乐之，漱濯汲引，无一日不在其上"，似乎是快乐的仙乡。但是其内心深处毕竟还是归向故乡的，早晚终究是要归去的。

因此郡圃虽然是政成俗阜的表征，虽是与民同乐、礼待贤士等仁政的实践场所，虽然是提供吏隐双兼、如神仙眷侣般快乐逍遥境地的所在，但是仕宦者的内心并非长久地安住于此，并非常常眷恋于此。它只能算是古代士人实践政治理想的阶段性空间，而非私人的心灵归宿。

由此我们可以看出，宋代仕宦阶层的读书人在政治外王事业的抱负以及内心企盼自在逍遥、洁净无染的生活境界两者之间是极力想要加以调和兼容的。但在现实的事项上又往往难以避免两者的冲突。而有时郡圃的逍遥快乐的表象也只是仕宦们用来作其政治失路的慰藉罢了。

根据本节所论可知，宋代郡圃在园林及政治文化意义上，其要点如下。

其一，宋代各地均有地方政府经营的公共园林，可统称为郡圃。而郡圃的存在形式是园林。

其二，在园林的基本结构方面，郡圃以其优渥的条件创造了各种杰出美景，不仅继承了中国园林的传统特色，也和整个宋代文人园的发展一起进步。其中尤其以山石与水景的设计特别精彩，唯独建筑物则由于其郡圃的身份而趋向雄伟壮观的特色，这是与园林文人化的发展相悖的，但是仍然注意到这些建筑的园林化要求。

其三，在人文活动方面，作为公共的园林，郡圃开放给一般的民众前来观赏游玩，所以四时宴乐不断，而且显得热闹喧杂。此外地方官也常以主人的身份招待邀宴宾客僚属，或歌舞娱乐，或棋弈清谈，与一般私家园林中的活动没有大差异，所以显现出清雅超逸的情境。

其四，作为地方官的住宅，郡圃中也常出现个人色彩浓厚的家居生活内容，或者是官吏的高卧、独坐、散步，一派清闲无事的气氛；或者是造设园景，栽植花木，灌溉蔬圃，享受农艺的生活、田园的情趣。所以郡圃也成为地方官享受私人园林生活的所在。总之，由于郡圃的角色与功能的多元化，其内的人文活动也就变得非常多样。

其五，宋代的文人刻意地在诗文中彰显郡圃正面的政治意涵。首先强调郡圃是政成俗阜之后的产物，所以是优良政绩的表征。其次强调地方政府修建郡圃不是为了个人的逸乐，而是与民同乐的王政之实践，同时还能负起礼待贤士的使命。再次，在前两点的基础之上又以郡圃的兴建是地方官遗爱于民的表现，所以以郡圃中的建筑物作为纪念贤官的所在。这是政绩上面的意涵。

其六，在地方官个人的政治心境上，郡圃不但是官吏对政治游刃有余的表现，还能彰显他们风雅从容的政治风范，强调从政是可以悠然轻松自在的。其次又以郡圃幽静如山林的环境气氛来成全他们对于隐逸生活的高洁超逸的向往，把郡圃当作是吏隐的最佳场地，从而化解了传统中国士人在仕与隐的抉择上的两难。

在个人的政治心境上，虽然宋人不断地刻意强调，郡圃是让他们的仕宦生活如意快乐如神仙的一个美好场所，表面上好像是相当满意现状。但是仔细究察，将不难发现，其中也有是对不顺意的政途的一种自我安慰与面子。因此可以说，郡圃的园林结构使其富含悠然自在的情调以及和乐安泰的表象，因此很容易披上太平盛世一类的政治意义，也很容易被灵活的士人彩绘成个人政治路途上的超然标记。

第三节 汴京御园——艮岳

兴建缘由及地点

在宋代诸多著名的园林中，最特殊的一座该是宋徽宗在汴京所建的艮岳。其特殊性主要在于这是完全由人工建造出来的一座巨型假山，山上筑造了精彩的园林景色，可算是造园史上的一大创举。尤其帝王对游园的喜好与热衷，促使许多人积极勤奋地、费尽思量地参与这个造园工作，更把园林艺术推向一个划时代的里程。

艮岳之所以建造的根本原因应是徽宗本身的"颇留意苑囿"（张淏《艮岳记》，册五八七），他是中国历史上热爱艺术、拙于为政的著名帝王之一，对于园林的筑设不遗余力。然而促成艮岳开造的外在缘由则是堪舆风水的传说：

> 初，徽宗未有嗣，道士刘混康以法箓符水出入禁中，言京城西北隅，地协堪舆，倘形势加以少高，当有多男之祥。始命为数仞冈阜。已而后宫生子渐多，帝甚喜。于是命户部侍郎孟揆于上清宝箓宫之东，筑山象余杭之凤凰山，号曰万岁山。既成，更名曰艮岳。（明·李濂《汴京遗迹志·卷四》，同上）

这段记载说明了最初是道士将风水地形与子嗣吉凶加以联系，使堆山叠阜的工作额外地背负了传宗接代的神圣使命，因而也意外地骤盛起来。由于颇为灵验，徽宗欢喜，因而进一步展开一连串大规模的造山造园活动。

而在建造的过程中，诸多逢迎邀宠、谋权敛财者无所不用其极地费尽巧思，以取得各种珍奇美石、奇花异草、珍禽异兽加以进贡的事况，更实质具体地促使艮岳以惊人的面貌诞生。

至于艮岳的位置，根据上面引文，是在上清宝箓宫之东。而宝箓宫的位置，据和维的《愚见纪忘》，说是在汴京宫城东北景龙门复道的次东（同上），也就是宫城的东北东方向。又因宫城位于京城的北方偏中央，所以艮岳也可说是在汴京的东北角。正因在东北隅，以八卦的方位来看，属于艮，因此在兴建完成之后便改名为艮岳。

艮岳有山有水，有各式各样配合地形地势而建造的建筑物，有人工设计栽植的花木，又大量运用具有象征意义的石头，是一个经过充分设计且可游可憩可赏的园林。以下分由其造园技术、造园理念及石头的运用三方面来探讨艮岳的艺术境界。

造园技术

在造园技术方面，将依一般对园林要素的分类来讨论，亦即分为山石、水、花木、建筑与布局五方面。因为布局设计属于理念部分，所以放在下一目讨论。

掇山技术

李濂的《汴京遗迹志·卷四》记载艮岳的大小："周回十余里，其最高一峰九十步。"而僧祖秀的《阳华宫记》（因艮岳在落成之后，徽宗为其正门取名为阳华，所以艮岳也别称为阳华宫。是以此处的《阳华宫记》即是《艮岳记》。《汴京遗迹志·卷四》："岳之正门名之曰阳华，故亦号阳华宫。"而《阳华宫记》也说："其余胜迹不可殚纪。工已落成，上名之曰阳华宫。"）则记述道："驱散军万人筑冈阜，高十余仞。"（同上）以旧式营造尺来算，一步约等于五尺，则九十步约为四百五十尺；而以东汉以来的制度来算，一仞约当五尺六，则十余仞，保守估计约是五百六十尺。所以艮岳的高度大约在四百五十尺到五六百尺之间，相当于一座三四十层楼房的高度。以人造山的角度来看，这样的高度着实惊人。它需要相当程度的物理知识与筑造技术，人力财力物力的配合更是不可少。这是从整体呈现上来看艮岳的掇山技术，无可置疑，是中国造园史上的一大成就与进步。

至于艮岳本身为石山还是土山呢？徽宗御制的《艮岳记》说是："累土积石，设洞庭湖口丝溪、仇池之深渊，与泗滨、林虑、灵璧、芙蓉之诸山，最瑰奇特异。"（同上）而僧祖秀的《阳华宫记》也说："舟以载石，舆以辇土，驱散军万人筑冈阜。"是则艮岳的堆掇是土与石混合运用的土石山。这其中整座山的造型主要又是依据石头的形状来加以点化的，如《阳华宫记》的描述：

> 石皆激怒抵触，若踶若啮，牙角口鼻，首尾爪距，千态万状，殚奇尽怪。辅以磻木瘿藤，杂以黄杨对青，竹荫其上。又随其斡旋之势，斩石开径，凭险则设磴道，飞空则架栈阁。
>
> 叠石为堤捍，任其石之怪，不加斧凿。因其余，土积而为山，山骨暴露，峰棱如削，飘然有云姿鹤态，曰飞来峰。
>
> 开东西二关，夹悬岩，磴道隘迫，石多峰棱，过者胆战股栗。

可知艮岳的外形大体上是运用了石头本身峥嵘骨瘦、凸奇多变的形状，不加斧凿，是以展现的是岩山的陡峭险峻。这表面上看来，似乎并不需要什么技巧，但是石头与石头之间的堆栈、固定，事实上是需要高超的技术与造型设计的。在石与石之间，艮岳采用了土来填补与连接，并注意到了不使土掩盖了石头的奇异形态，所以才能山骨暴露，峰棱如削。

然而，他们也注意到，虽然土会造成山形的拙重平驳，但是石头形状的完全暴露，固然可以营造奇峻的山势，却又容易有尖锐碎乱之感，因此在石上攀绕了树木、爬藤、竹丛，使得山势得到一分柔化和无比的生命力。而在技术上，藤蔓或木竹应是栽植在山石之间的土壤上。而如何使土壤坚实地固着在石头之间又能令栽植的植物生长，且植物如何能从土石间覆蔓出一番姿态，这都是他们在掇山时已然克服的技术难题。

另一项更艰难的掇山工程是在土石混合的人造山上开设磴道、小径、栈道。首先，必须斩开石头，在突奇的石头之中铺设出小径来，而如何在坚硬的石头身上斩开平径，又如何在击敲石头时保持山的稳固坚实，都是技术上的一大考验。其次，是沿着山势铺设磴道。这原只是"琢石为梯"（《阳华宫记》里描述朝真磴的话）的工作，但因其为"凭险"且"磴道隘迫""过者胆战股栗"，则其铺设时的惊险艰巨，又非一般技术所能胜任。徽宗的《艮岳记》也描述道："复由磴道盘行萦曲，扪石而上。继而山绝路隔，继之以木栈，倚石排空，周环曲折，有蜀道之难。"说明了所谓的凭险铺设磴道，其艰难是攀爬巨石而上，一点一点地敲凿石头，一点一点地铺展出一条步道。等到到了悬崖峭壁之处，无从铺设磴道，便必须借重其他的材料——木材来制造木栈。栈道是飞空架设的，而且又周环曲折，有蜀道之难，难于行走，如何在悬岩峭壁之上站稳、移动，如何在悬岩峭壁上安插一根根的木桩，结构成稳固的栈道，又是技术上的一大突破。

另外，周密的《癸辛杂识》记载了艮岳的一点山势形态，说"万岁山大洞数千"。万岁山是艮岳的初名，整座艮岳上有数千个大洞，吾人不难想象其势必然更加奇险。在原理上它是擅巧地运用石头怪异突棱的外形。而在筑造的技术上，这主要需靠黏接石头的方法得当，其中有不少是黏接镂空、悬空的部分。而如果石头本身镂空的部分并不符合山洞形状的要求，则又要进一步对其采取琢磨或挖敲的工作。总之，人造山的洞穴之制造，需要有擅用石头特性的巧思，还要高超的制作技巧（同上）。

此外，艮岳的造山工程在初步完成之后，还为山的神韵风姿，做了一番美化。《癸辛杂识》在提及万岁山的数千个山洞时说：

> 其洞中皆筑以雄黄及炉甘石，雄黄则辟蛇蝎，炉甘石则天阴能致云雾，滃郁深山穷谷。后因经官拆卖，有回回者知之，因请买之，凡得雄黄数千斤，炉甘石数万斤。

其实太湖石本身在天阴之时，因为湿气甚高，而容易滋生烟雾。这里为了让整座山萦回在一片云岚缥缈之中，因而应用了科学知识，在既已完成的洞穴中加筑以炉甘石，使其雾气能密集地涌现，犹如大自然真山的岚气是由洞岫深谷所生成一般。当然，炉甘石筑在洞中，也有视觉美观上的考量。从技术层面来看，这虽不是什么至艰的工程，但在造园史上，这却是应用科学知识结合掇山技术所完成的一项大突破。

运石技术

因为艮岳是以山为主体，掇山的工程十分浩大。而山势造型又以石头为主要材料，因此石材的获得就变得分外重要。又根据上文得知，艮岳的高度非常惊人，其采用的石头颇多巨大者，而这些石材又多来自灵璧、太湖，所以巨石的搬运，实为建造艮岳的重要环节。

灵璧、太湖之石的特质是形状突奇、多棱角、多凹洞，而石质则较脆，易断裂折损（关于太湖石的特质可参阅范成大《吴郡志·卷二九·土物》中对太湖石的介绍。而关于灵璧石则可参阅杜绾《云林石谱·卷上·灵璧石》的介绍），因此搬运工作就变得异常困难。《汴京遗迹志·卷四》记载了当时载运太湖石的艰巨情况："初，朱勔于太湖取石，高广数丈，载以大舟，挽以千夫，凿城断桥，毁堰拆梁，数月乃至。"这里告诉我们，艮岳所用的太湖石，高广都有数丈，相当于一幢房屋那么大。这样的巨石，当然必须载以大舟，挽以千夫，凿城断桥，毁堰拆梁，才能搬运移动。可是这样的记述，只能说明他们认为巨石体积、重量等问题的解决，只要力气足够，人数众多，就能克服重量难题；只要有决心、有魄力，就能让体积庞大的巨石通过城桥。然而搬运时震动对石头所可能产生的破坏问题，就不是单单人力足、有魄力所能解决的。当中需要高超的技术，以及对石质的基本认识。

究竟当时他们是怎样从江南浩浩荡荡而又长途跋涉地把湖石完好无伤地运到汴京来的呢？周密《癸辛杂识》有详细的记载：

尝闻汴京父老云：艮岳之取石也，其大而穿透者，致远必有损折之虑。乃先以胶泥实填众窍，其外复以麻筋杂泥固济之。日晒极坚实。始用大木为车，致于舟中，直俟抵京，然后浸之水中，旋去泥土，则省人力，而无他虑。此法奇甚，前所未闻也。

原来，他们思考到，湖石之所以易受损是因为其形状奇突多棱，尤其越是有凹陷镂空的部分，就越容易受到折损。所以如何使石头的凹陷洞穴之处也能变得质实圆缓，如何使整个石头变成滚圆而无棱角突兀的体形，又如何使搬运完成的石头恢复原状，这些都是必须克服的问题。因此他们找来既能固结又能溶解的材料——胶泥，先以胶泥填实所有的洞穴凹处，化解掉石头的奇突棱角部分，以减少搬运时可能产生的震动。再以麻筋杂泥封裹整个石头，使其完全保护在杂泥麻筋之内，以防止搬运过程中的直接磨损与碰撞。再将裹敷上去的杂泥晒干到极坚实的程度，以免搬运时包裹外层的剥落，而失去保护效果。最后，在经过长期艰辛的搬运之后，剩余的便是恢复原状的工作了。他们将整个包裹保护过的石头浸泡在水中，经过水的软化与溶解作用，杂泥、麻筋、胶泥便自然地脱落，而恢复了石头的突奇原貌。

这样花费低廉而又节省人力的防止石头损坏的搬运技术，实在是造园史上的一大进步与贡献。

理水技术

山与水是自然风光中最重要的两大要素，也是造园时重要的两大工程。艮岳虽然名之曰艮"岳"、寿"山"，但是仍然没有遗漏掉水景的配置，在理水方面也有优异的成绩和重要的进步。《汴京遗迹志·卷四》提到了艮岳的池沼：

> 关下有平地，凿大方沼。沼中作两洲，东为芦渚、浮阳亭，西为梅渚、雪浪亭。西流为凤池，东出为雁池。中分二馆，东曰流碧，西曰环山。

在平地部分挖凿大方沼，是十分平常的工程；而沼中作洲渚、洲上植花木、建亭阁，这些造景都是早在唐代园林中已多见的，故无甚特殊。只是，此地沼水又向两边流展，成为凤池和雁池。而雁池正在寿山两峰之间的山谷里（徽宗《艮岳记》："其南则寿山嵯峨，两峰并峙，列嶂如屏。瀑布下入雁池。"），因此，方沼与雁池之间的水流实穿布在山石之间。艮岳既是人工掇造的土石山，那么山间一切的溪涧流水当然也都不是自然原有的，而是经过人工引导出来的。所以可以确定的是，当时水流的引注技术是精湛的。徽宗御制的《艮岳记》另外也记载了一段景色："北俯景龙江，长波远岸，弥十余里。其上流注山涧，西行潺湲。"既然景龙江大部分是蜿蜒在平原上，艮岳一面俯视其景观，长波远岸，弥十余里，另一面则引注其水，潺潺湲湲地西行山涧。山势既然有起伏转折，引水自然也要随之或高或低地变化。这就较诸平地的引水困难很多，也可见艮岳在理水的技术上之精进。

引水在山涧中潺潺而行，随山势而起落，那么，遇逢落差较大的涧谷时，便会形成瀑布景观：

其南则寿山嵯峨，两峰并峙，列嶂如屏。瀑布下入雁池，池水清泚涟漪，凫雁浮泳水面，栖息石间，不可胜计。

寿山是艮岳南部的山群，主要有两个较为突出的山峰，两峰之间形成沟涧，应是和沼水相连的水流所穿行的路线。水流至此两峰，大约是到了较高点，接着便是直线坠落的谷底。偌大的落差、奔泻的水流，自然形成了瀑布景观。这在理水的技术上似乎并无太多的费事工程，主要还是让引水能随山势而行的问题。至于瀑布下落而能成为雁池，需要的是先在两峰山根之处筑造出一个凹陷的水池，这个凹陷应是在掇山的过程中因石头的形状而自然形成的，或是掇山之后再予挖凿的（不过，因雁池在两山之间，是瀑布落下之水所形成的，因此大部分应是掇山时自然留下的谷地）。因此，在艮岳的理水部分，有很多还是和掇山的工作密切相关的。因为艮岳的水景主要是沿着山势而布置的，在往低处流的部分，并不需费太大的工夫，只要掇山时能运用湖石的突奇形状造出沟涧；但是遇到要往上流或最初水从平地上引注上山时，就是比较复杂麻烦的工程了。这一部分的技术，古籍中并无详细的记录，但是从艮岳山势的峻峭及水流的分布来看，其理水的技术已是相当进步了。

在艮岳中，较特别的水景之一是由龙渊、濯龙峡，徽宗记述道：

自南徂北，行冈脊两石间。绵亘数里，与东山相望。水出石口，喷薄飞注如兽面，名之曰由龙渊、濯龙峡。

由龙渊（此景徽宗文章中记为"由龙渊"，而《汴京遗迹志·卷四》则记作"白龙沜"）与濯龙峡两个水石交用的景点，引水从石间缝隙开成的口里喷薄而出，四面飞注，犹如飞龙喷雾吐云，飞腾翻跃在渊峡之间。引水原是流走在山石间，设计者及筑造者利用先阻塞再给予开口出路的方法，让水流因阻碍而争窜而喷薄，于是形成了这个精彩生动而又具有写意美感的特殊景观。

另外在僧祖秀的《阳华宫记》中较为详细地记叙了另一个瀑布的制造方法：

> 又得紫石，滑净如削，面径数仞，因而为山。贴山卓立。山阴置木柜，绝顶开深池，车驾临幸，则驱水工登其顶，开闸注水而为瀑布，曰紫石壁，又名瀑布屏。

因为这是一块紫石，与其他大部分的湖石在颜色和质感（滑净如削）上相差太多，不能用土填的方法与其他湖石连接成同系的山，因此令其贴山卓立，成为一座卓然独立的山。是以不能用引水方法令水流注其上，且其本身的滑净也不易引水而上，因此单独地在石顶开凿出一个深池，平时是一个封闭不流动的贮水池，等到徽宗驾临的时候，才打开闸门，水流直下为瀑布。这里并没有对贮水的技术有进一步的叙述，大约可以想见的是，深池的水源除下雨之外，就只能靠着人力来贮存了。在紫石卓立的情况下，他们只好采用这个比较原始朴素的方法；不过，在紫石材质的限制下，为了营造水帘透隐着紫色的特殊视觉美感，这样的设计与工程也是别具巧思与特色。

栽植技术

花木是园林中最具生命力与时间特质的要素，它使园林摇曳生姿，增添了盎然的生气。尤其是湖石堆栈成的山，更需靠花木来柔化其坚硬之感。艮岳在花木的栽植上也是不遗余力的。凭借着帝王权势的优越，花木的取得特别方便，因此，"四方花竹奇石，咸萃于斯；珍禽异兽，无不毕有矣"（《汴京遗迹志·卷四》）。这里花木的种类，应是汇集了各地的精华，有似于植物园，可供赏奇。

此外，艮岳植物的特色还在于每一种类多采取集中式的栽植，景观雄伟壮阔。例如：

其东则高峰峙立，其下植梅以万数，绿萼承趺，芬芳馥郁。

又西半山间，楼曰倚翠，青松蔽密，布于前后，号万松岭。

（景龙江）北岸，万竹苍翠蓊郁，仰不见天。有胜筠庵、蹑云台、消闲馆、飞岑亭。无杂花异木，四面皆竹也。（以上徽宗御制《艮岳记》）

北幸撷芳苑，堤外筑叠卫之，濒水莳绛桃、海棠、芙蓉、垂杨，略无隙地。（僧祖秀《阳华宫记》）

万株梅树，万松岭以及仰不见天、无杂花异木的万竹，略无隙地的垂杨等，都是大规模的栽种。其中梅树是种在艮岳东峰的山下，而万竹苍翠则是四面环绕在景龙江的北岸，或是堤外卫濒略无隙地的垂杨，这些都是平地的栽植，在技术上应无甚特别困难之处。至于蔽密荫布的青松，却是在半山之间，而艮岳又是湖石堆栈而成的土石山，在半山间栽植松树，等于是养植在石间的土里，其技术上的课题大约是如何使石缝间的土壤固实不流失，令松根深入其间继续伸展。当然，在掇山之初，他们应已对理水、植木、建筑等问题做了通盘的考量，在掇山时已有适当的配合处置。例如：

高于雉堞，翻若长鲸，腰径百尺，植梅万本，曰梅岭。接其余冈，种丹杏鸭脚，曰杏岫。又增土叠石，间留隙穴，以栽黄杨，曰黄杨巘。筑修冈以植丁香，积石其间，从而设险，曰丁香嶂。又得赪石，任其自然，增而成山，以椒兰杂植于其下，曰椒崖。接水之末，增土为大陂，从东南侧柏，枝干柔密，揉之不断，叶叶为幢盖、鸾鹤、蛟龙之状，动以万数，曰龙柏坡。循寿山而西，移竹成林，复开小径，至百数步，竹有同本而异干者，不可纪极，皆四方珍贡。（《阳华宫记》）

这段话清楚地告诉我们，在掇山之初便已设计好梅岭、杏岫、黄杨巘、丁香嶂、椒崖、龙柏坡等植物特区，因而在掇山时便配合着增土叠石以成可植树的横岭或冈坡。而且在增土叠石的时候，便已间留隙穴以栽植花木。这些预留的隙穴，大约不只容纳根干而已，应该有相当的容积可以填入多量的培植用土，以方便花木的生长及树根的伸长。丁香嶂及龙柏坡两处也是特别建筑修高的土冈以适合丁香的生长，又特别增土为大陂以供龙柏的生长。然而这些都仍属于掇山工程的配合，植物的栽种方法本身并未显示出特殊的技巧，唯独徽宗的《艮岳记》提及了花果的移植：

> 即姑苏武林明越之壤，荆楚江湘南粤之野，移枇杷、橙柚、橘柑、椰栟、荔枝之木，金蛾、玉羞、虎耳、凤尾、素馨、渠那、茉莉、含笑之草，不以土地之殊，风气之异，悉生成长，养于雕阑曲槛，而穿石出罅。

这一群受载的花果都来自江东壤野，荆楚湘粤一带。在季候和地质方面，汴京与南方楚粤皆相距甚大，因而对栽植技术形成一大考验。这些南方花果，从平壤郊野被移植到石山缝隙间，从湿热的南方被移植到干冷的北方，竟然能不以土地之殊、风气之异而悉数成长，并且穿石出罅，展现出强韧的生命力，这表明了当时栽植技术的精进。其中"养于雕阑曲槛"说明了这些来自异方的花木，确实是经过特别精细的照顾养护，需用雕阑曲槛将之围起来，与其他部分分隔开来，以供应特别的环境条件——大约是阻挡寒风，或覆盖布罩以保温等工作，因而尽量提供这些花木近似其家乡的生长环境。总之，在艮岳这座人造的土石山上，栽种全国各地进贡来的珍奇花果树木，形成各具特色的植物景区，其本身便已说明当时栽植技术的高明与进步。

建筑技术

在讨论艮岳的建筑技术之前，我们可以先浏览一下艮岳的建筑物：

> 萼绿华堂、龙吟堂、三秀堂。
> 书馆、八仙馆、流碧馆、环山馆、消闲馆。
> 览秀轩、漱琼轩。
> 介亭、嘻嘻亭、巢云亭、蟠秀亭、练光亭、跨云亭、浮阳亭、雪浪亭、

挥雪亭、环山亭、飞岑亭。

　　倚翠楼、绛霄楼。

　　巢凤阁、清斯阁。

　　炼丹凝真观。

　　胜筠庵。

　　琼津殿。

　　蹑云台。

　　高斯酒肆。

　　其后群阁兴筑不已，于是山林岩壑日益高深，亭榭楼观不可胜纪。
（《汴京遗迹志·卷四》）

　　而景龙江外则诸馆舍尤精。（同上）

在文字资料中完整地记载了名称的建筑共有三十幢左右。另有药寮、西庄等
建筑组群以及模拟的村居野店。此外，在艮岳完工之后仍然群阁兴筑不已，
以致亭榭楼观不可胜记。其中又以景龙江北岸的诸多馆舍尤为精美，这些都
未在文字资料中仔细描述其名其形。因此，艮岳前前后后兴筑的建筑物实在
众多。除了量大之外，也可从名称中看出建筑种类形制的多样化。在一座人
造的土石山上及其四周，能有这么多量及多类型的建筑物，不得不令人赞叹
其建筑技术之能事。

　　进一步来看，在文字中尚可见到某些建筑的较细部分，如：

　　跻攀至介亭，此最高于诸山……北俯景龙江，长波远岸，弥十余里。
（徽宗《艮岳记》）

介亭坐落在艮岳的最高峰，如《汴京遗迹志·卷四》所说："其最高一峰
九十步，上有介亭，分东西二岭，直接南山。"在这么高矗的人造土山上
兴造介亭，其地基的稳固性是最令人疑虑的，也是最艰难的部分。艮岳既
是由湖石为主体，加以泥土的填塞黏合，那么介亭所坐的地基必是突奇多
穴的坚石与较松软的泥土交错而成的。如何在不损伤石头坚度与完整性的

前提下挖石立基，又如何在松软的泥土中立稳基桩，是艮岳建筑所必须克服的技术难题。

至于在建筑本身的形制构造方面，《阳华宫记》略略提及：

> 筑台高千仞，周览都城，近若指顾。造碧虚洞天，万山环之。开三洞为品字门，以通前后苑。建八角亭于其中央，榱椽窗楹皆以玛瑙石间之。

千仞应是夸张的描写，不过，从蹑云的名称及千仞的描写可知，这座观景用的高台确乎是矗立高耸的。其技术上的难度不仅是地基稳固的问题，还牵涉到台子本身的重心处理稳当。在高台的建筑基础之上，八角亭的建构就不算新奇了（在唐代已有八角亭了。《中国园林建筑研究》，第148页，根据唐代敦煌莫高窟壁画证明当时已有八角亭）。另外徽宗《艮岳记》尚有建筑形制的记载：

> 有屋内方外圆，如半月，是名书馆。又有八仙馆，屋圆如规。

基本上书馆与八仙馆的建筑形制是相同的——在外观上它们都是圆形的建筑。以木造材质来看，构造出一幢圆形的建筑物是十分新颖而精巧的功夫，每一块木板的弧度的控制，圆板与圆板之间的接合等都是建筑技术的考验。

总之，在掇造艮岳之后，还能在其上构造出如此多样且大量的精美亭榭楼馆，已说明了艮岳在建筑技术上的辉煌成就。

造园理念

园林之所以能成为艺术门类之一，不仅仅因为其建造技术之精湛。因为技术无论如何精致细腻，终究是形质上锻炼熟习的结果，仍然不离工匠技能的范畴。园林的设计、建造还追求美感效果，给人悦目愉心的快意；还追求幽远的意境，带引人神游向一个无限的世界。

今天，我们已无法亲临艮岳游赏，无法品鉴其美景，无法领受其意境。

唯独仅存的几篇文字，可以略为得知当时设计者（包括徽宗）的造园理念，从而了解他们所追求的园林意境，蠡测艮岳的艺术造诣。

根据文献资料，艮岳的筑造理念，一方面可从记述艮岳各景观的文字中离析出来，另一方面更可由游赏赞颂的文字中清楚地获得。兹将文献资料中所呈现的艮岳的造园理念条析如下。

崇尚自然浑成

园林的存在，最初应来源于对人类孺慕爱恋大自然却无法舍弃文明舒适的人文环境所造成的两难的化解。为了化解此两难而有了兼具人工建筑和山水花木的园林。因此园林本身肩负了大自然涵泳怡悦性情的功能。如何使其臻于大自然的浑然天成境地，便成为建造园林时所追求的目标，也是其必须完成的使命。

随着文人的参与以及园林本身的发展，这种崇尚自然的造园理念在文人园中越来越清晰明确。艮岳虽为徽宗所命造的苑囿，却也在理念上对这一点有清楚的追求。首先，在具体的形象上，艮岳起初便以具体的自然山水为模拟的对象。如前所引《汴京遗迹志》所载"筑山象余杭之凤凰山，号曰万岁山。既成，更名曰艮岳"。说明建造之初便以余杭凤凰山作为模拟对象，希望艮岳能筑构成凤凰山的样子，使人一见，便认出其形态是或误以为是凤凰山。凤凰山既然是西湖岸边自然天成的山峰，是宇宙大化的成绩，那么艮岳的模仿正是学习大化，期待造就出相似的成绩，希望提供给游者相同的涵泳鉴赏的享受。另外前引御制的《艮岳记》也说明其工程是："设洞庭湖口丝溪、仇池之深渊，与泗滨、林虑、灵璧、芙蓉之诸山。"这些都是江南最灵秀优美的山水风景，也都是艮岳模仿的对象。可见艮岳四个方位的山群都极力地仿造大自然既有的名山秀水——或者模拟其山形水势，或者撷取其景致的特质加以创造。总之，艮岳吸取了大自然山水风光的优美精华，创造具有典型性、集中性的山水风光。关于这一点，徽宗在文章中更清楚地写道：

> 而东南万里，天台、雁荡、凤凰、庐阜之奇伟，二川、三峡、云梦之旷荡，四方之远且异，徒各擅其一美，未若此山并包罗列，又兼其绝胜。飒爽溪津，参诸造化，若开辟之素有。虽人为之山，顾岂小哉。

　　他以为东南各地的风景名胜，虽然有其奇伟旷荡的特色，但是终究也只是各擅一美，徒具某方面的景观特色而又各自分散在不同的地点，不如艮岳的兼罗并包，汇集各景的胜绝奇妙于一处，成为美景的典型。而且造成之后又仿佛是大地上素有的，可谓为参诸造化。这说明了艮岳的造园理念中，确实以契合自然为其追求的最高理想目标。

　　因为建造之初即追求合于自然的效果，是以造成之后也颇符合这项要求。徽宗在文章的最后总结性地赞赏道：

中立而四顾，则岩峡洞穴、亭阁楼观、高木茂草，或高或低，或远或近，一出一入，一荣一凋，四面周匝。徘徊而仰顾，若在重山大壑、深谷幽岩之底。不知京邑空旷坦荡而平夷也；又不知邟郭环会纷萃而填委也。真天造地设，神谋化力，非人所能为者。

　　这段文字先称美艮岳的山、水、花木与建筑在布局上面的高低变化、远近层次感及四时运化的季节性展现等都呈显出错落有致的美感，这是合于自然的表现。而后又描述置身其间，若在重山大壑、深谷幽岩之底，忘却京邑邟郭的空旷纷萃，这说明艮岳的构筑效果也确实达到臻于自然天成的境界，同时也表示在体积的量上，艮岳所追求的巨大宏伟，实与其崇尚自然浑成的理念有关。《汴京遗迹志》有"周回十余里，其最高一峰九十步""山林岩壑日益高深，亭榭楼观不可胜纪"的记载，在显示艮岳的高大雄壮，其背后所支持的理念也是崇尚自然——为使艮岳逼肖于自然界的真山水，因此拟造出等同或近似的尺寸大小，才能产生重山大壑、深谷幽岩的效果。

　　但是从艺术的角度来看，这种形似甚且连体积大小都相近的模仿，实在过于具体、执着，缺乏想象的空间，也缺乏象征性，艺术化的成就便淡薄了很多。

　　总之，不管艮岳追求自然浑成的境界做得多么成功，终究是人工造作出来的产物。因此从客观的事实来看，艮岳最终是做到天与人的合一。这一点又是徽宗所自觉的："夫天不人不因；人不天不成，信矣。"（《艮岳记》）因而，可以说，天人合一的境界也是艮岳的最高建造理念。

提升生活境界

园林以帝王的苑囿为开端，最初便肩负着祭祀与娱乐的责任。然而往后文人园林的发展与蓬勃，则使园林的功能转向生活境界的提升。艮岳虽为帝王苑囿，已无祭祀功能，其享乐的成分仍浓；但身为艺术家兼文人的徽宗，依然注重艮岳的怡情悦性的涵泳功能。他在描述艮岳的春景之后感性地说："使人情舒体堕，而忘料峭之味。"在描述夏景之后则说："清虚爽垲，使人有物外之兴，而忘扇箑之劳。"至于秋天冬天则说："逍遥徜徉，坐堂伏槛，旷然自怡，无萧瑟沉寥之悲。""离榭拥幕，体道复命，无岁律云暮之叹。此四时朝昏之景殊，而所乐之趣无穷也。"春天原本是料峭还寒的，如今置身艮岳却令人忘却料峭的况味；夏日原本是炎热酷暑，如今却令人清虚爽垲；而秋天没有萧瑟寥落之悲；连冬天也没有岁暮年逝之叹。这既说明艮岳具有调节四季气候的作用，化去严峻尖刻的天候，使一年四季皆得以温和舒爽。同时也说明在如此具有调节性的温和舒畅的环境中，人们主观的心境也会受到相近似的调节。因此春天的艮岳可以使人情舒体堕，在松放自在的情态下悠游无碍，逍遥自得；夏天可以使人忘却扇箑之劳，在清虚爽垲的情态下，神游无垠而有物外之兴；秋天冬天更无萧索枯寂、寒冻死灭的悲凉愁怀，而是以清灵虚静、旷然自怡的心去体道复命，悟觉宇宙生生之理而欣然地纵浪大化。这些处处告示着艮岳的设计与完成都肩负起了怡情悦性、涵泳性灵、提升生活境界的任务，使得置身其间的人能够自然而然地致中和，达于平和恬静而条畅自如的境地。

因此徽宗接着描述他游艮岳的亲身体验："朕万机之余，徐步一到，不知崇高富贵之荣，而腾山赴壑，穷深探岭，绿叶朱苞，华阁飞陛，玩心惬志，与神合契，遂忘尘俗之缤纷，而飘然有凌云之志，终可乐也。"这说明了艮岳与大自然山水同样具有洗涤净化人心的作用，可以使人忘却缤纷杂错的扰扰尘务，可以使人抛却尊崇的富贵荣华。终而飘然凌云、超绝世宇，臻于惬神契天的境界。

生活质量的最高表征是仙化生活。虽然成仙的追求通常是指寿命的无限延长，但因仙人在人们眼中具有充分的神通，能够轻松自由地去来，他们没有世事琐务的尘扰，没有功名利禄的追求与失落，没有庸情俗爱的牵绊纠缠，因此仙人生活是卓然超拔而全然自在的生活。

艮岳在筑造之初，即在理念上追求如仙的生活情调，如八仙馆、紫石岩、栖真磴和炼丹凝真观的设置。八仙，很明显地在字面上已表现出对仙人生活的向往与追求，而紫字和真字皆为道教仙意的象征字眼，至于炼丹凝真观则注重长生不死的成仙追求，发为具体的养生修炼等功夫。艮岳为此修炼成仙的追求提供了专用的区域。另外在上文已讨论过的掇山技术，提及他们使用大量的炉甘石以使艮岳时时萦绕着烟雾，其目的除了模仿山岚氤氲之外，也是为了让艮岳弥漫神秘不可测的气氛，以使其栩栩如仙境。凡此，都表示艮岳在理念上极尽巧思地为游者居者心境的提升提供了直接而有力的设计。

功能性专区的设置

八仙馆、紫石岩、栖真磴三景集中于艮岳东侧（如《汴京遗迹志·卷四》："山之东有萼绿华堂、书馆、八仙馆、紫石岩、栖真磴……"），因为三处的功用相同，都是在景致特色或名称上带引游者、居者在游赏或生活时能感受到如仙的生活境界，因此将三景接续在一起。这样布置的目的是让游者或居者能集中地感受和神思如仙的境界。所以这三景可算是特设的功能性专区。

在艮岳各景之中，有许多为某些专门的生活内容或功能而设计的景区，其生活的功能甚为专门且明确，其设计的用意也甚为清楚。这种功能性专区的设置，说明艮岳的筑造理念中，确实也认可艮岳的生活机能，不仅仅将其视为只供游人玩赏的休闲游憩地点，不仅仅是人们茶余饭后品鉴的对象而已；它更可以是帝王贵族的生活空间，十分日常。

在艮岳西侧有两个明显的功能性专区——药寮与西庄。徽宗《艮岳记》记载道：

> 其西则参、术、杞、菊、黄精、芎䓖，被山弥坞，中号药寮。又禾、麻、菽、麦、黍、豆、杭、秫，筑室若农家，故名西庄。

药寮的四周围种满了各种各样的药材，中央部分又结构了建筑以供养植、照护、采收，甚至是晒制、炼制、封藏或煎煮等处理事宜的工作场所。这种以种药及采收、制药为主要目的的建筑专区，在唐代时已经出现了（唐代已有药院、药堂。如常建《宿王昌龄隐居》"药院滋苔纹"、李成用《苔》"药院掩空关"、钱起《药堂秋暮》、姚合《题金州西园九首·药堂》）。不过当时造设药院这一类功能性专区的，多是一般私人园林及寺院园林，其目的除了自家养身治病之外，主要还是为了生产以获利，具经济效用。而此处的药寮及弥山被坞的大量栽植，作为皇家苑囿的景区之一，恐怕经济效益的原因还是次要的，最直接的作用应是皇家养生补身的药材供应，而最重要的初衷应是帝王模仿或追求魏晋以来文人服食风尚及仙道情调的具体实践。

而西庄的设置，则是以各种农作物的种植为主要目的，当然还包括收割收藏等工作内容。这里也不仅只是以生产经济性食粮为唯一的目的，但看其筑室若农家的建筑形貌，便知其目的主要还是想造设出一个乡野村舍一般的生活空间，让徽宗偶尔在心血来潮时，也能体验一下耕织劳力的布衣生活，领受一下黎元生民的生活滋味，享受一下纯朴粗简的生活情趣。在《宋史·本纪》中记载了宋代各朝帝王均常常前往御苑去观稼，其意不外在宣扬帝王的勤政爱民，能深体民生之辛劳，能关心百姓生活资源的丰瘠。但是事实上，帝王更乐意将此类观稼活动视为娱乐的一环，以极其好奇的心去开放其生活的范畴。因此，艮岳之中，每多为村野之景。僧祖秀的《阳华宫记》便载有：

因令苑囿多为村居野店，每秋风静夜，禽兽之声四彻，宛若山林陂泽之间。

另外尚有高阳酒肆一类的建筑，它们同样是徽宗在好奇新鲜的心态下，为追求平民百姓生活趣味而设的专区。而像梅岭、杏岫、黄杨巘、丁香嶂、椒崖、斑竹麓等，一方面具有观赏的作用，一方面又具有经济效益的景区，也都可算是功能性专区。这些都说明，艮岳的筑造，在理念上有很明显的功能性规划。

理念的矛盾与困限

艮岳在构筑的技术和成就上是优异卓越的，在理念上也有颇为杰出的水平和理想性的追求。但是细究其整体内容，将不难发现其间有某些自相矛盾而缺乏统一的地方，例如艮岳虽然极力追求合于自然，参诸造化，"天造地设，神谋化力，非人所能为者"（徽宗《艮岳记》），但是在建筑物的建造方面却又极力地雕琢装饰，使其展现出富丽堂皇的风貌：

> 造碧虚洞天，万山环之。开三洞为品字门，以通前后苑。建八角亭于其中央，榱椽窗楹皆以玛瑙石间之。（僧祖秀《阳华宫记》）

在亭子的榱椽窗楹之上都镶嵌了美丽晶莹的玛瑙石，八角亭必然洋溢着灿烂光润的色泽，显得富丽辉煌。在万山环绕的碧虚洞天中央盖了这么彩丽的亭子，必使八角亭在这一片山灵气清之间显得特别突兀，而不能取得统一和谐的整体感。

相同的情形也发生在景龙江外的"诸馆舍尤精"，以及睿思殿应制李质和曹组二人所写的《艮岳赋》中将艮岳各建筑写得辉煌夺目，"众彩迭耀"（李质的《艮岳赋》见《挥麈后录·卷二》，册一〇三八）。则艮岳在建筑物方面的建构理念仍不乏依附迎合帝王家喜爱缛丽彩灿的心态，这和掇山理水时所秉持的崇尚自然浑成的初衷是相违背的。这也与文人园林在建筑物上尽量求其朴质而融入自然的艺术化手法在境界上相距颇远。

另一方面，为了模仿真山实水，尽量在艮岳的尺寸大小上面逼近于真山的做法，其实也潜蕴着帝王家喜好巨大、气派的意识。不仅在山的体积上极力堆高加大，更在各种动植物和建筑物的安排上穷力追求庞大的数量。所谓的"山之上下，致四方珍禽奇兽，动以亿计，犹以为未也""植梅万本曰梅岭""动以万数曰龙柏坡"（僧祖秀《阳华宫记》）；所谓的"及金人再至，围城日久，钦宗命取山禽水鸟十余万，尽投之汴河，听其所之。拆屋为薪，凿石为炮，伐竹为箟篥。又取大鹿数千头，悉杀之"（《汴京遗迹志》）。珍禽奇兽何以会动以亿计而犹以为未足呢？假如禽兽只是以其珍异稀奇为养护的原则，何以在国危时有数以千计的大鹿必须杀灭呢？这些暴露出帝王造园时穷奢极侈、挥霍无度的习染，也显示出艮岳在建造理念上虽然一再强调自然天成的境界，而事实上又无法摆脱喜人为造作、奢华堂皇的意念。

石头的运用

艮岳最主要的特色和最大的成就应算是石头的运用了。在讨论掇山技术时，已经可以看出艮岳主要是利用湖石的奇特形状，营造出巉险峻峭的山势，在中国的造园史上是掇山技术的一大进步。此外，为了使用江南的巨型湖石，又发明了巧妙安全的运送方式，在建材的应用和控制上，也是一项成功的创举。石头在艮岳的作用除了用来与土混合着造山之外，还有许多单独的造景功用，是艮岳里最重要而出色的主角，备受"颇垂意花石"的徽宗的宠爱。以下仅由几点来说明艮岳对石头的运用情形。

穷力搜索奇石

因为徽宗本身颇垂意花石，一些蓄意趋炎谋势者便想尽办法投其所好。宋史《笔断》（同上）对此有详细的叙述：

> 初，朱勔因蔡京以进，上颇垂意花石，初致黄杨三四本，上已喜之。后岁岁增加，遂至舟船相继，号曰花石纲。专置应奉局于平江，每一发辄数百万，故花石至京师者，一花费数千缗，一石费数万缗，此花石纲之始也。继而作万岁山，运四方花竹奇石，积累二十余年，山林高深，千岩万壑。

蔡京与朱勔是北宋两个著名的奸佞之臣，他们以逢迎谄媚的手法来赢得皇帝的宠幸，而花石纲也只是他们迎合的工具之一而已。然而姑不论其动机如何，也姑不论所招致历史评价为何，花石纲确实在造园史上留下一些成就是可以肯定的。他们不仅在艮岳正式建造的六年里四方搜罗，更在往后的十几年之中不断地增运花石来添置艮岳之景。其中虽然包括花木与石头，但因花木的配置在文献资料上只显出大量栽植的专区设计，并无更奇特而超越的处理，因此此处只讨论石头的部分。而事实上，各种资料所显示的也是以石头的搜罗、搬运、设置和鉴赏为主题，说明这是朱勔等人穷力搜索的主要对象。张淏《艮岳记》提及朱勔的花石纲时说：

> 调民搜岩，剔薮幽隐……护视稍不谨，则加之以罪。斫山辇石，虽江湖不测之渊，力不可致者，百计以出之，至名曰神运。舟楫相继，日夜不绝。广济四指挥尽以充挽士，犹不给。

在人力方面调用了普通百姓，连管理水运的官吏也被派用充当为拉挽力士，动员之广，难以估计，也可见朱勔因花石纲在名与实上皆取得莫大的权势，影响力极广。而这么多人力的参与四处剔搜，连幽隐之地也不稍为放过，可以说所有的美石奇石皆在他们的掌握之中。即使是江湖不测之渊，力不可致者；即使是蹈险赴危，他们也要千方百计地挖凿探取，可谓无所不用其极。而且在挖取与搬运期间，只要有人护视稍微不够谨慎，便会招致罪罚，而惹祸上身，正如洪迈《容斋续笔》所述："豪夺渔取，士民家一石一木稍堪玩者，即领健卒直入其家，用黄封表识。或未即取而护视不谨，则加以大不恭罪。及发行，必撤屋决墙而出。"因此可以想见所有参与者的戒慎恐惧、战战兢兢。几乎所有的美石奇石都不曾被他们遗漏掉。也由此可知，艮岳的建造确实是集结了当时天下所有的石头极品，而且谨慎加以运用。

石头的运用

石头在艮岳除了用来掇山之外，也被用来铺排为磴道。这两者都是把石当作艮岳山景的制造材料而已。虽然掇山时确实也运用了石头本身体形和质感的特色以筑造出富于峥嵘气势的山形，但是石头于其中终究只是构组成山的一部分材料而已，并非被视为独立的景观加以鉴赏。而事实上，艮岳的景观设计上已经运用了单个石头的形式美感，将其独立，当作艮岳的景观之一来欣赏了。例如徽宗的《艮岳记》就记载着：

> （介亭）前列巨石，凡三丈许，号排衙。巧怪巉岩，藤萝蔓衍，若龙若凤，不可殚穷。

这一块巨石是单独列置在介亭前面的，把它当作独立的巉岩来处理。而其造景原理乃是运用石头形状的巧怪来直接引导游赏者做一番想象神思，而在目游神游之中，这块巨石自然而然地便在赏者眼中成为巉岩高峰了。此外还在其上养植了藤萝，一方面柔化了奇石本身形象上的奇突棱角及过于刚硬的线条，使其刚柔阴阳并济；另一方面也为了造型上的方便，石头已有自然生成的形状，虽然可因想象的加入而随人指目，但其客观之形象毕竟是如石般坚定不易的，因而用藤萝等易于蔓衍而又柔韧的植物来加以造型，也是一番匠心。《汴京遗迹志》还载有另一则造景手法相近的石景：

初，朱勔于太湖取石，高广数丈……数月乃至。会得燕地，因赐号昭功敷庆神运石，立于万岁山。其旁植两桧，一夭矫者，号曰朝日升龙之桧；一偃蹇者，名曰卧云伏龙之桧。皆以玉牌填金字书之，岩曰玉京独秀太平岩，峰曰庆云万态奇峰。

把石头命名为"昭功敷庆神运石"是因为石头运抵京城时适逢朝廷初取得燕地，于是两相附会，石头变成祥瑞吉庆的化身，得到了光彩威风的赐号，更进而独立地被置立在艮岳之上。从文字的叙述看来，可知石头不只一块，有的称为"玉京独秀太平岩"，有的称为"庆云万态奇峰"，矗立的石头在这里被视为独岩奇峰等完整而独立的山来看待，足见石头本身独特的形态确实引领观者遐想，在神游的作用下每一块石头都是独立而完整的山，这是艺术鉴赏的境界了。只可惜每一块石头都用玉牌填金字书写上所赐的名称，虽然有命名者的想象趣味在其中，但却限制或干扰了游赏者的品鉴和神思的空间。另外，石头是天地间最自然的存在者之一，在中国人眼里看来又是经过亘古时流的蕴化所形成的天地精华（如刘禹锡《和牛相公题姑苏所寄太湖石兼寄李苏州》："震泽生奇石，沉潜得地灵。"白居易《太湖石》："烟翠三秋色，波涛万古痕。"）。这么宏美自然的石头如今竟被加以华丽的玉牌金字，两相并置便显得格格不入，可算是对石景气质神韵的一种破坏。事实上，把艮岳这座仿自明山秀水的山园和政治的功绩两相比附，也是在意念上对艮岳的一大贬损。

但是值得注意的是，在神运石的两旁各栽植了一棵桧木，则是造景上值得称许的做法。石头的形状是固定的，具有稳定固执的气质，而树木本身的姿态则会与时俱长，随着风息而摇曳生姿，具有灵活变动的气质。因此桧木的配置在此也能达成刚柔并济的造景效果，用桧木使景色产生灵动、柔化的风韵，一方面又能使石头在桧木枝叶的交错中增加掩映之美。而且两棵桧木的形状各具特色，一棵夭矫遒健，展现腾扬超逸之俊美情态；一棵则偃蹇伏卧，展现蕴藉沉稳的幽美情态。一高一低，一矫一蹇之间的强烈对比，再加上石头形质上的特色，便形成错落有致、丰富多样的姿态。尤其可以看出艮岳在石景的设计安排上确实有其极为精致细腻的美感鉴赏及设计成就。

对石头的偏爱与造境成就

艮岳中用石头为造景主题的景观除上一节所论极具艺术成就者之外，还有许多独立的石景，均可看出造园者对石头的偏爱。首先，是一处极特殊的石景区：

> 于西入径，广于驰道。左右大石皆林立，仅百余株，以神运昭功敷庆万寿峰而名之。独神运峰广百围，高六仞，锡爵盘固侯，居道之中。束石为亭以庇之，高五十尺。御制纪文亲书，建三丈碑附于石之东南陬。其余石或若群臣入侍帷幄……又若伛偻趋进，其怪状余态，娱人者多矣。（僧祖秀《阳华宫记》）

这里更进一步说明在进入艮岳的径道（广于驰道）的两旁罗列了百余块大石，这不异是石林景观。文中未载明其作用，可信是用来供给观赏品鉴的，所以单个独立。在进入艮岳的行径上列置石头，可见其十分注重石头的赏玩功能，也显示其对石头的偏爱。而且为了庇护石头不受风吹雨打，还特别建了五十尺高的亭子来保护，其宠爱之情不言而喻。在神运峰的四周还有成群林立的石头，在体量上较小于神运峰，在形势上则似众星拱月般地围绕护卫着神运峰，在姿态上则或卑微恭敬而低伏地同趋向神运峰，犹如群臣入侍，听命指挥。凡此种种都是以人世的君臣政治关系来比喻，显示艮岳的建造因出于帝王之意而难以逃脱沦为取悦帝王的工具之命运。这无疑是把这些个个独立的石头的各别美感予以抹杀，而一意地将其整体地归结引导向一个狭隘的想象比喻的范围里。这也无异是将这一部分众多珍奇美石的形质之美与神态之美在造园上的艺术化功能大加削减了。但是其他部分还有很多石景却能超越此处的限制与浪费的情况，而达于优越的艺术化境地。例如：

> 其他轩榭庭径各有巨石棋列星布，并与赐名。惟神运峰前巨石以金饰其字，余皆青黛而已。此所以第其甲乙者。乃命群峰，其略曰朝日升龙、望云坐龙、矫首玉龙、万寿老松、栖霞……叠翠、独秀、栖烟……而在于渚者曰翔鳞，立于涘者曰舞仙，独踞洲中者曰玉麒麟……立于沃泉者曰留云、宿雾，又为藏烟谷、滴翠岩……括天下之美，藏古今之胜，于斯尽矣。

在其他轩榭庭径也都棋列星布了各种巨石，并且均题上徽宗所赐名，可喜的是均以青黛书之，在格调上面较近谐于石头。而且这些石头的命名都依照其形态神情而取定的，很能从中窥见当时鉴赏的境界。如朝日升龙、望云坐龙、矫首玉龙、万寿老松、叠翠、栖烟等皆能显现立石的神态和一种欲动的形势与流动的情意，进而帮助赏者遐想，引生出一些悠远的趣味。

再者，此处的命名又能依照石头所立的位置与四周景色而取定，颇能切合于立石所营造出来的情境。如水渚上的称为翔鳞，水边的称为舞仙，立于沃泉的称为留云、宿雾等，很能将石头的姿态配合四周景致加以想象，在石头身上贯注了生命与情意，进而使这些石头的姿态情意点染了四周的景物，水渚因而充满跃动灵活的生命力，水边也因而俨然泠然缥缈的仙境。因此立石与题名的交互作用便营造出深远的意境。这是艮岳中最杰出的造园手法，也是艮岳艺术化的最高表现之一。

综观本文所论，艮岳在造园上的特色，其要点可归纳如下。

其一，在技术方面主要表现在掇山技术的高难度的克服与完成。其主要展现在大量利用突奇多棱的湖石堆栈成多座高大险峻的山群，并在其上铺展出盘萦的磴道与排空环曲的木栈。

其二，这些人工土石山的堆掇成就尚在于水景的造设。掇山时不仅克服了湖石堆栈的稳固问题及形状态势的美化，而且还完成水道的凿引贯穿，并运用落差和水力而造成瀑布景观与喷薄飞注的效果。

其三，与此相关的则是运石技术的新奇与完善。

其四，栽植方面，艮岳成功地在湖石为主材的人工山上养植了江南异地的奇花异果，超越了天候、土壤等条件的限制，而能森森茂茂地生长，表示当时栽植技术的精进。

其五，造园理念方面，掇山的成就不仅在于高峰奇山的堆栈完成，同时还在于为山的神韵风姿做了一番美化，利用炉甘石以营造出烟雾弥漫、山岚氤氲的效果，使山峰萦回在一片虚无缥缈之中。

其六，艮岳也继承唐代文人园崇尚自然、追求浑成的境界。在拟造之初便以模仿江南各地明山秀水并以创造具集中性、典型性的山水风光为最高目标。而在造成之后也果然达到高低变化、远近层次感及季节性展现等合于自然的效果。

其七，功能性专区的设置是园林生活化的一个具体实践，同时也帮助园林生活者专注凝聚于工作与修养内容的完成，显示艮岳虽为帝王苑囿，却也仍顾及生活日常的便利与境界的提升。

其八，艮岳最值得注意的成就在于大量运用石头的形质之美与神态之美而营造出许多意境深远、充满神思的景观，引领游赏者神游无垠。这是艮岳高度艺术化的造园成就之一。

但是作为一座帝王命造的苑囿，也不能避免地在造园表现上遭受许多限制与破坏。这主要表现在巨大形制几近自然的山水，以及富丽华靡的建筑等，与艮岳崇尚自然浑成境地及对江南山水集中概括性的追求都产生互相矛盾、缺乏统一的问题。同时神运石等的安排、置放与赐名填字限制了游者的鉴赏，浪费了石头之美，也把园林拉坠到俗世政治的尘网里，解消了园林逍遥世外、自在超越的境界。

无论如何，艮岳的确是一座杰出的园林作品，尤其在造园技术的进步与发明上，更是中国造园史上的一大成就（关于艮岳的造园评论尚可参阅冯钟平的《中国园林建筑研究》，第14页，与张家骥《中国造园史》，第122—131页）。

第四节　宋代名人拥园情形表

人物	园名	地点	园林景物	参考资料
李昉		洛阳万安山下园林十余亩	亭台、修竹百竿桃树、立石假山	《全宋诗》，卷十二、十三诗名均太长，不细录
王禹偁	南园	吴州原为广陵王旧园	流杯旋螺亭、醉乡堂、药田、瓜田池沼、船、荷、鱼	《中吴纪闻·卷三》《秋居幽兴》，六五《池上作》，六七
寇准	西园	岐下	松、篁、兰、菊小池池亭	《岐下西园秋日书事》，九〇《忆岐下小池》，九〇《雪霁池上》，八九
钱惟演		武夷	琴堂、水阁、竹林紫梨、桂、荷	《怀旧居》，九四《小园秋夕》，九四
林逋	孤山园	西湖	西湖景色、数亩池梅、鹤	《园池》，一〇六《小园春日》，一〇六
蒋堂	隐圃	吴郡灵芝坊	水月菴、烟萝亭风篁亭、香岩峰古井　贪山溪馆、南湖台岩屿	《隐园》，一五〇《吴郡志·卷一四》
范仲淹	小隐山		桃径竹林	《小隐山书室留题》，一六九
富弼	富郑公园	洛阳	第宅、探春亭、四景堂、通津桥、方流亭紫筠堂、荫樾亭、赏幽台、重波轩	《洛阳名园记》
宋庠			竹坞、溪斋、白鹭小山林高明台、花柳、鱼禽、池沼、荷、鸟	《溪斋春日》，一九六《小园春昼》，一九七《后园新水初满坐高明台远眺》，一九八《题高明堂后池杂景》，一九八

续表

人物	园名	地点	园林景物	参考资料
宋祁	西园 北园		拳石假山 池沼、莲、舟 柳、繁花、亭 竹、鹤 枫、见山台 西斋、堂庭多竹树 台榭、高斋禽鸟	《庭石》，二〇九 《池上》，二〇九 《西园晚眺》，二一〇 《西园晚秋见寄》，二一〇 《晚秋西园》，二二四 《景文集·卷四六·西斋休偃记》，一〇八八 《晚秋北园》，二一二 《步药北园》，二一二
梅尧臣			池沼、竹轩 药圃 盆池、重台莲 石山、盆池	《新沼竹轩》，二四七 《种药》，二四七 《南轩盆植重台莲移种池》，二五一 《叠石》，二五六
文彦博	东庄	洛阳建春门附近数亩	仰见嵩山、俯临伊水	司马光《和君贶题潞公东庄》五〇九
		临伊堂	临伊堂 新旧二池相连、可泛舟、桥、柳 酴醾洞 华亭鹤一只 乔木修竹、森然四合菱、莲、蒲、芰、芦苇、渊映堂、瀍水堂、湘肤堂、药圃堂、水渺弥甚广	《和副枢吴谏议寄题广化寺东轩》，自注二七五 《初泛舟新池观子弟辈作诗因为此示之》，二七六 《家园酴醾自京寄至奉送提举刘司封》二七六 《梅公仪见寄华亭鹤一只》，二七四 《余于洛城建春门内循城得池数百亩……》，二七七 《洛阳名园记》
魏野			乐天洞 草堂 竹、清泉环绕	《宋史·卷四五七·隐逸传》

人物	园名	地点	园林景物	参考资料
欧阳修	画舫亭	滑州府署之东	非非堂、池沼、鱼 棋轩、山、竹 舟形建筑 山石嵯峨 左山右林 佳花美木	《文忠集·卷六三·养鱼记》 《新开棋轩呈元珍表臣》，二九七 《文忠集·卷三九·画舫斋记》
苏舜钦	沧浪亭	吴郡郡学之东 纵广五六十寻	三向皆水 构亭北碕，前竹后水，水之阳又竹无穷极 可泛舟 竹、柑、桥 竹轩、竹百竿 鱼 小山、幽径 危台	《吴郡志》 《苏学士集·卷一三·沧浪亭记》 梅尧臣《寄题苏子美沧浪亭》，二四八 梅尧臣《苏子美竹轩和王胜之》，二四五 《沧浪观鱼》，三一六《沧浪亭》，三一六 《沧浪怀贯之》，三一五
周敦颐	濂溪书堂	庐阜间	濂溪、书堂 庐山山色	赵抃《题周敦颐濂溪书堂》三三九
韩琦			醉白堂、池沼、千竿修、芰、菱、莲 古树、鱼岫、曲池 牡丹 盆池、莲、石峰、芳卉 西亭 鹤 清泉、柳 观鱼轩 狎鸥亭、芍药 东池 虚心堂、万竹萦列	《醉白堂》，三二〇 《立秋白后园》，三三一 《新植花开》，三二三 《首夏西亭》，三二七 《谢丹阳李公素学士惠鹤》，三二二 《放泉》，三三〇 《观鱼轩》，三三〇 《狎鸥亭同赏芍药》，三三七 《狎鸥亭》，三三〇 《虚心堂会陈龙图》，三二〇
吕蒙正	吕文穆园	洛阳	馈瓜亭、池 木茂竹盛 为池亭三座	《邵氏闻见录》 《洛阳名园记》

人物	园名	地点	园林景物	参考资料
刁景纯	藏春坞		万松山岭	司马光《寄题刁景纯藏春坞》，五〇九
邵雍	安乐窝	洛阳	长生洞、凤凰楼 修篁、流水 各色花木	《宋史·道学传》，四二七 《天津弊居蒙诸公共为成买作诗以谢》，三七三
文同	西园		墨君堂、竹丛 竹径、松亭……	《晴步西园》，四四四 《近日》，四四一 苏辙《文与可学士墨君堂》，八五七
刘敞	石林亭		群石万峰、激流水 盆池、荷莲、小鱼 修竹……	《新作石林亭》，四七一 《小园春日》，四八九 《新置盆池……》，四九〇 《池上》，四八七
司马光	独乐园 花庵 叠石溪庄	洛阳	二十亩 读书堂、弄水轩、钓鱼庵、种竹斋、采药圃、六栏、浇花亭、见山台 酴醾架 一亩 牵牛花 林木 青溪 千峰	《传家集·独乐园记》，七一 《南园杂诗·修酴醾架》，五〇一 《花庵》，五〇八 《花庵独坐》，五〇八 邵雍《和花庵上牵牛花》，三六九 《新买叠石溪庄再用前韵招景仁》，五〇九
蔡襄	南墅		竹、池、石……	《夏晚南墅》三八八 《墨客挥犀·卷五》
王安石	半山园 昭文斋	建康 定林	米芾题字 花草圃畦 池、金沙、酴醾……	《景定建康志·园苑》，二二 《昭文斋》，五六三 《窥园》，五六四
方勺	小圃	西湖	桃数千株 湖、山	《泊宅编》上

续表

人物	园名	地点	园林景物	参考资料
刘攽			假山、松竹、苔径 步瀛阁、方塘十亩 亭榭……	《幽居》，六〇六 《步瀛阁》，六一二
苏轼	东坡园 小园	黄州 凤翔	雪堂、碧草、斜径 竹、池、杏	《东坡志林》，四 《新葺小园》，七八六
苏辙	南园		千竿竹、花木 一亩	《初得南园》，八六七 《葺居五首》，八六八
晏殊	西园	洛阳	小轩、山石、花	欧阳修《晏太尉西园贺雪歌》，二九八 韩维《和晏相公小园静话》，四二九
祖无择	申申堂		翠柳、碧沼、芳卉	《戏别申申堂》，三五八
黄庭坚	寅庵	寅山谷	长林巨麓、危峰四环	《山谷外集·双井敝庐之东得胜地……》，六
张耒	西园		三亩 酴醾、池	《柯山集·腊日步西园》，二二
米芾	米老庵		米老庵	《宝芳英光集·登米老庵……》，二
郑侠	来喜园	大庆山	花木药蔬数十种 沼渠 台轩、惠淑堂、孚尹堂、尚友亭、思古轩、步月径	《西塘集·来喜园记》，三
沈括	梦溪		岸老堂、箫箫堂、竹、溪池……泉、茂木美荫……	《长兴集·岸老堂记》，一一 《箫箫堂记》，一二 《梦溪自记》
沈辽	云巢	湘川山下	山、川、林假山	《云巢编·居云巢》，四
晁补之			池东皋	《鸡肋集·家池雨中》，一四 《东皋十首》，二一

续表

人物	园名	地点	园林景物	参考资料
朱长文	乐圃	吴郡	逾三十亩 起居堂、邃经堂 米廪、鹤室、蒙斋 见山冈、琴台 咏斋、池水 墨池亭、笔溪亭 钓渚、招隐桥 草堂、华严庵 西邱、花木数十种	《乐圃余稿·卷六·乐圃记》
朱勔	养种园	汴京	各式珍奇花木	《玉照新志》，四
		吴郡	甲第名园几半吴郡 牡丹数千本 假山、水阁、九曲路	《吴中旧事》
李之仪		姑溪		《姑溪居士前集·后圃》，六
李复			池	《潏水集·后园小池》，一四
吕南公	灌园			《灌园集》
刘安上			花蹊、竹径 药圃、蔬畦	《给事集·山中四偈》，四
李纲	梁溪	惠山	中隐堂、棣华堂 文会堂、九峰阁 舫斋、怡亭 心远亭、濯缨亭	《梁溪集·和陶渊明归田园六首序》，一二 《梁溪八咏》，二一
葛胜仲			一亩 清池、佳树小亭、溪	《丹阳集·幽居书怀六首》，二〇
陈与义	简斋		溪、山、木	《简斋集·卷斋二首》，五
叶梦得	为山亭		为山亭 小池、丛石、冬青	《建康集·为山亭后……》，一
曹勋	松隐	天台	山、小圃、松隐 竹、蕉……	《松隐集·山居杂诗》，二一
李弥逊	筠庄		西山、筠庄、筠谷 筠堂、筠庵、筠榭 筠亭、筠溪、钓台	《筠溪集·筠庄亭轩皆以筠名学士兄有诗次韵》，一六 《次韵林仲和筠庄》，一九
朱翌	归去来园			《灊山集·归去来园南邻……》，二

人物	园名	地点	园林景物	参考资料
郭印	云溪		双清亭、浮翠桥 虚舟斋、远色阁 忘机台、龙渊、 兰坡、和光亭	《云溪集·溪杂咏并序》，八
王庭珪		卢溪	惜春亭、醱醷	《卢溪文集·中夜起坐惜春亭……》，一八
刘子翚	潭溪		悠然堂、海棠洲 醒心泉、怀新亭 宴坐岩、山馆 凉阴轩、橘林 莲池、南溪	《屏山集·漂溪十咏》，一二
魏彦成	龙停溪园	鄱阳	众山面内、杨桂、茂林、 藏书府、客馆、跨涯阁、 水榭……	孙觌《鸿庆居士集·魏彦成湖山记》，二三
孙觌			假山、池	《鸿庆居士集·累石作小山凿池引水注之》，六
曾几	茶山园		松风亭、清樾轩 山房、竹径	《茶山集·松风亭》，二 《清樾轩》，二 《山房》，二
吕本中				《东莱诗集·小园》，一 《闲居》，一〇
胡宏	五峰	衡山紫盖峰	连峰叠翠、西池 五峰亭、松竹、菱莲	《五峰集·小圃将成》，一 《五峰亭》，一
胡寅				《斐然集·治园二首》，五
邓深			贫乐轩、花	《大隐居士集·诸人集予贫乐轩赏花……》，上
郑刚中	北山		园亭、花竹	《北山集·无诗》，二二 《幽趣十二首》，二二
吴芾	小西湖		湖、山、假山 十亩园、花木繁茂	《湖山集·湖山遗兴》，三 《池上近作假山……》，七 《再和四首》，八
黄公度	西园		十亩 华堂、怪石、老木 林泉	《知稼翁集·西园二首》，下

续表

人物	园名	地点	园林景物	参考资料
陈渊			池台足、草树繁 存诚斋	《默堂集·存诚斋夏日呈龟山先生二首》，四
周紫芝	白湖		湖、亭、芦苇……	《太仓稊米集·将归白湖而雨》，二〇 《湖居春晚杂赋八绝》，一九等
郑樵	夹漈草堂		幽泉、怪石、长松 修竹、草堂	《夹漈遗稿·夹漈草堂并序》，一
吴儆	竹洲		洲数亩、竹千竿 四小沼、流憩亭 静香亭、仁寿堂 静观斋、直节庵 梅隐庵、小圃、堤退观亭、风云亭	《竹洲集·竹洲记》，一〇
朱熹	武夷精舍 云谷	武夷山 屏山下	精舍、仁智堂、隐求斋、止宿寮、石门坞、观善斋、寒栖馆、晚对亭、铁笛亭、钓几、茶圃、渔艇、晦庵、草庐、云社 桃蹊竹坞、茶……	《晦庵集·武夷精舍杂咏》，九 《晦庵集·云谷二十六咏》，六
周必大	平园		数亩园 海棠、蜀锦堂 玉和堂、流杯亭 二典阁、花木数十	《文忠集·蜀锦堂记》，五八 《玉和堂记》，五九
	南园		半亩园林、数尺堂 凡花、疏竹小池塘	《南园筑小堂……》，八
李石	海山		海山堂、小池、 数小山、疏竹幽花	《方舟集·海山堂》，一
王铚	雪溪		雪溪亭	《雪溪集·雪溪亭观雨》，五
陈傅良	止斋		山、竹、茭莲、 丛石、止斋	《止斋集·止斋即事二首》，八 《戏题止斋丛石》，八

人物	园名	地点	园林景物	参考资料
王十朋	小小园		小小园、便便阁 青青径、娟娟林 扬扬畹、鲜鲜砌 四时花卉相续	《梅溪前集·予有书阁……理成小园》，七 《小小园十月杜鹃……》，后集六 《用前韵题东园》，七
	梅溪	温州乐清县	家于其上已七世	《梅溪后集·梅溪》六
喻良能	亦好园		亦好亭、磬湖 钓几、菊径 海棠梅……	《香山集·亦好园四咏》，一二 《九日亦好园小集》，一一
	锦园		不到十亩	《香山集·锦园小春》，一三 《园中即事二绝》，一二
虞俦	南坡		梅径、松涧、莲池 柳亭、丹桂	《尊白堂集·南坡杂诗》，四
王炎	双溪		竹、幽径、小楼、山 舟、桥、花	《双溪类稿·双溪种花》，九 《双溪即事》，九
袁燮	秀野园		三亩 花、竹	《絜斋集·秀野园记》，一〇
	是亦园		二亩 山、水、竹、花	《絜斋集·是亦园记》，一〇
洪适	盘洲		洗心阁、有竹轩、双溪堂、藏舟墅、横斋、柳桥、钓几西沂、饭牛亭、栟榈屋、鹅池、墨沼、一咏亭、种秫仓、索笑亭……共三十景	《盘洲文集·盘洲记》，三二
范成大	石湖园	吴郡	农圃堂、北山堂、石湖、千岩观、天镜阁、寿栎堂、其他亭宇尚多	《吴中旧事》
杨万里	泉石膏肓		怪石假山、小方池喷泉、小轩、芙蕖藻荇、小鱼	《诚斋集·泉石膏肓记》，七五
	浯溪		钓雪舟、雪卧庵	《诚斋集·幽居三咏》，二七

人物	园名	地点	园林景物	参考资料
陆游	南湖		松、泉、山、湖、梅、草堂	《剑南诗稿·杂书幽居事》，六〇《草堂》，六一
	东篱		五石翁池、芙蕖草、木	《渭南文集·东篱记》，二〇
张镃	南湖园	杭州	诗禅堂、书叶轩、绿画轩、宜雨亭、满霜亭、水涵桥、澄霄台、古雪岩、中池漪岚洞、登啸台、约斋等八十余景	《武林旧事·张约斋赏心乐事》，一〇上
戴复古		石屏山		《石屏诗集》
曹彦约	湖庄	昌谷	湖、云山叠嶂、溪松桧、杨柳、堤书楼、鱼矶、秋千	《昌谷集·湖庄杂诗》，一《春到湖庄》，二《湖庄述怀》，二
张栻	城南书院	长沙城东	梅万株、十亩园	《南轩集·旧闻长沙城东梅坞甚盛近岁亦买园其间……》，三
			竹坡、荷池、柳堤山、湖、松、蕉楼台……	《南轩集·题城南书院三十四咏》，六
刘宰	漫塘		池塘、舟、川小桥、菱芡菰蒲	《漫塘集·漫塘口占》，一《漫塘晚望》，二
赵国材	醉愚堂		醉愚堂、可三十亩百卉、荷池、亭秀石山立、碧潭	刘宰《漫塘集·醉愚堂记》，二〇
李允甫	北园	眉州北郊	志堂、读书岩时台、东楼、西阁、丽泽堂、方池儒相精舍、忠谏精舍	魏了翁《鹤山集·北园记》，四八
魏了翁	鹤山书院		修竹缘坡、高阁小圃、池、亭、卉木	《鹤山集·书鹤山书院始末》，四一
刘克庄			古梅、新竹、花亭、斜径、池、小桥	《后村集·为圃二首》，七

人物	园名	地点	园林景物	参考资料
方岳			经史阁、省斋、中隐洞、丹桂轩、乳泉、瑞萱堂、湛然亭	《秋崖集·山居七咏》，四
姚勉	灵源天境		松关、石门、石径仙人洞、圣僧岩、石峡、钓几、渔翁岩、草庐、延月台莲沼、石屏、桃源梅谷、松坞、兰畹瑞香径、流觞曲水	《雪坡集·灵源天境记》，三五
真德秀	观莳园		四时之花无一阙焉	《西山文集·观莳园记》，二六
童仲光	盘隐	盘松山	意延亭、洲、盘隐庵、雨净室、雪香室、遥碧亭、怡云亭、不波亭、松阴好处、萧斋、静寄轩	姚勉《雪坡集·盘隐记》，三五

第三章　宋代园林的造园成就

　　宋代园林是中国园林史上重要的成熟期，其造园的成就已达圆熟精湛的艺术化境界。为了具体且有秩序地说明这些成就，本章将依园林组成的五大要素为纲，一一析论宋代园林造景、造境的概况及其艺术成就，并在每节的结论处归纳出其承继传统的部分与创新开展的所在。

　　园林的组成要素，一般分为山石、水、花木、建筑与布局五点。以下将依此五要素分为五节析论。

第一节　山石造景及其艺术成就

　　山石，是园林五大要素之一，其中，石头可算是山的缩影、集中、模拟，仍然是出于对山的喜爱所换变出来的一种艺术化的欣赏对象。因此，在中国古典园林中，石头是很重要的造山材料。金学智在《中国园林美学》中就说："石是园之'骨'，也是山之'骨'。"（见金学智《中国园林美学》，第217页）这样的理论见解早在宋代就有了。如汪莘《方壶存稿·卷二·竹涧》诗云"呼匠琢山骨"（册一一七八），就表达了这种以石为山之骨的见解。

　　中国人对于山所怀抱的情感是深刻又复杂的。从早初神话中将山视为天帝、天神与人间交通的重要驿站和道路开始，山的神秘深不可测，山的高耸入云、庄严峻拔，山的远离尘嚣、超俗坚毅等特质就在人心中深深植下令人崇敬、向往却又有些畏怯的情感，之后又因审美的自觉，对于山水之美有所领受与喜爱，想接近它又因现实的困难而不易实践。所谓的困难是指山林的登涉居住时饮食物质的不便，孤独寂寞，这使许多爱山者裹足不敢实践山居的想望。因此，一种近山的或创制小山、假山的居住环境的选择或设计便应运而生。

其中，选择近山环境居住者，可以就近享受山林的幽静与优美，在造园上花费小小的力气便可获致良好的山林气息。于此，借景手法的应用最为重要，而相地、因随的功夫是主导借景手法的关键。因此，这类山水自然园的佳胜之处就在设计的巧思匠心，而非营造的巧妙精致。李复《游归仁园记》曾经描述洛阳一地：

> 青山出于屋上，流水周于舍下，竹木百花茂美，故家遗俗多以园囿相高。（《潏水集·卷六》，册一一二一）

因为青山高耸围绕四周，家家户户的屋檐门窗均可见到嵩山、少室等峻拔苍翠的山色，又有伊洛、竹木的配合，因此这里的人家在造园方面十分便利省力，才会造成故家遗俗多以园囿相高的现象和传统。由此可见自然的山峰在园林中的重要性和对景致情境所具的影响力，也可看出宋人在造园时对山的倚重。

然而，对更多园林或园中景区而言，借得自然山景的地势不是那么容易获致，于是只好以人为的力量去创造山景。假山有土山、石山之别，在中国园林历史的早期以土山为多见，但唐以后，石山便取代土山成为重要的形制。其中又有堆栈多石为山和单立独石为山的差别。单立一石为山主要是选材取势的功夫，加以品赏者的想象神思；而堆栈假山则在此之外尚需堆栈的技巧，两者同样都在无中创生出山质、山势之美，使园林能超越地理特质而拥有山林之美，也使人们同时享受山林居息的经验与便利的生活机能，平衡、消融了山居的两难。这也更彰显出山在园林景致中的重要性。

本节将分从借景、叠石与立石三个方面来分析宋代园林中山石的造景特色与成就。

相地功夫与借景手法

宋代园林中的自然山水式园林见于资料者比艺术化的文人园少，但文人高士们却非常喜爱自然山水园，因为它告示着隐逸清高、远离尘秒的洁行。因此他们往往强调并揭示以山为目的的造园心态，如：

买宅钱多为见山。（陆游《剑南诗稿·卷六·卜居》，册一一六一）

买宅从来重见山。（邵雍《留题水北杨郎中园亭》，三七七）

仲长买宅近高山……门临嵩室足云烟。（苏颂《龙舒太守杨郎中示及诸公题洛阳新居……》，五二八）

钱氏园在毗山，去城五里，因山为之。（周密《癸辛杂识·吴兴园圃》，册一〇四〇）

为了能够鉴赏山色，陆游宁愿多花钱财买得见山之宅。而邵雍赞扬杨郎中买宅一向（表示不止一次）注重见山的功能。而见山、近山之宅，一方面可以产生烟霞高逸之趣，一方面则可以在一切"因山为之"的大原则下，造园便利简省。总之，这些资料明白地揭示了宋人在造园上以山为目的的重山爱山的态度。

在以山色为重要考量的自然山水园中，首先，能克服种种困难而直接造设于山中的，是最为事半功倍的。这种情形如：

依山筑屋先栽柳。（宋伯仁《西塍集·张监税新居》，册一一八三）

为堂于蜀冈之上，负高眺远，江南诸山拱揖槛前。（郑兴裔《郑忠肃奏议遗集·卷下·平堂记》，册一一四〇）

绕遍林亭山上头。（文同《近日》，四四一）

一径抱幽山。（苏舜钦《沧浪亭》，三一六）

直接造设于山中、山上，首要的原则是依山而为之，一切都必须依照迁就山形山势。这样可以造成错落高下的变化和趣味，而且可以负高眺远，景观辽远，气象壮观，至于近景则有山林自然的景物，可以算是事半功倍的园林。

在近山造园方面，园林与山的关系则有各种形式，如：

刘氏园前枕溪，后即屏山。（吕祖谦《东莱集·卷一五·入闽录》，册
一一五〇）

半醉秋登宅后山。（赵湘《赠兰江鞠明府》，七七）

故有小亭，对溪山最佳处。（真德秀《西山文集·卷二五·溪山伟观
记》，册一一七四）

前有山石瑰奇琬琰之观。（苏辙《栾城集·卷二四·王氏清虚堂记》，
册一一一二）

（居）旁对云山，景趣幽绝。（《宋史·卷四五七·隐逸传·魏野》）

有的园林是背后枕山，此种形式最为稳固安定。虽然不能前眺，却可以成为
园林延伸的空间，在园林游赏之后继续攀游后山，故可增添园林空间深度。
前对山石则是可以在坐卧之间眺览山色之美，有视觉欣赏与神游之趣，而欠
缺可身游之空间。旁对云山与此相似。但更多时候，采取的形式是环绕：

四睇环耸千高岑。（金君卿《寄题浮梁县丰乐亭》，四〇〇）

四望逶迤万叠山。（司马光《和赵子舆龙州吏隐堂》，五〇六）

千峰环聚翠模糊。（韦骧《和会峰亭》，七三〇）

绕舍青山看未足。（林逋《西湖春日》，一〇六）

四面山回合。（戴昺《东野农歌集·卷三·项宜父涉趣园》，册
一一七八）

后枕、前眺、旁对云山的方式都属于一个面向的借景，而四面环绕则是四个
面向的借景，等于三百六十度均有山景可观赏，这对园林造景取景有最大
便利，可说是园林中优异的先天条件。而在这些环绕的山群中又以能产生层
层景深的层峦叠嶂最能在借景效果上创造无限的空间，万叠千绕的山峰使园
林可赏的景色、可游的空间在延伸向远方的同时，是转折逶迤前进的。所谓

"千峰若连环"（王琪《秋日白鹭亭向夕有感》，一八七）正说明这曲折循环不尽的层叠山峰所造成的视觉和情思的特色。迢遥的距离，缥缈的物色和婉曲的动线都引发人无穷的情思和遐想。这是园林在选地取势后所得无限资源。

为了充分且从容地赏览这丰富的山色景观，看山楼、见山台等功能性景区便应运而生，使人有山在室内的感觉，如：

> 卷帘山入户。（李涛《题处士林亭》，一）
> 高迎远峰入。（金君卿《留题杨子陆清照亭》，四〇〇）
> 面面尽来峰。（刘瑾《越山四见亭》，六二〇）
> 半窗山色来云外。（吴感《如归亭》，一七七）
> 筑台建亭，尽揽四山之胜。（韩元吉《南涧甲乙稿·卷一·万象亭赋》，册一一六五）

入、迎、来、揽等字正将山色仿如在室内的感觉点出，这是亭榭及窗户通透的空间设计所制造的效果，让人在卷帘倚窗之际，乍然迎见山入户，这是空间延伸与视线流动在交会之际的感受。这近在咫尺眼际的山色，可以在高卧闲倚的悠哉情态下尽情从容地赏玩，这是建筑体的安全舒适加上精当的借景角度所提供的，因而居息者可以随地享受山景，如：

> 凭栏尽日看山色。（郭祥正《重题公纯池亭》，七七七）
> 隐几饱看山变态。（刘克庄《后村集·卷一〇·寄题赵广文南墅》，册一一八〇）
> 看书才了又看山。（杨万里《诚斋集·卷一〇·闰六月立秋后暮热追凉郡圃》，册一一六〇）
> 且须时擎看山胆。（高斯得《耻堂存稿·卷七·园中读书》，册一一八二）

凭栏、隐几、擎胆等姿态显示人工造设的空间提供了舒适的看山场所，因此可以尽日看山，时时看山，可以看书看山交替率意而行。如此长时的看山，以至于产生了"当户小山如旧识"（徐铉《和萧少卿见庆新居》七）的既亲切又熟稔的情感。

然而山峦稳固笃定地矗立，没有移动变化，如何能够坐赏终日，托腮细观呢？刘克庄说山是变动不居的，所以他要隐几细看其变态。而所谓的变态，其一，是范纯仁所说的"叠嶂互晴阴"（《签判李太博静胜轩二首》其二，六二二）。山势的起伏变化，加上叠嶂的遮覆作用，使得阳光的照射不能普落每一点，所以产生了阴晴交错的山色变化。而时间一点一滴流逝，阳光也一点一点移动位置，这些或阴或晴的山色也随着不断变换，让人有瞬息万变、应接不暇的感觉，自然可以坐赏终日。其二，是祖无择所说"列岫晓昏云郁郁"（《张寺丞鸣玉亭书事》，三五六）。由于云霭的浮游摩挲，使山色从早到晚产生多变不定的面貌。如果再考量四季的山色神韵，则可观的内容会更多。由此可以了解，因为山势的特质和时间流动的因素，山色神气有着丰富多样的变化，成为园林借景中不尽的资源，也是造园中一项便利且巧妙的取景原则。

在造园的技术上，这种借取自然山景入园的方法主要有两个原则需把握。一个是相地功夫，精细地考察地形地势，衡量其特点所适合的园林形式以及如何与之配合园林分区与路线，以产生最佳的空间应用和布局。另一个则是每一个景区的核心（通常是建筑体）如何取势才能揽摄最好且最完全的景观入目。这一点仍是在相地的功夫之上进行的。两者重点都在巧思匠意。

从整个园林发展的历史来看，这种借取自然山景的造园手法在唐代已相当优秀，宋代并无特别的成就和进展。

堆山叠石的特色与成就

假山的制作是为方便爱山者赏山的需求，不必一定置宅于自然真山也可以赏玩山之美。同时它更增添了想象神游的情趣。假山发展到宋代，虽然也有"累土以抗峻峰"（叶适《水心集·卷九·沈氏萱竹堂记》，册一一六四）一类的土山作品，但是为数已经很少。大部分都是以石山为主。

《中国园林建筑研究》一书论及宋代园林时曾说："到了宋代（原文作"秦代"，但依上下文所论园林史的发展内容，应为"宋代"之误），造园之风大盛，特别开始大量利用太湖石堆砌假山。"（见冯钟平《中国园林建筑研究》，第17页）认为宋代不仅造园大盛，而且最大的特色在于大量堆栈石山。而《中国传统园林与堆山叠石》一书则进一步说："宋代叠石始于江南。"（见潘家平《中国传统园林与堆山叠石》，第5页。其实叠石在中唐以后已颇可见到，此处所谓"始于"应指特别兴盛而渐染他方）意味着江南是叠石之风特盛之地，且渐次传到其他地方。这些发展，在宋代周密《癸辛杂识·假山》条中已略说脉络了：

前世叠石为山，未见显著者，至宣和艮岳始兴大役……然工人特出于吴兴，谓之山匠，或亦朱勔之遗风。盖吴兴北连洞庭，多产花石，而弁山所出类亦奇秀，故四方之为山者皆于此中取之。浙右假山最大者莫如卫清叔吴中之园，一山连亘二十亩，位置四十余亭，其大可知矣。

叠石为山在宋代之前已经开始，只是没有显著佳绩，没有留下杰出的著名的作品。一直到宋代，尤其是徽宗创造艮岳，又特设花石纲之后才有跳跃性的进展，巨型假山往往有惊人的构制。此处所举之例，一座假山连亘二十亩，上面安置四十余亭，直是超越了一般的山峦，由此可见宋代堆栈假山的技术之精进与成就之优异。

而整个宋代的叠山之风，又以吴兴最为特出，其原因有二，一个是此地多产花石，取材便利；另一个是在此基础上，此地多优异杰出的叠山工人（山匠）。这两个条件结合起来，对宋代叠山成就产生了相当大的影响。而宋代的山石除了洞庭一带的湖石从唐朝便受重视（此可参阅宋·范成大《吴郡志·卷二九·土物》所载。见册四八五）之外，还有杜绾的《云林石谱》所载各地所产的各式石头，都可叠山，都具质与势之美（其所列之石种甚多，多可堆栈成山，如宿州灵璧石"峰峦岩窦，嵌空具美"。余可参见册八四四）。从这些资料中可以清楚地看出宋代运用石头叠山造园的兴盛，以至于在实践之余已产生了理论与记载列谱的整理与总结。

以上的资料可以见出宋代园林叠山风气的兴盛与成就的卓异。而这一切都在技术精进的基础之上发展成的。这从吴兴山匠的优异已可略知，此外在张镃的《南湖集·卷三》中还有一首诗，题目为《撤移旧居小假山过桂隐》（册一一六四），记载了他撤卸假山并迁移至南湖园一事，可知当时不但已有叠堆假山技术，而且还进步到可以撤卸、移动、重装。由此可知宋代造山的技术之精湛纯熟。

在宋代的诗文资料中，明白记载叠石为山的例证非常多，如：

累石以为山。（杨杰《无为集·卷一二·轩记》，册一〇九九）

累石为山，上有一峰……（文同《寄题杭州通判胡学士官居诗四首·月岩斋》，四四〇）

叠石连山麓。（赵汝镄《野谷诗稿·卷五·刘干东园》）

危峰叠叠起丸泥。（韩琦《中书东厅十咏·假山》，三二六）

屏山叠石色苍翠。（毛渐《此君亭歌》。八四三）

累叠石头而成假山，其中虽没有细部形貌态势的描写，但其材质为石，其形态是经过人工造设构思过的，则是可以确定的。在吕陶《为山》诗中说："累石封泥一饷间，层岩叠嶂尽回环。"（六七〇）可知其堆栈的方法多半是在石头与石头之间用泥来黏合。这也可参看宋徽宗在汴京筑造的艮岳（第二章第三节）。至于所堆栈成的山景其艺术成就如何呢？首先在整体的态势上是十足峻奇的，如：

聚集奇险成千峰。（梅尧臣《慈氏院假山》，二五二）

叠山角势危相挨。（郭祥正《留题方伋秀才寿乐亭》，七五〇）

丛石千岩秀。（刘攽《灵璧张氏园亭二首》其一，六〇九）

态足万峰奇，功才一篑微。（王安石《次韵留题僧假山》，五七六）

阴穴觑杳杳，高屏立巍巍。后出忽孤耸，群奔杳相参。（欧阳修《和徐生假山》，二九九）

在形貌上产生千岩万峰的视觉感受，这不必一定要具足千块石头，主要在于"态足"，亦即石头叠出的态势要完足：在深窈的洞岫与高巉的峰崖之间制造出危堕与孤耸的对比，产生高与深之间无限的落差，奇险之势于焉突显出来。聚集数个如此令人惊心的险势，便能产生千岩万壑的奇峻感。所以王安石说只要态足就能万峰奇，而其所费的人工才一篑微。足见宋人叠山在态势的创造与掌握上所完成的高卓艺术成就之一斑。

在石头本体态势上的精湛和形气上完足之外，假山的效果也靠许多外加添饰的功夫。宋代于此也相当细致。其一是假山上的花木植栽，如：

叠石连山麓，栽桃拟洞天。（赵汝鐩《野谷诗稿·卷五·刘千东园》）

其中叠石为峰峦，植以花木，森蔚可爱。（廖刚《高峰文集·卷一一·涤轩记》，册一一四二）

其前累石为山……依山植丹桂六。（袁燮《絜斋集·卷一〇·是亦楼记》，册一一五七）

左山丛古木，萦带多美竹。（苏轼《初创二山》，七一九）

巉巉万石间，修筠间新篁。（卫宗武《秋声集·卷一·小园避暑》，册一一八七）

不论是栽以桃树、丹桂、古木、竹篁还是各式花木，都能使假山增添绿意和生气，更逼近于真实的山貌，好似群山之间的林木一般。这种用一般花木来配饰的假山，通常都是堆栈得庞大的，这样用正常大小的花木来配置，在比例关系上还能显出山之高峻。若是单石或小山，就会在这些花木的比对下显得矮小而失去奇险的气势。第二种添饰的方法是以苔藓来润养，如：

苍苍古崖色，叠叠老苔痕。（梅尧臣《叠石》，二五六）

叠叠云根渍古苔，烟峦随指在庭阶。（韩琦《阅古堂八咏·叠石》，三二三）

云穴呀空藓晕衔。（宋祁《赋成中丞临川侍郎西园杂题十首·双假山》，二二四）

苔径三层平木末。（梅尧臣《寄题徐都官新居假山》，二四四）

石是青苔石。（梅尧臣《寄题开元寺明上人院假山》，二五六）

因为很多叠山的石头采用湖石，其本身在长久的浸润中或者在人工特意的浸润下已覆满苔藓。而苔藓的包覆可以在色泽上使山石苍翠，近于山色；可以在质地上使山石松柔，近于山林；可以使石头更富含水气而易生烟岚氤氲之感。所以苔藓的润生是堆栈假山工程中一项生动的设计。第三种添饰的方法是山与水的结合，如：

乃于众峰之间萦以曲涧，甃以五色小石，旁引清流，激石高下，使之淙淙然下注大石潭上。（周密《癸辛杂识·假山》）

每疏泉自筒入池中，伏之假山之趾，仰而出于石罅，闭而激之则为机泉，喷珠跃玉，飞空而上，若白金绳焉。（杨万里《诚斋集·卷七五·泉石膏肓记》，册一一六一）

碧瓮为潭立涎石，直疑岩底藏蛟龙。（梅尧臣《慈氏院假山》，二五二）

忽腾绝壁三千丈，飞下清泉六月寒。（杨万里《诚斋集·卷二二·酷暑观小僮汲水浇石假山》）

林林银竹注潺湲，迸玉跳珠乱蜚间。（郭祥正《予家小山四首·雨》，七七八）

在堆栈成的群山谷壑之间引出泉水，使其曲萦回绕于众峰之间，并且时时以石阻塞使其激迸湍险，甚至向上飞跃成为喷泉。这样精彩的山水景观，需要精巧的构思与高超的技术。从描述当中可知大约是以竹筒一类的管子的衔接来引导水流，竹筒的埋设可以使水流或伏或出，因此可以依照人的设计而流动。比较静态的石水结合则是山下为池潭，虽不似上述涧的精彩，然可因叠石的山势使水产生藏蛟的幽深之感。最后两则则是一种暂时性的山水结合之景：汲水浇灌石假山，让水在飞落之际成为崖壁的泉瀑；或因下雨而造成涧壑潺湲，都能使假山在短时间乍然生动起来，尤其前者还含带着一分人工造景游戏的趣味。

如此逼真生动的山水造景，其实是有其理论根源的，在第一章园林理论部分曾引述了姚勉的诗："山无水则枯。"认为水的润泽可使山色更鲜活。虽然湖石本身富含水汽，易生云岚，常覆苔藓等特质也让其不致有枯槁的弊病，但是流动的泉水、跳动的水珠喷泉可以让山石更具灵动生气，更呈现出园林景观所含具的有机组合特性。

其他还有许多巧妙变化的添饰手法，如：

叠山堕势危相挨，木人围棋或负柴。虎卧洞壑猿攀崖，好鸟上下鸣声喈。（郭祥正《留题方伋秀才寿乐亭》，七五〇）

呼工刻岩洞，应手出庭除。（司马光《假山》，五〇五）

《小山之南作曲栏石磴缭绕如栈道戏作二篇》。（陆游《剑南诗稿·卷四》）

累石以为小山，又洒粉于峰峦草木之上，以象飞雪之集。（秦观《淮海集·卷三八·雪斋记》，册一一一五）

在假山上放置木刻小人或围坐弈棋或负柴刍荛，不但在比例上可以对比出山的高峻雄伟，还可以引人产生仙境缥缈的美感。而刻出岩洞则在山势与意境上可产生深窈不可测之感。曲栏、石磴等栈道的制作一方面模拟四川，一方面则有险峻绝崖的态势。至于洒粉成雪山，则是严冬与高绝的意境。凡此种种添饰都处处显示宋人造山的精巧与意匠。

此外，可以人工添饰也可以自然生成的烟云笼罩的景象，也是宋代石山的特色。如：

片云生石冷多棱。（赵湘《登杭州冷泉》，七七）

刚被闲云生罅隙。（蒋之奇《生云石》，六八七）

苍翠正含烟雾湿。（郭祥正《予家小山四首·晓》，七七八）

惹烟笼月一窗开。（赵抃《寄题导江勾处士湖石轩》，三四三）

霏微起烟素。（钱惟演《和司空相公假山》，九五）

这是自然生成的景色。由于湖石富含大量水汽，容易蒸发为烟雾，如梅尧臣所说的"石根云常蒸"（《和持国石藓》，二四八）。所以在晨昏气温变化之时，山石附近常有烟云涌动之感。所以在造园上提供大量的水以及控制温度的变化，便可使山石产生岚烟，制造高深缥缈的深山感。这也是宋人诗歌中常歌颂的山石景观。另外由人工制造烟气的情形则如第二章所论的艮岳，就在山洞中放置数以万斤计的炉甘石以生烟。而朱熹在《晦庵集·卷二》中即有一首诗标题为《汲清泉渍奇石置薰炉其后香烟被之江山云物居然有万里趣因作四小诗》（册一一四三），晁迥的《假山》诗也说："云淡炉烟合"。（五五）这些都是用暗藏香炉或炉甘石的方式来制造假山的氤氲效果，可知宋园假山的逼真生动。

从以上的析论可以了解，宋代堆栈假山在造景态势上的奇险，花木苔藓配置以及山水结合的精彩生动等方面都显示出其堆栈技艺的精湛，以及设计构思的匠心独具。正如郭祥正所描绘的他家中的小山一般，是"迥与真山意思同"（见上引诗）的。宋在叠山方面的成就可谓已达出神入化之境界了。

独石的运用与造景特色

在堆栈成山之外，宋园也大量利用单独的石头造景。这主要是因为宋人酷爱石头，很能欣赏石之美。下面的资料可以看出其爱石的情态：

嗜奇石，募人载送，有自千里至者。（《宋史·卷四六四·外戚传·李遵勖》）

（米芾）蓄石甚富，一一品目，加以美名，入书室则终日不出……曰："如此石，安得不爱？"……杨（杰）忽曰："非独公爱，我亦爱也。"即就米手攫得之，径登车去。（明·何良俊《何氏语林·卷二六·简傲》，册一〇四一）

（陈亚有）怪石一株尤奇峭，与异花数十本列植于所居。为诗以戒子孙：满室图书杂典坟，华亭仙客岱云根，他年若不和花卖，便是吾家好子孙。（王辟之《渑水燕谈录·卷一〇》，册一〇三六）

年来赏物多成病，日绕苍苔几遍行。（胡宿《太湖石》，一八二）

吾之好石如好色，要须肌理腻且泽……吾之好石如好声，要须节奏婉且清。（曾丰《缘督集·卷四》，册一一五六）

嗜爱奇石，故而可不远千里载运而来，可以日绕数遍，可以频频移坐。无怪乎《宋代的隐士与文学》一书论道："酷爱花石本是时代的风尚。上至皇上，下至普通士人都是些石迷。"（见刘文刚《宋代的隐士与文学》，第51页）而米芾爱石的程度更甚，他不但蓄石众多，各加美名，而且还终日耽溺玩赏，以致荒废公务，引来杨杰的监察，但米芾不但不知避饰，反而再三取出袖中各种奇石以示杨杰，证明自己爱石的可理解性。不料杨杰以督察上司的身份，竟然攫夺奇石，扬长而去，一点也不避讳自己爱石的事实。至于陈亚则是把石当作传家之宝，吩咐子孙即使在他死后也不能变卖，以此作为子孙的孝逆的考量。曾丰则干脆说自己好石如好色。这些事例都充分显示宋人酷爱奇石的时尚，不但是"石迷"，已经到达"石痴"的境界了。

爱石、迷石，除了珍藏书室之内加以把玩之外，石的特质因近于山，也常常被列置于园林中当作一景来欣赏。如：

堂之南运石洲大湖甲品列于前七，奇拔端凝、可敬可友。（李昂英《文溪集·卷二·元老壮猷之堂记》，册一一八一）

（刘氏园）园多奇石，乃符离土产。（张舜民《画墁集·卷七·郴行录》，册一一一七）

环莳芳树，间以怪石。（华镇《云溪居士集·卷二八·温州永嘉盐场颐轩记》，册一一一九）

泗滨怪石，前后特起。（洪适《盘洲文集·卷三二·盘洲记》，册一一五八）

黄庶《和柳子玉官舍十首》有"怪石"一景。（四五三）

这些景观虽然不止一块石头，但是并非堆栈成一座山，而是各自单独立于一处，让游者单独欣赏石头本身之美。但是为了使这些石头的赏点较为丰富且足以形成一个独立的景区，所以往往共立多石，以产生相互呼应的对景效果，所以石林一类的景观于焉产生。然而单独一块石头有何可观可玩之处呢？首先，是爱其形状之怪奇，如：

点头石。（范成大《石湖诗集·卷三二·虎丘六绝句》，册一一五九）

鹦鹉石、柘枝石、狻猊石……（文同《山堂前庭有奇石数种其状皆与物形相类在此久矣自余始名而诗之》，四四三）

这些是以石头形状与物形相似的特色，加以观者丰富的想象力所产生的观览趣味。这些石头虽然多半是天然生成的形状，但偶尔也加有人工的装饰，点化而成，如狻猊石的"巨尾蟠深草，丰毛覆古苔"，如柘枝石的"紫藓装花帽，红藤缠臂鞴"等，可知其中仍有人为的意匠巧思与技术加工。其次，是爱赏其色泽，如：

爱此堂下石，青润挺琅琳。（韩维《初春吏隐堂作》，四一七）

翠石琅玕色。（刘敞《东池避暑二首》其二，四八七）

石多穿透崭绝，互相附丽。其石有如玉色者……（周密《癸辛杂识后集·游阆古泉》）

石色青青润不枯。（韩维《和三兄游湖》，四二六）

至阳州，获二石，其一绿色，冈峦迤逦，有穴达背；其一玉白可鉴。渍以盆水，置几案间。（苏轼《双石》诗叙·八一八）

翠绿青润的色泽有如各种各类玉石，含温润的玉气，能够浸摄人的神气，使之清明振奋。若复细观，当可玩赏其色泽变化之间造成的纹理趣味。犹如舒岳祥有一首诗，在标题上便细说得一片零陵石"方不及尺，而文理巧秀，有山水烟云之状"（《阆风集·卷二》，册一一八七），而宋祁也有《水文叠石》诗（二○五），都是在石头的纹理之中神游而得山水烟云变化的美景。

园林中立石造景，最重要的赏点还是来自石头如山的态势：

虽然一拳许，有此数峰青。嶵崒惊凡目，坚刚悖世情。墨卿相指似，只尺是蓬瀛。（徐鹿卿《清正存稿·卷六·小英石峰》，册一一七八）

泥沙洗尽太湖波，状有嵌崆势亦峨。可笑尚平游五岳，不如坐视一拳多。（韩维《新得小石呈景仁》，四三〇）

拳石翠峰新。（晁迥《假山》，五五）

孤峰立庭下，此石无乃似。（文同《兴元府园亭杂咏·桂石堂》，四四四）

（郭祥正）旧蓄一石，广尺余，宛然生九峰，下有如岩谷者，东坡目为壶中九华。（朱彧《萍洲可谈·卷二》，册一〇三八）

即使是单独一块立石，由于其嵌崆之势，如山的纹理、形态和青翠的色泽，也足以成为一座嵯峨挺拔的孤峰；或者因其繁多的起伏变化，仿佛是数峰嶵崒，谷壑深窈，而被视为蓬瀛九华。他们甚至认为坐视一拳小石胜于亲游五岳，表示坐观卧游之际有无穷尽的想象空间，令神思恢恢乎悠游不尽。这是精神情思的莫大享受。这种单石假山最关键的地方在于石头态势而不在其大小，所以《云林石谱》孔传题的原序就说："虽一拳之多，而能蕴千岩之秀。大可列于园馆，小或置于几案，如观嵩少而面龟蒙。"因此单石假山往往可以让人凝观、赏玩良久，无怪乎米芾一旦品赏，便终日不出。

在石头的态势方面，最主要的是取其如山的峻峭嵯峨，有时也取其情态之特殊者，如王珪《新馆》诗的"狂石欲奔如避人"（四九七），徐铉《奉和右省仆射西亭高卧作》的"庭幽怪石敧"。都是在其特殊的态势中感到趣味或某种姿情，让人也感染到其强势的情绪。

宋人赏爱石头，还有其独到的审美意念。其中最特殊的是他们已归纳出石头的"丑"性，并大加珍惜赏爱其"丑"。如：

君王爱石丑，百孔皆相通。（梅尧臣《石咏》，二六〇）
家有粗险石……丑状欻去不可攀。（苏轼《咏怪石》，八三一）
丑石半蹲山下虎。（苏轼《题王晋卿画后》，八一六）
丑石斗貙虎。（范仲淹《绛州园池》，一六五）

皱、漏、瘦、透、丑是石头美的五大要素。丑，却深得主人的喜爱，意味着丑之中隐含的趣与美。其实从资料的描绘中可以看出宋人所谓的石之丑已包含了漏、皱等特质，使这些单石富于山岩的质感和猛兽遒劲的态势，并充满了时间感与光影明暗的变化，此外其凹凸多样的形状也足以使人从不同的角度观得丰富多样的石貌。这些丑性都能引人深深喜爱。尤其在它多穴洞的透、丑之中可以加以许多造景的设计，如：

嵌空危砌下，怪丑好花前。名氏坳犹刻，藤萝穴任穿。（韩琦《长安府舍十咏·双石》，三二八）

窍引木莲根，木莲依以植……以丑世为恶，兹以丑为德。（梅尧臣《咏刘仲更泽州园中丑石》，二六一）

空穴云犹抱，坳纹溜欲穿。（宋庠《丑石》，一九五）

丑石危松半绿萝。（范仲淹《过太清宫》，一六六）

在多孔穴的丑石上可以穿引各种藤萝蔓生类的植物，使其爬覆于石面，或在凹洼之处留水生云，置土植栽。所以石丑之处正是石美之处，正是造景构思所集中的对象，将怪丑之石列置好花前以衬托出其怪丑，可见宋人正是爱赏其怪丑，视其为美感的来源。

除了"丑"的法则之外，宋人也喜欢石的怪与瘦的特质，如"怪石远从商舶至"（刘克庄《后村集·卷三·寄题李尚书秀野堂》，册一一八〇），"石瘦长人立"（郭祥正《登清音亭》，七六九）。怪与瘦已被视为石头的美的特质了。

单独的立石，既然也常被视为高峻的山峰，因此，也和堆栈的假山一样加以种种添饰的造景手法，如司马光《和邵不疑校理蒲州十诗》中介绍"涌泉石"的由来之后便记述"凿地为坎，置石其上，夏日从旁激水灌之，跃高数尺，以清暑气"（四九八），这是水景的配置；而"映合移红药，遮须剪绿筠"（王禹偁《仲咸因春游商山下得三怪石……》，七〇），这是花木的配置。因其与上述堆栈之假山无异，故此不赘论。

山石布局法则的创立

上文所论为山石之美与造景，均为对其本身的造设与欣赏。但在此之外，山石本身置放的位置则影响整体园林的空间布局以及园林整体的艺术成果和氛围。因此本目将讨论宋人置设山石的空间布局手法。

宋园的山石最常见空间所在是建筑物的旁边，如：

怪石如排衙，罗列亭两畔。（蒋之奇《排衙石》，六八八）

绕亭怪石小山幽。（杨万里《诚斋集·卷八·祷雨报恩因到翟园》）

立于新亭面幽谷。（苏舜钦《和菱磎石歌》，三一三）

试将檐畔累，尚带故山云。（余靖《谢连州沈殿丞惠石》，二二七）

堂后檐前小石山。（杨万里《诚斋集·卷二二·酷暑观小僮汲水浇石假山》）

罗列绕亭的布置在空间上可以产生几个效果：其一，从外向建筑处观看，山石立于建筑之前，可以遮蔽一些坚硬死板的直线条，如亭台基座与地面衔接的水平直线或柱壁转角的垂直直线。线条较柔和自然，而空间显得较为深远有层次。其二，山石之美有神思神游的趣味，需要长时间地品玩，建筑于此提供一个舒适从容的欣赏空间，所以欧阳修《和徐生假山》诗说可以"昼卧不移枕"（二九九）地细玩幽斋外的假山。其三，建筑本身的窗洞提供了画框的框幅作用，使山石透过窗洞生山水画意。这一点宋人最为津津乐道：

窗扉列岫连。（宋祁《李国博斋中小山作》，二二四）

窗排群石怪。（赵抃《次韵孔宪山斋》，三四〇）

窗岫让吟情。（宋祁《咏石》，二二〇）

轩前桐柏阴交加。（苏辙《方筑西轩穿地得怪石》，八六九）

累石小轩东。（张方平《寄题都下知友山亭时在新定》，三〇六）

轩窗本身的镂空部分犹如一张空白的画纸，而其四面的边界犹如画纸的框。

山石立现于窗洞中犹如画纸上绘画的形象，怪奇的山势加上花木的掩映，留有一方小天空，便是一幅优美的山水画。宋人认为这是山石最好的安置，宋祁有一首诗标题甚长，就仔细叙述了这个观点：《兰轩初成公退独坐因念若得一怪石立于梅竹间以临兰上隔轩望之当差胜也……》（二一四）"隔轩望之"四字便说明其对画框作用的喜爱，并努力在造园上实践。后来当他获得一怪石，置于轩南之后，果然"花木之精彩顿增数倍"。而《云林石谱·卷上》论及平江府的太湖石时，也综合得到"惟宜植立轩槛，装治假山"（册八四四）的法则。可见山石的置立与空间布局的美感，在宋代已经确立了一些普及的原则了。

除了窗山的结构布局之外，其次常见的是山与水的结合，这在堆山叠石一目已细论，此不复赘沓。但除山石上添水泉，在湖池之边立石也是中国园林传统中一个重要的法则，见于宋代的如：

选置东湖最佳处，四面澄波映天碧。（祖无择《题袁州东湖卢肇石》，三五九）

池边怪石间松筠。（钱若水《咏华林书院》，八八）

池南竖太湖三大石，各高数丈。（周密《癸辛杂识·吴兴园圃·南沈尚书园》）

旁引清流，激石高下，使之淙淙然下注大石潭上。（同上《假山》）

每疏泉自筒入池中，伏之假山之趾。（杨万里《诚斋集·卷七五·泉石膏肓记》）

选置湖池岸边，可以产生多种视觉效果，主要是柔化水陆交界线，使水面的轮廓更自然。而且遮蔽水岸可以使水面产生无限夐远、无边无际之感，进而使山石成为水上山，对山对水都是很好的造景手法（山石与水的各种结构原则可参阅潘家平《中国传统园林与堆山累石》，第32—33页）。明计成《园冶·卷三》论掇山时曾说："池上理山，园中第一胜也。"而这一法则，在宋代园林中已广被实践了。

由于山石常是一拳寓千峰，因此，小巧的石头在山水结合的布置上非常便利，宋人便创兴了盆山的造景法：

> 青泉盈池底白石，中有高山高不极……山下清波清浅流，鱼龙浩荡芥为舟。（刘敞《盆山》，六〇四）
>
> 小盆小石小芭蕉，水面纹生暑气消……山下无尘枕簟凉，绿池水满即潇湘。（郭祥正《西轩默怀敦复二首》，七七八）
>
> 浓霭万叠碧，悬流百寻长。列峰映落落，绕溜含苍苍。气爽变衡霍，声幽激潇湘。（刘敞《奉和府公新作盆山激水若泉见招十二韵》，四七一）
>
> 庭中碧石盎，上结三重山。（梅尧臣《史氏南轩》，二五三）
>
> 片石玲珑水抱根，巧栽松竹间兰荪。（史弥宁《友林乙稿·客舍瓦池》，册一一七八）

从资料所述可知，所谓盆山即是以盆盎等器皿装水，于中立石，石上往往加以花木激泉等配饰，使之成为自然山水林泉的景观。在芥舟花木等的配置上注意比例的适中，加以丰沛的神思以造成潇湘衡霍的感觉。由于盆山的体积较小，又以盆为装盛的器具，因此可以自由安置，随意移放，或于园庭，或于案几，使人俯仰之间便可饱游山川，非常便利，在宋代非常盛行。这是在唐代盆池新兴的基础之上，宋代园林的一项创新。

　　山石的布局上尚有一项优点，就是在位置移动上的方便：

> 重移砌畔新栽石。（李昉《齿疾未平灸疮正作……》，一三）
>
> 强夸力健因移石。（王琪《绝句二首》其二，一八七）
>
> 移石远分嵩峤色。（韩维《奉同景仁九日宴相公新堂》，四二五）
>
> 移石改迁径。（刘敞《凤翔官宅园亭》，六〇七）
>
> 张镃有《撤移旧居小假山过桂隐》诗。（《南湖集·卷三》）

有时为了改造景观上的需要，有时纯为了变化和新鲜感，有时则因迁居等因素，而将山石移动位置。由于移石的工作在宋代并不少见，所以园林变化风貌就显得非常频繁。又由于山石在造景上常有画龙点睛的奇妙功效，如前引宋祁想隔轩立石的诗歌长题中所说："置石轩南，花木之精彩顿增数倍。"又如前引祖无择《题袁州东湖卢肇石》诗说选置东湖最佳处之后"顿觉亭台增气色"。因此移石常可为园林景观增添各种不凡的气象，是造园造景中一个事半功倍的方法。由此可知，山石造景在空间布局上具有灵巧变化的特色。宋人不但已建立此理念，而且也在实际的造园活动中广为实践。

根据本节所论可知，宋代园林在山石方面的造景特色与成就，其要点如下。

其一，宋园的山石造景有所承袭亦有所创新。

其二，对于自然的山景，在相地的功夫、因随的原则基础之上，采取多方的借景手法，迎山入户，以便卧游。这是承袭唐代固有的造园传统。

其三，堆栈石山虽在唐代已兴，但是到宋代，尤其是江南，此风才大为兴盛。不但在堆栈、拆卸、迁移、重装等方面技术纯熟，而且在山景的添饰配置上至为精巧，使山势、山形、山色皆栩栩如生。所以这一点是有承袭、有创新的。

其四，宋人酷爱石头，在园林中大量植列单石以为独立的景区。这种石景主要是观赏其特殊的物形、青翠如玉的色泽纹理，以及嶙峋嵯峨的态势。此外也和堆栈的假山一样装饰配置许多山林景物，使之如山。这一点也是有承袭、有创新的。

其五，宋人在赏玩单石之中已经综合归纳出石头的审美。他们尤其称爱石之"丑"，而瘦、怪、透、漏等特质也被一一提出。在石头的美学上，宋人大有开创与贡献。

其六，宋人已在丰富的造园经验中归纳出一些山石的空间布局的原则：与建筑物相配置，透过窗框形成山水画幅；与水相结合以及置于湖池边岸；指出山石空间布局上的灵巧变化特质等。这是山石造景上的创新与贡献。

其七，以盆山的方式，配置出一个完整的山水景观，灵巧地与园林室内室外的空间相结合。这也是山石造景上的一大开创。

第二节　水景造设及其审美经验

重视水景的理论已建立

水在中国园林中的地位十分重要。耿刘同在《中国古代园林》一书中就认为理水是中国古代园林的"命脉"（见耿刘同《中国古代园林》，第65页）。金学智的《中国园林美学》也称理水比叠山更为重要，说这是中国园林的"血脉"（见金学智《中国园林美学》，第254页）。因为水不仅可以作为被欣赏的对象，而且可以灌溉花木、提供饮用水、调节空气的干湿度、降温助凉，兼具着多重造景功能与生活机能。

水的多重功能使其在造园上变得十分重要。关于这一点，宋人已经非常清楚。在许多方面都可以看出宋人造园时对水的重视。首先，他们常以水组成的词作为园林的代称，如"园池"：

> 洛下园池不闭门。（邵雍《洛下园池》，三六七）
> 于是园池之胜益倍畴昔。（韩琦《安阳集·卷二一·定州众春园记》，册一〇八九）

如"池亭"：

> 王禹偁有《扬州池亭即事》。诗（六二）
> 宋祁有《集江渎池亭》。（二〇八）

如"池台"：

> 侯家次第竞池台。（沈遘《依韵和韩子华游赵氏园亭》，六三〇）

花发池台草莽间。（欧阳修《和刘原甫平山堂见寄》，三〇二）

如"池馆"：

沧浪亭在郡学之东，中吴军节度使孙承祐之池馆。（明·龚明之《中吴纪闻·卷二·沧浪亭》，册五八九）

魏氏池馆甚大。（欧阳修《洛阳牡丹记·花品叙第一》，册八四五）

如"林泉"：

林泉好处将诗买。（邵雍《岁暮自贻》，三六八）

林泉清可佳。（欧阳修《普明院避暑》，三〇一）

又如以"水竹"来表述园林：

水竹园林秋更好。（邵雍《秋日饮后晚归》，三六五）

无限名园水竹中。（穆修《过西京》，一四五）

这些园林代称是以局部代全体的称法，显现出水在园景中所具有的重要性与代表性。而最后两例说明在当时人们印象中，园林望去尽多是水与竹。由此可见在宋人心目中，水景已是园林中相当重要的组成。其次，在论及造园或园林结构时，他们也表现出对水的倚重。如：

园无三亩地，四面水连天。（徐玑《二薇亭诗集·题陈侍制湖庄》，册一一七一）

北村亩余三十，中涵五池，大半皆水也。（叶适《水心集·卷一〇·北村记》，册一一六四）

一径衡门数亩池。（林逋《园池》，一〇六）

而伊水尤清澈，园亭喜得之。（李格非《洛阳名园记·吕文穆园》，册

五八七）

乃图山泉美好处，奠居柏林。（李觏《盱江集·卷二三·虔州柏林温氏书楼记》，册一〇九五）

前三例可看出在园林构成中，水所占的比例之大。像林逋在西湖孤山的简朴园林就有数亩池。这说明他们喜爱水景，大量运用水景，制造水景，显现出造园时对水的倚重。后两例说明在造园之初，觅得好的水源是一件重要的工作，对园林的成就有莫大的影响。如此倚重水，表示宋人在观念中已清楚确立了水的重要地位。再次，在简述园林造景工作的内容时水景常是不可或缺的，如：

架泉龛石构幽栖。（李昭述《书用师庵》，一五三）

不以植大稻、艺葩卉，乃凿池筑亭，以当水月之会。（李流谦《澹斋集·卷一五·绵竹县圌清映亭记》，册一一三三）

辟小圃：凿池筑室、艺卉木，为游息之所。（魏了翁《鹤山集·卷四一·书鹤山书院始末》，册一一七二）

艺花、种竹、疏沼、架亭，若将终身焉。（高斯得《耻堂存稿·卷四·温乐堂记》，册一一八二）

为亭于堂之北，而凿池其南，引流种树，以为休息之所。（苏轼《东坡全集·卷三五·喜雨亭记》，册一一〇七）

由这些描述可以看出，水、亭、花木为宋人造园最常见的内容，也是在论及园林构成时最受重视的。因此在山与水两个代表大自然的元素之中，宋人园林重视水景的程度显然远超过山，为什么会如此呢？原因在于上文所论述的水的多重功能，在美与实际造景的助益上甚多，而且宋人也已在理论上建立了水的重要性。

宋人在理论中已明白地论评了水在园林中的重要性，如：

有水园亭活。（邵雍《小圃睡起》，三六二）

为园池，盖四至傍水，易于成趣也。（周密《癸辛杂识·吴兴园圃·倪氏园》，册一〇四〇）

有山无水山枯槁。（方岳《秋崖集·卷一一·寄题盐城方令君摇碧阁》，册一一八二）

人家住屋须是三分水、二分竹、一分屋，方好。（周密《癸辛杂识续集·水竹居》引薛野鹤语）

他们认为水的流动变化的特性能让园林鲜活起来，充满生命力，也能让园林容易酿造特殊趣味，而水的湿性也能让园林显得滋润光泽，所以应该在造景时增加水的比例。这些理论不但说明水在造园上的种种好处，也展现了宋人造园对水的倚重。在此前提之下，可以想见他们在处理水景时所花费的心思。

园林水景可大略分为动态与静态两种。动态指流动的水，如泉、溪涧、渠等；静态指聚集不流动的水，如池、潭、湖、沼等。以下将分别从这两种形态来讨论宋园水景造设的概况与成就。

动态水景的造设与动线导游作用

动态流水有其始，有其末。但一般即使是封闭性的园林，也很少有自创水源的情形。他们多半是自园外或地下开引既有的水流进入园内，如：

遥通窦水添新溜。（宋庠《郡斋无讼春物寂然书所见》，一九六）
泉始居地中，隐塞未如此。（刘敞《题欧阳永叔新凿幽谷泉》，六〇一）
自引灵泉胜取冰，入云穷穴始因僧。（赵湘《山居引泉》，七七）
水分林下清泠派。（伍乔《题西林寺水阁》，一四）
分得前溪水，营纤绕砌流。（魏野《疏小渠》，八一）

这些水流有的引自山穴，有的引自既有的溪窦、地下或林间。总之通、引、分等字说明是就既有的水源引导而得，既然是经过挖引的，表示园内原本没有这些水，既然原本没有，那么其在园内流动的路线便完全是经过人为的设计、依照人的意愿所完成的。因此由宋园流泉溪渠的流动路线可以了解其园林造设的理念和美学倾向：

> 横槎波水绕一苇，缭径出林凡几曲。（刘敏《竹间亭作》，六〇五）
> 流泉诘屈动青蛇。（文彦博《小园即事》，二七四）
> 循庭始演漾，走圃辄萦纡。（宋祁《小渠》，二〇五）
> 溪流回合引方池。（赵抃《题毛维瞻懒归阁》，三四二）
> 回环引细泉。（孙甫《和运司园亭·潺玉亭》，二〇二）

缭径、几曲、诘屈、萦纡、回合、回环等描述充分展现水流在园内流动的形态是曲屈多弯折的。这一方面不但增加了园内水流的长度，亦即增加了水景的内容和空间，另一方面同时也使水景产生丰富的变化，依照地形和流经的景物的特质加以配合造景。此外，在美学原理上，曲弧的线条较诸直线更具美感与活力。而且对于游者而言，可以产生动线回互循环或转出意外景致的趣味效果。显然宋人造园时已掌握此空间布局的法则并深得其中的美趣，故而多加歌咏。

因为曲折萦纡的动线，所以水得以与园内其他景物高度结合，如：

> 落涧通池绕郡厅。（赵抃《新到睦州五首·玉泉亭》，三四三）
> 绕槛走清泉。（韦骧《琅邪三十二咏·石流渠》，七三一）
> 溪流穿竹过。（欧阳修《张主簿东斋》，二九一）
> 津津出石齿，泠泠萦竹根。（梅尧臣《汝州后池听水》，二四七）
> 泉分入座渠。（司马光《奉和大夫同年张兄会南园诗》，五一〇）

就在其曲折萦纡的转动路线中，经过较多的地方，流过较多的景观，故而可以和众多的景物之间取得配合呼应的机会。例如与建筑物相配合时，可以绕郡厅，绕槛，甚至入座；与植物配合时，可以萦根穿流而过，所以水在园林中分布的比例就特别高，似乎随处可以见到。这是水的柔软、不拘固定形状等特性在造园上所含具的便利。

由于水具有这种萦纡巧转而与景物配合呼应的特色，所以它就成为贯穿园中各景的一个主轴，如：

惠氏南园，葺治极有法，溪流正贯园中。（周必大《文忠集·卷一六五·归庐陵日记》，册一一四八）

引水北流贯宇下，中央为沼，方深各三尺。疏水为五派注沼中，状若虎爪。自沼北伏流出北阶，悬注庭下，状若象鼻。自是分为二渠绕庭四隅，会于西北而出，命之曰弄水轩。堂北为沼，中央有岛……（司马光《传家集·卷七一·独乐园记》，册一〇九四）

且疏泉自山趾，以为九曲池。游者必道池中曰横舟者以入……又益进，则岛沚萦环，有船出孤蒲中。桃花流水，试寻源而问……（牟𪩘《陵阳集·卷九·苍山小隐记》，册一一八八）

自东大渠引水注园中，清泉细流，涓涓无不通处。（李格非《洛阳名园记·松岛》）

引水绕园，可以泛舟，名曰环溪。（司马光《和子华游君贶园》注·五一一）

溪流贯穿园中，是"极有法"（"正贯园中"之"正"字，并非正中直贯的、一条直线的中央主轴式的流贯，而是正好穿流贯穿之意）的造设，这评论显示宋人视流水的穿结园景是一种造园法则，是值得赞赏与学习的法则。而司马光的独乐园也是以流水为穿组园景的重要连接线，当他沿着水流来介绍园中各景时，也表示在游园时就是沿着水流而走动的。所以这条流水正是引导游者前进观览的路线，牟𪩘介绍的苍山小隐也是凭借着水舟的流动来游园的，并以溯流舟行比喻桃花源。清泉涓涓无不通处则表示沿泉流可以游尽园中各景；至于引水绕园，泛舟而行，也表示这条环溪是游园的路线所在，扮演着暗示导游的角色。正因为水流具有导游的功能，所以魏野在《春日述怀》诗中记述他从茅亭出发，一路上是"携筇傍水行"（七八）的，可见流水在园林中所具有的布局组织功能和所扮演的导游角色。

这些曲折的水流若是天然的溪河，似乎不需人为造设，就谈不上有路线的设计和组织全园景区的功能，也就不能说是导游的暗示。这可分别从两方面来讨论。一方面若水流为天然的溪河，则造景时根据水的流动，沿水而设置景点，便是一种事半功倍的布局组织，水流依然是游观的路线所在。另一方面若是人为挖引的溪渠，因为宋人已有接引泉水的技术，则更能依照人意而转布其水。这一点如：

> 筒分细细泉。（宋庠·句·二〇一）
> 架筒引流泉。（苏颂《次韵蒋颖叔同游南屏见惠长篇》，五二二）
> 危梯续磴穿松下，细竹分泉落石前。（薛昌朝《紫阁》，八七五）
> 剪裁竹千竿，接联觅万尺。派别起中阿，架空逾下稷……公堂及燕寝，股引各疏脉……环流随启处，玉音闻几席……（苏颂《石缝泉清轻而甘滑……相地架竹旬月而水悬听事又析一支以给中堂一支以入西阁……》，五二一）

挖引水道固然可以依照设计的意匠而曲转其动线，但是在平地之外尤其是"危梯续磴"等石质坚硬的地方引水，就用连接竹筒的方式来接引水流，不但可以随意流动，还可以在高下起伏的水道变化中制造悬流、落泉、飞瀑等特殊的景观效果。如：

> 园之西即曲水，先入敷荣门，右转至右军祠，穿修竹坞，遂登山……山背有流杯岩，凿城引鉴湖为小溪，穿岩下，键以横闸，激浪怒鸣。过闸遂为曲水，长庑华敞……（吕祖谦《东莱集·卷一五·入越录》，册一一五〇）
> 并山凿渠，上引湖水，悍波合注，如怒如奔。萦流西行，数步一折，众石回阻，激为湍声……聚流为池，至于正俗亭，又从而西……（唐询《题曲水阁》序·二七二）
> 水四向喷泻池中而阴出之，故朝夕如飞瀑而池不溢。（李格非《洛阳名园记·董氏东园》）
> 百尺井底泉，激轮作飞流。潺湲入庭户，宛转如奔虬。（刘敞《同客饮

涪州薛使君侠老亭》，四六六）

除了灵活转折起伏的水道接引之外，还利用闸键、阻石与转轮的配置运作，使水流产生激跃、喷射、飞泻等效果。这些变化的景观，使一向注重幽静、深寂境质的中国园林也含富了激越、活泼、冲劲、生机盎然等气氛。这些造园手法显现出宋人在动力控制方面的成就，以及运用于造景方面的精湛技术。此外，韩琦有一首《放泉》诗（三三〇），可以知道宋园在水流的阻塞和放通之间是运用自如的。因此可知水流的动线和导游作用完全都在人为的控制和设计之下展现，也完全与园林整体布局紧密配合着。

　　由上析论可知动态水流在宋园的造景与布局，游观暗示中扮演着十分重要的角色。

静态水景的造设

　　静态水景多指积聚众水所形成的池沼湖潭。这类池水在园林中多非孑然孤立于某一点，而多是与泉渠相通的。否则一潭死水，不仅不美观，也会增添整理者很多的麻烦，所以在造园手续上多为"疏泉为沼"（施宿《会稽志·卷九·山》册四八六）的活水，也就是这些池沼多半为人工挖成的，再注入溪泉之水。既然是人工挖掘成的，那么，其形状也就根据人为的构思意匠来构图。

　　宋人在池沼的形状构图上，追求自然，所以其池多为曲池，如：

茅栋山楹抱曲池。（宋庠《东园池上书所见五首》其二，二〇〇）
细溜沙渠逗曲池。（宋祁《小池》，二二三）
更引余波绕曲池。（赵抃《次韵孔宗翰水磨园亭》，三四二）
曲池波暖睡鸳鸯。（陈襄《春日宴林亭》，四一四）
闲吟面曲池。（祖无择《袁州庆丰堂十闲咏》其七·三五九）

曲池，顾名思义乃是池岸曲折，并非直线构成的方池，也非曲转成圆池，而是自然自由的，非几何形亦非物形的曲线构成的不规则形。这样的曲池不但自然，而且能增加空间与视觉的深度，如欧阳修《西湖泛舟呈运使学士张掞》诗描写画舸在曲渚斜桥间行走的感觉是："更远更佳唯恐尽，渐深渐密似无穷。"（三〇一）这就是曲折岸线所造成的深远感。

挖凿成的池沼往往还在水岸植栽花木，以使水岸的分界线得到美化。其中宋人最常栽以柳与竹，如：

绕岸便须多种柳。（蒲宗孟《新开湖诗》，六一八）

夹岸近教多种柳。（张咏《曲湖种柳》，五〇）

环堤柳万株。（韩琦《众春园》，三一八）

翠柳和烟笼碧沼。（祖无择《戏别申申堂》，三五八）

竹绕亭台柳拂池。（王禹偁《留别扬府池亭》，六七）

万个碧琅玕，两傍荫潭沼。（苏颂《天禧寺竹》，五二〇）

欲分溪上阴，聊助池边绿。（梅尧臣《雨中移竹》，二三三）

藕花池上竹梅阴。（陈著《本堂集·卷一八·咏孙常州飞蓬亭》，册一一八五。）

聚为小潭，其上有亭，环以修竹。（张耒《柯山集·卷四一·思淮亭》，册一一一五。）

烟篠环曲堤。（宋祁《寿州十咏·清涟亭》，二〇四）

柳竹均为习湿的植物，宜于种在水边。它们不但可以覆荫池岸，使水岸的交界线得到遮蔽，消泯掉空间被截然分割的阻隔感，使园林线条更趋自然，而且它们翠绿的色泽倒映水面，可使水色也浸染得油绿深润，垂拂的柳条或弯曲的竹竿对于水面波纹的产生以及趋身映照的有情姿态也能为水景制造柔婉的美感。其弯曲的身姿与水涧形成相互呼应的姿态，也能产生情意交流的感觉，这是池边植柳、竹较诸其他植物更合宜的地方，而宋人应也感受到、注意到这些法则并将之实践于园林中。这些池湖无论在形还是色方面都得到很好的创造。

柳竹之外，池边也栽以色彩艳丽的花，如：

波面繁花刺眼红。（韩维《红薇花》，四三〇）

数方池面悉如丹。（张冕《海棠》，八四〇）

移傍清流曲岸西。（张咏《新移蓼花》，五〇）

下照平湖水。（释智圆《孤山种桃》，一三九）

匝岸植杂花果树。（祖无择《龙学文集·卷七·申申堂记》，册一〇
九八）

这些花让水岸展现的是亮丽锦绣般的姿彩，连水面也染渍了鲜艳色泽。低矮
的<u>丛花</u>虽也发挥消泯水岸边线的功能，却又可以造成水面面势的空旷辽远。
这种空旷又灿烂的造景，对通常以深幽为主的中国园林而言是一种较为特殊
的表现手法。

池岸之外，在池面也有造景设计，如：

芰荷十里萼绿华。（姚勉《雪坡集·卷一九·次杨监簿新辟小西湖
韵》，册一一八四）

一丈红蕖绿水池。（王安石《筹思亭》，五五七）

掘沼以秋莲。（梅尧臣《真州东园》，二五六）

疏池育莲芰。（韩琦《康乐园》，三一九）

去土为池，种青白莲、蘘荷、菱芡。（张侃《拙轩集·卷六·四并亭
记》，册一一八一）

尤其是大型的池湖，其水面若空无一物则显得单调呆板。因此适度地加以栽
植花木，可以让水景增加变化、增添可赏的景物。而荷莲不但花形优美，
连其叶片也展现"风沼荷倾钿扇翻"（宋祁《秋日射堂寓目呈应之》，
二一三）的风姿。而且荷花莲花还能飘散香气，所谓"池面有莲风气馥"
（韩维《题下大夫翠阴亭》，四二五）、"生荷水亦香"（戴昺《东野农歌
集·卷三·纳凉即事》，册一一七八），把整个池面都熏得香馥盈溢，因
此，成为池面造景的重点。

池中养鱼，也是一种常见的造景设计，因而也成为游者观赏的对象，

如：

　　跳跃池鱼戏。（杨杰《至游堂》，六七三）

　　游鳞时对掷，双破碧涟漪。（祖无择《袁州庆丰堂十闲咏》其

七·三五九）

　　浪轻鱼喜掷。（宋祁《公园》，二一〇）

　　鱼游细浪来。（宋祁《水亭》，二一一）

　　鱼动池开晕。（蔡襄《夏晚南墅》，三八八）

蓄养鱼类于水中，其悠游的形态优美，而且会带动水面的波动而产生涟晕细浪，增加动态变化并产生空间推移扩展的视觉效果，倍增活力。而且游鱼时而跳出水面，腾跃翻落的景象，或双双对掷的嬉戏，都会为平静的池沼增添无限的趣味。而鱼儿的游跃常带给人嬉戏快乐的感觉，触动观者的情怀，如：

　　瑟瑟清波见戏鳞，浮沉追逐巧相亲。我嗟不及群鱼乐，虚作人间半世人。（苏舜钦《沧浪观鱼》，三一六）

　　凿沼观鱼乐。（陈襄《留题表兄三哥养浩亭》，四一三）

　　自歌自笑游鱼乐。（刘宰《漫塘集·卷二·寄题戴氏别墅》，册一一七〇）

　　池鱼得意自成群。（陆游《剑南诗稿·卷八二·独至遯庵避暑庵在大竹林中》，册一一六三）

　　吾心大欲同斯乐。（韩琦《观鱼轩》，三三〇）

鱼乐的形象早在《庄子》中已讨论过，但见其悠游滑顺、摇头摆尾的模样，就给人如意自得的感觉。而其追逐、跳跃的嬉戏情态，也给人快乐无忧的印象。这些景象不仅可以作为赏景的内容，逗人怡悦笑乐，而且也可作为园林主人生活心境的象征。韩琦说想要和鱼一样快乐，表示人从鱼戏鱼乐之中受到启示，而对自己的生活有所反思。因此特别筑造观鱼轩一景正表示园主向往至乐的境地，也是园主心境、人生志趣的表达，所以这种简易方便的造景颇为常见。

在空间、地形的限制下或为了空间移动上的便利，宋人也往往将池景缩小成盆池：

狭地难容大池沼，浅盆聊作小波澜。（程颢《盆荷二首》其二·七一五）

涵星泳月无池沼，请致泓澄数斛盆。（王禹偁《与方演寺丞觅盆池》，七〇）

溪水不入园，庭有三尺盆。（苏辙《盆池白莲》，八六七）

三五小园荷，盆容水不多，虽非大薮泽，亦有小风波。（邵雍《盆池》，三六三）

数鬣游鱼才及寸，一层绿荇小于钱。（郑獬《盆池》，五八四）

这里说明因为种种客观条件的限制——狭地难容大池沼、水不入园、无池沼等，因而改以盆瓮容器来取代。做成的小池沼也将之装点得犹如一般的池沼，有荷莲、鱼荇等，又如刘敞有一首诗题为《新置盆池种莲荷菖蒲养小鱼数十头终日玩之甚可爱偶作五言诗》（四六六），魏野有《盆池萍》诗（七八），邵雍《盆池吟》还提及养蝌蚪（四七四），这么丰富的内容简直与大池沼没有两样。而且在这些养植的动植物之中，还特别注意选择尺寸比例上相宜的，所以养的是才及寸的小鱼、蝌蚪，植的是小于钱的荇萍，如此一来，在互相对比映衬之下，盆水就显得宽广。所以韩维与梅尧臣唱和刘敞的诗说"安知一斛水，坐得万里心"（四二〇），"江海趣已深"。可知宋人造园已十分注重比例的配置，使园林空间变得深广，而且也能在对比的视觉原理与神思想象中得到悠游的乐趣。

水的美学经验

宋人造园如此重视水景，表示他们已经深体水的美，深爱水的美。从文字资料中也确实证明了宋人拥有丰富深刻的水的审美经验。

水，没有固定的形状又是透明虚净的，因此在聚积成广阔的湖沼时，其

"澄虚""涵虚"[苏辙《题滑州画舫斋赠李公择学士》诗有"波浪澄虚两岸平"之句（八五一）。余靖《寄题宋职方翠楼》诗有"潭影涵虚落照深"之句（二二八）]的特质便展现了明镜的形象：

> 镜面平开三万顷。（刘宰《漫塘集·卷一·题明秀轩》，册一一七〇）
> 涨泉作丰湖，百顷湛明镜。（刘攽《惠州丰湖》，六〇〇）
> 幽池明可鉴。（韩维《崔象之过西轩以诗见贶依韵答赋》，四一八）
> 平湖风静开菱鉴。（释智圆《初晴登叠翠亭偶成》，一三一）
> 涟漪四面镜涵光。（韦骧《鉴亭》，七三三）

静态的水面犹如一面明镜，可以鉴照邻近的物象，给人光照明亮的滑顺感与空灵感。观赏者因而舒朗明畅、心旷神怡；被鉴照者也因线条受到柔化而显得柔婉优美，更因倒影的虚幻不可及而带有深远悠悠的美感，而且在水面的虚静浸染下，所有的景物都映衬得闲静了，所以释智圆说"平湖景色闲"（《题湖上僧房》，一四二）。而当水面微有涟漪时，倒映的景物被扭曲变形，则又另有一番特异的趣味。

在所有映照的景物当中，尤以天上的景物最具意味，如：

> 揩磨一玉镜，上下两青天。（杨万里《诚斋集·卷七·池亭》，册一一六〇）
> 若空行而无依，涵天水之一镜。（真德秀《西山文集·卷一·鱼计亭后赋》，册一一七四）
> 湖光空阔水天秋。（席羲叟《凭栏看花》，七三）
> 水底见微云。（梅尧臣《澄虚阁》，二五〇）
> 寒池清照日。（刘攽《黄知录园池》，五〇九）

湖池除了映照岸边的景物之外，最大范畴的映照应是天空。所以池面所展现的正是一片天空，天水无别。水中有青天，有微云，有日阳，那些悠远不可触及的天景都涵摄到脚下。一切显得悠渺又富情趣。

当风吹雨落而致波起的时候，水的形状起了变化，也是一种美，如：

点匀池面起圆波。（韩琦《北塘春雨》，三二三）

堆栈琉璃水面风。（范纯仁《和王乐道西湖堤上》，六二四）

镜沼清浅吹文漪。（梅尧臣《泗州郡圃四照堂》，二五七）

绿水摇虚阁。（叶清臣《东池诗》，二二六）

湖光淡淡涵残照。（释智圆《夏日薰风亭作》，一三一）

波浪涟漪让整个水面摇荡起来，使水景更添动态与活力，也使波浪的起伏产生推移的视觉误差，感觉水似在流动，因而感觉水量在增加，空间在推扩，而有无限悠远之感。连带地，池边的景物也因立基处的变动而有摇晃的错觉，产生一连串的动态美感与趣味。

以上是水形所造成的美趣。而在水光方面，宋人也注意到：

池光兼日动。（宋祁《晚秋西园》，二二四）

波光版底摇。（苏轼《短桥》，七八六）

清晖照寒浪，飞影动窗纸。（文同《夏秀才江居五题·枕流亭》，四四〇）

水纹满屋浮清簟。（刘敞《寄题友生水阁》，四八三）

入座湖光浮荡漾。（江衍《和孔司封题蓬莱阁》，六八九）

水的反光度极高，在日阳的照射下，不仅波光粼粼，碎金闪耀，十分亮丽迷离，而且水光还会投射向水边的建筑物或其他景物，以至于桥板也波光摇荡，窗纸也光影飞动，屋内清簟与席座都浮漾着水纹波光。由于水波有波峰、波谷的部分，所以水光所反照成的波光便有光与影交错的现象。当水边的建筑物也摇荡在一片光影交织的流动时，很能产生沉静、梦幻的境感。

水形、水光之外，水色也是备受宋人赞赏的：

一池春水绿于苔。（林浦《池上春日》一〇五，此诗互见于《全宋诗·卷六三一》王安国作品中）

没篙春水绿于苔。（司马光《和子华游君贶园》，五一一）

十亩龙池春水绿。（苏颂《清晖茅亭》，五二〇）

溪水方绿净。（刘敞《邙园水阁煎茶》，六〇一）

寒泉湛碧，鉴如也。（杨杰《无为集·卷一〇·采衣堂记》，册一〇九九）

水色是碧绿的，比苔还青绿。这色泽一方面来自青天的蔚蓝，所谓"曲沼揉蓝通底绿"（司马光《独乐园新春》，五一〇）；一方面应来自岸边的竹柳树。而水量越大，堆积成的绿色也就越深湛，越纯净无染，也就越给人清凉寒意。这种色泽特质，就如碧玉一般，所谓"碧玉为池白玉堤"（范纯仁《雪中池上》，六二四），可以想见这如玉的水色之优美润泽。

水色的澄碧净绿，给人清凉之感，因而水的质感也成为宋人的歌赞。

碧玉波光四面寒。（陈尧佐《郑州浮波亭》，九七）

满眼寒波映碧光。（文同《西湖荷花》，四三七）

潋滟波光入座寒。（王随《郑州浮波亭》，一一四）

山泉飞出白云寒。（葛闳《罗汉阁煎茶应供》，二六二）

碧溪寒韵落幽池。（祖无择《题魏野园》，三五六）

碧绿的色泽本就给人清凉之感，加上水本身便具清凉降温的特性，尤其泉水流过高山深谷白云间，更给人寒冰之感。这些寒凉的特质不但清人神脑，还能发挥实际的消暑去热的功能：

池上暑风收。（梅尧臣《新秋普明院竹林小饮得高树早凉归》，二三三）

平波炎赫变秋光。（韩维《和景仁同游南园》，四二六）

不知天上有炎曦。（刘述《涵碧亭》，二六七）

尽日清虚全却暑，一川摇落似轻秋。（蔡襄《和吴省副北轩湖山之什》，三九二）

临波飞阁迓层飙，溽暑狂酲此并销。（宋庠《题江南程氏家清风阁》，

一九九）

坐在水边感觉凉气袭人，所有的炎热溽暑全都消退，更有甚者还让人感到秋意已现，所以水边池上就成了避暑纳凉的好地方。而人在清凉之境，不会烦躁，情绪较为平和安定，思力较为敏锐清晰，心境较为明净清灵，所以韩琦说"心为水凉开"（《郡圃初夏》，三二三），徐铉说"更要岩泉欲洗心"（《和陈洗马山庄新泉》，七），韦骧说"来当涤万缘"（《琅邪三十二咏·石流渠》，七三一）。从这个角度看，中国园林一向注重境质的清明与洗涤心灵的作用，则水景的造设正符合这种要求。水在中国园林的重要性之所以高于山石，其原因于此可略见一二。

水声也是宋人爱赏的园林景色：

坐石听泉日已斜。（石介《访竹溪呈孟节兼有怀熙道》，二七一）

何似虚堂听水眠。（寇准《九日群公出游郊外余方卧郡斋听水……》，九一）

赖有泉声发素琴。（刘筠《苦热》，一一一）

细听泉声和式微。（张栻《南轩集·卷六·题城南书院三十四咏》，册一一六七）

泉逗潺湲听。（赵抃《张景通先生书堂》，三三九）

泉声潺湲，给人幽静深寂之感，犹如置身在无人的空谷深壑之中，是听觉与精神上的愉悦享受，心将随之而平静、涤尽万缘。所以苏辙说"听之有声百无忧"（《和子瞻东阳水乐亭歌》，八五三），难怪石介要终日坐听不倦，直到日已斜落。这种幽静深寂的感觉，在夜晚之时更加明显，所以"孤枕听泉"（赵湘《宿成秀才水阁》，七七），"枕上闻流水"（胡宿《寄题徐都官吴下园亭》，一八二）的审美经验便油然成为文人津津乐道的诗境。

欣赏水景时，宋人也掌握水月合观的法则：

洗池秋得月。（赵湘《自乐》，七六）

疏泉浴月华。（李觏《夏日郊园》，三四九）

月影碎金玉。（李觏《池亭小酌》，三四九）

回波逗月深。（宋祁《泉》，二一一）

月明波面更溶溶。（张栻《南轩集·卷六·题城南书院三十四咏》）

为了欣赏水中月色而洗池疏泉，使洁净明澈的水更能映照出月色的皎洁光亮，而水中观月除了迢遥虚幻、引人遐思之外，波浪摇荡所造成的碎金变化也是一种趣味。如前论西湖十景于宋代已被归纳确立，其一便是平湖秋月，而且泛舟湖心、览月终夜也在当时盛行。可知水月合观也是一种既定的法则了。

综观本节所论，可知宋园有关水景的理论、造设成就与鉴赏经验，其要点如下。

其一，从宋人对园林的别称，以及园中水所占的比例可看出宋人造园对水相当倚重，而且他们也在理论上确立了水在园林中的重要地位。

其二，宋人造设流动的水景，注意其流动路线的曲折，并沿途与其他景物互相呼应、紧密联系。

其三，在园林空间布局方面，宋人常常以流水作为导引游者游行的路线，又因接引挖通水道的技术十分先进，因此常能创造曲折宛转、高低起伏的线条，使园林空间更富变化，更具深远趣味。

其四，流水的通畅或阻塞等技术控制的纯熟，使宋园的水景能创造喷泉、飞瀑等景观。

其五，在静态湖池方面，宋人造设的重点为：水岸的曲折、水岸植栽、水中养鱼种莲等景物的配置，使水景深远辽阔又富生气。

其六，为超越空间与地形的种种限制，宋人大量造设盆池，其一切景物配置与大池无别。且因尺寸比例掌握得当，亦能产生辽阔之感。

其七，宋人在水景的审美趣味方面，已注意水形、水色、水气及其他特质所产生的美感，且因这些美感特质与中国园林所追求的境质相符，故而水景在宋人造园中已备受重视。

第三节　花木栽植及其造景原则

最具季节特色与时间感的景物

花木，是植物，具有生命，因此在园林五大要素中最具生命力，是活力盎然的景物；又因其能生长，会随时间而成长变化，因此是最能显现时间感的景物；又因花木的荣悴有其季节适应性，因而也是季节轮替的指标。园林有了花木，才成其为园"林"，也才成就其欣欣向荣的生命气象与深幽隔尘的质量。所以花木是园林要素中十分基本也非常重要的一项。

在花木之中又以花最具季节特性，为了使园林能够一年四时皆有美景可赏，花栽就成为造景时的重要配置考量，宋人对此非常重视并细心实践：

阁之前杂莳四时花，使以序荣。（姚勉《雪坡集·卷三四·龚简甫芳润阁》，册一一八四）

清赏备四时，花辰复青阳。（卫宗武《秋声集·卷一·小园避暑》，册一一八七）

自余四时之花实有未备者，搜求增益，无一阙焉。（真德秀《西山文集·卷二六·观莳园记》，册一一七四）

桃、杏、李、来禽列植区分，以竞春妍，而殿之以金沙、酴醿、牡丹、芍药。红蕖冒水、嘉菊凌霜，以适炎夏，以称秋清。而江梅、山茶、松杉之植，亦以备岁寒之友。（刘宰《漫塘集·卷二一·秀野堂记》，册一一六〇）

为了"清赏备四时"，为了使春妍岁寒等四时的季节特色能明显地区分展现出来，杂莳各种花木是最好的方法。但花木品类太多又容易杂乱混浊，因此区分列植便成了宋人采用的植栽方式，使其多而不杂，季节分明而四时长荣。然而就众多的花类观之，大多数的花仍然开在春季，所谓"北望翟园春正闹，海棠锦绕雪荼蘼"（杨万里《连天观望春忆毗陵翟园》，册一一六四）。所以花景的盛放基本上仍属于春季，而其他三季则是木叶密荫的清景，如"杏梅实实夏阴浓"（韩维《红薇花》，四三〇），这则是中国园林隽永的常态。由此可知，花木的存在为园林的四季创造了变化不同的景色。所以刘天华在《园林美学》中说："植物的首要功用是给园林涂上了丰富的色彩。"（见刘天华《园林美学》，第280页）

于花木引起的时间感，除了四季的明显变化，还来自与人事的对比：

园林犹有前朝木，冠盖难寻故主花。（程师孟《次韵元厚之少保留题朱伯原秘校园亭三首》其三·三五四）

《石湖芍药盛开向北使归过维扬时买根栽此因记旧事二首》。（范成大《石湖诗集·卷二五》，册一一五九）

花木的成长显现时间流动的痕迹，所以范成大见到以前栽植的芍药已经盛开，便深感时光不再，人事已变，而对旧事有所感慨。同时其长期根固于同一个地点也能作为恒常不变的指标，所以与前朝留下的园林相对照，冠盖权势就显得虚渺无常。

由此可知，花木不仅是园林造景的重要元素，也是兴发情意的重要触媒，而且它还是园林所有景物中最富变化的，它使园林的姿采风貌随时在变动而显得丰富有趣。

精湛的接花技术与造景原则

由于花木对园林有如上的重要性与特别性，所以宋人园林表现出对花木栽植的重视：

园地虽狭，种植甚繁。海棠盛开，闻牡丹多佳品。（周必大《文忠集·卷一七一·干道壬辰南归录》，册一一四八）

平畴浅槛，佳花美木，竹林番草之植，皆在其左右。（曾巩《元丰类稿·卷一八·思政堂记》，册一〇九八）

减俸惟将买树栽。（李昉《宿雨初晴春风顿至……》，一二）

买地为园旋种花。（宋伯仁《西塍集·张监税新居》，册一一八三）

茂林修竹、奇葩异草可以舒忧隘而快窥临者，靡不备。（葛胜仲《丹阳集·卷八·钱氏遂初亭记》，册一一二七）

在小小的园地上种植甚繁，各种佳花美木均精心养植，所以园地虽狭也能经营出一番声名。与山石、水与建筑等要素比较起来，花木的栽植应算是费力较少而见效颇快的一项工程。所谓买地为园旋种花，虽然花不见得立即绽放，但其枝叶却能马上呈现眼前，迅速产生装点园景的作用。再加上花木是有生命的植物，其存活的情形、成长的疏密都足以表示出园林的兴废隆替，所以花木的精心植栽就备受重视，所以他们不论富裕拮据，均极力去搜罗花木植栽。

而在花木之中，宋人尤其表现出对花的高度喜爱与重视，如：

洛阳之俗大抵好花。春时……（欧阳修《洛阳牡丹记》，册八四五）

吴俗好花，与洛中不异。（元·陆友仁《吴中旧事·卷三》，册五九〇）

洛阳春日最繁华，红绿阴中十万家。（司马光《看花四绝句》其三，五〇九）

每岁必一至洛阳看花，馆范家园。春尽即还。（明·何良俊《何氏语林·卷二五·任诞》，册一〇四一）

有花即入门，莫问主人谁。（陆游《剑南诗稿·卷七·游东郭赵氏园》，册一一六二）

洛阳与吴是宋代两个园林兴盛的城市，所以说两地之俗均好花。这好花之俗与园林兴盛正互为因果，当司马光春日在洛阳各地看花时，整座洛阳城正是红绿阴中十万家，可谓家家户户均围绕在一片花海之中，所以吸引人专程前来赏看。此外，在陶谷的《清异录·卷上·百花门》中载有张翊"戏造花经，以九品九节升降次第之。时服其允当"（册一○四七）的事，而且各种各样的花谱也相继写成（如王观《扬州芍药谱》、刘蒙《刘氏菊谱》、范成大《范村梅谱》、赵时庚《金漳兰谱》、陈思《海棠谱》……并见册八四五），显示出宋人喜爱花，并细加观察辨析、研究、赏鉴的精致态度。

精细的赏鉴与研究的态度，使宋人不但能深入地了解辨析花的品种，而且还进一步发展为积极的创造和改良的技术。范仲淹有一首《和葛闳寺丞接花歌》记述了一位花匠的技艺：

> 家有城南锦绣园，少年止以花为事。黄金用尽无他能，却作琼林苑中吏。年年中使先春来，晓宣口敕修花台。奇芬异卉百余品，求新换旧争栽培。犹恐君王厌颜色，群芳只似寻常开。幸有神仙接花术，更向都城求绝匹。梁王苑里索妍姿，石氏园中搜淑质。金刀玉尺裁量妙，香膏腻壤弥缝密。回得东皇造化工，五色敷华异平日。（一六五）

一个只以花为事的少年成为琼林苑中的花吏，为了讨得君王的欢心，为了不让君王对花厌烦，想尽各种办法，在百余品的奇芬异卉之中求新换旧，以其神仙般的接花术将各处索来的珍品加以接枝改良，因而创造出各种侔于造化的特异花种，取悦君王。如此一来，新的品种出现之后，再成为被接枝改良者，新品奇花便会源源不绝地产生。

皇家如此，平民百姓家亦然。在欧阳修的《洛阳牡丹记·风土记第三》中也载有"接花尤工者一人，谓之门园子。豪家无不邀之"。从"尤工者"三字可知，当时接花工匠甚多，而有平常与尤工者的差别。豪家争邀尤工者为其接花，而一般平常人家则依其经济财力或其他因素而各请接花工匠改换品种。由此可知，宋人不但拥有精湛的花种改良创新技术，而且自君王至庶民都热衷于这些新奇颖异的花品创造游戏中。

宋人从事的花品改良创造工作，其具体仔细的内容并未被完整记录下来，今天只在一点诗歌资料中见到一二，有桃花菊与末利菊：

> 谁测天工造化情，巧将红粉傅金英。武陵溪上分佳色，陶令篱边得异

名。不使秋光全冷落，却教阳艳再鲜明……气得清凉开更早，色沾寒露久逾明。（韩维《桃花菊》，四二五）

起视篱下花，灼灼夭桃容。（李洪《芸庵类稿·卷一·桃花菊》，册一一五九）

嫩粉殷勤换浅黄，郁金丛里见新妆。（吕本中《东莱诗集·卷三·桃花菊》，册一一三六）

化工将末利，改作寿潭花。零露团佳色，鹅黄自一家。（洪适《盘洲文集·卷八·杂咏·末利菊》，册一一五八）

夺胎移造化……能令桃作梅。（洪适《盘洲文集·卷六·观园人接花》，同上）

顾名思义，桃花菊是由桃与菊接枝所产生的。它不但在金黄色的花瓣上铺展着粉红色，更加娇艳亮丽，使冷落的秋光增添活泼鲜丽的春色；而且提前开放、延后凋谢，使整个花期延长很多。程颢在同为《桃花菊》诗中自注："此花近岁方有。"（七一五）所以是宋人创新的新品种。至于末利菊则是茉莉花与菊花的接枝，不但改变了菊花的花色成为趋柔和的鹅黄色，而且使秋天的花景增添多种品色与变化。至于洪适所说的桃变作梅，究竟是什么花品，在其他资料中并未看到，可信也是桃花菊一类改良的新品种。李春棠论宋代城市生活时曾提及："两宋时期生物学上有一个大进步，就是发现并且掌握了植物变异的一些规律。花农们把牡丹、芍药以及菊花的品种加以改造，使其花形变异、颜色变异，培植出许许多多新品种。"（见李春棠《坊墙倒塌以后——宋代城市生活长卷》，第53页）这些都是宋人在花木栽植方面的具体成绩与精湛技术，其对造园必然产生许多正面的助益。

在栽植的技术之外，配置花木的设计巧思也是装点园林景色的方式。周密《武林旧事·卷三·禁中纳凉》条载有两种巧思：

寒瀑飞空下注大池，可十亩。池中红白菡萏万柄，盖园丁以瓦盎别种，分列水底，时易新者，庶几美观。又置茉莉、素馨、建兰、麝香、藤、朱槿、玉桂、红蕉、阇婆、蒨卜等南花数百盆于广庭，鼓以风轮，清芬满殿。

（册五九〇）

以瓦盎养成的菡萏分列水底，使得寒瀑飞落的水面也能遍是荷花。而且时常更换瓦盎，可长保荷花的盛开鲜活。这种设计和一般的盆栽不同，所有的盆盎都藏没在水中，宛如自然生成于水的荷花。而且又可依自己的意思来排列摆设，是花景设计中的巧思。第二种是聚集众多的盆花，用风轮的转动来传送芳香，造成花香四溢的芳馨效果。这是气味上的造景。

在花木造景方面已有许多原则形成。首先是花与木的对照配置原则，如：

林花四绕余何称，好种青青竹万竿。（王随《郑州浮波亭》，一一四）

种花植竹以资岁时燕游之好。（杨时《龟山集·卷二四·乐全亭记》，册一一二五）

移花莫伤根，种竹不改翠。（梅尧臣《题吏隐堂》，二五〇）

洗竹移花吾事了。（苏辙《初得南园》，八六七）

去土为池，种青白莲、蘘荷、菱芡，左右列嘉葩名卉，又植竹数十挺在墙阴。（张侃《拙轩集·卷六·四并亭记》，册一一八一）

花与竹往往成为园林植栽的代表。而其两相对比之下，花色的彩丽与竹色的青翠互相辉映衬托，使园林在沉静之中又不乏活力。同时竹木的挺拔与花卉的低附又形成偃仰高下的错落景观。此外花色的艳绽有着季节轮换的新鲜与变化，而竹木则是恒长青青，贞定如一。两者在园林并置配衬，可以产生许多美趣与加强。

第二个原则是以茂密众多为美的栽植方式，在树木方面如：

古木碧参天。（刘攽《黄知录园池》，五〇九）

种树亦苍苍。（刘敞《新作石林亭》，四七一）

槛风丛篠密，畦雨晚菘繁。（宋祁《万秀才园斋》，二一一）

其木则松桧……柯叶相蟠。（朱长文《乐圃余稿·卷六·乐圃记》，册

一一一九）

　　则有二好树徘徊对檐，茂密可喜。（郑刚中《北山集·卷五·小窗记》，册一一三八）

　　从茂密"可喜"的反应，可知宋人认为树木景观以茂密为佳，所以古木参天、苍苍繁密、柯叶相蟠的树景都是令人赞赏的。文天祥《萧氏梅亭记》中赞其"亭馆日以完美，草树日以茂密"（《文山集·卷一二》，册一一八四），可见树木茂密了才算是造景的完成，才是完美的景色。像刘攽《游李氏园池》所见的"树密浑成坞"（五〇九）则更是一种壮美的伟观，是圆熟完美的景致。

　　树木茂密不仅成就景色的优美，还能美化整个境质。宋祁说"茂树交轩地不尘"（《题翠樾亭》，二一三），是茂树发挥了隔离尘嚣的功用，所以园地洁净无尘。因为隔离了尘嚣，茂树内的世界自成天地，显得幽深寂静。因此寇准《微凉》诗说："高桐深密间幽篁。"（九〇）而茂树的遮阴广阔，可以纳凉庇护，因此韩维说"开樽荫密树"（《三月十三日游卞氏园》，四一九），而姚勉在《盘隐记》中描述"古松千章，六月无夏，坐其阴，虽不亭可"（《雪坡集·卷三五》）。古茂的松树还可以代替建筑物遮蔽保护与休憩的功用，自成一个特殊的空间。故曰，园木以茂密为其美则。

　　在花卉方面，虽然比较低矮，无遮阴、隔离、幽深的效果，但是仍以众多为佳。如：

　　吴俗好花……蓝叔成提刑家最好事，有花三千株，号万花堂。（元·陆友仁《吴中旧事》）

　　醉向万株花底眠。（邵雍《锦帏春吟》，三七五）

　　放教十里红将去，不尽溪流不要回。（杨万里《诚斋集·卷四一·南溪上种芙蓉》）

　　有海棠、南天竹、有荼柳、月季花，亭之后架荼蘼，东西则木香、刺红，而那悉著四缭其旁，兰松杂花百余本……（黄仲元《四如集·卷二·意足亭记》，册一一八八）

中岛植菊至百种，为菊坡。（周密《癸辛杂识·吴兴园圃·赵氏菊坡园》，册一○四○）

花的众多有两种类型，一种是数量上的庞大，使人放眼所见尽是无边无际的花海。这是"数大为美"观点的实践。另一种是以花的品类之众多取胜，让人在花海中目不暇接地辨赏其不同的花色、花形与花态。这是"变化为美"观点的实践。基本上宋人认为不论是单种还是多种花色均以连接成一大片的花海为佳，故其中尽量避免被大树或他物阻断。所以欧阳修《洛阳牡丹记·风土记第三》说明道："大抵洛人家家有花而少大树者，盖其不接则不佳。"至于木类花景则能兼有茂树与花海两种特质。如陶谷《清异录·卷上·百花门》记载了许智老在长安居处："有木芙蓉二株，庇可亩余……命仆厮群采，凡一万三千余朵。"这种花景不但创造幽寂深静的境质，还绽放彩艳缤纷的美丽景象。凡此种种都显现宋人在花木栽植造景上的审美追求。

此外花木造景在宋代已进入主题景区划分的阶段，往往以单一种花木为主要欣赏对象加以设计建造。这在第四章第二节将会细论。

常用的树木与造景原则

在树木的植栽造景方面，宋代几乎完全继承唐代既有的传统而少有创新。可以说，中国园林在树木造景方面成熟颇早，故而在往后的发展历史中并无多大变化。

竹

和唐代一样，宋园栽植的树木仍以竹为最普见，这是文人长久以来已然建立的爱竹传统的继承：

无竹不成家。（王禹偁《闲居》，六五）

买地种花多种竹。（宋伯仁《西塍集·安居》，册一一八三）

千竿绿竹好生涯。（石介《访竹溪呈孟节兼有怀熙道》，二七一）

新晴竹林茂，日夕爱此君。（欧阳修《暇日雨后绿竹堂独居兼简府中诸

僚》，二九六）

地接伊浑宜水竹。（苏颂《龙舒太守杨郎中示及诸公题咏洛阳新居……》，五二八）

对于竹的癖好，乃至无竹不成家的激烈观点，都在魏晋以至唐代的文人行径中见过。因为癖爱竹，所以千竿绿竹便足以渡好生涯——包括经济与精神上的资源，以至于以水竹代称园林。因为爱竹，所以常常大量地植栽："养竹成万个"（刘敞《题刘义叟著作泽州园亭》，六〇三），以至于像"有竹才百个"（梅尧臣《苏子美竹轩和王胜之》，二四五），"种竹才添十数竿"（张景修《题竹轩》，八四〇）等不以为足的心态便油然产生。由此可知，在历史传统的承继上，宋人以竹为重的园林栽植观念十分明显。

对于竹子的美，宋人比较不注重其形貌上的萧散美，而强调其色泽之美与其特质所像喻的精神之美。其中唐人常常吟颂的烟露罩竹景象已大为减少，宋人转而殷切地赞扬竹为雪覆的景象，亦即由唐人注重竹林的情境氛围之美转向爱赏竹子清劲坚毅的精神。

首先，在竹子的色泽上，如玉的碧绿是受到人们爱赏的重要原因：

窗竹森森绿玉稠。（李昉《小园独坐偶赋所怀寄秘阁侍郎》，一二）
竹窗初卧满床青。（王禹偁《移入官舍偶题四韵呈仲咸》，七〇）
竹箭晴来依旧碧。（刘敞《正月二日雪后到小园》，四八八）
翠光秋影上屏来。（梅尧臣《和公仪龙图新居栽竹》，二五八）
移得烟溪竹数竿，闲庭栽处绿阴寒。（释智圆《湖西杂感诗》，一三三）

竹色青翠碧绿，竹皮又光滑清亮，有如碧玉般美丽，还会将其明亮光润的色泽映照在他物身上，使其也浸染了一身一片的青翠。所以上一节论水池造景喜欢沿岸栽竹，其原因之一便是借助水的倒映作用来借用竹色，使水色更加碧绿。青翠碧绿的色泽给人平和、安定、清凉的感受，这与竹的其他特质正相契应。

竹受人喜爱的另一个原因来自它的质感肤触上的特色，即清凉之气：

半帘绿透偎寒竹。（谭用之《途次宿友人别墅》，三）

寒生绿樽上。（梅尧臣《县署丛竹》，二三七）

清风不去因栽竹。（徐铉《和萧少卿见庆新居》，七）

凉风千个竹。（刘敞《东池避暑二首》其一·四八七）

入竹风逾冷。（戴昺《东野农歌集·卷三·纳凉即事》，册一一七八）

寒凉是置身竹丛中的舒畅感受。它一方面是遮阻阳光的去暑效果所致，同时是碧玉青翠的色泽所引发的清凉感受，一方面则是竹竿强韧敏锐的风感与竹叶婆娑的风姿风声所制造的冷风习习的环境所致。因此"多植美竹为清暑之所"（司马光《传家集·卷七一·独乐园记》，册一〇九四）的造景设计或"披丛爽醉魂"（宋祁《玉堂北栏丛竹》，二一八）的游憩秘诀都是利用竹的清凉气质应运而生的。

竹不仅在暑夏天气中展现清凉的气质，赢得人们的赏爱，而且在岁末寒冬中依然不改其青翠色泽，成为冬季中少有可资欣赏的景色，所谓"惟有庭前岁寒竹"（王珪《依韵和范景仁内翰留题子履草堂二首》其二·四九六）。因此它不畏严寒的习性特质与其有节的形貌结合，便成为备受敬仰与歌颂的操行：

竹之美于东南，以节不以文也。（黄庭坚《山谷集·卷一·对青竹赋》序，册一一一三）

竹绕书堂气节殊。（吕祐之《题义门胡氏华林书院》，五四）

清节良自如。（宋祁《种竹》，二〇五）

劲直之节、清远之标、锵然鸣玉之声、苍然不老之色。（袁甫《蒙斋集·卷一四·东莱书院竹轩记》，册一一七五）

清之劲者莫如竹。（姚勉《雪坡集·卷三五·竹溪记》）

所谓"气节殊"是指其劲直有节的形状，再加上一年四季常青挺茂、清冷无尘的特质，给人不畏寒霜、坚毅不拔的印象，所以一直受到歌颂［王令《竹赋》云："色盛气充，肤理有光，临临兮其高其可仰也；挺挺兮其直其不可以枉也；毅毅兮其群其不为党也。其立自树而不倚，其长绝众而不离，恬无盛衰以听四时……"（《广陵集·卷一》），册一一○六］，成为文人所歌咏赞颂并自我比附的重要对象，而在园林中、起居处广为种植。韩琦《后园闲步》诗还认为"近竹花终俗"（三二三）。竹子在园林中居于脱俗超越的地位。准此，宋人最喜欢写雪竹之景：

> 移作亭园主，栽培霜雪姿。（黄庶《署中新栽竹》，四五三）
> 俱沾雨露恩，独无霜雪辱。（邵雍《乞笛竹》，三六七）
> 已任雪频洒，未禁风苦吹。（魏野《新栽竹》，八六）
> 犹得今冬雪里看。（王禹偁《官舍竹》，六五）
> 深雪放教青。（张咏《庭竹》，五○）

霜雪是冬天气候严寒的典型表征，在霜雪频洒覆盖下尚能青青如常，尚能劲拔依旧，这些现象最能展现竹子的气节。而且雪白与竹青在颜色上相互对比所形成的出色清美也别有一番视觉上的美感。有别于唐人喜欢歌咏烟竹、露竹的朦胧迷离、清润剔透之美，宋人所爱赏的竹景是更趋于清冷净洁、超毅明觉的智美。

以上是宋人对竹之美的鉴赏要点。至于在造景方面，宋人常见的几个原则是：

其一，就溪池的岸边列植，此已论于上一节。

其二，与其他花木一样仍以数多为美，常常一种便是万个、千竿。

其三，但是当竹丛太过密集，产生杂乱纷繁的现象时，便要加以刈除削减，以恢复竹子萧散疏朗之美，因而有所谓"洗竹"的整修工作，如：

> 竹枝宜静应分洗。（李至《早春寄献仆射相公》，五二）
> 低垂非我好，冗长要人删。（曹彦约《昌谷集·卷一·课园丁洗竹》，册一一六七）

其四，以竹丛与亭轩结合造景，创造清幽素静的休憩空间，如：

映轩临槛特为宜。（梅尧臣《依韵和新栽竹》，二五七）

夹堂修竹抱幽翠，森森拥槛竿逾千。（韩琦《醉白堂》，三二〇）

松

仅次于竹的园林树木是松（柳树虽也常见，但因歌咏赞颂与道仙长寿等象喻习惯，使松树更受到歌赞，更常成为营造园林幽深意境的树木）。文人们常常以松竹、松筠、松篁并称，表现出两者同为园林的重要植栽，如：

一院松篁影。（李宗谔《咏华林书院》，一〇〇）

池边怪石间松筠。（钱若水《咏华林书院》，八八）

朱门画戟闲松筠。（张伯玉《州宅》，三八四）

竹绕长松松绕亭。（邵雍《依韵和陈成伯著作史馆园会上作》，三六六）

松亭临旷绝，竹径入欹斜。（文同《晴步西园》，四四四）

松与竹在形状上差异颇大，竹竿瘦长而直劲，松干厚实而虬结欹倚；竹叶萧散如烟，松叶密实如云。然而其在色、气等特质上却有许多相似处。

其一，它们都具清凉特质，所谓"北窗松竹度凉飔"（张方平《凉轩秋意》，三〇七）。

其二，它们都四季常青，所谓"松竹蔽亏，不受风日，不改冬夏"（刘跂《学易集·卷六·岁寒堂记》，册一一六一）。

其三，它们都不畏风霜严寒，表现高毅节操，所谓"霜雪见松篁"（范师道《题隐圃赠蒋希鲁》二七二），"松篁经晚节"（寇准《岐下西园秋日书事》九〇）。

其四，因为上述特质，它们都成为园主悟道修养的重要触源促力，所谓"筑斋于松竹间，以为修身穷理之地"（陈文蔚《克斋集·卷一〇·浩然斋记》，册一一七一）。基于此，宋人认为松竹搭配是不错的植栽设计，所以释智圆《新栽小松》便认定"淡烟疏竹便相宜"（一四一）。两者成为宋人造园时植栽的最爱。因此，刘敞《幽居》诗说"住处必松竹"（六〇六）。

对于松树的栽植造设，宋人喜欢应用它的隔离作用，如：

　　寒松夹幽径。（赵抃《张景通先生书堂》，三三九）
　　栽松成径百余尺。（苏洵《次韵和缙叔游仲容西园二首》其二·三五一）
　　万松当篱落。（杨万里《诚斋集·卷七·晚岁南溪弄水》）
　　面辟广庭，架松为荫。（周应合《景定建康志·卷二一·凉馆》，册四八九）

松树常常是枝叶扶疏，伸展遮阴极广，所以具有隔离的作用。将它植列于幽径的两旁，自成一条幽深隧道，其景深远而优美，神秘而引人遐思。此外，以它为天然的屏障，作为篱落或荫棚，清凉美观、省力闲适、壮观又别致。再加上松树的象征寓意等种种特质，常常能为园林营造优雅幽深、洁净超尘的特殊境质。

花卉的栽植与造景

在众多的花卉中，宋人喜爱栽植于园林的有牡丹、梅、海棠、荼蘼、菊、桂等。其中牡丹是继承唐人狂热的爱赏牡丹风尚而来的，而梅、菊则虽亦有所承，但是较诸唐代，宋人对之有更多更强烈的爱赏情感。至于海棠与荼蘼则是宋代新兴的潮流。以下依序分论之。

牡丹

宋人继承了唐代的牡丹热潮，上自帝王，下至贩夫走卒均然。在宋代相关的资料中往往可以看到帝王喜爱、宴赏、赐簪牡丹的记载，宋诗中也颇有一些人臣应诏唱和牡丹的作品。而《洛阳牡丹记·风土记第三》也载述：宋代开始徐州每年进贡姚黄、魏花三数朵，备极仔细地包装载运。足见宋代君王对牡丹的喜爱，以及在下位者投其所好地经营。

流风所及，一般的士庶均以欣赏牡丹为胜事。富者则效法帝王的赐簪活动，如张镃在其南湖园举办牡丹会，其"名姬十辈皆衣白，凡首饰衣领皆牡丹，首带照殿红……客皆恍然如仙游"（见明·何良俊《何氏语林·卷二九·汰侈第三十二》，册一〇四一）。至于小康的平民则是争相就名园递赏，如：

尽日玉盘堆秀色，满城绣毂走香风。（司马光《和君贶寄河阳侍中牡丹》，五〇九）

遇其一（开），必倾城，其人若狂而走观……于是姚黄花圃主人是岁为之一富。（蔡絛《铁围山丛谈·卷六》，册一〇三七）

此花（指魏家牡丹）初出时，人有欲阅者，人税十数钱，乃得登舟渡池至花所，魏氏日收十数缗。（欧阳修《洛阳牡丹记·花品叙第一》）

走马魏王堤上看。（梅尧臣《再观牡丹》，二六〇）

此外，宋诗中约赏牡丹的作品甚多。倾城之人为赏牡丹而奔走若狂，有些人家在开放供人参观的时候还收取费用，以至于一个春天便能因此而为之一富。可以想见前去观赏的人潮之拥挤。这种为牡丹而若狂的现象与唐人并无差别，可见牡丹在唐宋均是轰动诱人的花种。宋人这种痴醉于牡丹的爱赏风尚，促使他们在花品的改良、创造、研究上不遗余力，在品种的改良创新方面，牡丹的变化甚多，如：

客言近岁花特异，往往变出呈新枝……四十年间花百变，最后最好潜溪绯。（欧阳修《洛阳牡丹图》，二八三）

韩君问我洛阳花，争新较旧无穷已。今年夸好方绝伦，明年更好还相比。（梅尧臣《韩钦圣问西洛牡丹之盛》，二四六）

四色变而成百色，百般颜色百般香。（邵雍《牡丹吟》，三七七）

此花就中最秾丽，姚家黄兼魏家紫。花王更有王中王，看却姚魏千家降。（杨万里《诚斋集·卷四二·题王晋辅专春亭》）

常以九月取角屑硫黄碾如面，拌细土，挑动花根……故花肥，至开时，

大如碗面。（陶谷《清异录·卷上·百花门·抬举牡丹法》）

经过特殊技术培植出来的牡丹不但肥大秾丽，而且品种、花形、花色、花香变化丰富。经由接枝结合，可以从四色增殖为百色，花香也随之展现为百般芬芳。这种争新较旧的现象无穷无止，继续发展下去，就造成特高的淘汰率。今年才新创造的绝伦品种，马上在明年的创新成绩中黯然失色，花王更有王中王，人们钟爱欢赏的对象也立刻随之转移。让人在牡丹的变种历程中也看尽了人情世态。

由于牡丹的改良创新技术的不断变化，牡丹的品种也随之增加，因而有《牡丹记》《牡丹谱》一类的载籍产生。朱弁《曲洧旧闻·卷四》说欧阳修《牡丹记》只有二十四种牡丹，到钱思公时有九十余种，而宋次道在《河南志》中以欧阳修的为基础又增二十余种。直到张峋撰《牡丹谱》时已有一百一十九品。以后又有所增益，只是无人图谱了（册八六三）。苏轼《牡丹记叙》说熙宁五年（1072）的吉祥寺圃有牡丹花千本，其品种以百数（《东坡全集·卷三四》，册一一〇七）。由此可知牡丹在宋代似乎较诸唐代更荣兴，而为园林花卉植栽中的王者。

梅花

梅花在唐代虽已可见，但是到了宋代初隐士林逋的"梅妻鹤子"典故之后，才逐渐受到文士的重视，尤其宋末的文士对梅产生特殊的敬爱情感，而大加颂扬歌咏。

对于梅花，宋人并不注意它的形状和色泽，因为梅花的花形简单平凡，花色则红白之外无它变化，所谓"不御铅华别是花"（吴泳《鹤林集·卷四·和虞沧江赋梅》，册一一七六），所以并没有引人爱赏赞叹。反倒是其暗香胜过其形色，如：

夭桃秾李不可比，又况无此清淡香。（梅尧臣《资政王侍郎命赋梅花用芳字》，二四七）

薄薄远香来涧谷。（梅尧臣《梅花》，二四九）

冷香宜醉寝。（戴昺《东野农歌集·卷三·次韵屏翁观梅》）

满槛风飘水麝香。（苏颂《和签判郡圃早梅》，五二八）

就中红香清且妍。（舒岳祥《阆风集·卷二·十二月十七日归故园酌红梅花下》，册一一八七）

梅花的香气不浓，是幽幽淡淡的清香，其香耐人寻味而没有称馥易烦腻之虞，尤其在没有艳丽花形与鲜彩色泽的吸引掩盖之下，其芳香更易令人印象深刻。这种清淡的香气又与梅花的整体特质是一致的，那就是其不畏寒霜的冰冷特性：

开时不避雪与霜。（梅尧臣《资政王侍郎命赋梅花用芳字》，二四七）

雪天闲看梅。（刘过《龙洲集·卷七·登旷轩》，册一一七二）

待种梅花三百本，请君雪里访林逋。（姚勉《雪坡集·卷一二·题小西湖》）

雪后园林才半树，水边篱落忽横枝。（林逋《梅花三首》其一·一〇六）

更喜连朔雪，飞花为辟尘。（戴昺《东野农歌集·卷三·次韵屏翁观梅》）

这样的特性，使梅花成为严寒冬天萧索冷寂里少有的可资赏玩的花景，对注重四季皆游的宋人而言就显得特别珍贵。也由于在人们一般的印象中花朵是娇柔脆弱的，因此梅花的耐寒就更显得坚毅可贵，因此像"丰神高洁自成家"（吴泳《鹤林集·卷四·和虞沧江赋梅》），"栽成傲骨梅千树"（诸葛赓《归休亭》，一七五）等赞誉颂扬便成为梅花受人爱赏的重点。

由于梅花的花期由朔雪严冬持续到初春，因此梅花的绽放便被视为春天到临的讯号：

庭前梅花八九树，长为春风导先路。（舒岳祥《阆风集·卷二·赋山庵梅花》）

已先群木得春色。（梅尧臣《梅花》，二四九）

梅花冒雪轻红破，湖面先春嫩绿还。（韩维《和景仁同稚卿湖光亭对

雪》，四二六）

　　唤觉群芳梦，先钟万古春。（戴昺《东野农歌集·卷三·次韵屏翁观梅》）

　　我圃唯荒亦有梅，云何也会待春回。（韩淲《涧泉集·卷一三·次韵昌甫》，册一一八〇）

　　梅花开放了，春天才临人间，所以说是梅花为春风导先路，带领了春风来，春天的所有景色内容均紧跟着到临了。所以说梅花先得春色，梅花将群芳唤醒，只要梅花已开，春天就一定快来了。对于喜爱春色的人而言，在被严冬封锁蛰伏多时之后，能乍见梅花，是令人欣喜愉悦的好消息。尤其园林景色在灰暗沉寂之后，又得以重新转入热闹活泼、彩丽多姿的春季，梅花的绽放，在园林中就变成复苏新生的告示。由此可知，在园林主人或游者心目中对梅花所抱持的情感之特殊性。

荼蘼

　　在宋代园林中忽然新兴起一种受人瞩目的花品，即荼蘼（又名酴醾）。这股喜爱荼蘼的风气在唐代并未出现。

　　荼蘼花的形状比较特殊，是在许多垂蔓的枝条上开放着许多细小繁密的小白花，宋人有这样的描写：

　　忽喜千条发琼蕊，纷如万鹤出樊笼。（张栻《南轩集·卷四·再和小园荼蘼盛开……》，册一一六七）

　　媚条无力倚长风，架作圆阴覆坐凉。（宋祁《赋成中丞临川侍郎西园杂题十首·酴醾架》，二二四）

　　柔条何啻万龙蟠。（刘敞《荼蘼二首》其一·四九〇）

　　柔条好为挽云耕。（韦骧《赋酴醾短歌少留行》，七二七）

　　半垂野水弱如坠，直上长松勇无敌。风中娜娜应数丈，月下煌煌真一色。（苏辙《次韵和人咏酴醾》，八六八）

　　一棵荼蘼往往可以发出千条柔枝，枝条柔弱下垂，或盘附乔木，下垂者随风摇曳婀娜，盘附者犹如龙蟠劲勇。所以就其枝干本身而言，便已展现绰约婀娜的美姿而引发人多种遐想了。而生长在其上的花朵，是"细蓓繁英次第开，攀条尽日未能回"（韩维《荼蘼花》四二九）的一片细细密密的繁花，加以色泽为白，花形特殊，当其随风款摆时，形象画面更加美丽：

> 荼蘼金沙，生意如鹜，蝶影交加。（洪适《盘洲文集·卷三二·盘洲记》）
>
> 酴醾蝴蝶浑无辨，飞去方知不是花。（杨万里《诚斋集·卷二五·披仙阁上观酴醾》）
>
> 纷如万鹤出樊笼。（张栻《南轩集·卷四·再和小园荼蘼盛开……》）

花形有对称的瓣蕊，犹似一对翅膀，当其随风摇曳款摆时，微微颤动，花瓣正像展翅振翼的蝴蝶，漫天飞舞，杨万里甚至于无法分辨是花是蝶，似乎已到浑然无别的境地。同是展翅飞舞的形象，同是洁白的颜色，在张栻看来则像是白鹤迎天。由此可知，荼蘼洁白的花色，张翅飞舞的花形，纷繁的花群，常常引发观者浪漫美丽的遐思。

荼蘼花也有香气，但浓淡的体会说法不一：

> 平生为爱此香浓，仰面常迎落架风。（韩维《荼蘼》，四三〇）
>
> 占得余香慰愁眼，百芳无得似荼蘼。（刘敞《荼蘼二首》其二·四九〇）
>
> 来春席地还可饮，日色不到香风吹。（司马光《南园杂诗六首·修酴醾架》，五〇一）
>
> 飘然疑与天香同。（韦骧《赋酴醾短歌少留行斾》，七二七）
>
> 香传弱水神。（宋祁《酴醾》，二二四）

大体上其芳香应是浓郁的，所以韩维说是香浓，刘敞认为百芳不如荼蘼香气之持久有余。连拂过的东风仍带着芳香，可见其浓。而天香，水神香则是其香气的脱俗特殊。但是文彦博《家园酴醾自京寄至奉送提举刘司封》诗"似到清香洞里来"（二七六），则说是清清淡淡的芳香。大约各人的喜好有异，体会不同或是品种差别所致。而其共同点则是荼蘼散发的芳香令人印象深刻。

荼蘼另一项特性，就是繁细的小花着枝力不强，容易飘零：

春风一夜吹藤穴，旋落旋销不成簇。（杨万里《诚斋集·卷三·再和罗武冈钦若荼蘼长句》）

夜来急雨元无事，晓起看花一片无。（同上卷七《雨中荼蘼》）

动地寒风君莫怯，乱吹香雪洒栏干。（同上卷二五《披仙阁上观荼蘼》）

只销三日雨和风，化作真珠堆锦褥。（同上卷四一《登度雪台观金沙荼蘼》）

春风零落后，浑似雨天花。（韦骧《酴醾轩》，七三一）

只要一点风雨，就能够吹落架上的小花。和其绽放时的繁密景象同样的是，飘落的花朵也常常是成群结伴的，漫天纷纷密密的花瓣在空中飞舞，像是落雪，又像是天女散花，连地面也堆覆着花瓣，十分迷蒙美妙，似是一片特异的天地。当人置身其下其间，也会沾满一身的落花，所以下引杨万里诗说"先生醉帽堆香雪，知自酴醾洞里还"。

因为荼蘼的枝条柔弱无法挺立，所以在园林造景中几乎都架竹以供其攀附垂挂：

缚竹立架擎酴醾。（司马光《南园杂诗六首·修酴醾架》，五〇一）

酴醾高架凌春风。（韦骧《赋酴醾短歌少留行》，七二七）

为怜压架千万枝。（杨万里《诚斋集·卷三·和罗武冈钦若酴醾长句》）

酴醾插架未成阴。（韩元吉《南涧甲乙稿·卷四·韩子师读书堂置酒见留》，册一一六五）

故作酴醾架。（王安石《池上看金沙花数枝过酴醾架盛开》，五六三）

这种立架承花的方式，让人在欣赏荼蘼时，有别于一般花卉的俯视，而是仰望。这也才能让其枝条下垂，才能让其繁花随风飞舞。所以荼蘼的花形与其枝性配合得正好，而立架的造设方式正能充分地彰显荼蘼之美。当荼蘼长成千万枝时，那被架高的繁枝密条就形成深密的洞穴了：

京都三月酴醾开，高架交垂自为洞。（梅尧臣《志来上人寄示酴醾花并压砖茶有感》，二五六）

面围植金沙、荼蘼，延蔓而为洞。（郭祥正《青山集·附录·青山记》，册一一一六）

先生醉帽堆香雪，知自酴醾洞里还。（杨万里《诚斋集·卷二一·寄题俞叔奇国博郎中园亭二十六咏》）

酴醾洞口作新轩。（郭祥正《家公香莹轩二首》其一·七七七）

芳条云布，繁英玉坼、垂架飘香，深若洞户，名曰酴醾坞。（范纯仁《范忠宣集·卷一〇·薛氏乐安庄园亭记》，册一一〇四）

枝条在高架上攀爬延蔓，下垂的部分则交错密布，将高架团团包围成一个深密的洞穴或坞堡。洞坞上面全被繁英细蓓给覆盖着，异常美丽而奇妙。拱覆成的洞穴自成一个特殊的空间世界，可以遮阴，可以在其内休息或宴饮。所谓"酴醾拥席端"（司马光《用前韵再呈》，五〇一），即是座席为荼蘼团团簇拥的景象。所以荼蘼不仅是单纯被欣赏的花景，还可以借其生长特性作为空间分隔造景的建材，造设出特殊的空间与特殊的景观。

由上所论可知，荼蘼在花形、花性与造设形态上和其他花木不同，是宋代园林中特殊的景致。

海棠及其他

海棠也是宋代园林中新兴的受宠者，但其不似荼蘼般特别。吴泳在《和季永弟赋袁尊固海棠》诗序中就说：

洛阳牡丹蜀海棠，方谓之花，余皆草木也。（《鹤林集·卷三》）

把牡丹和海棠的花位提在众花之前，意味其他所有的花都比不上牡丹与海棠的美。可见海棠之美，备受肯定与赞赏。细看海棠的形色之美，徐积《海棠花》诗序描述道："其株修然……其花甚丰，其叶甚茂，其枝甚柔……盖花之美者海棠也。"（六五三）宋祁有诗标题说《蜀地海棠繁媚有思加腻干丰条苒弱可爱……》（二二〇），可知其花与牡丹同属花形丰腴、雍容华丽的类型。宋人对其爱赏歌颂的重点即围绕在此：

万萼霞干照曙空，……数遍繁枝衮衮红。（宋祁《海棠》，二二二）

丽于宫锦如新濯，红甚山樱恐坠燃。（韩维《西堂前双海棠花》四二七）

华萼相辉采翠重，几番浓艳九春中。（苏颂《又和内海棠》，五二六）

濯雨正疑宫锦烂，媚晴先夺晓霞红。（范纯仁《和吴仲庶龙图西园海棠》，六二三）

滂葩滟滟斗朝日，露洗蜀锦红光寒。（韦骧《追咏西园海棠》，七二七）

秾妆雨后频来看，尤物年深特地荣。（冯山《和赏海棠》，七四五）

十亩园林浑似火，数方池面悉如丹。（张冕《海棠》，八四〇）

大抵鲜红的色泽，繁复的花形让海棠留给人的印象就是华丽、娇艳灿烂如火，大有咄咄逼人之势，所以冯山称它为"秾妆尤物"。而宋人对海棠称赏大约也仅止于此，并无其他别致的颂扬，而海棠本身确实也只是由其形色之富丽而夺目的。这是宋园中新起的艳丽花卉，耀眼但不深隽。

此外，因水景的重要，荷莲也是宋园中常见的重要花卉，此已论述于上一节，此不赘复。

再次，菊花与桂花也颇受重视。菊花因陶渊明的典故而享清隐之誉，桂花则以清香可岩植而受赏爱。两者同为秋日里少有的花景，故而自有其特色别致处，大抵爱敬其节品，而少及其形色之美。

桃花的栽植多被喻比为桃源洞天，亦少及其形色。余繁不及一一。

藤萝与苔藓

在宋代园林植栽中，尚有两物值得略论者，即藤萝与苔藓。藤萝一般说来都是自然蔓生在荒野，无人栽种、无人养护、攀附盘爬在乔木或地面之间，所以历来在园林中并无人刻意、有目的性地栽植这种植物。然而因其为荒野幽僻处所有，故而在宋代园林中已可略见栽种，并加设计。如：

薜荔交加侵瓮牖。（魏野《依韵和酬用晦上人见题所居》，八二）
薜荔上阴阶。（梅尧臣《松风亭》，二五一）
烟萝泉石绕书堂。（吕祐之《题义门胡氏华林书院》，五四）

这是让萝蔓等攀附在建筑物附近，使建筑犹如置身在幽僻荒远的地方，显得朴野自然。又如：

长萝托高株，晻暧蔽烟雾。垂蔓已百尺，更引欲何处。（文同《兴元府园亭杂咏·垂萝径》，四四四）
薜荔垂堤面。（司马光《用前韵再呈——饮宋叔达园》，五〇一）

径与堤都是园林游赏的路线，在这游走移动的路线两旁栽种长萝薜荔，让其掩蔽路线两旁的轮廓线，产生自然幽深的效果，无人工分隔之弊。而且垂蔓柔软多姿，随风摆荡时婀娜绰约，也是十分动人的景象。又如：

薜荔攀缘怪石幽。（李至《奉和小园独坐偶赋所怀》，五二）
薜萝分蔽亏。（刘敞《石林亭成宴府僚作五言》，四六四）
红藤缠臂构。（文同《山堂前庭有奇石……·柘枝石》，四四三）
藤萝穴任穿。（韩琦《长安府舍十咏·双石》，三二八）

这是以藤萝来装饰园中的石头，让石头在其蔽覆之下犹如荒远崖岩，绝无人迹，显得幽深僻静。再如：

有乔木数株，藤蔓络之，苍然而古。（王十朋《梅溪后集·卷二六·潇洒斋记》，册一一五一）

藤笼老木一番新。（孙氏《与周默》，一七）

藤老犹依格。（宋庠《访宋氏溪园》，一九五）

这是用藤蔓的绕络来增显乔木的苍老幽寂，使得老木变化另一种新风貌，或者干脆以人工架设的格，引导藤蔓爬生。以上是宋园花木造设中较具朴野荒芜趣味的部分。

至于在苔藓方面，由于唐代园林已经十分细腻地注意到这种景物所营造的境质（唐园的苔藓造景与造境，可参考拙著《诗情与幽境——唐代文人的园林生活》第三章第三节），宋人并无超越或特殊之处，故而此不复细论其湿润、碧绿、清凉、洁净等特质，只就其最受强调的幽静特质举例略说：

掩关苔满地。（孟贯《夏日寄史处士》，一五）

小院地偏人不到，满庭鸟迹印苍苔。（司马光《夏日西斋书事》，五〇二）

地静苔过竹。（赵湘《暮春郊园雨霁》，七六）

红花青苔人迹稀。（欧阳修《初夏西湖》，三〇二）

苍苔绕径深。（李涛《题处士林亭》，一）

若是人迹频繁、热闹喧嚣之处，地面必被践踏而无法生长苔藓。因此苔藓满地的园林，正是幽寂少人迹的结果。于此，苔藓对喜欢清寂境质的园主而言，是很好的一种造境植物。

综观本节所论可知，宋代园林在花木植栽方面，其要点如下。

其一，由于花木具有明显的时间、季节性，加以宋人注重四季皆可游园的需求，所以多半以主题分区的方式植栽，使其景色品目繁多，季节分明又能四时可赏。

其二，宋人对于花品表现出精细的鉴赏与研究态度，进而在品种的改良、创新方面积极深入，自君王至庶民都热衷于新奇颖异的花品创造风潮中，表现出精湛的改良技术。

其三，在花木造景方面，宋人已渐总结出一些法则，如花与木的对照配置原则；树木以茂密苍古为上的原则；花卉以数大为美的原则；主题式栽植的原则等。

其四，在树木的栽植与造景方面，宋人并无多大进展，仍以竹为最常见的园林植栽，而其造景原则也已形成。

其五，在花卉的栽植与造景方面，宋人继承了唐代爱赏牡丹的风尚而不减，并发展出新奇的品种改良技术。此外梅花则在林逋的典故之后，大大地受到歌赞。

其六，宋园新兴的热门花卉为荼蘼与海棠。其中尤以荼蘼的特殊形色、性质，配以特殊的架洞造景，遂成为园林中别致的花景。

其七，宋人开始注意藤萝一类蔓生植物的造景造境功效，另外也继承了唐园对苔藓的注意与歌咏。

第四节　建筑造景及其形制特色

园林既为可游、可赏、可居、可息的艺术化空间，那么，就其居息的功能而言，建筑物当然必不可少，可借之以提供生活起居的种种需要。然而从游赏的立场来看，建筑仍然是十分重要的景观与观景所在，因此晁补之在《清美堂记》中说"为径为台，为庵为亭，以出眺而入息，以与宾客坐而谈笑为乐"（《鸡肋集·卷三〇》，册一一一八）就清楚地点出建筑物向内可以居息，向外可以眺览，完完全全是人为造作，是以人为主体、为出发点而设置的。刘天华的《园林美学》就说："园林建筑是自然山水风景和游赏者之间的过渡和桥梁。"（见刘天华《园林美学》，第286页）因此，可以说建筑是园林五大要素中最具人本特色也完全是人为造作所成的一项。

建筑提供居息之需，自不待多言，而其所具的赏景功能，由各个主题性景区以建筑为核心的结构现象来看，便可了解。如：

规以为围：面山者为堂，面竹者为亭，作室于花间，置槛于溪浃。（韩元吉《南涧甲乙稿·卷一五·云风台记》，册一一六五）

中槛种竹，便娟葳蕤……故以为风柳轩。西轩之下有山焉……故以为破疑庵……又揭为乔木亭……（毛滂《东堂集·卷九·双石堂记》，册一一二三）

景美台榭临。（梅尧臣《泗守朱表臣都官创北园》，二五七）

西园、玉溪堂、雪峰楼、海棠轩、月台、翠锦亭、潄玉亭、茅庵水阁、小亭。（丰稷《和运司园亭》，七二四）

甚美堂、武陵轩、绿景亭、激湍亭、照筠坛、桂石堂、四照亭、垂萝径、盘云坞、北轩、棋轩、山堂、静庵。（文同《兴元府园亭杂咏》，四四四）

只要景美之处，便要设置台榭以临之。景美之处应是园林中的精华，是最值得玩赏的地方。这些地方最是居者游者需要长时间伫立停留的地方，因而筑造台榭以方便眺览，以便于倚坐休息，在一种舒适自在的形态下进行赏景才能久久细观，才能深得景美真味。因而不论面山、面竹、花间、溪浃，凡是有可赏之景，必多制筑堂轩亭榭，造成园林中大部分的景区或景点都是以建筑为核心为名称的造园现象。上举后二例即是，而典型者莫如张镃南湖的"园中亭榭堂宇名目数十"（《南湖集提要》，册一一六四）。准此，建筑就代表了园林中的美景，这不仅因其设在景美之处以赏美景，也因为建筑形制的精巧别致可以成为欣赏对象。胡寅《永州澹山岩局记》说盖了岩局亭之后，"然后斯岩之美全矣"（《斐然集·卷二〇》，册一一三七）。可见建筑所发挥的画龙点睛的重要效果。刘嗣隆说"一簇亭台画亦难"（《宜春台》，二二六），韩琦说"密密楼台花外好"（《寒食会乐园》，三二五）本身不但是园林美景，而且还各个蕴藏着向外摄纳进来的丰富美景，所以建筑可以说是园林美景所在的指标。

以下将分从宋代园林的建筑造景特色、建筑空间布局特色与形制特色三方面析论之。

建筑所结合的造景原则

为了发挥园林建筑的居息与赏景功能，在造景时便有所因应，例如为居息的目的而采用幽深的造景手法，为赏景的目的而采用虚旷的造景手法。

首先在幽深的造景方面，最常用的是在建筑四周环植以花木，如：

轩窗环合尽青林。（韩维《题卞大夫翠阴亭》，四二五）

轩槛前临面翠微。（赵抃《题毛维瞻懒归阁》，三四二）

岩榭珍台入翠微。（梅挚《题南园》，一七八）

嘉树名亭古意同，拂檐围砌共青葱。（苏舜钦《寄题赵叔平嘉树亭》，三一六）

这些亭阁遁入嘉树翠微中，四面环合皆为青木所包围，则造成建筑的幽深特色，从居息角度而言，这样的造设正符合了居住时隐秘、寂静、遮护、阴凉的需求。从赏景的角度而言，四周的青葱嘉木正是优美的景色，且近在四面咫尺之地。从游览的角度而言，穿过丛密的林径，忽见"柳行尽处一亭深"（杨万里《诚斋集·卷二三·江下送客》，册一一六〇），那份宛转曲深的气韵是游者极大的乐趣。从远处向这里观看，则有"虚空檐宇出林端"（陈尧佐《郑州浮波亭》）的景象，在青林之上冒出一角虚檐，展现灵巧翔动的姿态，富于情趣。所以这种造景手法，可谓兼具了居息、赏景与游动三方面功能的精熟手法。

在翠微环合的造景中，宋代尤以竹柳与建筑结合最为常见，如：

《南溪之南竹林中新构一茅堂予以其所处最为深邃故名之曰避世堂》。（苏轼·七八七）

映轩临槛特为宜。（梅尧臣《依韵和新栽竹》，二五七）

植千株柳，作柳亭其中，闻者咨羡。（《宋史·卷三五一·张商英传》）

朱阁偏宜翠柳笼。（范纯仁《和王乐道西湖堤上》，六二四）

竹柳的形状姿态非常美，是园林里常见的植物，在大数量的竹林、柳林中的建筑，不独幽静，而且景色优美，同时又能借由竹的劲挺姿态、萧散气韵及柳的柔弱情姿等的掩映衬托，而增添其作为景点本身的美感。所以他们肯定地认为竹柳最宜于与建筑结合构成景观。

其次，基于赏景的目的而造设的景，在近景方面，第一节已讨论过临窗立石造山的手法，此不复赘。另外，则是以花为主景的方式，如：

四面花光照杀春。（杨万里《诚斋集·卷二五·郡圃晓步因登披仙阁》）

梅堂名玉雪……杏堂名清华，计九间。牡丹亭名怀洛，计九间。百花亭名芳润，计八间。（周应合《景定建康志·卷一·留都录》，册四八八）

老香堂：前植百桂。（梅应发、刘锡同《四明续志·卷二·郡圃》，册四八七）

绕台依榭一丛丛。（李至《至和独赏牡丹》，五二）

舍旁列植竹、桂、梅、兰、莲、菊，名曰六香吟屋。（欧阳守道《巽斋文集·卷一四·六香吟屋记》，册一一八三）

花卉一般比较低矮，故而这种建筑与花构组成的景点，并没有掩蔽隔离的效果，其主要是以赏花为重点，建筑是为提供赏玩场地而设置的，建筑本身的形构之美并不是最主要的目的。在此，建筑赏景有两个特点：其一，所赏的是近景，绕台依榭的花朵近在眼前，展现的是形丽之景；其二，花卉本身的花期有季节性，则此主题性景区内的建筑也将随着季节性而或用或置。可知建筑受到主题景物很大的限制与影响。

再次，以欣赏远景为主要功能的建筑，在造设时以力求旷朗的空间为主要考量，故而这类建筑多建造在高处，如：

赫然危构厌崔嵬。（苏舜钦《杭州巽亭》，三一五）

筑亭紫霄上。（孙觉《介亭》，六三二）

亭压山头独有风。（李觏《俞秀才山风亭小饮》，三五○）

有亭若在天半，掀然孤魄者，山月也。（杨万里《诚斋集·卷七五·山月亭记》）

筑亭高原以望玉笥诸山。（黄庭坚《山谷集·卷一·休亭赋序》，册一一一三）

这种在高山中盖亭的形式多半是自然山水园。建筑及少有的、画龙点睛式的人为造设是这类园林的特色与关键所在。一方面为辛苦攀越山径者提供休息的场地，一方面又能俯观远处景观，因此这一类造设若能相地选位精当，所得的效果会相当良好，所谓"嵩阳三十六峰者，皆可以坐而数之"（欧阳修《文忠集·卷六三·丛翠亭记》，册一一○二），所谓"凡一郡之山无逃焉"（韩元吉《南涧甲乙稿·卷一五·云风台记》），都是这种建造原则的实践之下所获致的美妙效果。

宋代园林建筑的造设，最明显的一个特点是与水景的高度结合，如本章第二节所论宋园对水十分重视（超乎山石），园林中几乎均有水景造设，所以园林赏景也往往以水为主要对象。既然如此，为赏水而建筑坐息的地方，其所设计的建筑应与水维持着良好的呼应或结合的关系。宋代园林建筑在造景方面就展现了这种与水高度结合的特色。

首先，是将建筑盖设在水的中间，使其深入水域，四不着陆。如：

峻榭水中央，兹为隐遁乡。（蒋堂《南湖台三首》其二·一五○）

渊映、潋水，二堂宛宛在水中。（李格非《洛阳名园记·东园》，册五八七）

聚为小潭，其上有亭，环以修竹。（张耒《柯山集·卷四一·思淮亭记》，册一一一五）

作堂于私第之池上。（苏轼《东坡全集·卷三六·醉白堂记》，册一一○七）

室方丈曰小瀛洲，水环其外。（谢翱《晞发集·卷九·山阴王氏镜湖渔

舍记》，册一一八八）

将建筑盖设在水中央，其基本的难题在于技术，如何在水中奠立屋台地基，使建筑能坚固屹立。一旦解决了技术问题，则这种造景可以产生相当良好的效果。置身在建筑内可以体验四面环水、人在水中独立的感觉。而且四面皆水等于与外界处于完全隔离的状态，是一个宁静不受干扰的独立空间。所以说是隐遁之乡，而从外界的陆地向水中望去，建筑物浮立在水中，可望而不可即，宛如水中仙境，是以名之曰小瀛洲。由此可知这种水中建筑的方式在造景与造境方面都能产生优美而深远的境界。

其次是将建筑盖设在水边，枕水而立的情形，如：

临水起月台。（汪莘《方壶存稿·卷二·竹涧》，册一一七八）

竹亭临水美可爱。（梅尧臣《湖州寒食陪太守南园宴》，二四五）

萧洒危亭枕碧池。（杨亿《留题张彝宪池亭》，一一五）

飞槛枕溪光。（宋祁《夏日江渎亭小饮》，二〇九）

水边楼影倒倾人。（宋庠《后园新水初满坐高明台远眺》，一九八）

这种傍水而盖的建筑在技术上较无困难艰巨处。依其所建的水岸情形——水澳处（水域伸入陆地所形成的水湾）或岛溆处（陆地伸入水域的半岛）而使建筑内所能见到的水景范畴、角度也各有不同。这种造景不仅提供眺览水景的最佳立点与角度，而且建筑物本身与水接临的造设情形，也能为从水的别边观赏提供新的景物与无际的水感。

不论是建于水中还是水边，因为建筑物至少有一边接临水面，所以站临其上时会有"栏干瞰玉渊"（胡宿《水馆》，一八〇）、"俯清涟"［如章岷《如归亭》云："构亭裁址俯清涟"（二〇二），祖无择《历城郡治凝波亭》云："耽耽层构俯清涟"（三五六）等］的经验，仿佛自己就置身在水上，为茫茫大水所围，这也可以引发神游之趣，甚至于会产生"床下系舟同醉傅"（吕希纯《王氏亭池》八四三），"阶唇仍作钓鱼台"（宋庠《照虚亭》二〇一）的特殊景象与别致的居游趣味。

有时为了增添水景的变化，会在建筑赏景的方向制造特殊的景象，如：

> 伏流出北阶，悬注庭下，状若象鼻。（司马光《传家集·卷七一·独乐园记》，册一〇九四）
>
> 两山嵚处一泉飞，飞到亭前聚作池。（刘述《涵碧亭》，二六七）
>
> 百尺井底泉，激轮作飞流。潺湲入庭户，宛转如奔虬。（刘敞《同客饮涪州薛使君佚老亭》，四六六）
>
> 耽然大厦开……池面飞泉落。（韩琦《长安府舍十咏·凉榭》，三二八）
>
> 声落檐牙飞短瀑。（韩琦《北塘春雨》，三二三）

这是在建筑可向外眺览到的观景点附近，造设悬瀑飞泉，形成动态激越的水景。这需要精巧的控制水流的技术。第二例则是自然天成的谷涧飞瀑，其造设的重点则在依景设亭，相地功夫与涧谷架亭的技术是其要点。这种跨涧建筑在宋代可见的例子如廖刚《圆庵记》所述"谷之南跨涧为阁，榜曰玩珠"（《高峰文集·卷一一》，册一一四二），又苏舜钦《寄题周源家亭》所述"君家有虚亭，跨涧复面山"（三一二），都是在自然山水间造设居息眺览的建筑，在造景工作上，重点几乎完全放在建筑以及其与山水美景之间位置关系的取摄上。可见这种飞瀑临屋的造景，可营造幽深如谷涧的境质，并创造富于动态力道的水景。

以上各种建筑与水结合造景的方式，是宋园中最常见的景致。

建筑形制上的特色

虚透的空间

园林内的建筑与一般街市或农村只用来居住的建筑不同，在居住、休息之外，更重要的是还要提供观赏室外景色的功能。因此，园林建筑不能是隐蔽封闭性的空间，其空间所着重的应是与室外充分连接流通的开放性，这样才能充分观览收纳外面的景色。宋人对这一点已有相当明确的认识和主张。

他们或者称扬建筑物本身的"轩豁"特色，如：

亭台各轩豁。（苏颂《次韵约诸君游长干寺》，五二四）
宴亭轩豁足娱宾。（韩琦《辛亥上巳会许公亭》，三三三）

或者称扬其"爽垲"的特色，如：

檐宇穷爽垲。（王琪《秋日白鹭亭向夕有感》，一八七）
湫陋必气郁，爽垲则神莹。（韩琦《安正堂》，三二〇）

或者重视其明、虚的特质，如：

燕堂通高明。（邵雍《燕堂暑饮》，三六三）
廊庑悉舒明，瞻望快耳目。（韩琦《善养堂》，三二〇）
亭榭复清虚。（文彦博《次韵和公仪月夕游南湖》，二七四）

轩，指位处高处，可以摄览广远的景色。豁，指明朗，建筑物通透开阔的眺览点，可以清楚明朗地广摄美景。爽垲、高明意同于轩豁，而舒明与清虚则又意同于豁。而轩高是建筑物选位相地的结果，豁爽则是建筑物本身形制设计的结果。由此可知，基于赏景的需要，建筑物应力求其造型上的虚透特质，意即建筑物的四周不要尽为墙面所围闭，应尽量减少墙面，使室内与室外获得最多的连通。因为此原则，宋代便常常以虚字来形容园林建筑，如：

未似虚亭面空阔。（苏颂《和梁签判颍州西湖十三题·清风亭》，五二五）
虚亭何所赏。（余靖《荔香亭》，二二七）
虚堂明永夜。（欧阳修《咏雪》，二九二）
寂寂虚堂一景闲。（释延寿《山居诗》二）
家园休息敞虚堂。（韩琦《题致政赵刚大卿宴息堂》，三二九）

亭之为虚，乃是因为其只在台基之上树立柱子，而不加墙面，是完全与外界空间连成一片的通透建筑；堂之为虚，则是将四面与外界分隔的隔离墙做成活动的门扇或窗扇，门窗关闭起来时是完全独立的封闭空间，但当门窗完全开启时，则只剩几根栋柱，室内与室外可以充分连通。所谓"开轩窗，四面甚敞"（李格非《洛阳名园记·董氏西园》），这种虚通的建筑特性，可以让室内的人清楚且较全面地观览外界的景色，所谓"池亭面面圆荷满"（韩琦《再赋》，三二八）的景象，便是建筑虚透的美妙结果。所以在宋园中，像四照亭、四照堂一类的建筑颇为常见〔四照亭堂，便是亭堂的四面均可观照外界景色的意思。如梅尧臣有《泗州郡圃四照堂》诗（二五七），赵抃《题郡园亭馆》有"为爱东园四照亭"（三四三）之句〕，便是虚亭、虚堂普遍化的一种展现。

建筑的虚空化特色，除了是因应观景上的需求之外，也有调节环境气温的考量。因为虚透，所以空气流通，比较凉爽舒畅，吕祖谦的《入越录》曾批评丁氏园"轩楹太敞，宜夏不宜冬"（《东莱集·卷一五》，册一一五〇），即是以虚空通透的特性能够凉化建筑空间，所以宜夏不宜冬。杨万里《新暑追凉》诗也说："满园无数好亭子，一夏不知何许凉。"（《诚斋集·卷二五》）亭子之所以好，在于它能凉爽宜人，所以满园有无数的好亭子，就有无限的清凉，这是亭子的虚空形制所得致的凉效。另外刘夔在遗留的诗句（题逸）中也称"冷淡亭台偏种竹"（一五三），以冷淡形容亭台，正是园林建筑形制的虚敞特性所产生的效果。

飞翘的檐形

宋代园林建筑在形制上的最大特色之一，在于屋檐角已大量出现上翘（卷）的形状，展现一种欲飞的态势，非常灵巧。其中建筑形制最为空灵的"亭"，出现这种檐形的情形最为频繁，如：

碧瓦飞甍势欲翔。（韦骧《鉴亭》，七三三）

飞翚比翼参云头。（焦千之《谨次君倚舍人寄题惠山翠麓亭韵》，六八九）

华构翚飞一望中。（刘挚《穿林亭》，六八四）

蘽巘虬檐插斗飞。（强至《题钱安道节推环秀亭》，五九四）

前轩翚翘开。（宋祁《东亭》，二〇七）

其次是"阁"这种建筑也颇多飞翘的檐顶，如：

危阁飞空羽翼开。（文同《题晋原舒太博清溪阁》，四三八）

飞甍孤起下州墙。（王安石《清风阁》，五六〇）

池上有虚阁，翚檐迅若翔。（蒋堂《和梅挚北池十咏》，一五〇）

危亭飞阁照寒溪。（冯山《和刘明复再游剑州东园二首》其二，

七四四）

还有其他建筑形制也采用飞翘屋檐，如：

思得两翅擘以飞。（王令《寄题韩丞相定州阅古堂》，六九二）

檐牙高揭啄山色。（江咏《凉轩》，六八九）

飞甍临万井。（欧阳修《双桂楼》，三〇一）

殿翼翔空直。（刘敞《回风馆》，四九〇）

从这么多资料中可以看出，不论是哪一种类型的建筑物都可以采用或配合飞翘式的檐宇，这显示这种形式的屋檐在宋代园林中的建筑体已相当普遍地被采用，成为当时一种相当常见的屋檐形式。

这种檐顶形式的特色在于，每一个檐角都做成弯曲上翘的形状，看来像是展翅飞翔的羽翼，整个建筑体在其带动之下，产生了欲飞的态势，有一种蓄势凝聚的强力和动感，所以元绛《题鼓山元公亭》诗描写说"栋宇飞腾气象完"（三五三），说明奋力振翅的形象，腾飞冲迅的态势，使得飞檐为园林壮阔了恢宏雄伟的气象，而当一座园林中所有的建筑都采用这种檐式时，就会形成"列亭相望斗翚联"（宋祁《寄题滑台园亭》，二一四）的景象。联并不断的檐角，好像满空奋翼的鸟禽在竞逐斗飞，充满力美与生动趣味。

因为上翘的檐角有一种欲飞冲天的态势，所以显得高扬入天，气势高

远，如：

> 飞甍如翼插苍烟。（韦骧《丁承受放目亭一首》，七三三）
> 屋角峨峨插紫烟。（曾巩《鹊山亭》，四六〇）
> 飞亭插苍霞。（郑獬《陪程太师宴柳湖归》，五八一）
> 人徒骇其山立翚飞，嶪然摩天。（陆游《渭南文集·卷一八·铜壶阁记》，册一一六三）

上翘的屋角不但引发飞翔的视觉联想，同时逐渐削减成尖的屋角形状，也给人锐利的感受。两者结合，就会想象它像是插入苍天紫烟般，似乎已经超越人间而深入天上，足以与扶摇狂飙相迎迓，所以当人仰视它时，便会深感它的高远不可及。

这样的屋檐造型，富含动感、灵巧轻盈、气象完足，但是这些特色若过分强化，就会产生轻浮不稳的弊病，因此适度的稳定性是很重要的。宋人注意到了这个问题，因此有这样的描绘："有亭翩然，其上如张盖风中，势欲飞去，有掣而止之者"（杨万里《诚斋集·卷七六·唤春园记》），"一翚掀翅压溪隅"（宋祁《江渎池亭》，二一三），"飞甍孤起下州墙，胜势峥嵘压四方"（王安石《清风阁》，五六〇）。掣、止、压等字都说明飞檐借着台基、柱栋的适当比例及本身弯翘角度所形成的凝聚力，都足以在轻灵的飞势之中含具稳定力，使这飞动之美充分与园林景色结合为一体。

造型特殊的建筑

宋代园林建筑除了屋檐形式的创新之外，在建筑体本身的造型上也有许多新颖的变化。如：

> 十字亭。（《宋史·卷八五·地理志·西京内园》）
> 三角亭。（俞汝尚《题三角亭》，三九五。文同《阆州东园十咏》，四三五）
> 三角堂。（周密《癸辛杂识·吴兴园圃·王氏园》，册一〇四〇）
> 六角亭。（李曾伯《可斋续稿后·卷一〇·重庆阃治十咏》，册

一一七九）

八角亭。（杨万里《诚斋集·卷三八·积雨新晴二月八日东园小步》）

圆庵。（杜敏求《运司园亭》，八七四）

所谓十字亭，乃是台基部分砌成纵横交叠的十字形状。十字亭、三角亭堂、六角亭与八角亭在造型上均有其特殊别致处，且在屋檐的造设与固定方面需要较高的技术。至于圆庵则是墙壁部分较为费事。而在诸多别致的造型中，宋代最为流行的应是船形建筑：

予作一小斋，状似舟，名以钓雪舟。（杨万里《诚斋集·卷七·钓雪舟倦睡》）

斋如小舫才容住。（苏辙《和毛君新葺囿庵船斋》，八五九）

有此孤舟寄丘壑，可怜平地起风波。（洪适《盘洲文集·卷六·橇斋二绝句》其二，册一一五八）

画舫规模供燕适。（陈著《本堂集·卷一八·咏孙常州飞蓬亭》，册一一八五）

丈亭系缆待潮生。（陈造《江湖长翁集·卷八·丈亭》，册一一六六）

着亭其间……名曰香远舟。（徐经孙《矩山存稿·卷三·香远舟记》，册一一八一）

《庐陵于两池中作船亭名卧芦取山谷满船月卧芦花之句……》。（陈文蔚《克斋集·卷一六》，册一一七一）

《题滑州画舫斋赠李公择学士》。（苏辙·八五一）

这些造筑成舟船形状的斋亭，大多建在水面或岸边，只有少数是盖在平地上的。而在水中或水岸的斋亭，其地基使用简要的支撑力，故而在波浪起伏中，建筑也随之浮沉上下，犹似一只船舫随着水浪而浮泛漂流。这在园林建筑中是造型相当别致特殊的一类。这种建筑除了取其造型之优美与趣味之外，也有其精神象喻劝勉的意义存在，如欧阳修在《画舫斋记》一文中说明命名为画舫的原因除了景色上的相似之外，还因为"舟之为物，所以济险难而非安居之用也……使顺风恬波，傲然枕席之上，一日而千里，则舟之行岂不乐哉"（《文忠集·卷三九》，册一一〇二）。那么，卧居于画舫斋中，正是浮游于人间世的缩影与象征了。这就赋予此类建筑深刻的意义了。

在建筑的造型上，宋代尚有则资料显现其特殊性的，是在《增补武林旧事·卷三·西湖游幸》中记述童巨卿："行乐湖山，手构一室，栋宇略具，护以箔幕，小可卷舒，出则携之。或柳堤花坞当心处，席地布屋，吟酌其中，题曰云水行亭。"（册五九〇）这种可以收卷起来的亭子，方便携带，随其游赏的行踪而任意移动位置所在，是最能够将居、息、游、赏等功能发挥淋漓的园林建筑。但这终究是豪富权贵、奢靡纵乐如童巨卿者，才有其财力、人力、心力去费此巧思，每一次出游皆劳师动众，劳民伤财。但不论如何，这种特殊奇巧的建筑的出现，正意味着宋代园林在建筑技术上的精良与进步。

精良的建筑技术

论及建筑技术，除了上述可卷舒的云水行亭之外，宋代尚出现这些记载：

自钱塘特地架一亭来，新凿一池，安其上。（郭熙《林泉高致集·画记》，册八一二）

作新基，移旧亭于园池之廉。（刘敞《公是集·卷三六·待月亭记》，册一〇九五）

移楼成广厦。（韩琦《善养堂》，三二〇）

行露亭用斗百余，数倍常数。而朱实亭不用一斗，亦一奇也。（陈师道《后山谈丛·卷二》，册一〇三七）

揣亭材未易致，姑以竹为木，藤为铁，茆为瓦。（曾丰《缘督集·卷一八·博见亭记》，册一一五六）

作驾霄亭，于四古松间以巨铁絙悬之空半。（明·何良俊《何氏语林·卷二九·侈汰》，册一〇四一）

前三条资料可见宋代建筑的迁移技术已相当完善，可以千里迢迢从钱塘将一座亭子运至汴京。而所谓迁移技术并非单指搬运技巧，更重要的是指建筑物的拆卸技术与重组技术均已相当精熟。此外，不必使用一斗或以藤代铁，以茆代瓦，不仅是建筑形制的新颖，也是技术的精良，显示宋代的建筑技术之运用已相当灵活自在，可以超越材料的限制，并发明新的符合力学原理的筑造方式。而张镃在南湖园更将亭子悬挂在四松之间，以梯登之，也是技术上的创新。

由本节所论可知，宋代园林的建筑在造景与形制上的特色，其要点如下。

其一，由于园林建筑具有良好的赏景功能，建筑每每造设在风景优美集中的地方，因此建筑可以说是园林美景所在的指标。

其二，基于上一点，以及宋代园林景区划分主题化的发展，所以出现园林中大部分主题性景区或景点都是以建筑为核心、为名称的造园倾向。

其三，建筑基于居息或游赏、览眺等功能的考量，在造景方面采取或幽或旷、或远或近的原则以相配合，产生各自不同的趣味。

其四，宋代园林建筑在造景上最常见的特色是与水景结合，临水而建的亭榭是宋人最喜爱的方式。

其五，宋代园林建筑形制继承前代，强调通透虚敞的结构特质，在赏景、纳凉方面甚为便利。

其六，宋代园林建筑在屋檐形式上出现大量的上翘造型，有如迎空飞翔的翅膀，灵巧精秀，凝聚强劲的势态和力道，气象完足雄伟却又不失稳定坚固感，是艺术化成就很高的建筑形制。

其七，宋代园林也产生了许多造型特殊的建筑，如十字亭、三角亭、画舫斋、云水行亭等，并能加以拆卸搬运重组，是建筑技术精良有大进步的时代。

第五节　空间布局及其艺术成就

园林的第五个要素是空间布局。所谓布局是指园林内的各个景物之间的位置关系、联系或呼应等结构安排。各个景物经过这种布局设计安排之后，不仅是可赏的对象，更是可游的趣味化艺术空间，园林的美与趣才能充分呈现，园林也才足以成为有机生命体。《园林美学》一书认为园林之所以能让人觉得美，主要是"它们所表现出的形式美在起作用……我们说的形式不仅仅是指单个风景形象的形体、色彩等表面形式，而主要是分析深层的形式美，即在艺术整体布局结构中表现出的形式美"（见刘天华《园林美学》，第209页），说明园林美与布局之间存有密切关系。

园林的空间布局不同于一般住屋的空间。一般住屋的空间布局以方便生活机能的发挥为主，是以实用为出发点来考量的；园林则是以游赏趣味的盎然为主，是以美为出发点来考量的。一般住屋可以根据其布局上的需要来变化其形状结构；但园林则需配合既成的地形地势来斟酌，限制颇多。因此园林的空间布局含有更多的学问和艺术手法，是影响一座园林成就的最重要也最全面的要素。

园林发展到宋代，已经逐渐凝聚完成了某些布局结构的法则，本节将依据在宋人的园林论或园林鉴赏文字中所体现的空间布局原理析论于下。

相地功夫与因随原则

造园的第一步功夫在择地相地。这个工作是整个造园的基础，关系着园林的好坏成败，非常重要。所以黄长美在《中国庭园与文人思想》一书中说："庭园的基地环境条件，是每一个园在设计之初即须考虑的因素。"（见黄长美《中国庭园与文人思想》，第148页）宋人在造园之初也应是大部分都经过这个程序，在诸多的园林记文中也提及其发觉、观察该园地的经过。然而正式在文字中标明"相地"一词的只有：

因相地而措其宜。旷而台，幽而亭……（刘宰《漫塘集·卷二一·秀野堂记》，册一一七〇）

苏轼《次韵子由与颜长道同游百步洪相地筑亭种柳》诗（七九八）

所谓相地，是细细观察地的形势、左近的景色与角度变化，地形与景色之间的位置及互动关系等。然后才能知道删芟些什么或增置些什么可以使美景更加醒目怡人，可以事半功倍。刘宰说相地之后可以知道一些地点的特性而进最适宜的处理，画龙点睛的效果于焉呈显。了解一块地的种种特性之后，才能针对其特性加以点化，才能了如指掌，得心应手地运用它。相地就是基本的了解程序，之后才展开筑亭种柳的工作，知道旷处宜台、幽处宜亭。

相地功夫的重要回应是因随原则。在了解了土地的形势特性之后，要善加运用就得"因随"其特性。宋人也有此意识自觉，如：

因地之宜，构为栋宇。（徐积《题寄亭》序·六四六）

随地势高下而为亭榭。（元·陆友仁《吴中旧事》，册五九〇）

因高就下，而作堂于中。（张嵲《紫微集·卷三一·崇山崖园亭记》，册一一三一）

即池之隐起者为亭。（罗愿《罗鄂州小集·卷三·小蓬莱记》，册一一四二）

又乘其地之高，附竹之阴，为二小亭。（吴儆《竹洲集·卷一〇·竹洲记》，同上）

因、随、即、乘等字说明所有人工建筑都在一个前提之下进行，那就是依照原有的地形结构，顺着其特征，无所破坏且反加利用。如此不但省却人力、时间和金钱，收到事半功倍之效，而且符合园林的最高要求——自然。一切均尊重自然朴实的形势风格，人力只是居于辅助、点化的地位。但这里必须借重人的智慧，了解地势并掌握建筑的功能特色，加以适切的配合，才能发扬因随原则的意义。例如韩淲《锄治山椒可置胡床远览》诗所描述的"更于高爽敞平台"（《涧泉集·卷一一》，册一一八〇），充分掌握平台远眺的功能，那么因着地势的高且爽来敞造平台，在简易轻松的工程下其功效当能发挥得淋漓尽致。

另外，宋人在水景的创造上也常常依循着因随的原则，如：

因坎而为池。（华镇《云溪居士集·卷二八·温州永嘉盐场颐轩记》，册一一一九）

因其地势洼而坎者，为四小沼。（吴儆《竹洲集·卷一〇·竹洲记》）

因其洼，疏而为池。（谢逸《溪堂集·卷七·小隐园记》，册一一二二）

因流而蓄池沼。（王十朋《梅溪前集·卷一七·绿画轩记》，册一一五一）

不方不圆，任其地形。（欧阳修《文忠集·卷六二·养鱼记》，册一一〇二）

这里提出造设水景在因随原则之下的三种情形：一种是利用地势较低洼的地方来蓄水成池，可以达到事半功倍之效；另一种情形是利用泉涧溪水，加以引蓄而成池沼，不但便利于取水，而且还能不断新陈代谢，成为洁净流动的活水；再一种情形是水池的形状轮廓线完全依照地形原有的样势，不加人为的造作，展现自然流利的风貌，这是因随原则在水景方面运用的情形。

因随的原则之把握与实践，是在相地功夫的完成之下进行的，因为充分地了解园林土地的种种形势上的特色之后才能加以配合、应用。而因随原则不但是省力省事、充分发挥地利地功，而且还能尽量保留园地的原貌，尊重土地的本性，也是自然原则的实践与发扬。合乎自然、契近山水天地原貌正是中国园林所追求的境地。

相地之后，除了因随原则的依循之外，选择最适切的地点来造设最适切的景物，也是造园空间布局的一大要点。宋人有此体认与实践，如：

惜此众景会，聊以一亭纳。（吕陶《寄题丹棱李令野亭》，六六二）

宅景物之会为燕游之所。（刘宰《漫塘集·卷二〇·醉愚堂记》）

据群山之会作亭。（黄庭坚《山谷集·卷一七·东郭居士南园记》，册
一一一三）

据景之会有亭。（胡寅《斐然集·卷二〇·云庄榭记》，册一一三七）

择地为亭智思全……目逆千山秀色边。（韦骧《丁承受放目亭一首》，
七三三）

相地之后，了解一块园地中景观最美的所在，知道从哪个地点、角度及地形来设计适宜舒适的眺览观景点。因此上引诸例都是选在众景会聚、可以饱览胜景的地方来筑造亭榭。这样的造设原理，使园林成为真正可赏、可游又可休憩的空间。这是在相地之后的择地功夫，必须智思精致周延。

若从园林空间布局的整体考量，将之视为有机一体来看待，则不论因随原则或应景择地的方法，其相地的要点，就是精确掌握整个园地的"势"。宋人有这样的经验：

随宜得形胜。（蒋堂《飞来山》，一五〇）

亭馆虽芜胜势存。（韩琦《立秋日后园》，三三一）

面势作堂，临泉之上，尽山之胜。（晁补之《鸡肋集·卷三〇·拱翠堂记》，册一一一八）

移楼成广厦，面势压平陆。（韩琦《善养堂》，三二〇）

如果在每一个景点、景区或路线的造设安排上面，都能依循着相地所得而加以适当的因随、择应，使每个造设都能随其宜，那么这块园地的所有形胜之处将能展现无遗。也就是说，掌握了整个园林的形势，知其胜势所在，则面其势、应其势而造设，将能使人为的造设与自然形势之间产生良好的呼应，而形成明显一体的胜势，而且能助人赏得园林胜景，是为得其胜势。

然而这样的成绩，有赖于一个先决条件，那就是这块园地必须是天生的胜势之地。那么，在做精细的相地功夫之前，必须先经由适当的选地程序，

才能得到佳地胜势。也就是说，园林空间布局的基础工作是，先做整体概略的相地，以为择地的依据。择定园地之后，再进行细部精详的相地功夫，而后再做细部的择地应景、因随的规划。这是整个相地工作的完整程序。

借景手法与空间通透

园林的土地有限，在其土地上的景物也是有限的。但是中国园林为了开拓更多可赏的景色，延伸更宽广的美好空间，在园林要素的布置安排上运用了许多巧妙的手法来达成这个目的。

首先，最常使用的是借景。所谓借景，是经由特殊的空间处理而将原不属于这座园林或这个景区内的景色收纳进来，使其成为此园此区可资赏览的景观，因而丰富了景色，扩展了空间。这种手法在唐代已经相当普遍使用，宋人继承了这个造园传统而颇有发挥。例如在远借方面：

尽借江南万叠山。（刘敞《游平山堂寄欧阳永叔内翰》，四八九）
四边山色入楼台。（吴中复《众乐亭》，三八二）
四面山屏叠万重。（毕田《凝碧亭》，一五二）
四围山色檐头出。（王奇《绿荫亭》，一五二）
入户好峰谁可画。（韩琦《再赋》，三二八，此题是再赋《会故集贤崔侍郎园池》之意）

江南万叠山或是四围山色都是远在园林之外甚或十分迢遥的景物，原不属于园林之内所有。然而经由相地及择地的程序选定景观最佳的观景点，再加以建筑形式的虚敞设计，便往往可以借纳远处的优美景色以资欣赏。如此一来，虽然园地有限，但是园林的空间与景致便无形中扩展丰富了。这是远借手法。

至于近借，则形态更多样。举凡窗户、墙洞、墙头的开设多多少少都能借纳邻近处的山石、水流或花草。如：

近挹荷香供几案，远邀山翠入轩窗。（刘宰《漫塘集·卷二·寄题戴氏

别墅》)

卜居非卜邻，适幸邻花发。照曜东轩东，喧然二三月。露香送清吹，晨艳开繁雪。（刘敞《东邻花》，四七五）

稚子戏墙根，鸣鸡出林樾。（同上）

这是借取邻家园林或自家园内别处景点的景物，经由虚敞空透的建筑特色来就近欣赏。这也突破了既有的空间界线与限制，以丰富可赏的景观。像本章第一节、第三节均讨论过宋人喜欢在轩前立假山或湖石，在建筑周边栽植花木，可以隔着窗洞赏玩近处的山石花，就都是近借的手法。

其次是俯借的手法。本章第二节已论证宋代园林十分重视水景，水的出现频率非常高，这也就促成俯借情形的普遍运用。如：

碧天写入柳湖底，天上醉游春日斜。（郑獬《柳湖晚归》，五八五）

白鸟鉴中立，画船天上行。（陈舜俞《弄水亭》，四〇四）

天外晴霞水底斑。（司马光《奉和景仁西湖泛舟》，五〇九）

涵星泳月无池沼，请致泓澄数斛盆。（王禹偁《与方演寺丞觅盆池》，七〇）

水底见微云。（梅尧臣《澄虚阁》，二五〇）

水面具有映照的功能，犹如一面大镜子，可以把它上面的景物与空间状况通通投射显现在水中，在视觉上像是增加了一倍的景物（真物与倒影），也增添了一倍的空间（真实空间与映像空间）。其中尤以天空景象的倒映最有情致：因为一方面地面与天空的距离遥远无垠，则倒映水中所增益的空间也就无限。另一方面平常高远不可及的天空、云霞、星月如今变成脚下的景致，人会产生画船天上行、天上醉游的神思联想，而有极其神妙别致的美感体验。

至于水池周遭的景物，也能经由水面的映照而产生倒影，如"朱楼照影钟磬晓"（李觏《寄题钱塘毛氏西湖园》，三五〇），"楼影动云霞"（张方平《初春游李太尉宅东池》，三〇七），或"数峰高插水中天"（林东美

《西湖亭》，六六〇）等，都是因为倒借的效果而使园林景观得以丰富，园林空间得以延展。

再次为仰借，这多半是指仰首向广阔无垠的天空借景，则举凡日、月、星辰、微云、天色的变化、飞鸟、舞蝶等均属此。但因其与人工的设计或筑造并没有关系，故而在论空间布局时予以省略。

最后是超乎视觉形象的借景，如"南舍花开北舍香"（刘敞《小园春日》，四八九）是嗅觉芳香的飘借；"犹有清风借四邻"（释智圆《庭竹》，一三六）是触觉的清凉吹借；还有鸟啼、蛙鸣等听觉的传借。然而这一类借景也多半无须在空间布局上特别设造，故而亦予以省略。

曲折的动线与深邃不尽的空间感

空间感可以在两种形态下呈显，一种是静态中呈现的空间感，亦即在居息时所感受到的空间。上一目的借景手法较属于此类。另一种是动态中呈现的空间感，亦即在游走时所感受到的空间。本目所论的动线即属于此类。

所谓的动线，即引导人游走的路线。在园林里，动线大部分为路径、堤岸、廊庑和桥。这些动线多半被设造为曲折宛转的形式。本章第二节已析论过宋代园林常以流水作为游赏的动线，而水流多被造设成曲折宛绕的，也就是宋园中水的动线以曲折为原则。路径亦然，如：

> 曲径回复，迷藏亭观。乍入者惶惑不知南北。（吕祖谦《东莱集·卷一五·入越录》，册一一五〇）
> 曲径行委蛇。（卫宗武《秋声集·卷一·赏桂》，册一一八七）
> 委曲松篁径。（施枢《芸隐倦游稿·高园》，册一一八二）
> 径转如修蟒。（苏轼《中隐堂诗》，七八七）
> 径术何透迤。（谢绛《小隐园诗》，一七七）

路径当然是游客行走以观赏景色的主要动线，将它修筑得曲折委蛇，是中国园林素有的手法。首先是因为曲线比直线更自然，更能与园林景色协调统一。其次是因为曲径所要带领前去的景区景物在转折弯曲中被"迷藏"幽隐，产生神秘的趣味。再次是每一个转弯后会有意想不到的景色出现，富于变化，如徐亿所说的"胜景更新数步间"（《巾山广轩》，六八九），在几步路之间，只要一转弯就有新的胜景或同景物的新角度，趣味盎然。最后是曲折的动线可以增加游赏空间。两点间最短的距离是直线，越是曲折越能增加长度，园林的空间感扩展了，幽深不尽的美感也增加了，所以韩维说："无端修竹行不尽。"（《普明寺西亭五绝句》其一，四二九）

在地势不平的园林中，动线往往会出现栈梯，其设计的重点仍然以曲折盘绕为主，如"缭栈入云林，诘屈如篆字"（文同《子骏运使八咏堂·巽堂》，四四四），如"叠径萦迁上小亭"（郭祥正《辨山亭二首》其一，七七七），除了需配合山势宛转向上之外，其空间布局的手法及美学原理与上论曲径一样。

此外，路径在曲折的大原则下有时会制造一些敧斜的变化，如：

竹径入敧斜。（文同《晴步西园》，四四四）

小寺深门一径斜。（杨万里《诚斋集·卷二二·题水月寺寒秀轩》，册一一六〇）

因存橘树斜通径。（刘克庄《后村集·卷七·为圃二首》其二，册一一八〇）

通常路径筑成敧斜，是为了因随其土地的形势，或配合其他景物的联系功能或是为整体空间的轻重考量。然而这并非牺牲动线的美感，反而因其一段敧斜的变化，使整个动线在曲折幽邃之余增添了一点活泼、俏皮、特异的变调和姿情。以上是园林路径的空间特色。

同为园林动线的廊庑也是采取曲折委蛇的形态，如：

廊庑回缭，阑楯周接。（李格非《洛阳名园记·刘氏园》，册五八七）

为步廊数十间，周回而至。（梅应发、刘锡同《四明续志·卷二·郡圃》，册四八七）

修廊环无端。（韩维《同邻几避暑景德》，四二〇）

周以回廊之壮。（欧阳修《文忠集·卷四〇·岘山亭记》）

回廊启斋扉。（姚勉《雪坡集·卷一七·题腾芳书院》，册一一八四）

回字形容廊庑的环绕相接。然而廊庑若是直线布设，又怎能回环呢？所以这些廊道都是曲折布置的。人走在其间，不但得到遮蔽保护，而且可以游赏两边的景色，或随宜休息。其曲宛又回环无端的结构所引发的美趣与上论的路径相同。此外，所谓的曲栏曲槛，如"为轩窗曲槛，俯瞰池上"（苏轼《次韵子由岐下诗》序，七八六）。如"画栏凭曲曲"（文同《竹阁》，四三八）等，其原理、形态均与回廊相似，只不过它不是园林主要动线，而是一个景点的动线罢了〔虽然苏轼在《正月二十一日病后述古邀往城外寻春》诗中曾批评说"曲栏幽榭终寒窘，一看郊原浩荡春"（七九二），但那只是他病中局困室内想望浩荡舒朗的空间所致。何况这批评正好显示出当时的人家是普遍以曲栏为建筑常态的〕。

此外，尚有一些动线形态，仍是以曲折为美的。如：

曲坞逶迤紫间红。（梅尧臣《和刁太博新墅十题·花坞》，二四三）

山半楼台绕曲堤。（苏颂《次韵奉酬通判姚郎中宴望湖楼过昭庆院暮归偶作》，五二七）

堂虽不宏大，而屈曲深邃，游者至此，往往相失。（李格非《洛阳名园记·董氏西园》）

花坞、曲堤、堂道均为游观动线，基于美趣与空间的考量，也都造成曲折逶迤的形态。足见这种布局原则在宋代是多么广泛、普遍，一致地被应用于造园上。另外值得一提的是西湖楼台围绕着曲堤而筑造，所形成的是以水景为中心、所有人工建设都向此中心集中视野的空间设计形态。西湖与吴兴一带的园林也都是以西湖与太湖为中心而筑造的。这种设计方式在往后中国园林的空间布局中成为典型。

消泯分隔线与自然一体感

中国园林最重视自然原则，空间布局不管有再精彩美妙的巧思，都需遵循此最高原则。所以上论动线的曲折宛转也是符合大自然的线条形态的。动线的曲转虽符合自然线条的规律，然而若其轮廓线过于明显斩截，则路面与路外的景色之间将形成截然不同的两个区域，园林空间于此将被分隔切割，减低其气息通透、浑然一体的生命流动感。为了避免这种空间分隔截断而琐碎的弊病，消泯分隔线就成为布局时一项重要工作。

在分隔线的消泯工程方面，宋人主要仍是在动线的两边植以生长力强盛的树木，如：

> 修竹长杨深径迂。（司马光《题太原通判杨郎中新买水北园》，五〇一）
> 寒松夹幽径。（赵抃《张景通先生书堂》，三三九）
> 一径穿篠深。（梅尧臣《寄题滁州丰乐亭》，二四七）
> 夹径低枝压客头。（杨万里《诚斋集·卷八·祷雨报恩因到翟园》）
> 影深幽径竹新成。（释延寿《山居诗》，二）

迂曲的路径两旁植以修竹、长杨或寒松，因为枝叶扶疏且自然参差地伸展垂拂，便能将路径两边的轮廓线给遮掩住，消泯掉截然分隔的线条。这种似坞的动线安排，同时能提供游者可赏的花木美景，给予浓荫清凉的适感，而且与其曲折的形态结合更能产生幽深不可测的意境。只有当特殊的节候如"霜树叶疏幽径出"（释延寿《山居诗》，二）的时候才看得到这条幽径的脉络，否则平时（竹松长青）它是隐秘难见的，这样的人工线条经过消泯遮掩之后，整个园林就有融合一体的特色了。

修茂的树木可消泯分隔线，低小的花草亦然，如：

> 乃于杂花香草中得微径，委蛇绕冈址以升。（李鹰《济南集·卷七·合翠亭记》，册一一一五）
> 深入春丛一径微。（杨亿《游王氏东园》，一一八）

俯槛临流蕙径深。（欧阳修《留题安州朱氏草堂》，三〇一）

一径草微分。（赵湘《登程主簿南亭》，七五）

一径草盘青。（林逋《留题李颉林亭》，一〇五）

这里只是将路径两旁改种花草，其效果除却荫凉之外与树木是相似的。不过曲径于此幽深的成分略减（因其曲折委蛇的形式，故尚保有幽深的特质），转而因草卉的盘附而微现微隐，似断似续，泯化消融的特性依然存在。

在园林动线中，桥担负着重要的联系任务，使游赏的路线可以突破地形的限制，动线的规划便可自由、灵活。在桥的设计中，宋人也注意到自然化、一体性的要求，首先是以曲折拱弧的形式来造设，如：

飞桥架横湖，偃若长虹卧。（文同《守居园池杂题·湖桥》四四五）

长桥千步截江泂，虹影随波彩翠开。（王琰《垂虹亭》，五三四）

飞桥高庑，上下莹彻。（郑侠《西塘集·卷三·清怀阁记》，册一一一七）

曲渚斜桥画舸通。（欧阳修《西湖泛舟呈运使学士张掞》，三〇一）

短彴逶迤渡。（文同《普州三亭·东溪亭》，四三三）

无论是长桥或短彴，几乎都将之做成如虹如飞的拱弧形，或者敧斜、逶迤之状。这样的造型线条均符合自然规律，也都能够与和其衔接的路径廊庑等动线的曲折特性达成和谐统一的画境，使园林具有一体感。其次，也是以树木来消泯其线条，如：

虹腰隐隐松桥出。（曾巩《西湖纳凉》，四六〇）

柳映危桥未着行。（林逋《酬画师西湖春望》，一〇七）

当时手种斜桥柳。（范成大《石湖诗集·卷二〇·初归石湖》，册一一五九）

长桥柳外横。（梅尧臣《依韵和许发运真州东园新成》，二五〇）

在桥头的一端或两端借由垂柳或敧松的遮掩，使其半边或局部呈露出来，隐约的美感、断续的线条都使桥这种纯属人工创作出来的建筑能够融合于园林的自然美景之中。此外，飞桥高悬凸起的位置，使其往往具有临眺的功能，不但能俯临近处的水景，也能"望中千里近"（苏颂《补和王深甫颍川西湖四篇·宜远桥》五二一）地远眺，因此宋人也往往在桥上增筑亭子，以成桥亭的形式，如：

> 桥上危亭在水心。（王琪《垂虹亭》，一八七）
> 溪上危堂堂下桥。（宋庠《新春雪霁坐郡圃池上二首》其二·一九七）
> 虚亭跨彩桥。（韩琦《众春园》，三一八）
> 亭桥跨天沼。（姚勉《雪坡集·卷一七·题腾芳书院》）

桥原先是个过道，只为联通水的两岸，算是个过渡性空间。然而因为人们倚桥俯瞰逝水或鱼游香荷，或远眺美景，遂使其往往成为令人驻足的所在。为了提供赏景者从容细观的舒适环境，桥上筑亭的桥亭特殊形制于焉产生。这使得游赏动线在律动的节奏上得到舒缓性的变化，也使得空间布局的结构组织更符合自然的变动，更具生命力。

幽邃与明敞并济的空间观

幽邃与明敞是两个看来似乎相抵触的空间特性：前者力求掩蔽隐秘、难窥其貌的空间设计，后者则力求开放明朗、一览无遗的空间设计。然而宋人在论及其园林的空间布局时，多强调两种形态的兼具：

> 君子之为圃，必也宽闲幽邃。（袁燮《絜斋集·卷一○·是亦园记》，册一一五七）
> 亭台花木皆出其目营心匠，故透迤衡直、闿爽深密皆曲有奥思。（李格非《洛阳名园记·富郑公园》）
> 水竹树石、亭阁桥径，屈曲回复，高敞阴蔚，邃极乎奥，旷极乎远，无

一不称者。（尹洙《河南集·卷四·张氏会隐园记》，册一〇九〇）

凡此游观，皆爽垲而高明深邃，至今以为美。（刘敞《彭城集·卷三二·兖州美章园记》，册一〇九六）

回环纡抱，气象明邃，形势宽闳……乃为上地。（洪迈《夷坚志丁·卷八·赵三翁》，册一〇四七）

宽闲与幽邃、闾爽与深密、高敞与阴蔚、邃奥与旷远、高明与深邃、明与邃都是两两相反的空间特色，然而这些资料却都将它们并列为同一个复词，成为同一座园圃兼具的两个特点。可见宋代园林无论是在观念理论上或是造园实践上都将这两种相反的空间特色统一结合起来了。

然而这看似矛盾的两类空间形态，是如何在造园中实践出来的呢？以建筑这种各主题景区中的核心点为例，它不仅是观览景物的观景点，同时又是可被欣赏的景观，所以造设之时便兼具高明与幽邃的考量。因其为可欣赏的景观，所以设计得幽邃，如：

柳行尽处一亭深。（杨万里《诚斋集·卷二三·江下送客》）

回环蔽深屋。（郭祥正《留题九江刘秀才西亭》，七四九）

修竹高松环作清奥，非初望所及。（邹浩《道乡集·卷二五·翱风亭记》，册一一二一）

穹林巨植干霄蔽日，曲栏幽榭隐见木杪。（孙觌《鸿庆居士集·卷二二·滁州重建醉翁亭记》，册一一三五）

为亭，环以嘉木巧石，使略相蔽亏，望之郁然。（罗愿《罗鄂州小集·卷三·小蓬莱记》，册一一四二）

建筑的四周尽为高茂的丛树所围绕，要经过一番曲折的游动，走到路径的尽处才赫然出现眼前。这一切都是非初望所及的，富于意趣与惊喜。所谓"幽深有佳趣"（梅尧臣《留题希深美桧亭》，二三三），有时候是远远地见到曲栏幽榭若隐若现地仿佛在树梢之间，产生一种神秘莫测、幽深不尽的美感。这是对所欣赏的对象进行空间幽深化的设计。然而若就从观景点向外眺览的立场和需要而言，就着重于高明敞朗的空间特性，如：

　　为爱东园四照亭，剪开繁木快人情。新秋雨过闲云卷，十里南山两眼明。（赵抃《题郡园亭馆》，三四三）

　　洗竹遥山出。（陈诜《和祖择之学士袁州庆丰堂十咏》其七，二六七）

　　须看月明风劲夜，寒声薄影满茅居。（王令《洗竹》，七〇六）

　　洗出烟姿还雅澹，削开龙影起幽蟠。（韩琦《洗竹》，三三〇）

　　遍地冗枝都与去，倚天高干一齐留。（邵雍《洗竹》，三七〇）

所谓洗竹，是将过于繁密冗杂的枝干加以芟除。因为过密的枝叶不但阻碍向外观眺的视线，而且令人产生窒息郁闷的不好感觉。经过一番剪伐之后，豁然开朗了，闲云、明月、十里南山均清楚可见了。或者有人会怀疑，这样的剪伐，不是会破坏幽深的空间特色吗？不然。因为树木就围绕在建筑物的四周，树木与建筑是贴近的，树木与云月山水是较远的，因此适当地剪开繁木，使其疏密得宜，那么，从树林外望向林内，建筑是隐秘约略的，但从树林内高处的台阁望向林外远景，则可旷远明朗。这犹如门户上的一个小孔，当眼睛贴近小孔观看，可清楚看见孔内情形；若是隔着一段距离就很难清楚看见小孔中的情形，是一样的原理。

　　上论相地功夫时亦提及园林建筑往往选建在美景会集的面势之处。这种建筑可以环眺或远览夐远美景，可谓高明闳爽。但只要在建筑四周植以花木，便能使其成为幽深掩映的景观，又不妨碍其高远的观景视界。这也是两种对反的空间特性的统一。

　　另外，单就建筑物本身（不与外界景物之间产生对应的空间关系）的形制空间而言，宋园也往往兼具明敞与幽深两种特色，如：

　　思得宽敞幽邃之宇，以为燕居游息之地。（李纲《梁溪集·卷一三二·寓轩记》，册一一二六）

　　前敞以轩，后邃以槛……（杨万里《诚斋集·卷七四·真州重建壮观亭记》）

　　轩楹高明，户牖通达，便斋曲房，两宜寒暑。（黄庭坚《山谷集·卷一七·北京通判厅贤乐堂记》）

　　台高而安，深而明，夏凉而冬温。（苏轼《东坡全集·卷三六·超然台记》，册一一〇七）

　　其处理原则大抵是，以观览美景的需求为基础的房间，多以打通开凿轩窗的虚敞方式来呈现。至于私人燕居休息的房间或行走动线则力求隐秘幽深。或者从另一个角度来说，以空间数量而言，追求宽敞宏明的空间，以空间的呈现方式而言，追求的是幽邃靓深。它们同样可以一起并备于同一建筑之中。

　　根据本节所论可知，宋代园林在空间布局方面的造设重点如下。

　　其一，宋代在园林空间的布设方面，仍然以"自然"的总原则为大前提，一切的造设均以合乎自然原则为依归。

　　其二，在自然的前提下，布局的工作首先展开的是"相地"功夫，掌握了整体地理形势，再依"因随"原则略加点化，以达事半功倍之效，以尊重自然原貌。

　　其三，宋代园林空间布局的第二个重要原则是使游赏的空间感增大扩展，其具体方法主要有二，一是借景以延伸可赏空间，一是曲折动线以增加游赏路线及景观。

　　其四，借景手法在宋园应用极普遍，形态也多样：远借、近借、俯借、仰借；视觉借、嗅觉借、听觉借及触觉借。

　　其五，曲折的动线主要表现为路径的逶迤、栈梯的缭绕、廊庑的回环等，使游赏活动饶富美趣。

　　其六，为使园林空间能够通透、自然、整体，宋园也致力于消泯分隔线的工作，往往在人工建造的部分，如路径、桥梁或建筑的轮廓线所在，以花草树木加以遮掩消泯。

　　其七，宋园在布局上展现出幽邃与明敞并济的空间观：对于被欣赏的对象（景观）造设得幽邃隐约，富于深隽美感；对于眺览所出发的视点（观景）则力求高明敞朗，以收得夐远广阔的美景。

第四章　宋代园林艺术的创新

　　由上一章所论，已知宋代造园的种种成就。在这些成就中，有的是继承前代既有的成果，有的则是宋代才形成的新成绩。为了避免与唐代园林的论述产生重复赘沓之弊，凸显宋代园林在造园史上的地位，本章将仅就宋代园林创新的部分来论述。

第一节　小园兴盛与造园手法的艺术化

　　园林发展到宋代已经进入典型化、艺术化的阶段，不再只是注重粗浅的雄伟富丽的气派。而所谓典型化是指能够高度集中园林的种种特色或是使用象征的手法产生丰富的暗示和引导，以使园林的空间能得到最大的应用并产生丰富深化的效果。这就是园林的艺术化手法。至此，在小空间中营造，更能集中地显见出这种艺术化手法的深远意趣；而太宏大的空间反而容易散失这样的效果。因为在宋代园林中，小园逐渐受到重视而兴盛，且在诗文中不乏强调园林之小与美者，可见人们正在重视小园林"小中见大"的意趣。

小园的渐兴及其原因与意义

　　宋代小园的渐兴，首先表现在称谓上，喜欢以"小"来称冠园林及其内的景物。如：文彦博有《小园即事》诗（二七四），梅尧臣有《追咏崔奉礼小园》诗（二四八），苏辙《次韵李简夫秋园》诗有"小园仍有花"（八五一）之句，刘一止有《留题吕宣义知命小园》诗（《苕溪集·卷五》，册一一三二），戴复古有《题春山李基道小园》诗（《石屏诗集·卷四》，册一一六五），这是统称园林之小。而在景物内容上则如：

　　咫尺见清幽。（释智圆《留题闻氏林亭小山》，一三五）
　　凿池小如斗。（许棐《梅屋集·题常宣仲草堂》，册一一八三）
　　小盆小石小芭蕉。（郭祥正《西轩默怀敦复二首》其一·七七八）
　　跨波湾势小。（梅尧臣《和资政侍郎湖亭杂咏绝句十首·小桥》，二四七）
　　小径小桃深。（范仲淹《留题小隐山书室》，一六九）
　　数竿虽小亦萧森。（刘克庄《后村集·卷五·移竹》，册一一八〇）
　　短楼矮阁小亭台。（王汝舟《藏春峡》，七四七）
　　更小亭栏花自好。（邵雍《洛下园池》，三六七）

小山只有咫尺，池水只有如斗的量，盆池配上小石与低小的芭蕉，小桥跨在略略的湾上，桃树娇小，竹子只种几竿，楼阁亭台是短小低矮的，联系整个园林的动线径道也是窄小的。几乎构成园林的重要要素都可以造设得小巧。或者我们可以怀疑这种描绘可能是谦称，如邵雍《戏谢富相公惠班笋三首》其二说：“承将大笋来相诧，小圃其如都不生。”（三六九）这是与富相公送来的大笋相较，谦逊地称自己的园圃小而无法生产。这样的情形是有的。但是细究宋代的诗文，这类因谦逊而称园小的情形很少，事实的成分反而甚多。例如上引诗例有许多是题写他人的园林，不应该是出自谦虚，此外像杨万里在其《上巳同沈虞卿尤延之王顺伯林景思游春湖上随和韵得十绝句呈之同社》诗说：“总宜亭子小如拳，着意西湖不见痕。”（《诚斋集·卷二二》，册一一六〇）这总宜园是西湖边一个相当著名的园林，杨万里是以一个游客的身份客观地道出其亭子小如拳的景象，可知这是一个客观的事实。
　　造成园林小的原因很多，一般容易想到的如：

　　（李谦溥）晚治第于道坊，中为小圃，购花木竹石植之……贫无以资，

圃质于宋延偓。（王辟之《渑水燕谈录·卷九》，册一〇三六）

先君无恙时，空乏甚矣。而舍旁犹有三亩之园，植花及竹。（袁燮《絜斋集·卷一〇·秀野园记》，册一一五七）

（内臣孙可久）都下有居第，堂北有小园，城南有别墅。（吴处厚《青箱杂记·卷一〇》，册一〇三六）

前两则可以见出拥有小圃者是贫无以资、空乏甚矣的人。因为穷困而只能营设小圃。第三则是城外别墅之外，在都城内的居第所设的小园，算是平常家居生活中一个简便的游赏地点，正式的大型的游赏活动则到城郊别墅，可见是因空间的限制与生活日常的需求，而因顺地点所造的小园。但无论是经济还是空间因素，都给我们一个重要信息：宋代园林已广泛普及于一般家庭且深入生活日常中，乃至于连空乏甚矣的人家都设有小圃，乃至于拥有城郊别墅者还要就近在城内居第建造简便的小圃。正如苏辙在《栾城集·卷二四·洛阳李氏园池诗记》中叙述洛阳为古帝都，具有汉唐气象及贵族习俗，所以"居家治园池、筑台榭、植草木，以为岁时游观之好……一亩之宫，上瞩青山，下听流水，奇花修竹，布列左右"（册一一一二）。因为家家户户都有治园池之习，即使是贫乏的间阎之人也能在一亩的范畴内，利用借景（洛阳有美丽的自然景物，同文还描述道："山川风气，清明盛丽，居之可乐。平川广衍，东西数百里。嵩高、少室、天坛、王屋，岗峦靡迤，四顾可挹。伊、洛、瀍、涧，流出平地……"这么多自然美景，所以非常方便于借景。）而取得高远的美景，也能创造青山流水、奇花修竹的园林。

跳开事实层面的空间与钱财的限制等因素，我们发现宋代文人有意强调园林之小，似乎意味着园林之小也有理念上的因素在支持着。这种特意的强调如：

荒园才一亩。（司马光《花庵独坐》，五〇八）

种竹才添十数竿。（张景修《题竹轩》，八四〇）

数鬣游鱼才及寸。（郑獬《盆池》，五八四）

有亭才袤丈。（苏颂《补和王深甫颍川西湖四篇·竹间亭》，五二一）

斋如小舫才容住。（苏辙《和毛君新葺囷庵船斋》，八五九）

他们共同都用一个"才"字来强调园林及其组成要素的小。可以确定的是，他们都没有贬抑讥嘲的意思，而且是在某种程度的事实基础之上略加夸大。那么这个"才"字的强调应该还有正面赞扬称许的意味。苏颂在《省中早出与同僚过谭文思西轩咏太湖石》诗就把这个意思表达得很直接，他说："爱君小轩才袤丈。"（五二一）这样一个才袤丈的小轩引起他的喜爱，"才"是令他喜爱的重要原因。所以刻意用"才"字强调空间小，是有正面赞扬之意。

为什么空间小还会受到赞扬与喜爱呢？是赞扬贫乏困窘吗？当然不是。苏轼在《东坡志林·卷四·亭堂·名容安亭》里自述"陶靖节云：倚南窗以寄傲，审容膝之易安。故常欲作小轩，以容安名之"（见木铎出版社，1982年版，第79页），显见得苏轼对陶渊明清简的退隐生活一直抱存着效法学习的态度，而建造一个仅能容膝的小轩以安住其中，正是陶潜生活情境的重现。那么空间的小，有时是特意用来彰显生活意境的追求。杨怡《成都运司园亭十首·茅斋》说："葺茅如蜗庐，容膝才一丈。"（八四一）使用"容膝"二字应该有仿效陶潜之意。而司马光《花庵二首》其一说"谁谓花庵小，才容三两人。君看宾席上，经月有凝尘"（五〇八），明白表示花庵虽然只能容纳两三人，但是他经月不宴客、不交游，花庵自然不嫌太小。这就以花庵的客观空间的小来衬托出司马光主观心境的宏大。由此可知，小园的出现和发展，并不单纯是客观经济或空间的限制所迫，在大部分的歌咏中，小园还蕴藏着主人翁生活意趣与对心灵境界的追寻。

意蕴无穷的艺术化手法

园小，却富于意趣，这其间有颇大的困难和矛盾，似乎必须依恃主人的心境的超越。但是宋人却能应用造园的艺术化手法，使园林狭小的客观空间产生最大的空间感和无穷的意蕴。其手法可约略分论如下。

借景

首先，在地势上，他们善于应用既有的地理特性，使每一寸土地都发挥最大的功用。如邵雍《和王安之小园五题·小园》中描述道："小园新葺不离家，高就岗头低就窊。"（三七九）既然是家屋旁边的地，不管地势如何起伏不平，如何难以造设，都必须善加利用，所以就因顺着既有的地形来设计，充分借用既有的地势来完成山岗或水洼，使每一寸空间都得到最适切的造景，这是借用园内的景势。此外，每一个园林之外的景物也要得到最大的利用。如上引苏辙《洛阳李氏园池诗记》中记载洛阳的家家户户都治园池，即使只有一亩的大小，也是"上瞩青山，下听流水"。这说明小园善于应用借景的手法，使园林因收纳远山外水而丰富了景致，间接地也增加了空间感。又如上引杨怡写的《茅庵》虽然容膝才一丈，但是它的造型却是"规圆无四隅，空廊含万象"。用圆形又较为空廊的造型，可以收纳四面八方三百六十度的景象入室，这也是另一种彻底的借景手法，这使得可观的景色增加了很多，也使得室内室外的空间能得到充分的交流呼应，融为一体，空间感可以无限地推扩出去。

曲折动线

同样使空间感增大的手法之一，是使游园的动线增长，增加游人行走的空间与时间。如：

入门虽较小，中却是壶天。委曲松篁径，清新锦绣篇。（施枢《芸隐倦游稿·高园》，册一一八二）

叠径萦迂上小亭。（郭祥正《辨山亭二首》其一，七七七）

这是以曲折萦迂的路径增加游者行走时的路线长度，使观赏的时间加长，使观览的景物角度增多，使园林的景致丰富了，园林的欣赏性空间也在无形中增大了。又因园林景物在曲折中慢慢地展现出它所有的角度而不易一下子就完全呈露殆尽，所以也就显得比较幽深。像"屋角园虽小，幽深隔世尘"（王柏《鲁斋集·卷二·题适庄茅亭》，册一一八六），像"小亭新构藏幽趣"（焦千之《砚池》六八九），像"有亭才衾丈，林深隔嚣尘"（苏颂

《补和王深甫颍川西湖四篇·竹间亭》五二一），像"半亩清阴趣自幽"
（刘一止《苕溪集·卷五·留题吕宣义知命小园》）等都显示出小园小亭仍
可经营得幽深。既然幽深，就显得意蕴无穷，引人入胜了。

除了以空间感的增加来创造意趣之外，在时间方面，宋人也尽量让小园
的美能延续不断。如：

屋角园虽小……闲花三十种，相对四时春。（王柏《鲁斋集·卷二·题
适庄茅亭》，同上）

中有一亩宅。花竹分四时。（俞德邻《佩韦斋集·卷一·闲居遣怀三
首》其一，册一一八九）

叠拳石为山，钟勺水为池，植四时花环圃之左右……彼株荣，此株枯；后
者开，前者落……（黄裳《演山集·卷一七·默室后圃记》，册一一二○）

在花木的栽植上，注意到季节性的调配，使得在不同季节盛开的花都能齐
备。于是有些树木茂盛时就有另些树木枯萎，花朵也是轮流着盛开，如此接
递下去，一年四季就都有花木美景可赏，小园的美也就一年四季兴盛不衰，
显得生机盎然。这是增加小园的美景时间。

比例配置

其次，他们也注意到园林景物之间的比例调配，以使景物与景物之间的
距离感加大，也就增加了空间感。如：

短楼矮阁小亭台。（王汝舟《藏春峡》，七四七）

小盆小石小芭蕉。（郭祥正《西轩默怀敦复二首》其一，七七八）

拳石以为山，勺水以为池。（方岳《秋崖集·卷一·山居十六咏·小
山》，册一一八二）

青泉盈池底白石，中有高山高不极。（刘攽《盆山》，六○四）

狭地难容大池沼，浅盆聊作小波澜。（程颢《盆荷二首》其二，
七一五）

低低檐入低低柳，小小盆栽小小花。（杨万里《诚斋集·卷二二·题水

月寺寒秀轩》)

园林本身的空间狭小，就不宜建造壮丽的建筑、栽植高大的花木或营设大山大池，否则不仅会让园林显得拥挤不堪，而且两相对照之下会更衬托出园林的窄小。因此用短楼、矮阁、小亭台、小盆、小石、小芭蕉、拳石、勺水来装点景致，不但让园林显得空绰有余裕，而且在比例的对照下，园林也会被衬托得比较广大。景物与景物之间也是同样的效果。因为用盆子装盛泉水，所以立在其中的石头在比例效果之下竟变得"高不极"。而低矮的轩檐配合低小的柳树，小盆栽小花的比例安排也让水月寺的寒秀轩有了"绕身萦面足烟霞"的山林趣味。所以善加运用景物的大小比例，也可以使狭小的园林变得无穷深广，意境幽邃。

如上引最后一个例子所说明的，因为小园林的逐渐兴盛，所以在宋代，盆景景物的造设十分流行。除了拳石勺水的搭配之外，盆池尚有许多设计。如：

三五小圆荷，盆容水不多。（邵雍《盆池》，三六三）
数鬣游鱼才及寸，一层绿荇小于钱。（郑獬《盆池》，五八四）
鲜鱼不盈寸，泳浅安其深。（韩维《和原甫盆池种蒲莲畜小鱼》，四二〇）
《新置盆池种莲荷菖蒲养小鱼数十头终日玩之甚可爱偶作五言诗》。（刘敞·四六六）

盆池里可以养鱼，但鱼的体型必须纤小——才及寸或不盈寸，才能在水中悠游自如，也才能显出池水的深洋浩荡。水面可以种植荷莲或荇萍，它们当然也必须小巧而且数量少，以使水面显得广远。此外，盆岸也可以种植菖蒲，让水岸覆盖在纤柔的蒲叶下，而不见岸线，则不知水有多宽广矣。这些都是在比例上和视觉原理上加以安排设计，使得盆池也能"瓦盆贮斗斛……江海趣已深"（梅尧臣《依韵和原甫新置盆池种莲花菖蒲养小鱼十头之什》，二五四）。

"势"的完足

景物之间大小比例的配置得当，使得小园在形势上也能犹如大园，更能产生无穷之感。因此在单一景物的营造方面，形势的完足、气势的充沛也是小园所注意的。盆山、假山尤然。如：

种竹才一亩，便有千亩势。（卫宗武《秋声集·卷一·赋西轩竹》，册一一八七）

瓶胆插花时过蝶，石拳栽草也留萤。（石声之《闲居》，三九四）

泥沙洗尽太湖波，状有嵌空势亦峨。（韩维《新得小石呈景仁》，四三〇）

覆篑由心匠，多奇势逼真……云淡炉烟合，松滋树影邻。（晁迥《假山》，五五）

浓霭万叠碧，悬流百寻长……气爽变衡霍，声幽激潇湘。（刘敞《奉和府公新作盆山激水若泉见招十二韵》，四七一）

一亩的竹子能产生千亩之势，这大约是采用集中的方式，让人在密集连绵的竹林中产生无边无际的感觉，在形势气势上就变得广大无垠了。而一拳小石，在上面栽草，引生了萤火虫，在气势上就变成旷野郊林了。而小石在形态上若能选择或斫砍成峰峦层叠或嵌空之状，也能营造出嵯峨奇峻之势。此外，在小石上养松树、升炉烟、悬长流、激水声，也能产生深峻高绝、缥缈幽邃的灵山效果。总之，这些都是采取典型化的手法，将山林的种种优美特质都集中设置在小石上，使其具有深山大谷的形势，很自然地会引人悠远遐思。这是典型化手法在小园里所创造的不尽意蕴和趣味。

神思之趣与道的境界

上文论及景物大小比例的配置时，引证许多盆池的设计喜欢养小鱼，因为鱼之纤小，故能对比出池水之浩荡。许棐《梅屋集·题常宣仲草堂》诗就认为："凿池小如斗，水浅鱼自深。"意味从人的立场来看，池水小如斗，当然是狭隘不畅的；但是站在鱼的立场来看，水却是深广的。而人在赏玩园林时便需常常超越人的角色去想象。苏辙《次韵李简夫秋园》诗便主张"观游须作意"（八五一），"作意"二字就是要用自己主观的意念去想象、去感觉，从而创造出一种神游于小园的无涯乐趣。再如：

> 小盆小石小芭蕉……已知吾意在鹪鹩……绿池水满即潇湘。（郭祥正《西轩默怀敦复二首》其一·七七八）
>
> 友人即默室后为小圃……盘踞而独坐，寂然而言忘，兀然而形忘，杳杳为天游……然则圃虽小而仁智者寓焉，则圃甚大矣。（黄裳《演山集·卷一七·默室后圃记》，册一一二〇）

意在鹪鹩，即把自己想象是一只小小鸟儿，那么，小盆小石小芭蕉就变成了大山大水和茂林了，当水满时就是一片潇湘岚泽了，是则此园岂不幽深复广。又试着坐忘，忘掉自己的形体，只以神思在杳渺的天地间遨游，则小圃可以变得甚大。因此许多歌咏小园的诗文多能写出一番壮阔的气象来：

> 既有蝌蚪，岂无蛟螭；亦或清浅，亦或渺弥。（邵雍《盆池吟》，三七四）
>
> 山下清波清浅流，鱼龙浩荡芥为舟。（刘攽《盆池》，六〇四）
>
> 谁谓花庵陋，徒为见者嗤。此中胜广厦，人自不能知。（司马光《花庵二首》其二，五〇八）
>
> 予偃息其上，潜形于毫芒，循漪沿岸，渺然有江湖千里之想。斯足以舒忧隘而娱穷独也。（欧阳修《文忠集·卷六三·养鱼记》，册一一〇二）
>
> 心宽忘地窄，亭小得山多。（戴复古《石屏诗集·卷四·题春山李基道小园》）

把自己潜形于毫芒，就能享受江湖千里渺弥、蛟螭鱼龙出没浩荡的乐趣，园林因而变得无限壮阔，而游赏的情趣也变得无限深远。所以司马光说他的花庵在众人眼中太小，但在他心中却胜过广厦。而戴复古也说亭虽小却能神游赏览多山。因而即使是狭窄窘促的小园也能诗意盎然。方岳因而歌咏道：
"五亩园林都是诗。"（《秋崖集·卷九·山中》，册一一八二）张景修也
能够"种竹才添十数竿，题诗已仅百余篇"（《题竹轩》，八四〇）。这些
都是神游遐想与小园艺术化相结合所得到的意趣。

由于神思遐想是一种忘我、超越的境地；由于能安住在小园中是一种简
淡的修养，因此在小园中游赏也就变成是一种体道、修道的实践。如：

道从高后小林泉。（孙仅《诗一首》，一〇九）

内省不疚，油然而生，日新无穷者，此君子之乐也。世俗以外物为乐，
君子以吾心为乐。（袁燮《絜斋集·卷一〇·是亦园记》，册一一五七）

吾之东篱又小国寡民之细者欤？（陆游《渭南文集·卷二〇·东篱
记》，册一一六三）

荒园才一亩，意足已为多。（司马光《花庵独坐》，五〇八）

与其增膏腴数十亩而传之后裔，孰若复三亩之园而不坠其素风乎？（袁
燮《絜斋集·卷一〇·秀野园记》，册一一五七）

这里不管是实现老子所说小国寡民的生活形态，或是知足的态度，抑或是固
穷守节的素风，都是自心修养的展现，也都是体道与行道。这种对待小园
的态度经由诗文的歌咏赞颂和宣传，也在文人之间被学习效仿着，如黄仲
元《四如集·卷二·意足亭记》记载着："天叟每诵司马公《花庵独坐》
诗：荒园才一亩，意足已为多。语儿孙曰：意足二言可命吾亭第。"（册
一一八八）由此可知，经由诗文的歌咏记载，小园经营与游赏的理念和境界
就在宋代文人之间传播开来。小园在逐渐流行，而艺术化的造园手法也在进
步发展之中。

综合本节所论可知，宋代在小园的渐兴方面其要点如下。

其一，宋代已经出现小园渐兴的现象。

其二，小园的渐兴不但是因为经济上与空间上的限制或考量所致，在宋
代更有很多文人在诗文中表现出对小园的赞赏与喜爱，显现出这也受造园理
念的肯定与促成。

其三，宋人已注意到在小园中用借景、曲折动线、比例配置与态势的完足等手法，使小园产生无限深远的幽趣。这也使宋园表现出艺术化的优美境界。

其四，小园的渐兴与艺术化造境，也帮助宋人游赏园林时体会出一番神思神游的艺术鉴赏经验与理论。

其五，园林生活的普及促使贫人也时兴造园，造成小园的渐兴；而小园的渐兴则又会帮助更多人参与园林活动。两者之间存在着微妙的互动关系。

事实上，以上所论之宋代小园的艺术化手法，在唐代有关园林的诗文中已渐受重视，但是由于唐代的园林还是以宏伟雄壮为主，还是多以大自然结构为基本架构，所以一些在文人理念中已注重的园林艺术境界仍然较为分散地被含容在园林之中，而无法集中发挥其功效。到了宋代，由于上述的一些艺术化手法已更多地从理念中被实践出来，而且越趋成熟、越趋集中地展现，故而造就越多的小园作品。

而小园的日渐兴盛，也同样会促进这些艺术化手法的精益求精，而有更多的巧思创出。所以冯钟平编著的《中国园林建筑研究》一书在论及宋代园林特色时，曾经有如下一段话："宋代在园林建筑上没有唐朝那种宏伟刚健的风格，但却更为秀丽、精巧、富于变化。"（见冯钟平《中国园林建筑研究》，第18页）这种秀丽精巧的风格，应是小园发展渐兴的自然结果。

第二节　主题性景区的设计

宋代园林的特色之一就是普遍地设立主题性景区，这在唐代大约只有王维辋川别墅的二十景（辋川二十景为：孟城坳、华子冈、文杏馆、斤竹岭、鹿柴、木兰柴、茱萸沜、宫槐陌、临湖亭、南垞、欹湖、柳浪、栾家濑、金屑泉、白石滩、北垞、竹里馆、辛夷坞、漆园、椒园。见《全唐诗·卷一二八》）与卢鸿一嵩山草堂的十景（卢鸿一草堂十景为：草堂、倒景台、樾馆、枕烟庭、云锦淙、期仙磴、涤烦几、幂翠庭、洞元室、金碧潭。见

《全唐诗·卷一二三》）两个例子。而在宋代这是一个极为普遍的情形，第六章论及宋代文人在园林中赋诗所产生的特殊诗歌形式——园林组诗时，将录列文献资料中可见的宋代园林组诗，于这些组诗的子题中可以清楚地看出宋代园林以主题性景区的设立为基本组成单位的情形，并了解到这种造园特色的普遍性。

所谓主题景区就是园林中以自然或人为的方式区分为几个区域，每个区域各有其欣赏、游玩或品味的主要对象。这样，一座园林便可以包含好几个可资赏玩的景区，每个景区的主题不同，游赏起来便能清楚地掌握重点，不会散漫无序或眼花撩乱。这种园林分景区的概况可参看第六章第四节的园林组诗表。

本节将分别讨论宋代园林中各景区的主题设计，从而说明其景的特色与营造的意境，而在此讨论之中，主题性景区的普遍情形也将会自然呈现出来。

景色主题及其造景意境

园林景区主题最常见也最基本的是景色内容，这种主题区多半以某样景物为主要的欣赏对象，其中又以花木最为常见，花木之中以竹子为主景的景点最多，如：

竹间亭。（欧阳修《竹间亭》二九九，在诗歌的标题中虽提示不出其为园林中的一景区，但此种情形多因为诗人以其一景为主题而吟咏而立题所造成，从诗歌的内容或序文、注文中可以看出）

修竹台。（盛度《修竹台》，一〇九）

吾竹坞。（刘敞《公是集·卷二六·东平乐郊池亭记》，册一〇九五）

竹径。（范祖禹《游李少师园十题》，八八六）

竹屿。（舒亶《和刘珵西湖十洲》，八八九）

这是为欣赏成丛成片的竹林景色所造的景区，沿着整条坞堤、小径或是整座岛屿种植修密的竹林，也可以在竹丛中搭建亭台，使人在行走游观之中或是在坐卧眺览之中欣赏到翠碧的竹色、修劲的竹身、萧散的竹叶、风竹交拂产生的声姿变化以及微气候造成的雨露烟雾的韵致。

以植物为主的景，尚有如柏轩、桐轩、松岛、苍卜林、柳汀、碧藓亭等，种类甚多，其中花景也是时常被采用的，如：

花屿、芙蓉洲、菊花洲。（舒亶《和刘理西湖十洲》，八八九）

双桂楼。（梅尧臣《留守相公新创双桂楼》，二三三）

万菊轩。（苏轼《万菊轩》，八三一）

蜀锦堂。（周必大《文忠集·卷五八·蜀锦堂》，册一一四七）

芙蓉堂。（宋庠《夏日晚出芙蓉堂》，一八八）

梅岩。（年巇《陵阳集·卷五·题束季博山园二十韵》，册一一八八）

这些几乎都是单以某类花为主题而设的景区，不夹杂其他种花，使得景区在数大之美和纯粹之美中展现凝聚而典型的欣赏对象。这种景区多半受限于季节因素而无法长年游赏，如菊桂是秋天盛开，芙蓉为夏，梅为春，因此这些景区都含具浓厚的季节特色。此外因为花多半具有芳香气味，因此嗅觉赏玩也成为这类景区的一大特色。

山石为园林的五大要素之一，因而以山为主题的景区也是常见的设计，如：

山亭。（年巇《陵阳集·卷五·题束季博山园二十韵》）

山斋。（冯山《利州漕宇八景》，七三五）

雪峰楼。（孙甫《和运司园亭》，二〇三）

叠嶂楼。（郭祥正《明叔致酒叠嶂楼》，七七四）

有山堂。（杨万里《诚斋集·卷三〇·芗林五十咏》，册一一六〇）

园林中所谓的山景有两种，一种是园内人工堆造出来的假山，主要观赏其造势的陡峭险峻，用联想神思去品玩山林悠游之乐趣。另一种是以园林外的真山为主要对象，经由借景的手法去观览远山深幽空静的美。山的高矗、深不可测，给人沉静幽寂之感，加上常有烟云缭绕、白雪覆盖等景象，更含富着缥缈空灵的特质，因而坐观山峰常会引发优美的情思，是园林中相当展现幽静美的景观。

水，也是中国园林中不可或缺的要素，以水为主题的景区也相当重要，如：

环波亭。（曾巩《环波亭》，四六○）
溪亭。（张栻《南轩集·卷五·寄题周功父溪园三咏》，册一一六七）
漱玉亭。（杨怡《成都运司园亭十首》，八四一）
飞泉坞。（马云《踞湖山六题》，六一七）
激湍亭。（文同《兴元府园亭杂咏十四首》，四四四）

水的功能甚多，且其形态可以自由变化，在造景上可以灵活运用，因而是园林中相当重要的景物。其中有静态的湖池、动态的泉湍溪流两类，再加以各种设计、形态上的变化，就成了姿态万端的景色。这种主题景区多半能展现灵动澄净的境质，并在动态产生的声响与激越之中衬显出宁静幽深的境质。

以大自然中的月亮为主题也是常见的设计，如：

月亭。（文同《庶先北谷》，四三四）
月台。（吕祖谦《东莱集·卷一五·入越录》，册一一五○）
明月台。（文同《阆州东园十咏》，四三五）
水月堂。（黄裳《演山集·卷一三·游山院记》，册一一二○）
月岩斋。（文同《寄题杭州通判胡学士官居诗四首》，四四○）

月亮是自然的景物，随处可见，怎么可以当作园林景区中的主题？虽然月亮随处可见，但是欣赏的角度、四周景物的配置以及人以什么姿态在什么情境下欣赏，都会影响整体景致的气氛与趣味。因此，造设一个高矗的平台或僻静的亭斋，让人在寂静超尘的情况下，以坐卧倚凭的适惬姿态来欣赏月色，特别能呈现出人与天一体的孤绝、皎洁、幽冷的境地。若再加上水景的映照，则水月的空明、幽渺将营造出超绝的境界。这对文人而言，实是契心的景致，因而成为中国园林中常见的景区设计（水在园林中的功能如灌溉花木、防火、造景、消暑、饮用、流杯、调节空气湿度等）。

此外，造设假山的重要材料石头，也往往以单个立姿的或成群单立的形式作为主要赏景对象，而成为主题景区，如：

涌泉石。（司马光《和邵不疑校理蒲州十诗》四九八，此诗序云：得片石大如席，上有数十窍……凿地为坎，置石其上，夏日从旁激水灌之，跃高数尺，以清暑气）

醉石。（杨万里《诚斋集·卷三〇·芗林五十咏》，册一一六〇）

石林亭。（刘敞《新作石林亭》，四七一）

石林堂。（陆游《剑南诗稿·卷六二·寄题李季章侍郎石林堂》，册一一六三）

桂石堂。（文同《兴元府园亭杂咏十四首》，四四四）

对于石头的赏玩，唐朝才逐渐多起来，而且经白居易开始在诗歌中多次歌咏太湖石的各层次之美。宋代继承这股新兴的文人风雅，而且在太湖石之外，如杜绾《云林石谱》中赏析了各地各种可与太湖石媲美的美石（册八四四），引领宋人欣赏石头在形状、材质、姿态、形势气韵等各方面的美，使宋人更加喜爱单个立石所蕴含的丰富美。因而以某个特殊立石或群置的石林为主要欣赏对象的景区也成为园林常见的设计。（其造景造境特色可见第三章第一节）

园林五大要素中完全是人工产物的建筑，其本身也往往是景区的主题，如：

三角亭。（俞汝尚《题三角亭》，三九五）

八角亭。（杨万里《诚斋集·卷三八·积雨新晴二月八日东园小步》）

高庵。（文同《寄题杭州通判胡学士官居诗四首》，四四〇，其诗有

"众人庵尽圆，君庵独云方"之句）

香远舟。（徐经孙《矩山存稿·卷三·香远舟记》，册一一八一。其记文有"盖以其亭之如船也"之说明）

浮波亭。（陈尧佐《郑州浮波亭》，九七，其序文云："建宇出于波心……势若浮波"）

其实，一般符合标准形制的建筑物，其本身已有可赏之处，如欲飞的檐势、空灵通透的空间或镂花的窗洞等。而这些景点又是以特殊的造型成为欣赏重点的，如三角亭、八角亭产生形状上的趣味和对营造上的困难的赞叹，高庵则是特异于常态的圆庵，香远舟是以船形造亭所产生的独特趣味，浮波亭则是以其奇险之势引人入胜的。

以上的主题景区，都是以某种景物为主要欣赏对象所形成的，而且这些景区在名称上均十分具体地表现出其主题内容。此外，有些景区所欣赏的主题虽以某种或某类具体景物为对象，但不是欣赏其形状样貌，而是由其特质中的某一点的大量凝聚或其他因素的配合所造成的景象，如：

环秀亭。（强至《题钱安道节推环秀亭》，五九四）
滴翠亭。（金君卿《题公定兄滴翠亭》，四〇〇）
翠阴亭。（韩维《题卞大夫翠阴亭》，四二五）
香莹轩。（郭祥正《宗公香莹轩二首》，七七七）
涵碧亭。（刘述《涵碧亭》，二六七）

环秀亭是欣赏四周环绕的绿树畴野，重点在其秀色。滴翠亭欣赏的是数岫翠岚浓欲滴，重点在那浓欲滴的流动翠岚。翠阴亭是以轩窗环合的青林为主景，爱赏的是青翠凉阴。香莹轩以荼蘼为主角，但重点在其香馥及雪白。而涵碧亭则以飞泉的澄碧涵溶为主题。它们同样都不以形貌取胜，而是以其特色（或色泽或气味或动态）所凝聚成的质感为被赏玩的焦点，这种主题景区是以其境质、气氛引人入胜的。

而同样以某种景物为主，既非赏其形貌，亦非爱其质感，而是因其他因素的加入而产生趣味的主题，也是中国园林主题景区的胜场，如：

> 霜茂堂，雨净室，雪香室。（姚勉《雪坡集·卷三五·盘隐记》，册
> 一一八四）
> 听雨轩。（真德秀《西山文集·卷二五·溪山伟观记》，册一一七四）
> 金影轩。（文同《金影轩》，四四四）
> 薰风亭。（释智圆《夏日薰风亭作》，一三一）
> 春晖亭。（苏轼《寄题潭州徐氏春晖亭》，八二八）

这些景区原先是以松柏、竹、梅、芭蕉等景物为主，但因松柏之姿经霜犹茂，故取名霜茂堂，表示赏玩的是松柏蔚然不畏风霜的坚毅精神。因竹经雨裹而净翠如玉，故唤名雨净室，表示爱赏其净挺风姿。因梅经雪覆而幽香，故称名雪香室，以表示赏慕其冰清玉洁的质量。其他听雨之音，玩竹月摇曳之影，沐浴南风之和或惊叹春晖之采，均是在季节时间的流动起伏中产生的景象，含富变动、生命的内容和天候的氛围。因此这一类景区的主题在于欣赏优美的生命精神和变动的宇宙特质。

与此相似的，是以某种景物的特质为主，并提点出主人造设的用心与启示的主题，如：

> 鸥渚亭。（张镃《南湖集·卷八·南湖有鸥成群……》，册一一六四）
> 飞蓬亭。（陈著《本堂集·卷一八·咏孙常州飞蓬亭》，册一一八五）
> 鱼计亭。（真德秀《西山文集·卷一·鱼计亭后赋》）
> 蛙乐轩。（范纯仁《王安之朝议蛙乐轩》，六二一）
> 惹云亭。（范成大《吴郡志·卷一四·园亭·南园》，册四八五）

以鸥的群集暗示主人翁的无心机；以飞动如蓬的浮舣亭来暗喻主人在虚舟世界看浮沉，已悟变常之理，并入定境；以鲦鱼的从容自在、逍遥闲放为主，启悟主人生计出处之道；以蛙之鼓鸣题轩，主人能知其乐，表示主人心乐自得；以云之悠闲来去，暗喻主人之自得超尘。凡此以某种景物为欣赏对象，

又加以主人心境的某种暗示的主题，多能传达出深远的意涵，创造优美的意境，是中国园林景区设计中文人深爱且常用的。

以上所论各类型的主题景区，不论是以花木还是以山、水、建筑、石林的形貌为主，或以这些景物的某种质地为主，或以其含具的特殊的、富于启示的、象征的精神特色为主，它们都同样有具体的欣赏对象。这些具体的主角几乎都与人工建筑相组合，亦即是与亭台轩堂等建筑同时构成一个景区。其中这些建筑物虽也可以成为被欣赏的对象，成为景物，但其主要的作用是让游赏者在观赏其主题景色时，能在建筑物之内，以舒适的姿态来赏景，进而能够长时地赏玩。这种景区的设计不但是从可观、可游的需求出发，同时也兼顾了园林可休憩、可居住的功能；不但是从主题景物的美的立场出发，还是从游赏者的游憩立场出发，照顾到了园林景区动线的流畅，也兼顾到了园林结构的停顿休止，使园林空间在气韵生动的同时，也有凝聚钟毓，在动静的交错布置中，产生节奏韵律之美。

这种主题景物与建筑物组合而成的景区，在视觉原理上，往往使其美景做辐射性的布置，而建筑则似是视线的焦点，使所有主题美景向着建筑做核心投射，成为向心式的、凝聚式的景物结构，因而每一个单个的主题景区都成为结构非常紧密完整、主题鲜明的赏景点。这种景区的造景设计，也同时体现了园林以人为主体的造园原则，这是主题景区的造景设计特色。

功能性主题及其造景特色

在宋代园林的主题性专区中出现了很多以功能为主题的专区设计。这些专区的功能通常包括生活机能、游赏和修炼涵养三大类型，其丰富性使得园林的实用性获得凸显。

在生活机能方面的功能景区，出现在诗文中的多半是文人雅士的生活需求，其中以读书功能最为常见。以读书堂为名称的景区在诸多的园林组诗中多有所见。顾名思义，此堂专供主人读书，所读之书应随手可取得，因而读书堂多兼具置书藏书的功用。如司马光《独乐园记》所述的读书堂便是"聚书出五千卷"（《传家集·卷七一》，册一〇九四）。其他还有很多直接提点出藏书功能的景区的，如：

> 藏书阁。（宁参《县斋十咏》，二二六）
>
> 经史阁。（方岳《秋崖集·卷四·山居七咏》，册一一八二）
>
> 楼下为室，以贮图史。（程珌《洺水集·卷七·胜静楼记》，册一一七一）
>
> 其东曰三经堂，以藏儒道释氏之书。（范纯仁《范忠宣集·卷一〇·薛氏乐安庄园亭记》，册一一〇四）
>
> 虚堂布遗经，周孔之文章——自注：邃经堂。（卢革《校书朱君示及园居胜概……》，二六六）

不论其所藏的书内容如何，需要专设一座楼阁堂室来加以贮放，可见其数量之庞大。故知读书的功能只是其一，藏书的目的也是其一。宋代是中国历史上藏书风气兴起的重要时段，藏书当是文人雅士的所好，而园林除了皇室巨贾之外，也多是文人雅士所坐拥，因此，在园林的营造上自然会特别为读书藏书的需要而设立专用区。

读书藏书虽是较为呆板严肃的事，但是在景区的设计上仍然注重园林化。如韩元吉《韩子师读书堂置酒见留》诗描述道："酴醾插架未成阴，水满高塘数尺深……鸣禽唤客知闲景，舞鹤迎人作好音。"（《南涧甲乙稿·卷四》，册一一六五）赵扑《张景通先生书堂》诗描述道："书屋数百椽，寒松夹幽径。竹森潇洒观，泉逗潺湲听。"（三三九）在书堂主建筑物的周边有酴醾架、方塘、鸣禽、舞鹤，有寒松、幽径、竹林、泉流，依然是风景优美的景区，但其造景造境主要是以幽静深寂为要。这一方面是因为读书堂既为园林中一区，自然是要整体地配合园林风貌，以求统一和谐。另一方面则是园林生活的主要目的是精神的松放自在，即使读书亦然，故而读书所在的环境优美是必需的。再者，从韩元吉的诗可知，读书堂虽为园主个人的活动空间，要求寂静幽深，但是招待好友在此置酒闲谈（清谈或论诗……）也是友谊深挚的一种表现，与友谈心，眼前有美景助兴启思，也是读书堂的功用。因此宋人在这类功能性景区的造景设计上十分着力下功夫。

　　与读书藏书功能相似的是练字品字的景区，如孙莘老在湖州州园内的墨妙亭（如苏轼《东坡全集·卷三五》有《墨妙亭记》，册一一〇七。曾巩有《寄孙莘老湖州墨妙亭》诗，四六〇），是收集古文遗刻以便欣赏或解析字体字法的。如李公麟龙眠山庄内的墨禅堂是他绘画的专用区（苏辙《题李公麟山庄图》，八六四），石苍舒的醉墨堂亦然（苏辙《石苍舒醉墨堂》，八五一）。杨万里芗林中的墨坳（《诚斋集·卷三〇·芗林五十咏》）、朱校书的笔溪、墨池（卢革《校书朱君示及园居胜概……》，二六六）等，也应是作书、写字的专用场所。与读书堂相同的原因，及作画题材上的需求、写字环境的幽寂要求等因素，这些功能性专区的造景造境亦有同样的特色，但此类景区在宋代园林虽渐多，却仍不普遍。

　　至于文人园林生活中非常重要的赋诗活动，其专用的景区自是不可少，因此吟榭、赋阁、诗阶、吟阁、酬赋亭（杨万里《诚斋集·卷三四·寄题周元吉左司山居三咏》）等功能性景区亦多见，而其造景造境上对赋诗的物色意象的助益，使其园林化的要求更迫切。因在第一章第四节中已曾论及，于此不复赘述。以上几种功能性景区的设计所含具的文人色彩最浓，也最能显示出中国园林的文人化倾向。

　　园林的功能性专区之中，有属于专为交游之需而设者。首先，群集的饮酒赋诗活动是文人交游常有的形式，因而有流杯的设置，如：

饮亭，亭有流杯渠。（司马光《和邵不疑校理蒲州十诗》，四九八）
曲水亭。（林旦《余至象山得邑西山谷佳处……》，七四八）
流杯亭。（吴中复《西园十咏》，三八二）
　　　　　（宋庠《再葺流杯亭兼得……》，二〇〇）
禊亭。（苏轼《和文与可洋川园池三十首》，七九七）

这是模仿王羲之等人在兰亭修禊时的流杯赋咏活动，所以亭内的平台基上挖出了曲曲折折的水道，以便水流并载动酒杯泛游，以为群友宴集时轮流赋咏的指标，故而有饮、曲水、流杯、禊等种种名称。既为宴集之所，亭外必然有可资赏玩的美景，并提供赋咏的意象资源。像韩琦《长安府舍十咏·流杯》所描述的"迢递穿花出,弯环作篆来"(三二八)则是在林间花丛下控引水道,则其情境更舒美、更纤深,风景变化更大。此外,大部分的流杯亭因亭内台基已挖引水道,没有桌椅,宾客多是席地而坐,其姿态便更为舒适自在,有似山阴风范。

流杯亭之外,射箭功能的提供,在宋代园林中也是有的,如:

习射亭。(宁参《县斋十咏》,二二六)

射亭。(王安石《射亭》,五七六)

射圃。(林旦《余至象山得邑西山谷佳处⋯⋯》,七四八)

射堂。(宋祁《秋日射堂寓目呈应之》,二一三)

(苏颂《和梁签判颍州西湖十三题》,五二五)

这些射亭一类的设计多半出现在郡圃公园之内,一方面提供射箭设备,一方面还有操阅士兵的功用[王安石《射亭》诗有云:"因射构兹亭,序贤仍阅兵。"(五七六)]。而且林旦的诗中还叙及"樽罍供乐事,金鼓叠欢声"。可见习射或射戏的同时,仍有酒宴的摆设,以供轻松娱乐,一旁尚有金鼓助阵,相当热闹欢腾,是园林内情调迥异的景区。不过,园林化的造景仍是不可少,所以宋祁描写的射堂有"霜柯橘嫩金衣薄,风沼荷倾钿扇翻"的景象,这才能达到园林整体的统一。

以上是以交游为主的功能性专区。而对园林而言,最重要的作用还是供主(客)人闲居悠游,因此闲逸居息的功能十分重要。在日常生活的起居方面,园林有如:

西宅为安身携幼之所,南湖则⋯⋯(周密《武林旧事·卷一〇上·张约斋赏心乐事》,册五九〇)

(楼)上则虚之,以为休燕之地。(程珌《洺水集·卷七·胜静楼记》)

中日静居,内外重寝。(范纯仁《范忠宣集·卷一〇·薛氏乐安庄园亭记》)

外一轩，名静寄，以自游息。（姚勉《雪坡集·卷三五·盘隐记》）
闲燕亭。（司马光《和利州鲜于转运公居八咏》，五〇一）

这些都是园林主人平日闲居燕处之地，通常也会有家人共起居，所以既是安身之地，也是携幼之所，可以享天伦，但看张镃的家园四时赏心乐事，有岁节家宴、人日煎饼会、诸馆赏灯、安闲堂扫雪、南湖挑菜、听莺亭摘瓜、安闲堂解粽、夏至日鹅脔、霞川食桃、社日糕会、珍林尝食果、现乐堂煖炉、杏花庄挑荠、冬至节馄饨、安闲堂试灯、二十四夜饧果，便知园林中家族共度岁节以及饮食起居的情景，可知园林所提供的家庭日常生活功能之一斑。故而燕处闲居的专区之设置必不可少。张镃的南湖园共有八十余景（《武林旧事》同条又载张镃"爰命桂隐堂馆桥池诸名，各赋小诗，总八十余首"），但大举分为五区，西宅这个安身携幼之所是其中一区，可知此区中又可依生活各部分细节所需而分为若干功能性景区。因为家中成员、主仆上下人口必多，而且一日之中的活动亦多，故知这类闲居性质的功能性专区应在园林中（尤其是注重家族性与伦理内涵的中国园林）占着颇大的比例。

这类闲居燕处的专区依然注重景色的造设，以求园林景境的统一。如上引薛氏乐安庄的园亭中，内外重寝的静居之所在，有"妍花芳卉交植于前，疏竹萧萧，寿石雪顶，开轩对之"。而胜静楼则可"以延览溪山之奇，楼之左右，绿水红蕖，杂以他葩"。从描述中可以知道，这些专区的造景较为轻松随意，不似主题性景区那般注重以单一样或单一类景物为主要赏玩对象而营造出某种特殊的氛围或意境。

在闲居的生活中，文人雅士们也往往喜爱田园式的农居，除了像上举张镃的摘瓜、挑荠等活动外，如方岳《山居十六咏》诗中便有田园居一景，薛氏乐安庄"西北隅据垣乘高，下列蔬圃，时使老圃村童引水溉畦，名曰瞻蔬圃"。这些都是模仿农村田园的风光，开设出稻畦菜圃，茅舍桑麻，并雇请农夫圃役或樵老村童负责实际的耕种艺植等工作。园林主人便可以在一片农家乐的氛围中，享受田园村圃的简朴意趣。有时为了表示亲自参与耕作，躬操农务，也只是蜻蜓点水式地略尝一二，或是像张镃摘瓜、挑荠般的享受收成乐趣而已。他们以此来展示自己热爱自然简朴生活、远离尘嚣功利的情怀。因此盖瑞忠先生在《元明时期的园林建筑研究》一文中评论道："中国的园林建筑不管是楼阁式还是田园式园林，它未必是樵夫农夫所能理解，但是却可满足贵族巨贾与文人雅士的脾胃。"（见《嘉义师院学报》1991年第5期，第409页）

在闲居的生活中园林为漫长而燠热的夏日提供消暑清凉的佳地，凉馆凉亭一类的建筑也成为园林内非常重要的功能性景区，如：

凉榭。（韩琦《长安府舍十咏》，三一八）

凉轩。（张方平《凉轩秋意》，三〇七）

销暑楼。（陈舜俞《销暑楼》，四〇四）

无热轩。（史尧弼《莲峰集·卷二·题无热轩》，册一一六五）

净凉亭：跨池、面南，为纳凉佳趣。（梅应发、刘锡同《四明续志·卷二·郡圃》，册四八七）

夏只是一年四季中的一季而已，园林却能特别为消暑的功能而建造景区，显示出园林对此需求的重视。因为中国园林所注重的质量——清、幽，正与清凉的需求相配合，而且众多的林木、山石、水与通透的空间设计原则都能相应配合。何况炎炎暑天里，出外行走总是燥热的，静居于园林可享深彻的凉意。这些凉轩一类的景区多半如净凉亭一般跨临池水之上，销暑楼是"溪上楼台"，另有上引姚勉《盘隐记》"鉴清流则有不波之亭，古松千章，六月无夏"。水确实能产生降温的效果，而千章古松的清气也是凉榭建筑常有的搭配，如上引凉轩便是"北窗松竹度凉飔"，松和竹的凉气、凉荫加上摇曳的凉风，其消暑清凉的效果便十分显著。这种功能性景区不仅能使人在形躯上解热消暑，更能使人在心灵上沉静清明。

在园林中闲居，欣赏景色应是不可少的活动内容，因此像观鱼轩、眺望台、看山亭、玩芳亭、观澜亭等专为主人某种赏玩需求而设的景区也很多。它们不同于主题性景区的地方，在于命名上以一种动作来展现园林主人生活上的意态，也就是专供主人浸淫于某种情境而设的，其功能具体明显。此外，特别能显现主人平日居息中之闲逸情致的造景也颇为常见，如钓几、钓台专供垂钓，茶灶、清芬阁专供品茶斗茶，棋轩、弈仙专供下棋对弈，啸亭专为静坐、养气、长啸，琴台、琴轩为弹琴之所。这些活动均需长时间在定静心境下进行，是园主闲逸情致的表现，因而也是很能展现园主修养境界的功能性专区。

为了某种功能而造设一个专区，自然在美景之外也造设了一些专供这项活动所需的设备和相应的环境质量。因此这种功能性专区的设置正显示宋人在造园时已注意到人文活动与环境特质之间存在着互动的关系，并实践应用到造园工作中。

修养性主题及其造景造境

园林除了提供游赏、休息、宴集、闲居等功能之外，在中国文人心目中，更是个人修行的道场，这在唐代便已开始，宋代因园林的更兴盛更普及而使此种观念和造园实践更加常见。在唐代，如卢鸿一的嵩山草堂十景中有期仙磴一景，作为其修道养气的道场，又王维在《终南别业》（即其辋川别墅）诗中说"中岁颇好道，晚家南山陲"。说明辋川正是他实践好道的所在，故而他记述自己在"竹里馆"中"弹琴复长啸"，正是修心养气的活动（有关唐代园林的道场理念与修道内容，请参考拙著《诗情与幽境——唐代文人的园林生活》第五章第三节）。宋人在园林中广设主题性景区，园林分区的设计再配合上修炼涵养的需求，因而为此而设的功能性专区就应运而生。

这一类以修养为目的而设的景区，多半是主人专用的。在园林对外开放供游之时，这一类专区多半在时间上和空间范围上有较大的限制，甚至是选择性或拒绝开放的，因为它们对于私密性和安静性有极严格的要求。

首先，在修养的内容上，较特殊的是专对儒家道德内容的遵行实践而设的景区，如：

仁智堂、观善斋。（杨万里《诚斋集·卷二八·寄题朱元晦武彝精舍十二咏》）

也贤亭。（同上卷三七《寄题万元亨舍人园亭七景》）

格斋、庄敬日强斋。（同上卷三六《题王才臣南山隐居六咏》）

思齐楼、惟勤阁。（宁参《县斋十咏》，二二六）

省斋。（方岳《秋崖集·卷四·山居七咏》）

仁智、善、贤、格、庄敬、思齐、勤、省等都是儒家修行的要点或所欲臻达的道德内容，将它们置放在园林内，一方面与园林闲逸超俗的情调追求较难一致，一方面在造景造境上也很难表达出这类主题内容。大约只能以较为严整对称的空间架构以及幽静无扰的氛围来辅助。而且这些专区大多是园主较为隐秘的个人起居或理事的场所，在命名的意思上多半只是表达其修养的愿望或理想，不在赏景上多下功夫。另外，此类专区比较常出现在郡圃一类的公园内，作为地方官的戒励或纪念之用。

其中仁智堂或二乐榭，均是由仁者乐山智者乐水的典故而来，是将山水美景与人的德性做了互动性的联系。而格斋亦是由格景的特质进而推及己身之修养，含有山水悟道的意思。因此，中国园林在情调上和追求的境地上虽然较切近于道家，这类以儒家道德为修养内涵的专区虽然与此园林特质看似相左，但是由上述的山水悟道的意义来看，其内在仍有相当紧密的互动关系。

在属于道家的修养内容方面，切近于道教养气修仙的追求的有：

养真室。（黄裳《演山集·卷一三·游山院记》，册一一二〇）

朝真台。（冯山《阆中蒲氏园亭十咏》，七四一）

应真亭。（林旦《余至象山得邑西山谷佳处……》，七四八）

发真坞。（苏辙《题李公麟山庄图》，八六四）

药阪、芝坛、丹井。（陈师道《后山集·卷一二·二亭记》，册一一一四）

养真可以单指涵养真气，也可以意指修仙炼气，两者均是道教修养的重要内涵。或者也可以单纯视为涵养精神之地，然而这种修持，依然是道家所重视的。不论是涵养精神还是真气都会对身体的健康产生正面的助益，其与修炼仙术存在着密切的关系，因此和药阪、芝坛、丹井等直接从形躯的修炼着手者最终的目的是相同的。中国园林中企仙、喻仙的理念一直很发达，唐代已经相当流行（参第六章第二节），宋代亦然。在景区的设计上除了上述诸例，像蓬莱、桃源一类的典故一再被引用，而望仙亭（梅尧臣《望仙亭》，二四二）、披仙阁（杨万里《诚斋集·卷二五·郡圃晓步因登披仙阁》）等一类称名，更是直接表达出这种渴望与园林为此所提供的慰藉。

其他如禅斋（张方平《禅斋》，三〇七）、精进阁（黄裳《演山集·卷一三·游山院记》）、华严堂、观音岩（苏辙《题李公麟山庄图》八六四）等则是专为佛法修炼而设的专区。然例证不多。

在诸多与修养有关的专区，有很多并非供修炼功夫的功能性专区，而是表现修养境界的主题性景区，其中隐逸的主题最为常见。如：

吏隐亭。（苏轼《和文与可洋川园池三十首》，七九七）
中隐洞。（方岳《秋崖集·卷四·山居七咏》）
访隐桥。（宗泽《宗忠简集·卷三·贤乐堂记》，册一一二五）
竹隐。（吕祖谦《东莱集·卷一五·入越录·外氏园》，册一一五〇）
西隐。（杨万里《诚斋集·卷三六·寄题刘巨卿六咏》）

隐逸在长时的历史发展中已变换出许多形态，不论是大隐、小隐、吏隐还是中隐（参第五章第五节和第一章第二节），园林的隔离独立的空间与山林化造景都能提供适宜隐逸的环境。而且居息于园林的文士，本多厌拒烦琐人事而喜爱绝尘超俗的生活情调，因而视园林整体为一个隐逸佳地便成为中国园林的特有传统，而在其内造设隐逸主题的专区，这也在宋代之后成为中国园林的造设传统。其他像已矣轩（杨万里《诚斋集·卷三四·题赵昌父山居八咏》）、归欤亭、濯缨亭（赵抃《退居十咏》三四三）等景也都是承继着这样的传统而设的。

这一类隐逸主题的景区在造景上面变化虽多，但是中国历史上象征隐逸、洁净等精神的花木如松、竹、梅、菊、莲等的栽植是最常见的配置，而造境上则与中国园林传统的空间布局，如幽深、纡曲等原则相一致。

就在这隐逸闲净的情调和志节的追求下，各种展现园主超尘脱俗、纯净无机、悠游逍遥之主题的景区便不胜枚举。如：

清心堂、虚白堂。（梅尧臣《和晋公赋东园十题》，二五三）
钓雪亭。（姜夔《白石道人诗集·卷下·钓雪亭》，册一一七五）
拙庵。（杨万里《诚斋集·卷三六·寄题刘巨卿六咏》）
狎鸥亭。（韩琦《狎鸥亭》，三三〇）
醉眠亭。（张先《醉眠亭》，一七〇）

其实园林建造的初衷，就如宋代山水画家郭熙在《林泉高致集·山水训》中所说的，就是因为对山水自然所抱持的一分孺慕之情，而设法将山水延请入平日的生活空间中（册八一二）。而爱慕依恋于山水其实就是内心深处对于简朴、纯真、自然、自在的向往，对于尘俗烦琐的人事的拒斥。因此隐逸的主题、闲逸的主题始终是中国园林一贯的设计传统。

无所不在的闲逸主题与以人为本的造景设计

虽然本节一一详论了宋代园林中各类以景为主的景区、功能性专区和修养专区，但是不论何者，均或隐或显地含具着修养的目的性和闲逸的主题。

例如以园林五大要素中的山水为主题欣赏对象的景区，除了实山实水或假山水的造景之外，因为山水已含具有仁智的德性启悟特质，故而山斋水阁等景区便暗藏有修养的内涵。且看山、玩水本身是闲逸的、远尘的行为，故而亦含带着闲逸的情调。而在各个景区中无所不在的花木，在中国的悠久历史发展中也多已带着象征和特殊的德行与脱俗的意义。至于动物主题，如常见的鱼、鸟、鸥、鹤等也都是快乐、闲逸、清高的象征。因此，在景色主题方面，几乎每个景区都蕴具了闲逸的主题。

又在功能性专区方面，如绘画、书法专区所提供的静谧环境与主人从事时的闲定心境；宴集、赋咏等活动的闲情雅致；田园农居的冲淡简朴、与世无争；纳凉、垂钓、棋弈、斗茶、弹琴、长啸等，无一不是在长时间从容的情态下悠游逗玩的，它们依然表现着修养的主题与无所不在的闲逸情致。

这种无所不在的闲逸主题正与上论园林产生的初衷是相应的。

另外本节所论的各类主题性景区在造景方面都有一个共同的现象，那就是以一个建筑物为中心的原则，例如每一个景区都是以某景物、某功能、某修养功夫或境界再加上一个亭、台、堂、榭、坞、磴等建筑体，而后在建筑的某一面或四周再加以配置特质或象征意义相应的景物。这些建筑体当然是用来供人休息坐卧的。这一方面说明中国园林中所有的赏景或居息都希望是在舒适、从容、自在的形态下进行，另一方面这个建筑体是人欣赏景物的视线出发点，所有景物的美都朝这个中心展现、集中，它也是实践某种功能、进行心灵修养的所在，人所有的精神都在此集中凝聚。因此这个建筑的造设完全是为了满足人的需求，完全是从人文活动的立场出发的，所以这样的造景原则充分说明这些园林、这些景区共同具有以人为本、以人文为中心的特色。

综观本节所论，宋代园林在主题性景区的造设方面有如下的要点。

其一，宋代是中国园林开始盛行主题分区的重要时代。其主题大致有景色主题、功能主题和修养主题三类，而三类均或隐或显地蕴具着闲逸的主题。这正与园林产生的初衷相应。

其二，景色主题专区多半专以某一类或某一样景物为欣赏的对象，采用数大弥望或环绕的方式布置，其中花木是最常见的主题，其往往具有时间性和季节特色。

其三，有些景色主题专区是欣赏景物的形貌、姿态之美，有些则是欣赏其色泽或精神特质所泛漫出来的一种氛围。后者纯是以境质或气氛引人入胜的。

其四，功能性主题专区大约可分为园主私人日常闲居和群体交游活动两大类。不论是前者的读书藏书、作画写字、燕处、纳凉、农耕等，还是后者的宴集赋咏、曲水流觞、射戏等，都充分表现出文人雅士的情趣和品位。

其五，功能性主题专区的设置，一方面代表园林生活化和某种向度的入世化的特质，一方面也表示园林分区设计的专精化要求，说明宋人开始注意到人文活动与环境特质之间的互动关系。

其六，修养主题专区不论其修养的内容为何，都是视园林为道场的理念的承继和实践。其修养的内容不论是儒家的道德还是道家的练气养真，都是切合了园林自然的特质而设的。

其七，隐逸和闲逸是园林最常见的造设目的，它们是修养后的境界也是修养所欲臻至的理想，因而以此为主题的景区最多。

其八，这些主题性景区在造景上面多半采取以某一建筑为中心的方式，在建筑的四周加以特质相应的景物，而这个建筑正是赏玩景色或实践功能、进行修养的重要场地，显现出这些主题性景区以人为本的共同特色。

第三节 书艺、诗情与道境交融

中国古典园林的艺术意趣不仅表现在园林本身五大要素的设计上，更还经由其他艺术门类的启发、取用、配合和交融而创造出深远丰富的意境。

其中，园林情境对诗歌创作的影响以及对心灵契道境界的正面提升在唐代已非常显著（参考拙著《诗情与幽境——唐代文人的园林生活》第五章与第六章）。但是诗情对园林的启发、书法艺术为园林营造的美感趣味以及书艺与诗情共同交融于园林、书艺与道境共同交融于园林等更深化多样的情境，则一直到宋代才普遍而成熟地实践出来，使中国园林达到高度艺术化的境地。

匾榜题名与书法鉴赏

在宋代的诗文资料中可以看见，园林中以建筑物为中心的景点已十分普遍地取名，并书于匾榜之上，而加以揭挂。例如：

兹吾治废园，大揭众春额。（韩琦《众春园》，三一八）

自谓归来子庐舍、登览、游息之地……凡因其词。（指陶潜的《归去来辞》）

以名者九，既榜而书之。（晁补之《鸡肋集·卷三一·归来子名缗城所居记》，册一一一八）

将辟斋舍于其居之后圃，求予为名，榜其斋。（李复《滹水集·卷六·覆篑斋记》，册一一二一）

并舍辟园，可三十亩。宅景物之会为燕游之所，而醉愚堂为最，义取于杜少陵某诗名，揭于楼。（刘宰《漫塘集·卷二〇·醉愚堂记》，册一一七〇）

《鹤山书院前为荷塘三即其小屿筑亭久矣春后八日始榜曰芙蓉州》。（魏了翁《鹤山集·卷五》，册一一七二）

大揭众春园，是大型公共园林的园名题写于匾额，匾榜应揭悬于园林的入口附近，是游者进入园林之初所欣赏品味的第一个对象。而归来子的私人园林共设有九个景点，每个景点都以陶渊明《归去来辞》的文词来命名，并将之书写成榜而悬挂于每个景点内的建筑体之上。这是在园林内部游赏时，对每个景点的意境情趣的提示与书法艺术的展现。刘宰舍园内的醉愚堂与李复命名题榜的覆篑斋有似于此，书院中的园池景观也与一般园林一样，加以立名题榜，使书法成为园林视觉品赏的内容。像刘挚《穿杨亭》中描述的"华构翚飞一望中，颜间篆墨扬秋风"（六八四），在仰望中，欲飞的檐顶与秋风中的颜额篆字，形成了一幅印象派风格的绘画美景。

所以，从公共园林、私家园林到书院园林，从园林整体到个别景点，都是题名悬榜的所在。这些题字往往成为园林景致与精神特质的简要提示，至为重要。为求字体的视觉美感，有财有力或有门路者便纷纷设法请得名家手笔。如：

米芾题余定林所居，因作。（王安石《昭文斋》，五六三）

予友蔡君谟善大书，颇怪伟，将乞其大字以题于楹。（欧阳修《文忠集·卷三九·画舫斋记》，册一一〇二）

我老书益壮，笔落座惊掣。（苏轼《赵景贶以诗求东斋榜铭昨日闻都下

寄酒来戏和其韵求分一壶作润笔也》，八一七）

疏泉注斋前……又得山谷老人旧所书琴堂，揭于楼下。（李之仪《姑溪
居士前集·卷三六·分宁县厅双松道院记》，册一一二〇）

又即山之腰而亭之，以今崇清先生大书石城山三字榜其上。（王迈《臞
轩集·卷五·盘隐记》，册一一七八）

尽得湖山之胜……扁之曰爱方，友人潘君坊笔也。（方大琮《铁庵
集·卷二九·爱方亭记》，同上）

米芾、蔡君谟（蔡襄）、苏轼与黄山谷（黄庭坚）皆为书法名家，其字揭于
园林，自会为园林的赏鉴活动增加新的且饶富趣味的内容。其中，蔡君谟善
于大书，其字风格怪伟，所以成为欧阳修园林中新颖景点的求字对象。怪伟
的大字题于两楹成为对联，当会为画舫斋这一个造型别致的建筑和四周景观
增益更特殊的趣味。而苏轼自称其老来书益壮，可以惊掣一座之人，可以想
见其题成的榜与铭气势之磅礴不凡。第三例则是以山谷旧所书之字揭于楼，
这不是特意为某景而求字于名家，却是觅取名家作品之切合需要者，同样是
珍视书艺在园林中的鉴赏与点化功能。至于米芾所题昭文斋的字体与特色虽
然未明写，但以米芾之字艺，可信必为书法佳品。后两例虽非历史上的书法
名家，但在题记文中会特别声明大书榜者的姓名，足见两人在当时应是书艺
上颇有造诣者。

由此可知，园林景点建筑上的匾榜题字，并不只是把名称书绘成线条符
号而已，他们还特别注重其字之书法艺术，好求名家笔墨以丰富园林之美。

除了园林造景的设计上配合景观特色而题勒景点名称以成匾榜之外，也
有某些专区或景点是以书画的鉴赏为其主要内容的，而使书艺的品赏成为园
林游赏中的重要活动。如：

池中有亭曰墨池，余尝集百氏妙迹于此而展玩也。池岸有亭曰笔溪，其
清可以濯笔。（朱长文《乐圃余稿·卷六·乐圃记》，册一一一九）

上有王舍人克真八分书，郑祠部文宝玉箸篆……倦则抚石看王郑字法，
清风萧然，古气袭人。（冯山《爱石堂》序，七三八）

作墨妙亭于府第之北、逍遥堂之东，取凡境内自汉以来古文遗刻以实
之。（苏轼《东坡全集·卷三五·墨妙亭记》，册一一〇七）

好事今推雪溪守，故开新馆集琳琅。（曾巩《寄孙莘老湖州墨妙亭》，
四六〇）

朱长文特为赏玩百氏妙迹而筑造了墨池亭，特为练字写字而筑造笔溪亭，可
信两亭的檐宇之上应也悬挂着书写了墨池、笔溪等大字的匾额。所以当他悠
游于百氏妙迹或是纵笔于字法的艺术变化时，尚有匾额的字可以仰观，应是
古今书艺的会集，也是他神思驰纵融贯的美妙空间。而爱石堂园里的铭记与
墨妙亭内的古文遗刻都是石碑上的字，其所欣赏的不只是书法字艺，还有刀
刻的刀法与力道等内容。像孙莘老所集设的墨妙亭之类的建筑，在宋代虽不
算频繁，但已约有三四处。诸如此类，都是以欣赏书艺为主要内容而设立的
景点，游者是一心专注于字的。游赏山水花木景致的同时赏玩匾榜字艺，并
以眼前景色与题名的内涵意蕴相互印证。两者的游赏形态与趣味不同，两者
在字与造园设计的结合关系上也不一样，但同样都显示出书法艺术的欣赏已
成为园林活动的重要内容了。同样都如金学智所说："在园林中，书法往往
是建筑、山水等景观的眉目，它点醒了建筑、山水等沉重庞大的物质躯体，
使之分外精神。"（见金学智《中国园林美学》，第371页）这种书法与园
林景物相结合而使之更显精神的做法，是在宋代才流行起来的。

以诗命名与诗情的涵泳

既然园林整体与内部各景已普遍地以匾榜题名，表示宋人喜欢为其园林
和一些优美的风景取名，以呈现其景境。金学智也说："在唐代，私家园
林是不注重题名的，一般以所在的地名来称呼……在宋代，一些文人的宅
园……都不但有一定寓意的园名，而且园中的风景点也往往有一定诗意的题
名。"（同上，第50页）而他们命名时最喜欢援用诗文佳句或与园景相切合
的词句，这种情形相当多，如：

种莲植梅，着亭其间。取濂溪香远益清之说、康节凤驾寒香远远留之句，合名曰香远舟。盖以其亭之如船也。（徐经孙《矩山存稿·卷三·香远舟记》，册一一八一）

为二山亭……其一名静香，以其前有竹，后有荷花，用杜子美风摇翠篠娟娟静，雨浥红蕖冉冉香之句为名。（吴儆《竹洲集·卷一〇·竹洲记》，册一一四二）

类画手铺平远之景，柳子所谓迤延野绿，远混天碧者，故以野绿表其堂。（洪适《盘洲文集·卷三二·盘洲记》，册一一五八）

予尝读韩退之《南山诗》有浓绿画新就之句……采其语而名之。（王十朋《梅溪前集·卷一七·绿画轩记》，册一一五一）

乃易亭曰榭，更其名曰云庄，取李北海历下新亭句意，以为奥景之表着焉。（胡寅《斐然集·卷二〇·云庄榭记》，册一一三七）

这里都是就景观特质与情境的相似而截取前人名句的两三字作为景点的名称。经过这样的命名之后，一个景点的意境与情趣就非常清楚简要地被提点出来，让游者经由名称以及原出处的诗句去领会眼前景色的美趣，感受那分优雅的诗情，并且可遥遥神思古诗人的情感与处境。那么，可以游赏的空间就伸展向无垠的远方了。总之，正如胡寅所述，以诗命名正可以表现奥景，一些景致的美妙情态和气韵借着其名称而切要生动地呈现出来，并浸染出一片细致隽永的诗情。

另一类以诗文命名者，不是出于景色特质的相符，而是因对某些诗人诗歌中的境界有所欣羡与仿效而取定的，借此展现园林主人生活或游赏时的心灵境界与情调的追求。如：

使目新乎其所睹，耳新乎其所闻，则其心洒然而醒，更欲久而忘归也。故即其所以然而为名，取韩子退之北湖之诗云。（曾巩《元丰类稿·卷一七·醒心亭记》，册一〇九八）

乃治其后为小轩，取王公骑鲸拧扶摇之语以名之。（吴儆《竹洲集·卷一一·骑鲸轩记》，册一一四二）

作堂于私第之池上，名之曰醉白。取乐天池上之诗以为醉白堂之歌，意若有羡于乐天而不及者。（苏轼《东坡全集·卷三六·醉白堂记》，册一一〇七）

天叟每诵司马公《花庵独坐》诗：荒园才一亩，意足已为多。语儿孙曰：意足二言可命吾亭第。（黄仲元《四如集·卷二·意足亭记》，册一一八八）

名之曰哦松，取韩昌黎蓝田丞厅壁记：对树二松，日哦其间。（李流谦《澹斋集·卷一五·哦松亭记》，册一一三三）

醒心，是园居者对自己生活、心灵的要求，也是对园林境质与功用的要求。骑鲸抟扶摇，是园林生活可以自在逍遥、神思无垠的一种艺术化想象的呈现。醉白，是对白居易园林生活的乐天与醉化的情趣的向往与学习之意。意足，是效法司马光园林生活的心境之恒常广大与充分的享受。哦松，是契合于韩愈在郡圃中日日吟哦的生活意趣。这些同样是对古代某些文人诗文中所展现的园林生活形态与心灵境地，发出会心契心的效法之意，因而截取其诗文字句来命名。因此，从亭屋之名正可以带引人走向典故诗文全整的情境中，走向诗人当时的心灵世界，走向诗人所在园林的境地中，这也是诗情与园林相结合的展现。

像这类以诗文命名的情况，除了是以风景特色的相似以及境界情趣的仿效之外，还有像王安中《初寮集·卷六·河间旌麾园记》所载，为了纪念清河公到河间主政，故将其地的公共园林依杜甫"十年出幕府，自可持旌麾"的诗句而命名（其详细内容请看《四库》，册一一二七）。这是以与典故的事况相同而取诗命名的。又如杨万里《诚斋集·卷七六·唤春园记》所载，取刘梦得联句而名曰唤春，则是对整座园林的景色特质与气象作夸张式与期望性的命名（其详细内容请看《四库》，册一一六一）。总之，以诗文命名的形态相当多。

然而不论其引诗文形态有多少，这种以诗文命名的园林风尚正呈现出宋代园林的三个特色：

其一，宋代不仅为整座园林取一个总名，而且还为园林内每一个景点每一个建筑取名。这意味着宋代园林的造景设计已经有主题性的追求。在园林内不同的分区中，各有以某些景观作为核心主题、作为游赏焦点的构思与创造。而一座园林因此就能够景致特色分明，而更增添游赏的丰富性与变化性。这种情形在唐代大约只有王维的辋川别业二十景做到了，而在整个宋代却是比比可见的普遍情形。这种普及的风尚使中国园林的布局、层次与内容更趋成熟而生动。所以金学智又说："从宋代开始，园林开始出现带有文学意味或文化色彩的题名，这是宋代宅园与唐代宅园的一个质的区别，也是古典园林发展史上具有重要美学意义的又一次嬗变。"（见金学智《中国园林美学》，第49页）

其二，虽然唐代园林已经取名，虽然辋川二十景也已各有名称，但是其命名均十分具体：不是就园林所在的地点而名，如王维的辋川别业（终南别业）、杜甫的浣花草堂、白居易的履道园、李德裕的平泉山庄等即是；就是就景色的内容而名，如辋川别业里的鹿柴、辛夷坞、柳浪、椒园等二十景即是。这样的命名都只能标示出该园林的地理位置和具体的景色材料，并不能呈现出该园或该景的深远意境与隽美的情趣。然而宋代的园林却普遍地臻于此境界了。

其三，唐代少有的园林取名，均见于文字图画资料，而不似宋代更进一步地加以题写并悬挂，使其成为园林艺术鉴赏的一部分。

诗情、书艺与园境的结合

宋园有匾榜题名的风气，而其名又多截取诗文佳句，所以这些题名一方面在字形笔画与结构布局上展现了书法字艺之美，一方面又在内容意涵上展现了诗情意境之美，两者与眼前园林的景境相印证、相辉映，就使诗情书艺与园境得到高度的交融与相互引发，对园居者与游园者而言，是极为深致丰富而又深具启迪与喜悦的游赏经验。这就使得园林题榜成为多项艺术结合的具体呈现。

上两节仅各分别就题榜之风以及诗文命名的情况引证论述，今则将以两种情况结合的例证来说明这种多项艺术结合的园林情境。如：

于是令君取退之《月池》诗二字题其颜，曰清映。（李流谦《澹斋集·卷一五·绵竹县圃清映亭记》，册一一三三。韩愈《月池》诗有"若不妒清妍，却成相映烛"之句）

扁之芳润，取陆士衡《文赋》所谓漱六艺之芳润者。（姚勉《雪坡集·卷三四·龚简甫芳润阁记》，册一一八四）

因坡公寄晁美叔诗云：西湖天下景，谁能识其全。扁曰识全。（陈著《本堂集·卷五一·识全轩记》，册一一八五）

凡因其词（指陶潜《归去来辞》）以名者九，既榜而书之。日往来其间，则若渊明卧起与俱仰榜而味其词。（晁补之《鸡肋集·卷三一·归来子名缗城所居记》，册一一一八）

这里清楚地叙述了他们不仅取与情境相切合的诗文佳句为名，而且还题写于匾额之上，最后揭示于建筑的颜首等醒目之处。那么居者游者便可以像归来子一般，在往来其间之时，能抬起头来观览题字之神韵，并品味其名之意趣与原出诗文之情境。华镇《云溪居士集·卷二八·杭州西湖李氏果育斋记》曾描述道："仰以视其榜，俯以鉴其渊。"（册一一一九）这仰而视榜的动作告示着榜之可观性，有可鉴赏品味的内容；否则满园美景，何暇仰观？可游赏的东西已经目不暇接，怎舍得分神去仰观榜书？所以当游者矫首观匾榜之时，字体的造型神韵、诗情的深挚隽永与景致的深邃怡目，都一起汇集成游者心灵最大的享受。

尤其像归来子的园林，整体地以陶潜《归去来辞》的词句为名，九个景点不仅各有主题与特色，而且又全部统一在田园隐逸生活的淡远情趣之中。可惜其未载明九个题匾用的是什么字体，是完全一致呢，抑或各有体式与趣味？但是可以确定的是，取名的出处一样，可以使园林的景致在丰富变化中又具有和谐统一的格调，其意境是优美深远的，而其榜题正是促进这一美感趣味的重要因素。

除匾榜之外，宋园里诗情与书艺结合的情形尚多，如游园者有感而发的作品往往直接题于园内：

筑台俯园木……作诗榜门户。（陈舜俞《东台》，四〇二）

吟径徐行杖卓沙……壁有谢公题好句。（程师孟《次韵元厚之少保留题朱伯原秘校园亭三首》其二·三五四）

读我壁间诗，清凉洗烦煎。（苏轼《怀西湖寄晁美叔同年》，七九六）

郡斋欲立题诗石。（田锡《池上》，四二）

每醉而忘返也，皆有诗留亭上……又砻三石，来言曰：其一求文，以记其事，其二请书两公（指张安道与石曼卿）诗，与记俱传。（晁补之《鸡肋集·卷三〇·金乡张氏重修园亭记》，册一一一八）

这里有的题诗在门户上或门的两边而成为对联，其内容应是与颜首的榜题相配合的。有的则是直接题在亭榭的墙壁上，有的是特别摆立石头以提供题诗。可见这些题诗在园林里是处处可见到的。而所题之诗，大多是来此游赏的人根据园景情境而吟咏创作成的，不但可以欣赏作者的手迹，也可以对照诗情与眼前的景色，所以也正是书艺、诗情与园境的结合。文彦博有一首诗题为《仆射侍中贾荣过滠上小园兼题嘉句谨成五十六言仰谢贲饰》（二七五），以诗答谢题诗，显见其对自己的园林被题诗是心怀喜乐且引以为荣的。又僧文莹在《湘山野录·卷下》记载，当时有牛某人"薄有涯产，而身迹尘贱，难近清贵"。一日在僧秘演的安排之下，石曼卿与秘演同游其在繁台的别第，牛某欣喜异常，特为准备十担宫醪以招待之。结果"曼卿醉，喜曰：此游可纪。以盆渍墨，濡巨笔以题云：石延年曼卿同空门诗友老演登此"。这一切都是牛某巴望已久而不可及的，所以当石曼卿题写之时，牛某还特为他捧砚（其详细内容请看《四库》，册一〇三七）。由此可知宋人确实在理念上与造园习惯上喜欢题诗来点缀其景，而且这种游园题诗若是出自显贵之人或是著名文士，则将成为园林的荣宠与具有特色的景观。观宋代书法名家如米芾、黄庭坚、苏轼等人的集子中多有题诗书壁一类的作品，可知这种园林里优美书法与诗意结合的艺术造境是十分普遍的。

虽然大部分的题诗者未必在书艺上有杰出的成就，但是也应各有其笔力、风格上的趣味。而且以宋代的诗文资料观之，一些书艺兼诗文的名家如苏轼者，多有游阅园林山水的习惯，多有题咏的习惯，在其一生漫长的宦游生涯中，所到之处、所题咏之诗铭作品多而难数，何况是一些普通的读书人的题咏呢。因此，宋代园林中文人名士题咏诗文的情况必然相当普遍。而且像上引最后一条资料所显示的，有些园林主人还会将著名文人的题咏再一次请名家书写刻石，这样一来，不仅有名家的诗作提供游者去欣赏园境中的诗情，又有杰出的碑刻书艺可欣赏，而且碑石的竖立又可成为园林中特有的景观。足见书艺与诗情、园境的交融，在宋代的园林中是十分受重视，且被精心造设的。

除了时人的游赏题诗之外，镌刻前人诗作的情形也颇可见。如：

堂之前古柏数株，两序皆以本朝诸公与子野友者奇文新诗，与夫古之有其言，于世切有补者，勒坚珉，置诸壁。（郑侠《西塘集·卷三·吴子野岁寒堂记》，册一一一七）

云亭先纪长卿诗。（张绶《昌国寺来景堂》，七八一）

因游郡园，亭中见诗榜，乃前人咏唐安之什。（不著撰人《分门古今类事·卷八·梦兆门下·元珍赠诗》，册一〇四七）

《予作归雁亭于滑州后十有五年梅公仪来守是邦因取余诗刻于石又以长韵见寄因以答之》。（欧阳修·二九〇）

将前人诗作（包括欧阳修十五年前守郡之作）勒刻于石，除了如上所论的美趣之外，还能带引游者穿越时间之流去想象前人游园、吟哦时的领悟与心境。而对照着眼前具体真实、历历生动的景色，以及已经消逝变化的人事，恒常与变动、真实与空幻等的映衬，使得游赏的内容增益了时间、历史的内涵，使得游赏的心境增加了时间、历史所造成的无常感兴。

书艺与道境的结合

宋代在园林命名题榜方面，除了最常见的取诗以显园林意境的诗情美趣之外，以生活质量与心性修养所呈现的合于道的境界也是颇为常见的。首先，可以看到许多具有涵养意义的题榜，如：

即居之东，辟屋若干楹。花药在列，蓺竹以为阴，榜曰清轩。（朱松《韦斋集·卷一〇·清轩记》，册一一三三）

治斋于其居，榜之曰静。（李复《潏水集·卷六·静斋记》，册一一二一）

清远榜题真有意，登临聊以裕吾衷。（韦骧《清远阁》七三三）

遂使皤然一叟得佚老于和气之内，故榜其堂曰玉和。（周必大《文忠集·卷五九·玉和堂记》，册一一四七）

公即所居之西偏建亭，榜之曰养素。尽以诗刻石，置之亭上。（李纲《梁溪集·卷一三三·毗陵张氏重修养素亭记》，册一一二六）

在此，清、静、清远、玉和都是园林环境的质量。清，既指环境质地的洁净无染，又指环境质地的纯明凉爽，能让人灵明醒觉、通畅爽朗。静，是没有人为声响的干扰，使人平和安宁而沉定。清远，既有清之特质，又有旷远辽阔的空间，使人通达放旷。玉和，是环境的滋润和谐，能使人平和适意、放松安逸。因此这些榜题不仅标志着园林的质量，也揭示了主人心灵修养的目标。而养素二字则直接表达了园林主人借园林以涵养素朴心性的自我期许。

不论是清、静、清远、和还是素，都是道家阐扬与追求的契合于自然之道的特质。所以这些榜题实是期待园林与居游者皆能臻于道之境界的一种理想的表达。当园居者或游园者仰观榜额与刻置的诗文时，在鉴赏书法艺术的同时，一方面能感受所置身的道境，一方面又能被带引出契道的修养努力与自我期许。

道境的展现与提醒，在匾榜的表达上，除了表现环境质量与心灵境地的文字之外，宋园也喜欢以典籍义理作为命名的依据。如：

面峰枕塘，有屋数楹……庄子曰：乐全之谓得志。（邹浩《道乡集·卷二六·得志轩记》，册一一二一）

今太守张侯创草亭池之北，郡人陈某请以知乐名之，盖取庄生濠上之意。（陈造《江湖长翁集·卷二一·知乐亭记》，册一一六六）

因高构宇，名之曰适南，盖取庄周大鹏图南之义。（陆佃《陶山集·卷

一一·适南亭记》，册一一一七）

　　然而仲通不取风物之胜、宴游之乐以名其阁，而取庄子所谓注焉而不盈，酌焉而不竭，不知其所由来，夫是之谓葆光。（黄裳《演山集·卷一六·葆光阁记》，册一一二〇）

　　所学则读庄子之遗言，故以南华命洞；所适则慕乐天之遗风，故以风月名堂。（黄裳《演山集·卷一八·风月堂记》，同上）

　　筑室屋舍，旁疏池沼，莳花竹……得老氏所谓燕处超然者。（孙觌《鸿庆居士集·卷二一·燕超堂记》，册一一三五）

　　此其燕息之趣也……曰申申，非取孔子燕居之义乎？（祖无择《龙学文集·卷七·申申堂记》，册一〇九八）

　　这里显示，宋代园林在道境的追求上，以庄子学说的逍遥游的境界——乐全、得志、鱼乐、大鹏南适以及不盈不竭的虚明境地为最主要而常见的目标。而老子的燕处超然、孔子的燕居申申，也都一样是以放松舒展、自在从容的心境而生活，其精神仍近于庄子，其形态正适宜于园林。

　　此外，题榜常出现归隐的旨趣者，如"榜以农隐"（李正民《大隐集·卷六·农隐记》，册一一三三）、"榜为清隐"（曹勋《松隐集·卷三一·清隐庵记》，册一一二九）、"随意榜归欤"（赵抃《退居十咏·归欤亭》，三四三）等，其所追求与实践的也正是远离尘世人为造作而归于清净素朴、逍遥自在、法于自然的契道生活。这样的榜题，除在符号上、结构上展现书法艺术美之外，在意涵上则又开展道家理想的心灵境界。

　　就园林而言，其五大要素之中的山石、水与花木均为大自然之物；中国园林追求的天人合一的境界，就是为随着历史的进步而愈趋人文工巧的生活开辟一个亲近自然、回归自然的天地。因此中国园林在硬件要素的设施上、在布局结构的安排上、在空间美感与意境的呈现上等方面，都力求因顺自然。这正是道家道境的实践。王振复先生在《中国园林文化的道家境界》一文中曾说：

　　中国传统之儒、道、释时空意识、文化观念、审美情趣、伦理意志以及人格理想等，都曾经对中国园林文化的建构与演变具有深刻的影响。而从自然与人这文化哲学母题进行分析，中国园林文化的哲学之精魂，则无疑是老庄之"道"。（见《学术月刊》，1993年第9期，第68页）

事实上，中国园林除了在自然与人的关系这一层问题上是以老庄之道为精魂，其他像环境质量上的追求、在园林生活的审美情趣方面，也都契近于老庄之道（可细看上注之论文，或诸多介绍中国园林的书中都可清楚地看出这一点）。

由此可知，宋代园林在榜题上，就园林质量、主人心性涵养方面都提出了契道的境界，而且还更为直接地援取道家言论为园名景名，处处显示出园林游赏或居息者对于道境的重视与追求。而仰观匾榜，欣赏字体笔法、笔力与字艺的同时，也可清楚地领受到园林所期许的道境，并进一步深深去品味字中所含之境与境中所展现之字。

经由本节论述可知，宋代园林在书法、诗情与道境的结合上，其要点如下。

其一，宋代园林已经普遍地为其园林本身及其内的每一个景点命名。唐代虽然也有园林的名称，但都只是以其所在的地点来称呼其园，而且并未出现对园内的各景命名的风气。

其二，宋园的命名不仅能标示出其园或各景的景观特质、美感趣味以及活动功能，而且还广泛地援引诗文佳句以呈显出此园此景的优美意境。

其三，宋园命名也常以景境的质量或心灵明净的修养为据，尤其喜欢以庄子学说中的典故与境界来命名。这使得园名景名能揭示出园林的质量与身心修养的功能，也显示园林主人对于园林的契道特性与自身的契道追求是十分重视且运用于造园设计上的。

其四，宋园命名都以匾榜题写的方式揭挂于园首或各景建筑之颜首，使得园林景色增添了书法艺术的内容。而且题名的来源又常为诗文或道家义理，便使书艺与诗情、道境以及园景之间产生结合、互相引发的功能，遂使园林成为多重艺术的展现与鉴赏地。文人写意园于焉成熟。

其五，宋人普遍地继承唐风，喜欢在游赏园林之际，随兴随手题写吟创的诗文，而且更超越唐代，集合前人与当代所有题咏的诗文重新镌刻成石碑，形成特殊的碑林或题诗石景观。这使得园林内充满了可鉴赏的书法艺术，也处处有诗情与园林意境相互印证、相互引发。

总之，宋代园林中大量出现的匾榜题字与题诗，不但使得园林成为多种艺术相结合的美景，而且也时时在带领、暗示、启发游者如何去欣赏这优美深远又丰富的园林内涵。可以说，宋代园林不仅创造了优美的园林景致，而且还创造了园林审美要领的教育。

第五章　宋代园林生活的创新

从文字与图画资料所显现的现象来看，宋人在园林中所进行的活动，有很多是与唐代及其以前者相同的。如游赏、宴集、纳凉、饮酒、赋诗、下棋、垂钓等，其活动的内涵与形态、特质与人文意义，均承继了前人既有的传统，也均可在《诗情与幽境——唐代文人的园林生活》中见到详论。然而宋人的园林活动也有其创新之处，因此本章拟就其创新的部分来加以论述，以呈现园林在宋人生活中所发生的影响事实。

第一节　四季皆游及相应的园林实况

宋人在园林游赏时间的分布方面和唐人有所不同，因而造成宋代园林游赏内容及形态的改变，也间接影响了部分园林审美趣味与造园理念。

唐代是中国园林开始兴盛的时期，私人园林渐多，寺院园林普及，但著名的园林却很少，所以对广大的人民群众（拥有私人园林的皇亲、贵族及士大夫、富家除外）而言，园林并未普遍深入于其生活的日常之中，所以游园活动虽有其盛况，却具有明显的受制于季节风尚的大起大落。其中以春天时期的游春活动最是热闹，长安城的曲江是其典型（参见拙著《诗情与幽境——唐代文人的园林生活》第二章第四节）。上自帝王，下至贩夫走卒，皆在春花开时争相探赏，一城之人为之若狂。其次，两都（长安与洛阳）城郊的官贵园囿密集，也是游春盛地。夏天游园虽然不似春天般热闹喧腾，但是避暑纳凉的需求也使园林游赏活动十分频繁。至于秋冬二季，则因萧条冷清的景象以及寒冽的气候，人多半避居室内，呈现闭锁的生活状态，因而游园活动十分稀少（唐代园林活动的情况和季节分布，参前著第四章）。

宋代则不然。虽然春夏的景色、气候仍然促使游园活动十分热闹，但秋冬二季也是文人雅士喜爱游园的季节，所以四季皆游的情况以及对秋园、冬园的爱赏，就成了宋代游园与造园的一个特色。

以下便依照四季皆游、秋游与冬游的情况论析其游赏形态及对造园产生的影响。

四季皆游与相应的造园设计

宋人与唐人无异，对于春天的园林美景具有极高度且强烈的兴趣。唐代有游春风尚，宋代又称为"探春""采春"，如：

> 秀色四时好，探春来此亭。（钱勰《睦州秀亭》，七四七）
>
> （上元）收灯毕，都人争先出城采春……大抵都城左近皆是园圃，百里之内，无非闲地。（孟元老《东京梦华录·卷六·收灯都人出城采春》，册五八九）

由"争先"二字可看出，宋人对春天游赏活动的热爱情况，与唐人无异，春游也是一股流行的、近于疯狂的风尚。此外，又如罗濬《宝庆四明志·卷四·郡志》载道：

> 亭台院阁，随方面势。四时之景不同，而士女游赏特盛于春夏。（册四八七）

这是春与夏二季皆盛于游赏的记录。而夏天游赏多以避暑纳凉为主，园林里郁苍茂密的林木、幽深沉静的气氛以及以水景结合的建筑等造园设计，正能为盛夏酷暑解燥去热，因而园林成了夏季重要的休憩赏玩的场所。以上春夏的游赏情况与唐代无何大差异。

但是宋代都市经济繁荣，生活奢华成风，致使游赏嬉戏的活动在一年四季中持续不断。吴自牧《梦粱录·卷四·观潮》曾论道：

> 临安风俗，四时奢侈赏玩，殆无虚日。（册五九〇）

原来，奢侈赏玩的风俗遍满临安（详见本书第二章第一节西湖部分）。既然奢侈赏玩已成风尚，不分一年四季，总是要设法创造可赏玩的空间和内容，以至于达到"殆无虚日"的境界，可见赏玩的活动已深深融入宋人生活日常之中，已深深植入其习性之中了。

有了这种发自内心的习惯性需求，宋人自然会在创立居家环境时，在造园时，设法使其可居可游的园林具有四时美景不断的条件。这在宋代园林中历历可见。如：

> 四时园色斗明霞。（石延年《金乡张氏园亭》，一七六）
> 四时佳景出山中。（冯山《寄题合江知县杨寿祺著作野亭》，七四五）
> 四时风月惬诗家。（韩琦《次韵和滑州梅龙图寒食溪园》，三二五）
> 清赏备四时。（卫宗武《秋声集·卷一·小园避暑》，册一一八七）
> 四时之景不同，而乐亦无穷矣。（吴自牧《梦粱录·卷一九·园囿》，
> 册五九〇）

因为园色佳景持续四时，可以与明霞斗艳，足见其一年四季之美丽精彩；因为园林风月可以持续，四时都提供诗家丰富的物色以创作，足见其一年四季之优美动人。为此丰富又多样的园景，宋人们清赏备四时，以充分享受其怡人景色，因而也就乐无穷。

之所以能够一年四季均乐于园林游赏而不感厌烦，必然是景色具有季节变化性，所以杭州"四时之景不同"，所以韩元吉的《东皋记》载"四时之景万态"（《南涧甲乙稿·卷一五》），册一一六五）。郭祥正有一首诗，题目细述为《阮师旦希圣彻垣开轩而东湖仙亭射的诸山如在掌上予为之名曰新轩盖取景物变态新新无穷之义赋十绝句》（七七六），这是郭祥正对景色变化新新无穷的期许，也应是宋人对园林取景的期许，它不但显现出宋人的

园林审美趣味，也间接告示出宋人造园时的理想追求——四时之景万态，清赏备四时。

园林景色能够四时皆美，变化多样，究竟是怎样的内容呢？在此，花木发挥着非常重要的作用：

华构饶花品。红紫镇长春，四时如活锦。（吴师孟《和章质夫成都运司园亭诗》，五七六）

闲花三十种，相对四时春。（王柏《鲁斋集·卷二·题适花茅亭》，册一一八六）

松声半夜雨，花气四时香。（郭祥正《和杨公济钱塘江西湖百题·白沙泉》，七七八）

花竹分四时，野鸟鸣格磔。（俞德邻《佩韦斋集·卷一·闲居遣怀三首》，册一一八九）

奇葩异卉，四时相因，吐艳吹香而不绝也。（刘宰《漫塘集·卷二〇·醉愚塘记》，册一一七〇）

印象中，花朵是春天最灿烂的景物，暮春三月就会落英缤纷，园林又将归于寂寞。但是在四时清赏的需求下，园林经营得饶富花品，可以四时均如锦绣，可以四时如春般芳华，可以四时紫溢花香。这主要是以花竹分四时的传递接续的方式来让园花不断开放，吐艳吹香不绝。另外，在栽植技术上，以改良创新的方式来延长花期，也是一种方法（详见本书第三章第三节）。这就使得宋代园林几乎无一日不开花。陈元晋在《渔墅类稿·卷八·题新昌蔡尉比春园四时载酒亭》一诗中道："拼却百年浑是醉，莫教一日不开花。"（册一一七六）如此一来，园林一年到头每天都有赏不尽的春光美景了。这是四季游赏风尚对造园产生的影响。

至于花竹分四时（而开）的情形，各园的情况不一，但通常是依季节性来安排的。如：

方春，万花俱红，万草俱绿；桃不言而成蹊，杏不粉而成色。千汇万

状，争献其芳；春之秀也。及夏，华者渐实，苗者渐茂，菡萏盈乎沼沚，檐
蔀卜喷乎岩崖，槐障乎山，萍拖乎水。清风徐来，万暑皆却；夏之秀也。而
幽兰在畹，佳菊在径，则楚泽陶园之所有……莫非秀也。少焉，雪积于冈，
冰起于崖，松挺特而愈高，柏槎枒而愈壮。其下老梅百本，修竹千竿，如幽
人节士相与为朋友，其景其秀，又与三时不同矣。（家铉翁《则堂集·卷
一·秀野亭记》，册一一八九）

　　散植红梅、辛夷、桃李、梨杏、海棠、荼蘼、紫荆、丁香，冠以牡丹、
芍药，此春景也。前后两沼，碧连丛生，东则红芰弥望，榴花萱草，杂置
其间，此夏景也。岩桂拒霜，橘柚兰菊盛于秋；江梅、瑞香、山茶、水仙盛
于冬。时花略备矣。至如佛桑、踯躅、山丹、素馨、末利之属，或盛或槛，
荣则列之，悴则彻之，而种植未歇也。（周必大《文忠集·卷五九·玉和堂
记》，册一一四七）

　　万竹排双仗，千荷卷翠旗。菊分潭上近，梅比汉南迟。（范仲淹《献百
花洲图上陈州晏相公》，一六七）

　　于是买产置屋，引水环之。莳松槐，植蒲荷。艺菊，玩霜之英；种梅，
爱雪中之色。（孙觌《鸿庆居士集·卷二三·华山天地记》，册一一三五）

可以知道，虽然春天繁花多样，但是并未开尽所有的花。夏天尚有荷、槐、
芰莲、榴花、萱草、蔀卜；秋天有佳菊、幽兰、岩桂、橘柚；冬天则有梅
花、瑞香、山茶、水仙可赏。至于松竹等四季常青的美树，也是可以终年赏
玩。至于像素馨、茉莉、山丹、佛桑等则采用活动摆列的方式，荣盛时则排
列出来观赏，悴凋时则收彻而去，所以单是由花木的生长开放情形来看，就
可以了解园林赏玩功能的四季兼具性。而此处在诗文当中特意将四季花木的
美景介绍出来，可知宋人对四季皆赏的园林功能的重视。
　　除花木之外，园林景色的内容非常多，宋人也喜欢其丰富的景色变化和
多样的情调：

　　春有百卉，有游人，鸟有幽声。夏有浓绿，有清风蝉嘒，嘒有新声。秋
有疏林，宜夕阳，宜月。冬有茂松，宜雪中观，宜风雨中听。（王十朋《梅

溪后集·卷二六·思贤阁记》，册一一五一）

春则翠色茜葱，练光缭绕。夏则浓阴四合，陂泽如秋。秋则木瘦潦净，月焉而益清。冬则水落石出，雪焉而愈绝。殆人间稀有之境也。（姚勉《雪坡集·卷三六·仁智堂记》，册一一八四）

夏潦涨湖深更幽，西风落木芙蓉秋。飞雪闇天雪拂地，新蒲出水柳映洲，湖上四时看不足，惟有人生飘若浮。（苏轼《和蔡准郎中见邀游西湖三首》其一·七九〇）

春来忘芳菲，夏至失炎热，秋深临严霜，冬暮映积雪。（韩琦《虚心堂会陈龙图》，三二〇）

朝斯夕斯，往往皆清具。长啸乎暑风，朗咏乎明月。雨于蓬，雪于屐，敲冰于砚，滴露于笔。（姚勉《雪坡集·卷三四·胡氏双清堂记》）

这里四季不仅有静态景色：春天的百卉芳菲，翠色茜葱，新蒲嫩柳；夏天的浓荫茂绿，清风爽人，湖泽深幽；秋天的瘦木疏林，明净清严；冬天的茂松劲竹，露石积雪。还有动态的景象：春天游人如织，奔驰穿梭；夏日清风摇树，光影晃动；秋天夕阳明月升沉于疏林，落木陨萚；冬天飞雪散花，积雪光映。此外尚有声音的景致：鸟啼清幽，蝉嘒绵长，西风落叶以及风雨滴松。四季各有特色，截然不同，使园林景致丰富多姿，变化明显，因而也各具有可观性。无怪乎人们会终年游赏不断。

以下将以张镃的约斋赏心乐事为例，具体地展现宋园四季皆游的游赏形态，并略见其造园上的配合。

在《武林旧事·卷一〇上·张约斋赏心乐事》里记载了张镃的宅园范畴甚大，共有东寺、西宅、南湖、北园、亦庵、约斋六区。而在偌大的宅园中，一年十二月各有其行事，其中与园林游赏有关的如：

一月：玉照堂赏梅、丛奎阁山茶、湖山寻梅、揽月桥看新柳、安闲堂扫雪。

二月：现乐堂赏瑞香、玉照堂西赏缃梅、玉照堂东赏红梅、餐霞轩赏樱桃花、杏花庄赏杏花、南湖泛舟、绮互亭千叶茶花、马塍看花。

三月：阆春堂牡丹芍药、花院月丹、曲水流觞、花院桃柳、满霜亭北棣棠、苍寒堂西绯桃、芳草亭观草、碧宇观笋、宜雨亭千叶海棠、艳香馆林檎、花院紫牡丹、宜雨亭北黄蔷薇、花院尝煮酒、瀛峦胜处山花、经寮斗茶、群仙绘幅楼芍药。

四月：芳草亭斗草、芙蓉池新荷、蕊珠洞荼蘼、满霜亭橘花、玉照堂青梅、鸥渚亭五色罂粟花、安闲堂紫笑、艳香馆长春花、餐霞轩樱桃、群仙绘幅楼前玫瑰、南湖杂花、诗禅堂盘子山丹花。

五月：清夏堂观鱼、听莺亭摘瓜、重午节泛蒲、烟波馆碧芦、绮互亭大笑花、水北书院采苹、鸥渚亭五色蜀葵、清夏堂杨梅、丛奎阁前榴花、艳香馆蜜林檎、摘星轩枇杷。

六月：楼下避暑、苍寒堂后碧莲、碧宇竹林避暑、芙蓉池赏荷花、约斋夏菊、清夏堂新荔枝、霞川食桃。

七月：餐霞轩五色凤仙花、立秋日秋叶、西湖荷花、南湖观鱼、应铉斋东葡萄、霞川水苽、珍林剥枣。

八月：湖山寻桂、现乐堂秋花、众妙峰山木犀、霞川野菊、绮互亭千叶木犀、群仙绘幅楼观月、桂隐攀桂、杏花庄鸡冠黄葵。

九月：把菊亭采菊、珍林尝时果、景全轩金橘、芙蓉池三色拒霜。

十月：满霜亭蜜橘、烟波馆买市、赏小春花、杏花庄挑荙、诗禅堂试香。

十一月：摘星轩枇杷花、味空亭蜡梅、苍寒堂南天竹、花院水仙、群仙绘幅楼前观雪。

十二月：绮互亭檀香蜡梅、南湖赏雪、安闲堂试灯、湖山探梅、花院兰花、瀛峦胜处观雪、玉照堂看早梅。

几乎一年四季都有赏花活动，显见每个季节都有其盛开之花可赏，但其中又以春夏两季花色最为多样而丰富。另外尝果也是游宴活动中常见的，这是秀实相续的结果。为了这些赏花尝果的需求，除花院之外，景点大都是以建筑物为核心，再配置上各具特色的花木而成的，而且为了享受四季的景物风光，特为观草、斗草而设芳草亭，特为观笋而设碧宇，特为聆赏莺啼而设听莺亭等，显示园林主人对于园林景色的季节特性十分重视，而且对于季节性游赏活动非常尽心地经营。

秋季游赏活动与造园设计

在四季皆游的情形中，秋冬仍然盛于游赏，是宋代异于唐代的所在。唐代的园林活动，在秋天已骤减，而且游园的心情也显得萧索悲凉。宋人则发觉秋园的可赏玩价值仍高，并从中领受其特有的情调而深爱之。如：

> 中秋天气虽宜好，来访南园会隐家。（邵雍《访南园张氏昆仲因而留宿》，三六八）
>
> 水竹园林秋更好，忍把芳樽容易倒。（邵雍《秋月饮后晚归》，三六五）
>
> 园林正好爱不彻……尽高台榭望仍多。（邵雍《秋尽吟》，三七七）
>
> 亭馆虽芜胜势存。（韩琦《立秋日后园》，三三一）
>
> 秋来饶景物，斟酌费诗材。（戴昺《东野农歌集·卷三·项宜父涉趣园》）

邵雍这位理学大家似乎对秋天园林富有特别深邃的喜爱，他认为秋天的天气随宜，总是可爱美好的，所以引起他访游的兴致。而此时的园林，水竹等主要的景物较之其他季节更好，更翁绿，更清澄；台榭则不因季节而盛衰，倒是由于花木繁华光彩的消退而更显露线条、造型上的趣味，就像韩琦所说的，虽然花木显得荒芜，但亭馆的美好形式依然存在，依然有其可观可赏之处。这种种景象都让邵雍喜爱不尽。此外，戴昺也感受到秋天的景物丰饶，有"四面山回合""入门惟见竹，绕屋半栽梅，果熟霜前树，鱼肥雨后溪"，在园林里仍然处处充满可歌可咏的诗材。又宋祁在《西园晚秋见寄》诗中自述，即使是晚秋时节，也足以让他"清玩日无穷"（二一〇）。由这些描述可以知道，许多文人发现了秋天园林另有特殊的景致，另有一番气象，都是饶富诗情画意的，所以秋园便成了他们赏爱的佳地。

　　既然秋园景物丰饶，别富趣味，秋天游赏的活动便十分频繁。首先，和春日一样，宴游集会，仍是文人雅士的应酬活动，其中又以大节日最是普遍，如中秋、重阳等。至于玩赏的对象，则仍以花朵为多。因为秋天虽不似春日的百卉千葩，却有其各具特色的时花。刘攽在其《晨至后园》诗中描述秋天清晨的园林是"晚花秋正繁"（六〇六）。这晚岁时节才开放的花在秋天正绽放得繁盛，使得秋园具有可赏性。而晚岁秋花之中，以菊花最具代表：

　　　书空匠者，干祐中，冷金亭赏菊，分赋秋雁。（陶谷《清异录·卷上·禽名门》，册一〇四七）
　　　日暮园林洒微雨，一樽犹对菊花丛。（韩维《和晏相公小园静话》，四二九）
　　　翠叶金花刮眼明，薄霜浓雾倍多情。（刘敞《庭前菊花》，四九〇）

赏菊，可以成为园林活动的主题。在已显清寂的秋园中，翠叶金花的菊丛仍是耀眼醒目的，仍然可以对之酌饮良久。为此，宋代园林在设计、建造之初，便有以菊花为主景的造设，并在花品的改良上有所创新：

　　　新安刘君良叔于所居读书之堂，假石为岩，种菊满焉。（姚勉《雪坡集·卷三五·菊花岩记》）
　　　佳本尽从方外得，异香多在月中闻。（苏轼《万菊轩》，八三一）
　　　高轩盛丛菊，可以泛绿樽。（梅尧臣《和寿州宋待制九题·秋香亭》，二四三）
　　　谁测天工造化情，巧将红粉傅金英……不使秋光全冷淡，却教阳艳再鲜明。（韩维《桃花菊》，四二五）
　　　仙人绀发粉红腮，近自武陵源上来。不比常花羞晚发，故将春色待秋开。（程颢《桃花菊》，七一五）

菊花岩是在堆栈的石山崖岩之上种满菊花，使菊花傲霜的特质加上克服险恶的毅力，成为这个造景的主角。而万菊轩和秋香亭也都是以菊花的众多丛聚来展现秋天的美，而成为以菊为主题的造景。更神奇的是，宋代才改良的新品种——桃花菊，是用桃花和菊花接枝而成的，拥有桃花的粉彩鲜艳和菊花的细蕊繁美。这使得秋天的园林平添无限的春色。有了这么神奇新颖的花品，无怪乎秋天的园林仍然深受游者的喜爱，仍然有众多的游赏活动。

菊花而外，秋天的花景还有桂花也别具特色。桂花的花形、花色，虽然没有秾丽繁复、鲜艳亮眼的姿彩，但是娇小纤柔的花形，轻柔明淡的花色却别具清新疏淡、空灵明净的美。尤其它散发出淡雅清幽的香气，可以使整个园林环境氛围产生变化，使人闻之悦鼻怡神，因此也成为秋天游园的重要赏玩对象，如：

八月桂花盛时，游人甚盛。（明·吴之鲸《武林梵志·卷三·满觉寺》，册五八八）

英英晚节丛，芳意满篱落。（卫宗武《秋声集·卷一·赏桂》，册一一八七）

花寨岩桂红，石罅雪根翠，正当秋风来，不见摇落意。（梅尧臣《追咏崔奉礼小园》，二四八）

秋芳俄从天上至，人世有香谁敢夸。累累金粟叠为蕊，风韵别自成一家。（卫宗武《秋声集·卷二·赓南塘桂吟》）

流满韶光兰满砌，婆娑秋景桂成林。（王迈《臞轩集·卷一五·题惠安赖汝恭溪山风月亭》，册一一七八）

《武林梵志》记载得很清楚，每当八月桂花盛开之时，像寺院一类的公共园林里，有很多游人蜂拥而至，为的就是赏桂。那么一般的公园和私家园林的情景应也相似。因此就出现上引的赏桂、咏桂的作品，这都显示宋人在秋天对桂花的赏爱之情和为此而游园的活动热潮。就因为秋天的赏桂需求，在造园上也就有相对应的配合设计：

有岩桂数百根，皆古木也。苍然成林，森然而阴，洞然而深。辟径通

幽，而亭乎其中。（王十朋《梅溪后集·卷二六·天香亭记》）

依山植丹桂六，楼之右复一桂。（袁燮《絜斋集·卷一〇·是亦楼记》，册一一五七）

飞甍临万井，伏槛出垂杨……淮南多雅咏，岁晚玩幽芳。（欧阳修《双桂楼》，三〇一）

这些是以桂花与建筑的组合来造景的，建筑物当然是用来休憩的，让游人能够用比较舒适的姿态，有比较从容的时间来欣赏景色。而此处欣赏的主景当然是建筑周旁的丹桂、双桂、岩桂。其中又以第一例的天香亭景色最奇，数百株苍古的岩桂森然成林，覆茂如深洞。再于其中辟径筑亭，营造成一个天然的古老深林，自成一个与世隔绝的特异世界。

在秋花的世界里，桂的幽香自成一个清雅的境界。此外，尚有其他香气为秋园装点芬芳的情致。韩维在《湖上饮》诗中描绘"高秋水木变清光"的湖景，同时也"深喜寒花入坐香"（四二五）。所谓的寒花虽未明确指出花名，但可以确知是秋寒才开者，它的芳香散播，令宴游者喜悦，为园林创造宁馨美好的情境。此外，还有菊花的"借与繁香醒宿酲"（刘敞《庭前菊花》，四九〇），有"兰菊有清香"（寇准《岐下西园秋月书事》，九〇），更还有夏天遗留的残荷："水风犹猎败荷香"（钱惟演《小园秋夕》，九四）。这些芳香，使园林环境得到澄汰，空气中弥漫着香气的因子，整个园林都统一在一致的芬芳之中，显得幽静而优美。

气味而外，秋园也有其季节性的声响，有"蛩啼知露寒"（刘敞《秋园晚步》，四六八）的秋虫啼吟，有"秋露滴琴床"（释智圆《寄题聪上人房庭竹》，一四〇）的竹露清响，还有"阶闲秋果落"（释智圆《题聪上人林亭》，一三五）的果熟落地之声。这些声响不仅引带出秋天大自然的特殊情境，也衬托出秋园的宁静气氛。

在视觉上，秋园有"玉井梧倾"（杨亿《小园秋夕》，一二〇），有"宿烟荷盖老"（宋庠《府斋秋日》，一九七），有"碧芦巢鸟"（胡宿《别墅园地》，一八一），有"熠熠萤光草际流"（韩维《宴湖上呈樨卿》，四二六），更有中秋水月等极具清索明净特质的景色。

　　由此可知，秋天的园林，在视觉上有各种花色和改良的花品，有极具特色的景致；在嗅觉上有各种芬芳香气，足以澄澈园林质量；在听觉上又有不同的声响，把园林衬托得宁静清幽。这些景物特质，正是文人雅士所深爱的幽境；而这些清寂明净的情境，也正是理学家们修养的外境。所以宋代园林的秋天，仍然深深地吸引着文人们游赏不倦。

冬季游赏活动与造园设计

　　宋人认为冬天的园林依然充满奇景美景，值得游赏，而且宴集、同游的形式仍多。如杨蟠有《初冬同晤贤二师登映发亭望会稽》（四〇九）诗，如梅尧臣有《和十一月十二日与诸君登西园亭榭怀旧书事》（二四九）诗，韩维《同辛杨游李氏园随意各赋古律诗一首》（四二三）便是在"腊近雪容变"的仲冬时节。对于冬天园林的沉寂冷淡，一般人都会与邵雍一样有"竹绕长松松绕亭，令人到此骨毛清"（《依韵和陈成伯著作史馆园会上作》，三六六）的感受。这令人毛骨清的冬景，自是别有一番刻骨铭心的气质，也算是园林景致中深富特色的时节，很能引发人的深刻感受。所以邵雍在《岁暮自贻》诗中写道："林泉好处将诗买，风月佳时用酒酬。"（三六八）可见在岁暮寒冬之际，林泉风月自有佳时好处，自有令人怡悦、爱赏的诗情画意。这是冬季游赏的基本动力。

　　在众多冬天的风月泉林之中，最具特色也最受宋人喜爱的就是雪景。吴自牧《梦粱录・卷六・十二月》记载宋代杭州的风俗时提道："如天降瑞雪，则开筵饮宴，塑雪狮、装雪山……或乘骑出湖边（指西湖），看湖山雪景。"对着瑞雪开筵饮宴，表示对飘雪景象存着欣赏的心情；装点雪山，表示对雪景的喜爱；乘骑出看湖山景，则是近一步踏进园林去游赏。宋人对雪园的赏爱也常表现在诗文的吟咏之中，如：

　　湖上玩佳雪，相将惟道林。（林逋《和梅圣俞雪中同虚白上人来访》，一〇五）

　　梅尧臣有《依韵和资政侍郎雪后登看山亭》诗。（二四六）

苏轼有《次韵曹子方运判雪中同游西湖》诗。（八一六）

朱长文有《雪夕林亭小酌因成拙诗四十韵以贻坐客……》诗。
（八四五）

韩淲有《雪晴南圃放步》诗。（《涧泉集・卷九》，册一一八〇）

不管是雪中之游还是雪晴、雪后，都同样是为欣赏雪景，这显现出宋人对雪景的爱赏，在冬天依然游宴不断。从园林景物的角度来看，一年四季中的春夏秋三季虽有花开花落、碧绿扶疏和枯黄陨萚的不同，但都同样是大自然中自然生命的自身变化，不似冬景在白雪的覆盖之下所展现的景观特色是外加的，所以冬景就别具异调，特别引人以不同的心情去欣赏。梅尧臣有《和十二月十七日雪》诗记述自己爱雪的心情：“庭中未许野童扫，林下唯愁狂吹摧。”（二四九）庭中林下的雪不但不准扫除，还担忧被狂风吹走，可见他是满心希望庭院里的雪景能够持久不变，以供他赏玩。王禹偁则更直接说明他爱雪的原因是：“雪引诗情不敢慵，来登高阁犯晨钟。”（《雪后登灵果寺阁》，六四）之所以让他兴致勃勃地登上高阁去“多时望”，主要的原因是雪能引发诗情，这说明雪能为园林大地增添优美景致，使冬天的园林充满可观、可玩、可赏的内容。因此韩维在《载酒过景仁东园》时，“衔觞惊岁序，候雪仰雪容”（四二五），岁暮寒冬在园林里仰着头观察雪色的变化，为的是等待雪的降临。这样一种痴情仰望的姿态，源自对冬园雪景的欣爱和痴心。这些例子清楚地证明宋人对园林雪景的特殊爱玩之情，无怪乎冬天游赏活动依然兴盛。

雪，对于园林物色产生什么样的影响呢？它能制造什么样的园林情境呢？首先，文人喜欢大雪覆盖下的无分别世界：

寒塘起孤雁，危树失前山。（梅尧臣《西湖对雪》，二四六）

铺平失池沼，飘急响窗轩。（欧阳修《对雪十韵》，二九四）

旋委清池失，偏欺翠竹低。（韩维《和太素大雪苦寒》，四二七）

园林过新雪，草木散芳华。物色皆疑似，春归亦有涯。（刘敞《雪后游小园》，四八二）

醉乡银作界，诗客玉为家。（黄庶《次韵和雪霁游西湖》，四五三）

连续三个"失"字描绘了雪的覆盖使许多物形物色都被遮蔽而消泯掉了，只剩下大略的起伏线条而已。所以细看来，物色皆相似，没有什么差别，是混沌泯化成一片雪白、银玉的世界。整个园林在雪白的基调之上只有高低和线条的变化，展现的是简单朴素、纯净无染又浑然一体的沉静情境，这种高远的境地，自然深得中国文人的喜爱。

雪的覆盖累积会使其雪白的色度渐渐凝转成略带透明晶莹的光泽，使园林景物焕然一新：

碧玉为池白玉堤，千林万木尽花开。（范纯仁《雪中池上》，六二四）

初讶后园罗玉树，却惊平地璨瑶池。（邵雍《安乐窝中看雪》，三六九）

便开西园扫径步，正见玉树花凋零。（欧阳修《晏太尉西园贺雪歌》，二九八）

苹蒲万家雪覆瓦，花蹊千树玉雕笼。（陈襄《东园观雪》，四一五）

在诗文的描写下，在文人的眼中，园林里的池水、堤岸、千林万木、平地、花径等，都变成玉瑶所雕琢而成的精品，剔透光润，是一座洁净精致的玉园。而且雪的亮度高，光映照人，所谓"山川秀色远相辉"（苏颂《和孙节推雪》，五二八），所谓"虚堂明永夜，高阁照清晨"（欧阳修《咏雪》，二九二），山川、建筑都在它的明照之中而互相辉映着光彩，如此特殊的景观，自然会吸引人赏爱的眼光而前去游玩。

对文人而言，更喜爱雪对园林造成的洁净化影响和象征：

北风掠地尽无尘，惜许林园未有春。（张侃《拙轩集·卷四·雪中独步家园》，册一一八一）

山川草木亦精神……于中何处有纤尘。（李曾伯《可斋续稿前·卷四·登四望亭观雪》，册一一七九）

时人莫把和泥看，一片飞从天上来。（释干康《赋残雪》，一）

积雪成高卧，故人来在门。（刘敞《和江邻几雪轩与持国同赋二首》，四七〇）

悠然咏招隐，何许叹离群。（林逋《西湖舟中值雪》，一〇五）

雪的冰清洁白，给人纤尘不染的印象；雪从天上飞降，也给人高洁崇贵的感觉；雪的寒冷冰冻的特质，足以令人振作精神、清醒明觉。所以覆雪的冬园也就具有洁净精神的特质，能够展现出一分隔离尘嚣、孤绝高远的情境。因此覆雪的冬园也就特别受到高士隐者的喜爱，整个园林景象正可象征他们高寒孤绝的节行，正和他们的生命品调相应和。

基于雪和洁行的相应，在雪园中文人雅士又特别对雪梅和雪竹表现出情有独钟的喜爱：

净洗旷轩眼，雪天闲看梅。（刘过《龙洲集·卷七·登旷轩》，册一一七二）

更喜连翔雪，飞花为辟尘。（戴昺《东野农歌集·卷三·次韵凭翁观梅》）

昨夜雪初霁，梅花破蕾新。（蒋之奇《梅花》，六八八）

梅花冒雪轻红破，湖面先春嫩绿还。（韩维《和景仁同稚卿湖光亭对雪》，四二六）

有梅无雪不精神。（姚勉《雪坡集·卷四·梅花十绝》）

这是对雪中梅花的歌咏。

独守孤贞待岁寒……犹得今冬雪里看。（王禹偁《官舍竹》，六五）

半冬无雪懒吟诗……竹边听处立多时。（王禹偁《喜雪贻仲咸》，六五）

修竹仍封雪，交渠已泮冰。（刘敞《池上》，四八七）

旋移修竹看停雪。（刘敞《步瀛阁》，六一二）

空园响松竹，霰雪霭霏霏。（韩维《西园暮雪》，四一七）

这写的是雪中竹。梅和竹都是岁寒时节不畏风霜的坚毅生命，深得中国文士的赞赏，并每每以其节操自况一己高志。如今雪中梅竹，更是双重加倍地展现出洁净清高、坚忍卓绝的志节和气象。在发自内心的赏爱和自怜之情的催促下，雪中出游、赏玩梅竹的景象和描写就成了宋代园林的一个特色。姚勉在《题百花林书堂》诗中吟咏道"冰雪相看人更好，竹君梅友岁寒心"（《雪坡集·卷一四》），写出冰雪、竹君、梅友和人相对相看时有一分无法言喻的美好感受，那就是四者之间可以融契感通的岁寒之心。这种知己贴心的感觉，这种风雨高寒处不孤寂的感动，是雪中游园时最令人怡悦的经验，可知，冬天游赏虽无春天的热闹喧腾，却是寻找与生命情调相契应的情境最好的时机。这是宋代文人游赏冬园的优美心境。

喜爱雪景的心态，对于园林造景的设计也产生了影响：

始言师开此轩，汲水以为池，累石以为小山，又洒粉于峰峦草木之上，以象飞雪之集，州倅太史苏公过而爱之，以为事虽类儿嬉而意趣甚妙，有可以发人佳兴者，为名曰雪斋……士大夫喜幽寻而乐胜选者，过杭而不至，则以为恨焉。（秦观《淮海集·卷三八·雪斋记》，册一一一五）

人间热恼无处洗，故向西斋作雪峰……开门不见人与牛，惟见空庭满山雪。（苏轼《雪斋》，八〇一）

苏子得废园于东坡之胁，筑而垣之，作堂焉，号其正曰"雪堂"。堂以大雪中为，因绘雪于四壁之间，无容隙也。起居偃仰，环顾睥睨，无非雪者。（苏轼《东坡志林·卷四·亭堂》，册八六三）

欲探春风先插柳，要看雪景更栽芦。（舒岳祥《阆风集·卷七·卜居》）

万物莫不病乎雪也。不病乎雪者，梅欤？竹欤？兰欤？（杨万里《诚斋集·卷七二·宜雪轩记》，册一一六一）

为了四季都能欣赏到雪景，僧法言特别设计出造雪的方法，在人工假石山上和草木之上洒以白粉，形成飞雪覆集的景象。从雪斋开门一看，映入眼帘的尽是满山白雪。这样的景色被东坡赞为意趣甚妙，可以发人佳兴。而喜游赏的士大夫也以一游此境为要事。可见这样新奇的造景在当时已闻名，深得文士的爱赏。苏轼在东坡园堂内则以画壁方式来制造生活空间里无所不在的雪景。舒岳祥所喜爱的则是雪中的萧散清原及苍茫景象，所以特别栽芦以待。至于所谓宜雪轩，则是以梅、竹、兰等耐寒雪的植物为主景，名以"宜雪"，则在冬季以外的时间里，需以一分想象力和与雪质相契合的情志来欣赏。这些以雪为主的造景，在中国园林发展的历史中是一项极具特色的创新。

综观本节所论可知，宋代在园林游赏活动的季节上和相互配合的造园设计上其要点如下。

其一，宋代与唐代一样，在春天的缤纷景色中，盛行热闹喧腾的游春探春活动；在酷热的夏天，盛行在湖上林下避暑。

其二，在秋冬二季，唐人的游园活动很少，而宋人却仍热情地进行游赏。宋人在欣赏和营造园林的时候，都不断强调其四时可游之特性。

其三，在四时可游的园林需求上，造景时主要以四时变换丰富多样的花木为主要景物，再以建筑的休憩、鉴赏功能加以配合，造成各具季节特性的景点。

其四，宋人在诗文中注意到园林秋季与冬季的景色依然丰饶，而且深具诗情和妙趣。其中秋天对菊花和桂花的宴赏活动非常热闹，并在造景和花木的改良上创造秋天独特的游赏内容。

其五，在冬天，宋人特别喜欢赏雪，常在雪中、雪后出游，并赞叹雪景的浑然、洁净、明亮的特色，以及雪中梅竹的象征意义。由此而创造了中国园林史上别具特色的人工雪景。

其六，相对于唐代的园林活动，宋代的四季皆游显现出的文化意义是，唐代在春夏的游赏热潮和对秋冬的不感兴趣正和唐人的生活风格相应，是一种喜爱热闹、活泼热情的文化习性。而宋人对于沉寂的秋冬却能品味出丰富的情味，尤其对清冷雪景有深刻的喜好，正和宋人收敛、沉静、理学盛行的文化风格相应。园林和其他门类的艺术一样，是文化和社会生活的一个小小的缩影。

第二节　百戏活动——宋代园林活动的通俗化

园林一般给人幽深寂静的印象，因此园林内的活动也多半是与此气氛相应相谐的文雅之事。至少在唐代，可见的资料中，园林活动仍然以琴、棋、诗、酒、读、钓等优雅且具脱俗隐逸情调的活动为主，可以说整个园林活动都是充满着文人雅士的趣味。

宋代的园林活动一方面继承了这个属于文士的生活传统，不但行以琴、棋、诗、酒、读、钓等活动，而且斗茶文化的新兴与书院教育的发达（书院园林亦兴盛），使此一传统脉络增添了斗茶与师教等内容。另一方面，因为宋代园林更加兴盛与普及，同时因为公共园林的广设，园林经验普遍于各种阶层的人物生活中，对于广大的民众而言，文人雅士的风雅活动是他们陌生且不自在的，他们在园林中进行的是通俗轻松的娱乐游戏。这些玩乐、嬉戏的活动因充满着欢乐喧闹的气息，很容易感染人，所以即使连文人雅士也乐于参与。此外，因公园兴盛及私园开放，园林游客如织，加以玩乐的需要，也招徕了许多做生意的人，因而买卖赶趁的场面也成为宋代园林活动的一大特色。

下面几则资料可以看出宋人的园林嬉戏娱乐观：

是足以朝游而夕嬉也。（张侃《拙轩集·卷六·四并亭记》，册一一八一）

以为燕游嬉憩之所。（赵鼎臣《竹隐畸士集·卷一三·尉迟氏园亭记》，册一一二四）

使君待客多娱乐。（李觏《东湖》，三五〇）

蒋苑使有小圃……且立标竿、射垛及秋千、校门、斗鸡、蹴鞠诸戏事以娱游客。（周密《武林旧事·卷三·放春》，册五九〇）

从"嬉"字、"娱"字可以了解到，当时确实已将游戏玩乐等活动当作园林的功能之一了。这说明宋代园林活动中玩乐游戏所具有的重要性，它适合于广大的民众，同时也适于文士。人们在这么欢乐的嬉玩场面中有时会发生失控的事故，如高斯得在《耻堂存稿·卷七》中有一首诗标题即为《西湖竞渡游人有蹂践之厄》（册一一八二），因为观看竞赛游戏人太多了，在推挤之中产生了蹂践的事况，其热闹的场面可想而知。因此，杨万里《问涂有日戏题郡圃》诗便说："今年郡圃放游人，懊恼游人作挞春。"（《诚斋集·卷二五》，册一一六〇）游人众多，且以一种嬉戏玩乐的态度行之，园林春色就会遭到伤挞。这些严重的情况就是嬉乐活动所造成的后果。

由此可知，宋代园林活动正存在着两种迥异的情调，一种是传统文士活动的风雅闲逸，一种则是大众嬉乐的通俗喧闹。关于前者可参看《诗情与幽境——唐代文人的园林生活》，本节则专论后者，分为玩乐、嬉戏和买卖三部分。玩乐部分包括歌舞表演、盛妆竞艳和谈笑等活动。嬉戏则包括百戏活动和水嬉、斗草等。这些活动共同具有一项特色，那就是活动本身与欣赏优美景色之间存在的关系十分薄弱，甚至是毫无关系。园林只是一个存在的空间，园林种种优美的内容和特色在这些活动面前几乎是不具意义了。

喧闹争艳的玩乐活动

在宋代通俗化的园林活动中，最时兴的大约是歌舞表演了。虽然在唐代的宴游活动中已伴随着歌妓的表演，但因燕乐这种普受大众喜爱的流行音乐和填词结合而成为歌妓们普遍表演的歌曲，是在中晚唐以后才开始的，所以在园林宴游活动中加上歌舞表演活动正和宋词的发展历史一样，是在宋代方流行兴盛的。

因为流行音乐盛行，填词之风一开，歌唱表演成为人们日常生活常见的娱乐，因此园林宴游也每每有此活动，如：

樽前随分弦且歌。（韩琦《休逸台》，三一九）
粉艳清歌穿邃阁。（祖无择《题魏野园》，三五六）

更听美人金缕曲。（宋庠《立春日置酒郡斋……》，一九八）

外喧有歌歗。（赵抃《郁孤台》，三三九）

州人士女啸歌而管弦。（欧阳修《文忠集·卷四〇·真州东园记》，册一一〇二）

这里虽同为歌唱表演，但却有清歌古曲与啸歌喧歗两种。像魏野这种隐逸高士的园林及郡斋地方官宴的歌唱便是清歌古曲；而像真州东园和郁孤台这类公园名胜，则是众多游人士女的啸歌喧歗。前者较似于唐以前的园宴活动，而后者则是宋代新兴的园林玩乐活动，但它们同样都让听者享受歌声曲调之美，从中得乐。此外，因为园林有丰富的创作资源，文人习惯在园林中即兴赋咏，且此时文人参与填词之风已开，因此很多文人即兴地写下歌辞，立即供歌妓唱出，如韩维《和朱主簿游园》诗所述的"旋得歌辞教妓唱"（四二五）、苏轼《次韵曹子方运判雪中同游西湖》诗云"词源滟滟波头展，清唱一声岩谷满"（八一六），这样源源不绝的情思和创作，使得园林活动充满了新声，人们在听歌享乐的同时又能浸淫在先闻新歌发表的趣味中。

有歌、乐的地方往往有舞，何况燕乐传入中国最初的表演形式乃为舞蹈，因此歌舞同展是园林活动中常见的，如：

蚩蚩歌舞醉中真。（韩琦《寒食会康乐园》，三二五）

或歌或舞何欢欣。（邵雍《内乡天春亭》，三七五）

四弦清切呈新曲，双袖蹁跹试小童。（文彦博《留守相公宠赐雅章召赴东楼真率之会次韵和呈》，二七七）

缓歌挥白羽，趣舞堕金钗。（刘敞《九月八日晚会永叔西斋》，四八六）

有歌有舞，场面就显得更加热闹欢愉。在园林宴游活动中表演的歌舞，自不会太过沉寂呆板，所以有时甚至会跳得堕下金钗。又如刘过在《吴尉东阁西亭》诗中描述道"舞忙钗鬓乱"（《龙洲集·卷七》，册一一七二），可见这些舞蹈多为轻快或剧烈的动作，音乐必也是轻快明亮的，所以整个表演场面和欣赏场面均是十分喧腾热闹的。参与者的注意力和情感都投注在这些华丽轻快的歌舞中，在一片玩乐欢欣的愉悦气氛中，优美的山水景色都消退得遥远无踪了。

由于这种以歌舞来娱乐、助兴的风气在宋代十分普遍，所以妓乐等的准备就成为园林主人或游客常备的要件。如韩维在《和宋中散寄题景仁新池》诗所说的"试舞旋裁衣"（四二六），在新修好园池之际，主人同时也将舞妓和舞衣都准备好了，可见歌舞表演在园林活动中的不可或缺性。此外游客也往往自备妓乐，如：

苏轼有《携妓乐游张山人园》诗。（七九九）

（张文懿）一日西京看花回，道帽道服，乘马张盖，以女乐从。（王巩《闻见近录》，册一〇三七）

潞公以地主携妓乐就富公宅第一会。（邵伯温《闻见录·卷一〇》，册一〇三八）

欺压莲香载妓船。（祖无择《历城郡治凝波亭》，三五六）

蝶随游妓穿花径。（杨亿《郡斋西亭即事十韵招丽水殿丞武功从事》，一一五）

浩荡的妓乐队伍跟随着主人移走于诸家园林之间，甚至于在游宴之时还得为这些妓乐特别准备一只载妓船来运输。这么麻烦费事的举动，他们仍旧乐此不疲，可见听歌观舞在当时的园林活动中之重要性，人们对此仰赖和需求之殷重。

观舞听歌活动的盛行，致使宋代园林留给人的印象常常是歌乐遍响的：

丝竹清音两岸闻。（王益柔《遥题钱公辅众乐亭》，四〇八）

管丝远近青堤上。（刘涣《兴庆池禊宴》，二二六）

处处是笙歌。（吕陶《北园》，六七〇）

乐声时复到天津。（邵雍《天津闻乐吟》，三七五）

倚风歌管到人家。（章玉民《留题新建五云亭》，二○二）

前三则为公园众乐之地，凡是到此游玩的士女均可携妓乐，因而公园附近无论是湖岸青堤，远近皆可听见乐音，处处都是歌声，园林之内显得十分热闹，甚至左近的人家都可时时听见随风飘来的歌乐。柳永在其《木兰花慢·清明》词中曾描写清明的郊园："风暖繁弦脆管，万家竞奏新声。"用一个"竞"字表现出园林的歌乐，可以想见这些歌舞音乐的表演声音多么喧腾。这些描绘清楚地展现出宋代园林活动中歌舞表演的常态及其热闹场面。

园林最初的设立是为了满足人对大自然的喜爱与孺慕之情，而后的发展也一直以展现山水自然之美为主。人们置身在园林中，主要是欣赏其模拟山水、再现自然的美景，并享受其间的静谧。然而如今在园林中欣赏歌舞表演，这表示人们虽置身园林中，却把耳目的焦点集中在歌舞上，如范仲淹《春日游湖》诗所说的"尽逐春风看歌舞，几人着眼到青山"（一六九），山水美景于此已退居成一个模糊的舞台背景，只是一个一般性的空间而已。

园林玩乐的内容，使得许多前往园林的人抱持玩乐的态度，注意力放在游人身上，放在游乐之上，因而将自己和随身物具也刻意装扮一番，使自己和一些物具也成为被观赏的对象，如：

游人春服靓妆出，笑踏俚歌相与嘲。（梅尧臣《湖州寒食陪太守南园宴》，二四五）

看花游女不知丑，古妆野态争花红。（欧阳修《丰乐亭小饮》，二八四）

春游千万家，美女颜如花。三三两两映花立，飘摇尽似乘烟霞。（张咏《二月二日游宝历寺马上作》，四八）

花间有游妓，醉去堕金钿。（梅尧臣《游园晚归马上希源命赋》，二三三）

游舫已妆吴榜稳，舞衫初试越罗新。（苏轼《有以官法酒见饷者因用前韵求述古为移厨饮湖上》，七九二）

游人春游之时，也将自己装扮得艳丽明亮，以与春花争红。他们还一面笑着踏着应和着俚歌，或是相互嘲弄。看花的成分虽是有的，但是玩乐嬉闹、争得众人注目焦点的心意却也非常明显。整个园林看来，人与花、乐事与美景都成了可观可叹的景象。那些表演的歌妓在完成任务或闲时也穿梭花间，使此艳丽景象更添几分纵恣的狂态。此外，连载人的游舫也被装扮一番，使得整个园林（特别是公共园林）充满彩丽缤纷的热闹气氛。

人在玩乐之中，因尽情地享受和投入而往往忘情地发出各种声音，加上歌舞表演及赛戏中的各种声响，园林内就变得异常嘈杂，如：

众音方杂沓。（田况《成都遨乐诗二十一首·开西园》，二七二）

拍案客争棋。（赵汝铢《野谷诗稿·卷四·刘簿约游廖园》，册一一七五）

笑倒语弥壮。（韩淲《涧泉集·卷二·周景瑜置酒东园看海棠分韵得上字》，册一一八〇）

上客纵谈髯奋白，佳人醉舞脸舒红。（范纯仁《和王乐道西湖堤上》，六二四）

鼓声多处是亭台。（邵雍《春游五首》其五，三六二）

杂沓，表示声音的不协，一方面是声音节奏的参差错落，异常零乱；一方面则是声音内容的种类繁多，异常混杂。除了歌舞音乐之外，尚有棋弈纷争造成的拍案叫骂声，有戏谑玩笑时的哄然笑声，也有大声纵谈的振奋话语声，还有各种比赛喝彩的鼓声。这样的场面十分热闹，气氛十分欢乐，而游者的情绪则是十分激动亢奋，整个园林犹如一个热闹嘈杂的游乐场，园林内涵和典型特色已消失隐退。

多样化的百戏活动

由于园林的兴盛，游园活动的普及又正遇逢上百戏的活络，宋代园林活动中也常常出现百戏和各种游戏内容。姚瀛艇主编的《宋代文化史》中曾论及百戏在隋唐至两宋期间历演不衰，而且种类越来越多，成为城市娱乐的重要内容（参见姚瀛艇编《园林文化史》，第494页）。这些百戏表演虽然在隋唐时期便已兴盛，但因当时园林并未在各种阶层中普遍兴盛，而贩夫走卒等能热烈参与的公共园林也尚未普及，所以这种热闹又通俗的表演尚未进入园林，成为常见的活动。要到宋代，公园兴盛，园林生活普遍深入一般庶民生活中，形式繁多的百戏便也随之进入园林的空间，如：

> 人随百戏波翻海。（蔡襄《十日西湖晚归》，三九一）
>
> 蒋苑使有小圃，不满二亩……且立标竿、射垛及秋千、校门、斗鸡、蹴鞠诸戏事以娱游客。（周密《武林旧事·卷三·放春》）
>
> 至于吹弹、舞拍、杂剧、杂扮、撮弄、胜花、泥丸、鼓板、投壶、花弹、蹴鞠、分茶、弄水……不可指数，总谓之赶趁人。（同上《西湖游幸、都人游赏》）

百戏中单项表演如斗鸡、走绳等本已会招致众人围观喝彩，如今各项表演都聚集在园林内，此起彼落的欢叫，各个簇拥的人潮，犹如波浪海涛，使园林沸腾汹涌。西湖这个巨型的公共园林不仅吸引了各地的"路岐人"（"路岐人"是指民间游动性的百戏表演者。参见同上，第492页）前来表演，而且还有固定的瓦子勾栏供其表演（西湖内的百戏活动，详见本书第二章第一节）。此外，连蒋堂的私人小圃（不满二亩）也设立各种百戏以娱游客，如此狭小的园林空间还容纳众多百戏表演，则其拥挤喧腾之景象可想而知。所以，百戏表演和欣赏、嬉戏的活动虽然大多在公共园林中进行，却也已经渐染到一般私园、小园了。

在众多的百戏活动中能够浸染深入到一般性园林中的有几项，如射术、投壶、球赛、秋千、斗草、弄禽等。首先在射术方面，由于其属于武功，故而上自皇囿，下至郡圃、私园等均有以此为戏的风尚，如《宋史·卷一一三·礼志》载：

> （太宗）雍熙二年四月二日诏辅臣……宴于后苑，赏花、钓鱼、张乐、

赐饮，命群臣赋诗、习射。赏花曲宴自此始。

这是宋太宗开创的赏花曲宴，自此帝王均仿此：在后苑中饮宴、赏花、钓
鱼、听乐，并命群臣均习射。习射于此只是赛戏，并非训练，但为在帝王面
前有颖异表现，平日居家应多有练习。况且帝王所好，上行下效，在一般私
园中也颇以此为乐、为时髦风尚，而在一般郡圃中的射术活动，则如：

> 射埔宽阔习武事。（梅尧臣《泗州郡圃四照堂》，二五七）
> 因射构兹亭，序贤仍阅兵。（王安石《射亭》，五七六）

是以习武事的训练为主，其中也含有序次贤位的意思。其娱乐的成分很
低，而一般性的地方园林所设射术场地和活动则如：

> 辟其后以为射宾之圃。（欧阳修《文忠集·卷四〇·真州东园记》）
> 射者中，弈者胜，觥筹交错，起坐而喧哗者，众宾欢也。（欧阳修《文
> 忠集·卷三九·醉翁亭记》）

似乎是比较轻松自在的嬉戏，可以喧哗欢跃。至于一般私园则是：

> 邀射弓钩开，破的剪羽白。助中声喧呼，不觉屡倾帻。（梅尧臣《依韵
> 和韩子华陪王舅道损宴集》，二四七）
> 樽罍供乐事，金鼓叠欢声。（林旦《余至象山得邑西山谷佳处……》，
> 七四八）

大家更加放任纵情地投入射赛中，参赛者倾力以赴，观赛者也投入加油的行
列，为了助长中的气势而喧呼喝叫，而不自禁地倾折了巾帻也不在意，其间
还有金鼓助阵，整个园林活动就在大家的忘情、沉湎中而鼎沸欢腾。这是射
术赛戏的情况。而同为赛战之一的尚有球类活动，如：

（宴）殿西有射殿，南有横街、牙道、榭径，乃都人击球之所。车驾临幸观骑射百戏于此。（明·李濂《汴京遗迹志·卷八·金明池》）

蹴鞠孤高柳带斜。（张舜民《东湖春日》，八三五）

群仙绘幅楼前后打球。（周密《武林旧事·卷一〇上·张约斋赏心乐事》）

掌样球场五百弓。（杨万里《诚斋集·卷二三·题北山教场亭子》）

由于宋代园林已采取主题性景区的划分设计，才使得打球的活动在园林中成为可能；否则飞滚的球可能会打坏园林内的山水花木景观，所以皇家苑圃的金明池特辟有都人击球之所。西湖也有教场专供练球、打球，而一般园林也有较空旷的平场供人随兴踢打。这种比赛性的游戏不仅与园林景物无关，而且基本上不宜于幽深曲折的园林空间，并会对园林景物产生破坏。但是宋人却在此进行球戏，显示他们也将园林当作是游戏场。此外，投壶也是园林常见的赛戏，如：

陪客投壶新罚酒。（陆游《剑南诗稿·卷六五·东篱》）

《郡阁阅书投壶和呈相国晏公》。（梅尧臣·二四九）

或弈棋、投壶、饮酒、赋诗……（范祖禹《范太史集·卷三六·和乐庵记》）

筹贯壶双耳。（赵汝鐩《野谷诗稿·卷五·范园避暑》）

醉轻欣射中。（赵抃《春日陪宴会春园亭》，三四〇）

与射箭、打球比较起来，投壶的活动简易轻便得多，不需要太多的场地条件来配合，限制性就比较小。司马光有一首诗题为《张明叔兄弟雨中见过弄水轩投壶赌酒薄暮而散诘朝以诗谢之》，其中有一句是"壶席谨量度"。其自注云："虎爪泉上覆之以版，每投壶版上，设榻绕之，榻去壶各二矢半。"（五〇一）记述了投壶之戏可以在不平坦的地方覆盖上平版，再置壶设榻，量定投掷距离。可见这种游戏只要备妥用具，几乎是没有什么地势上的限制了，又且可以坐在榻上投掷，十分自在方便。而且因其技术性较低（虽和射箭一样须瞄准度和投掷力道的控制，但却更加轻巧易投掷），所以适合于一般人参加，老少咸宜。此外，这种活动，比赛的意味较少而游戏的趣味较浓，因此它不像球戏、射戏般只适合公园或大型的园林。在资料中显现，一般的私家园林也常以投壶为戏乐。

在众多的赛戏中，比较适于园林，与园林赏景活动相结合的是船赛。《汴京遗迹志·卷一三·宋四园》记载太平兴国年间开始在金明池训练水军习舟楫，可是却演变成为"水嬉"，并在池中举行赛船游戏以供皇帝观览。而后这种赛船活动也流行于民间公园，如上引高斯得的诗《西湖竞渡游人有蹂践之厄》，西湖的游人为了观看船赛而招致蹂践之厄，可见这种赛戏的吸引力和在公园中的轰动。但是就一般人普遍参与的船戏而言，平日的泛舟活动不但少了竞赛的紧张激情，还能兼具优雅的赏景内容。但是，在宋代，泛舟在赏景目的之外，还含带着嬉戏的目的，如上引所谓的"水嬉"，又如田况的《儒林公议》中记载：

（王建）作蓬莱山，画绿罗为水纹地衣，其间作水兽芰荷之类。作折红莲队，盛集鍜者于山内鼓橐，以长龠引于地衣下，吹其水纹，鼓荡若波涛之起复。以杂彩为二舟，辘轳转动，自山门洞中出，载妓女二百二十人，拨棹行舟，周游于地衣之上，采折枝莲到阶前，出舟致辞，长歌复入，周回山洞。（册一一七五）

这完全是模仿水上活动的游戏，用新奇的手法制造出波涛汹涌的形势，在没有翻覆沉没的威胁下，可以轻松自在地游乐嬉戏。整个过程都是以新颖特异的机关造景特效为嬉乐的焦点。至于以画舫在湖河之上，一边欣赏风光，一边游玩的情形则十分普遍而平常，此不必细论。

在众多的百戏活动中，不具竞赛性质且适合于园林中的另一项是秋千，这是宋代园林活动的一大特色，如：

临流飞凿落，倚榭立秋千。（田况《成都遨乐诗二十一首·开西园》，二七二）

三月秋千节，西郊菡萏洲。（韩琦《乙未寒食西溪》，三二四）

花外秋千半出墙。（邵雍《春游五首》，其四·三六二）

秋千对起花阴乱。（张舜民《东湖春日》，八三五）

由于秋千的制作简易方便，如同王禹偁在《寒食》诗中所述的："人家依树系秋千"（六四），而园林中树木盛多，实为最方便系秋千的地方。所以秋千在宋代流行起来的时候（秋千在宋代的流行，参见郑兴文、韩养民《中国古代节日风俗》，第170页），便很迅速地广设于公私大小园林庭院中。尤其在寒食清明时节更是家家户户打秋千。而秋千的游戏是做高低弧线的摆荡，可以在林木花丛之间时出时没，有时甚至可以半出墙头，忽隐忽现，饶富趣味和美感，因而成为园林中相当优美的活动，而时时为文人所颂咏。而从坐在秋千上的感觉而言，如：

秋千一蹴如登仙。（陆游《剑南诗稿·卷五三·西湖春游》）

芙蓉深苑斗秋千，身轻几欲随风去。（沈括《秋千》，六八六）

华郭春光欲暮时，彩绳争蹴夜忘归。佳人不道罗纨重，拟共杨花苦斗飞。（李觏《秋千二首》其一，三四九）

彩绳高挂矗青天……花畔惊呼簪珥坠，柳梢时出彩罗鲜。（李曾伯《可斋续稿前·卷六·和刘舍人秋千》，册一一七九）

由于人一坐于秋千上便是处在一种悬空的状态之下，所以当它摇摆起来，像是腾空飞翔一般，轻盈如仙。而且因为离心力的作用，又让人有欲摔飞出去的感觉，虽略带惊惧之情，却又令人兴奋，想要越飞越高，所以有时候可以斗赛，看看谁的秋千打得最高。因此，即使出现惊呼簪珥坠的受惊镜头，却又在斗飞矗青天的刺激嬉戏之中忘归。

从描写之中可以清楚地看出，秋千在当时是女子专有的游戏。所以用彩绳系挂，而且女子的怯弱胆小又使这游戏充满惊怕叫声，趣味更是横生。但也因为这是女子专用的游戏器具，所以也常寂静无声地冷落于园林小角落中，如：

煮酒青梅寒食过，夕阳庭院锁秋千。（范成大《石湖诗集·卷一一·春日三首》其一，册一一五九）

寂寞秋千索，无人尽日垂。（赵汝鐩《野谷诗稿·卷四·刘簿约游廖园》）

不知何事秋千下，蹙破愁眉两点青。（王周《无题》，一五四）

酒旗歌鼓秋千外。（方岳《秋崖集·卷四·次韵赵端明万花园》，册一一八二）

一方面因为寒食节已过了，荡秋千活动已大大减少；一方面因为秋千常常系绑在花间林荫，稍具隐约遮蔽性，所谓"酒旗歌鼓秋千外"，所谓"花外秋千"（刘敞《游俞氏园亭》，六一五），"环植以桃，立秋千其外"（梅应发、刘锡同《四明续志·卷二·郡圃》，册四八七），给人较为幽深之感；再一方面，因为它是女子的游戏工具，而女子的情绪起伏较大，因此秋千很能代表情感的形态和特质。这是秋千作为园林嬉戏活动的内容，同时兼具惊悚刺激和寂静落寞两种迥异情调的原因。

秋千虽为游戏，但它作为园林活动的内容，却是与园林景致相应且适合园林的一项游戏。因为在摆荡之间可以享受轻盈翱翔的飞仙妙感，而且可以同时欣赏四周的景色，并在视觉上体验到景物在摆荡间的回旋变化，真正领受所谓的天旋地转的滋味。于此，秋千游戏和园林景物之间有着密切的联系，园林不再只是游戏的空间背景而已，它同时仍是被赏玩的对象，园林的本质内涵仍然存在且发挥作用。

园林游戏中略受百戏影响者尚有戏兽禽一类的活动，如：

刘敞有《招邻几圣俞和叔于东斋饮观孔雀白鹇及周亚夫玉印赫连勃勃龙雀刀辟邪宫玺数物……》诗。（四七二）

巴猿戏前槛，越鸟安深笼。（刘敞《涵虚阁玩玄猿孔雀》，四六六）

圃老能呼鹤，樵奴竞戏猿。（刘敞《秋园晚步》，六〇六）

但这些动物都不是训练有素的表演者，它们只是因为种类的稀奇或形貌的美丽或性情的和驯、可爱而讨人欣赏爱玩，所以人们并非存着欣赏表演的态度，而是以逗弄嬉戏的好玩心态来玩赏它们，这也是园林游戏的一种。

其他的园林游戏，有梅尧臣《奉陪览秀亭抛埵》诗所述的："聊为飞砾戏，愈切愈纷如……误惊花鸟起，乱破锦苔初。"（二四○）这是宋代寒食前后的游戏，犹如现在的打瓦。此外，雪天里"塑雪狮，装雪山"（吴自牧《梦粱录·卷六·十二月》），则是季节天候的特殊游戏。

园林中属于儿童的游戏活动，常见于诗文资料中的是斗草，如：

青枝满地花狼藉，知是儿孙斗草来。（范成大《石湖诗集·卷二七·四时田园杂兴六十首》其五，册一一五九。诗题所谓的田园即为范成大的石湖园）

春暖出茅亭……童夸斗草赢。（魏野《春月述怀》，七八）

与儿斗草又输诗。（陆游《剑南诗稿·卷六五·东篱》）

盈盈斗草，踏青人艳。（柳永《木兰花慢·清明》，《西湖志纂·卷一二·艺文》，册五八六）

芳草亭斗草。（周密《武林旧事·卷一○上·张约斋赏心乐事》）

斗草的游戏规则，普遍的方式是双方各持一根草，双手抓住草的两端，草的中间则与对方的草相交，双手往自己的方向用力拉，草先断的一方为输（斗草的详细玩法及妇女的玩法，请参阅顾鸣塘《中国游戏文化：斗草藏钩》，第146—149页）。从上引诗句的描写中可以了解，斗草乃是孩儿的游戏，虽然诗人文士们也记述自己加入这种简易有趣的游戏中，但那主要是要展现童心雅趣。成人与成人之间很少有此活动，毕竟它不像琴、棋般优雅深邃，又不似射术、击球般富含高度技巧，而且这又会折损花草的生命。此外，这种游戏也有季节性限制，所以资料所载均出现于春天芳草芊绵之时。然而儿童的嬉戏总是令人欣羡且疼惜的，这样的画面代表着家庭和乐，也洋溢着生命活力和纯真，因此像"海棠花下戏儿孙"（滕白《题汶川村居》，二一）、"稚者戏于下"（杨杰《无为集·卷一○·采衣堂记》，册一○九九）这样的场景会使整个园林鲜活起来。因此，在文人眼中，稚子的游戏活动就格外珍贵，虽然它在园林活动中并非最常见最普遍的。

买卖与饮食活动

宋代的园林活动中最具特色且最奇异的应是买卖活动的加入，这使得园林成为大型的市集，嘈杂热闹，而且吸引了逛街的人潮，这实是园林的特异现象。

这种园林中的买卖活动大多在公共园林，偶尔也有例外者，如：

禁中赏花非一……以至裀褥设放，器玩盆窠、珍禽异物，各务奇丽。又命小珰内司列肆，关扑、珠翠冠朵、篦环绣段、画领花扇、官窑定器、孩儿戏具、闹竿龙船等物，及有卖买果木、酒食、饼饵、蔬茹之类，莫不备具，悉效西湖景物。（周密《武林旧事·卷二·赏花》）

至于果蔬、羹酒、关扑……谓之涂中土宜。又有珠翠……等物，无不罗列。（同上卷三《西湖游幸、都人游赏》）

蒋苑使有小圃……春时悉以所有书画、玩器、冠花、器弄之物罗列满前……以娱游客……盖效禁苑具体而微者也。（同上《放春》）

帝王平时深居朝上宫中，无法领受闲逛市街的乐趣，所以在苑圃之内罗列店肆以进行买卖，各种杂器玩物、酒食、蔬果无不具备，这就使得苑圃成为市集。据《武林旧事》所称这一切均模仿西湖景象，可见园林内的买卖活动乃始自西湖一类的大型公园。大约是赶趁的生意人见到公园游春玩乐的人众多，正是做买卖的好机会，所以自然而然地聚集起来。而见于资料者，仍以西湖这个巨型的公共园林组群被记载得最多。如《武林旧事·卷三·祭扫》所述：

玉津富景御园，包家山之桃，关东青门之菜市，东西马塍，尼庵道院，寻芳讨胜，极意纵游，随处各有买卖赶趁等人。

说明在西湖的广大园区中，只要有人纵游的地方，便随处有人买卖，可见这种买卖活动的活络兴盛。其中最大的特色大概就是所谓的"土宜"，颇似今日在各名胜观光地区均有商贩集结，贩卖各种玩物和食品，其中尤以各地土产最著名。此后私园之有财势者也颇起而效之，不过，像蒋堂的小圃主要是以展示珍玩来吸引游客。总之这种买卖活动的加入，使宋代园林的氛围和质量产生很大的变化，所以还是多半发生在公共园林中，这和公园的游乐性质、热闹景象较为相应。

对于游园踏青的人而言，会吸引他们购买的物品多半和游乐有关，所以买卖赶趁人卖的几乎是一些珍玩小巧的物具，而非日常民生器具。但是游赏玩乐的人更为迫切的则是一些止渴、充饥、设宴的食品饮料，所以园林买卖中最为兴隆的应算是食饮了。《武林旧事·卷三·西湖游幸、都人游赏》还记载了高宗等乘坐御舟游西湖时，曾宣唤宋五嫂的鱼羹，并加以赏赐，而后人们便争相尝食，致使宋五嫂的鱼羹生意大好，遂成富媪。由此可以了解园林买卖中的饮食摊店之重要，犹如今日在风景名胜区每有众多饮食店商提供游客口腹之需一般，其生意和重要性往往超越其他用品店。而在宋代园林的饮食买卖中，似乎以酒最为普遍，如：

夕照楼台卓酒旗。（林和靖《西湖春日》，一〇六）

酤酒向旗亭。（蔡襄《开州园纵民游乐二首》，其二·三九一）

时方暮春，鬻酒于（郡）园，郡人嬉游。（僧文莹《湘山野录·卷下》，册一〇三七）

丰豫门外有酒楼名丰乐……湖山壮丽，花木亭榭映带参错，气象尤奇。缙绅士人乡饮团拜多于此。（吴自牧《梦粱录·卷一二·西湖》，册五九〇）

和气随风近酒船。（韩维《和谢主簿游西湖》，四二六）

在西湖和地方政府开设的公园中往往有酒店、酒亭的设置，以供游赏者宴饮之用。在宋代，不论是盛大的群集宴游还是简便的席地野餐，都需要有酒相佐，如赵汝鐩《饮通幽园》诗所说"买酒领客寻清游"（《野谷诗稿·卷三》，册一一七五），他是了了酒再寻清游的。这种宴饮的游园风尚，使得园林中卖酒的人数大大增加，所以整个湖园区放眼望去便可看见处处酒旗高挂的景象，有的如丰乐楼一般瑰丽奇伟，引来众多缙绅士人宴集，也有只是泛着酒船卖给游船画舫的小本生意。《武林旧事·卷三·西湖游幸、都人游赏》也记载了高宗御舟一日游经断桥，曾入桥旁一家小酒肆的故事。从这些资料看来，在宋代的公共园林中酒肆的开设或酒船的泛卖十分普遍，是园林内买卖活动中最兴盛的一行。

在园林中买卖商品，不免使园林沦为嘈杂凌乱的市集，可信对园林景观将会造成某种程度的破坏，而且也可能吸引来一些专为购物、闲逛或看热闹的人潮，他们并无心欣赏园林景致，也无法领受中国园林幽美之所在。因此这些拥挤的人潮与园林之间只存在着空间上的关系，而无心灵交契相应的互动关系。所以买卖活动的出现徒使中国园林的质量和园林活动的意趣遭受重大伤害。所幸，这仅止于公共园林，一般私家园林依然保有园林和园林活动的典型美。

然而，类似园林中买卖活动这种世俗化的改变，也许是公共园林普及之后很难避免的趋势。

综观本节所论可以了解，宋代园林活动的通俗情形，其要点如下。

其一，宋代园林活动展现了两种截然不同的路向：一是继承传统的属于文士的风雅活动；一是新增属于普通民众的通俗娱乐活动。

其二，宋代园林活动的通俗化乃是宋代公共园林兴盛普及下的必然发展。因为社会上各种阶层的人物都能够自由进出公园，广大群众的参与，自然将园林活动带入世俗化的路上。

其三，宋代园林的通俗性活动大约可分为玩乐——歌舞欣赏、盛装竞艳、谈笑；嬉戏——百戏活动、射术、投壶、球戏、水戏、秋千、弄禽、斗草；买卖活动——珍玩、土产、饮食等买卖。

其四，这些通俗性活动除少数几项尚含有欣赏景色的部分内容外，几乎都是把活动的焦点放在玩乐、游戏等事物上，园林的优美景观于此消退为一个无意义的空间背景而已。

其五，这些通俗活动因以玩乐、嬉戏和买卖活动为主，给园林带来的是嘈杂喧闹和混乱，致使园林的特质和意趣遭受严重的破坏，是中国园林的异数，却也将中国园林带向更平民化、大众化、公共化的路上。

第三节　斗茶活动及其道艺境界

茶，是中国饮食生活中很重要的一部分。比起酒，茶更为广泛普遍地存在于一般人的生活日常之中；比起酒，茶更适宜于各种不同身份角色的人。刘昭瑞在《中国古代饮茶艺术》中说：

中国饮茶史上向来有"茶兴于唐，盛于宋"的说法，这主要是就以品为主的艺术饮茶来说的。北宋蔡絛在《铁围山丛谈》中也说茶之尚，盖自唐人始，至本朝为盛。而本朝又至祐陵（即宋徽宗）时益穷极新出，而无以加矣。（第18页）

茶兴于唐而盛于宋，这是当代人对中国饮茶历史加以研究之后得到的结论。姑且不论喝茶最早可追溯何时，但宋代饮茶之风十分兴盛则是可以确定的。除了蔡絛《铁围山丛谈》的记载之外，下面两条宋代留下的资料可以更进一步证明这一点：

夫茶之为民用，等于米盐，不可一日以无。（王安石《临川文集·卷七○·议茶法》，册一一○五）

东坡论茶云：除烦去腻，世固不可无茶。（赵令畤《侯鲭录·卷四》，册一○三七）

人不可一日不喝茶，甚至说它的重要性已到了与米盐同等的地步，可见喝茶在宋代是十分大众化、日常化的。因此，所谓"茶盛于宋"，并非只是某些阶层的风尚而已，也非只是生活的点缀品而已，它是无所不在的生活日用必需品。

尤其喝茶发展到宋代已经完成一套艺术化的品鉴程序和标准，形成宋代特有的斗茶形式，它也就成为宋代园林的特殊活动了。

宋园时兴喝茶

既然宋代普遍地流行喝茶，而园林又是很多人家日常生活的所在，那么在园林中饮茶也就是一个常见的现象。然而茶既然与米盐的重要性无异，是生活日常不可或缺的内容，那岂不是就不能算是园林生活的特色了？主要的问题在于，煮茶喝茶最宜于园林中进行，这在宋代诗文中有直接说明的例子：

要须临水榭，满啜一瓯玉。（胡寅《斐然集·卷一·送茶与陈霆用贾阁老韵》，册一一三七）

竹上松间敲玉花，最宜石鼎荐灵芽。（邹浩《道乡集·卷六·雪中简次萧求团茶》，册一一二一）

花竹丛间着，开樽瀹茗宜。（李曾伯《可斋续稿后·卷一〇·重庆阃治十咏·六角亭》，册一一七九）

也宜饮酒也宜茶。［徐鹿卿《清正存稿·卷六·再续前韵（指《府判社日招饮蒋园座中索赋诗三绝句》）》，册一一七八］

为公饮春茶，日日来新亭。（同上《林判府和前韵见示且约暇日论茗次韵为谢》）

在胡寅送茶给朋友的时候，还殷殷交代对方，这些茶必须在身临水榭之时来品啜。而邹浩向朋友索求团茶时也说，身在竹上松间最宜煮茶。其中三个"宜"字，以及为了饮茶而日日前往亭园，都说明饮茶最适宜于园林中进行。所以虽然茶在宋代与米盐同为生活日常不可或缺的必需品，但它的盛行却含着特别的意义，而它进行的形态也别具美趣与道艺的境界。因为它的整个程序不像煮饭做菜一般只是为了填饱肚子以维持生存而已，它主要还是一种休闲、一种享受、一种品位、一种境界。刘兼《从弟舍人惠茶》诗有"珍重宗亲相寄惠，山亭水阁自携持"（一六）的自述，因为珍重从弟寄赠的茶，所以总是携带着在山亭水阁之处品饮。说明饮茶最美好的境地应是在山水佳美之地。

在园林中饮茶的情形虽然已在唐代出现，但因饮茶风气趋于鼎盛，所以园林饮茶在宋代更为频繁。诗文的描述很多，如：

> 野石静排为坐榻，溪茶深煮当飞觥。（伍乔《林居喜崔三博远至》，一四）
>
> 幽池明可鉴……兴尽煮吾茗。（韩维《崔象之过西轩以诗见贶依韵答赋》，四一八）
>
> 就简刻筠粉，浮瓯烹露芽。（欧阳修《普明院避暑》，三〇一）
>
> 棋局移依石，茶炉坐荫松——自注：公自作药寮、潞公庵、临伊庵，皆在龙门。（司马光《潞公游龙门光以室家病不获参陪献诗十六韵》，五一〇）
>
> 却归林下饮。（王十朋《梅溪后集·卷七·啜茶》，册一一五一）

这里有的是自述在自家园林中煮茶代酒，坐饮野石之上；有的是前去参访寺院园林而就地煮茶。这些都是亲身经验的记述。但是有的（如司马光）却是想象友人（文彦博）在其自家园林中煮茶饮茶的情景，这显示出当时的园林活动中，饮茶深具普遍性与代表性，所以会进入未参与游园者的想象之中。而王十朋则想象并期盼能回归家林去啜茶，以享受一分难得的悠哉清闲。这表示他们体会到喝茶与园林居游是同情调的闲逸生活。再如胡仲弓甚至于在《陈氏溪亭次韵》诗中歌咏"唤回魂梦敲茶臼"（《苇航漫游稿·卷三》，册一一八六），他想象溪亭对人所具有的召唤力量之一竟也是茶事，似乎在回想起园林生活时，令人深味难忘的就是饮茶过程中的每一步骤。犹如刘挚《次韵辂氏东亭书事四首》其三中也说"茶忆新团碾"（六八一），这也是园林中饮茶带给人的难忘回忆。足见在宋代的园林活动中，饮茶是非常重要的项目之一。

宋人喜欢在园林中品茶的事况还常常表现为在游他人或公共园林时携茶

同往，如：

范蜀公与司马温公同游嵩山，各携茶以行。（明·何良俊《何氏语林·卷一九·箴规》，册一○四一）

携茗仍来试煮泉。（喻良能《香山集·卷一三·题煮泉亭》，册一一五一）

《华干携茶入园晚坐柔桑下》。（朱翌《灊山集·卷二》，册一一三三）

《二月九日北园小集烹茗弈棋抵暮……》。（李光《庄简集·卷五》，册一一二八）

登祥源东园之亭，公期烹茶，道滋鼓琴……（欧阳修《文忠集·卷一二五·于役志》，册一一○三）

游赏他人之园，还不嫌麻烦地携带着茶茗、茶具前往，这里显示出两个重要的信息：其一是园林中喝茶已经成为一个非常重要的游园习惯，以至于可以如此费事地携茶游园。其二是游者如此做，应该是他们已确定所游的园林中有可以煮茗的设备，否则烧柴火所造成的园地破坏当为园主所不允许。可以想见，当时的园林中普遍有茶灶一类的设施，这可以证知煮茶品茗在宋园活动中的重要性。

园林提供喝茶的便利条件

饮茶之所以适宜于园林中，其原因很多，但可以归纳地说，园林能够提供煮茶所需的重要材料，还能配合饮茶所追求的优美境地与清灵境界。首先，园林往往可以提供煮茶最重要的水，如：

凿得新泉古砌头，煮茶滋味异常流。（释智圆《湖西杂感诗》，一三三）

泉味最便茶。（司马光《清燕亭》，五○五）

汲来聊煮茗，风味故应同。（牟巘《陵阳集·卷五·题束季博山园二十韵·小谷帘》，册一一八八）

酌泉烹茗白云间。（全君卿《留题分宜前山吴隐士白云亭》，四〇〇）

茗味沙泉合。（释行肇《郊居吟》，一二五）

水泉的优劣影响茶汤甚大，这在陆羽的《茶经》中已有详细的评论。煮茶的水可细分等级，品类甚多，简要地说以活水为佳。而园林大多有水，其中的泉溪即为活水，宜于煮茶，因此这里我们看到诸多就地汲取泉水煮茶，且茶味便合的例子。这种就地汲取、现取现煮的情况，水最鲜最活，所煮出来的茶汤也就甘美可口。此外王辟之的《渑水燕谈录·卷九》记述范仲淹盖筑了醴泉亭之后，从此"幽人逋客往往赋诗、鸣琴、烹茶其上"（册五一九）。可见泉水的具在，是园林吸引人喝茶的一个重要因素。但是一条自然原野中的泉溪却不适宜煮茶品茗，因为没有建筑设造以提供舒适的品尝场所。所以要等到范仲淹盖了亭子之后才成为喝茶佳地。这更说明园林宜于喝茶的事实，而且园林中的泉流附近往往有花木美景相映，所以还能欣赏到"自汲香泉带落花，漫烧石鼎试新茶"（戴昺《东野农歌集·卷五·赏茶》，册一一七八）的优美景象，实是味觉、嗅觉、视觉上的多重享受，所以在诸多著名泉流的所在地，往往筑造亭台以供煮茶瀹茗，因而造就了许多自然山水园，其与宋代饮茶之风存在着密切的关系（册一一三五）。

此外，在张伯玉《后庵试茶》诗中还描述"岩边启茶钥，溪畔涤茶器，小灶松火然，深铛雪花沸"（三八三），寇准《秋晚闲书》也记述"闲收落叶煮山茶"（九〇），显示园林里的溪水宜于涤洗茶具，就地拾取的松枝与落叶可以当柴火燃烧，岩边可以煮茶赏景，所以园林也便于提供煮茶的燃料与茶具的清洗。

其次，园林中往往有广大的土地足以栽植茶树，这对饮茶也是一种便利。如：

径通茶坞绿。（穆修《和毛秀才江墅幽居好十首》其三，一四五）

坞中茶候鸟啼春。（胡宿《寄题齐氏山斋》，一八三）

自课园中拾晚荣。（陈著《本堂集·卷一五·春晚课摘茶》，册一一八五）

云供烹处碧，露饷摘时津。（宋祁《通判茹太博惠家园新茗》，三一一）

撷亭下之茶，烹而食之。（苏轼《东坡全集·卷三八·遗爱亭记》，册一一〇七）

江墅山斋之中有茶坞以种茶，显见它不是独立的茶园，而是家居的园林中的一部分。摘茶时节，居住在此的主人还会亲自督课采收的情形，足见主人对此的重视。刚刚才采摘下来的茶叶还带着露水，就在云烟深处烹煮起来，这不仅是当令的、当日的，而且还是当下的真正新茶，其味必然新鲜甘醇，所以园林中的泉水与茶园，为饮茶过程中的两大主角提供了最醇美最便利的条件。由此可知，园林中适宜于饮茶，宋人喜欢在园林中饮茶，实有其十分重要的外缘因素。

再次，园林因为常常位处于山明水秀幽静之地，故常与山林寺院相毗邻；因为园林主人多有幽趣高兴，善与游于物外的高僧相交游，所以能够对于茶艺多所接触与学习。茶在中国兴起，与禅师的修行有着密不可分的关系，在这传统的延续之下，宋代的僧师也多精于茶艺，饮茶是寺院生活中不可缺少的一部分。如王安国描写《西湖春日》时有"春烟寺院敲茶鼓"（六三一）的景象，显示诸多寺院都有定时喝茶的作息。文彦博《送弥陀实师访积庆西堂顺老》也追述道："闻在东林日，常烹北苑茶。"（二七七）这是寺院生活的写照。所以僧师们多精于茶道，而他们又有与文人墨客相交游的传统，常常来往于园林郊居之间，对于园林中饮茶之风有着正面的促进作用。如：

僧来便学尝茶诀，白乳枪旗带露收。（余靖《贺孙抗员外春昼端居》，二二八）

时闻岳僧至，闲讲煮茶经。（赵湘《自乐》，七六）

试茗有僧寻。（赵湘《秋日过吴侃幽居》，七六）

邻僧茶约煮新萌。（黄庶《春日闲居》，四五三）

高僧相对试茶间。（林逋《林间石》，一〇六）

僧人前来，可以向他学习尝茶的要诀，而自家新摘下来的茶心还带着露水，正可以提供新嫩的品茶对象。尝茶"诀"、煮茶"经"由僧人来指导，表示这不是随意说说，而是十分专精深入的艺术、道境的展现，但是这样的学习并非严肃的课程，不会给人压力，而是在轻松随兴、一派悠闲的心情下进行的，所以说僧人是"闲讲"着煮茶经的。由此可知，在园林中与僧人煮茶品茗，有着深远的情味、深奥的道艺，但其形态却又是自在随兴的。而这些僧人也往往因为是这些私家园林住近的"邻僧"，所以可以常常前来指导或参与尝试、品评的活动。这也是宋代园林生活之所以盛行饮茶的另一个原因。

园林中饮茶有如上种种便利，造成宋代园林饮茶的盛行。在资料中我们也可以看见一些园林中有专为煮茶而设的地点。如王禹偁《移入官舍偶题四韵呈仲咸》诗有"不离炼药煎茶屋"（七〇）的记载；张镃的约斋中有"煎茶磴"（《武林旧事·卷一〇上·张约斋赏心乐事》，册五九〇）；方岳《次韵宋尚书山居十五咏》有"茶岩"一景，是"便携石鼎与俱来"（《秋崖集·卷四》，册一一八二）的饮茶场所。至于像更简便的茶灶设备就更普遍了，这情形可在第六章第四节园林组诗的表录中看到。

有提供茶汤的泉水，有提供鲜嫩茶心的茶圃，有松枝、落叶等煮茶的柴火，有指导茶道的高僧，有饮茶的专用地点，宋代园林饮茶的风尚于焉可见一斑。

园林喝茶的美趣

以上所论喝茶之所以适宜于园林中进行的原因均是由外在条件的配合上立论的。除了这些便利的因素之外，还有许多较为内在本质上的原因，使得在园林中喝茶成为一件深美的事。

首先，煮茶时茶灶中的柴火燃烧，必会产生烟气，如：

竹阁茶烟细。（胡宿《余山人居》，一八〇。此诗在《全宋诗·卷四二三》中重复出现，作胡宿诗。本句则竹阁作竹径，余全相同）

数本当帘竹，茶烟渐欲交。（赵湘《江秀才新居》，七六）

茶灶烟沉午睡迟。（董嗣杲《庐山集·卷四·午睡》，册一一八九）

烹茶鹤避烟。（魏野《书逸人俞太中壁》，八三）

林烟候煮茶。（韩维《徐秘校过池上见访留五绝句》，四二九）

我们看到从茶灶中升起的烟气细细袅袅地在竹阁林间浮动，虽然就近会熏呛到鹤禽，但是它总是生活饱足才会有的景象，所以就像陶潜《归园田居》所描述的"暖暖远人村，依依墟里烟"一样，给人一种自足安乐而又悠闲自在的感受，也是园林中的美景：

茶烟渔火遥堪画，一片人家在水西。（胡宿《过桐庐》，一八二）

午阴闲淡茶烟外。（苏舜钦《寄题赵叔平嘉树亭》，三一六）

烟疏茶灶迥。（司马光《寄题洪州慈济师西轩》，五〇三）

林间煮茗罢，谷口苍烟漫。（汪藻《浮溪集·卷三二·次韵吴明叟集鹤林》，册一一二八）

仍携二友所分茶，每到烟岚深处点。（邵雍《十七日锦屏山下谢城中张孙二君惠茶》，三六五）

茶烟堪画，表示它是优美的、有情味的。它美在何处呢？苏舜钦认为它因为柔细而缓缓飘动，所以在它浮映之下的景物显得闲淡宁静。司马光认为茶烟因为稀疏，带有一点隐约虚无之感，所以看起来显得悠远。而邵雍则在山岚氤氲之中斗茶，茶烟加上岚气，使点茶者好似在缥缈不可及处，显得深幽而神秘。因此，茶烟美在它的轻细疏淡，美在它的袅袅冉冉，有一种柔情款款的情态，有一分闲淡静谧的气氛，还点染出一种缥缈悠远的境界。

此外，煮茶时所散发出来的香气，也为园林增添了美感：

> 竹径焙茶香。（王钦若《咏华林书院》，九三）
> 茶瓯香沸松林火。（马云《访跼湖山人仇君隐居》，六一七）
> 煮茶生野香。（蔡襄《题僧希元禅隐堂》，三八九）
> 香医酒病痊，坐余重有味。（赵湘《饮茶》，七六）
> 碾后香弥远。（徐铉《和门下殷侍郎新茶二十韵》，七）

茶团一经碾碎以及烹煮之后，茶叶的香气完全散放溶解出来，弥漫在空气之中，飘溢在整条竹径之间。而茶香与山林里的松香相混合，与其他花木山野的气息相交融，这些都是大自然中天然生成的香气，所以说是"生野香"，给人纯朴适意之感。而这分香气还可以醒酒提神，可以持续而坐久不退，可以飘散广远。不论是原始纯粹的茶香，或是混合着自然气息的野香，都能使园林增添怡人的芬芳，增添嗅觉的美感，创造宁馨香美的境界，而且还能使这些情境推扩得更悠远。

饮茶是味觉与嗅觉上的享受，所以对人而言，饮茶的同时还有许多享受的空间可发挥，园林内的丰富内容正可以如此配合：

> 画作一图何处设，煮茶闲看建溪头。（许申《如归亭》，一五二）
> 清谈停玉麈，雅曲弄金徽……煮茗自忘归。（梅尧臣《中伏日陪二通判妙觉寺避暑》，二三二）
> 弹琴阅古画，煮茗仍有期。（梅尧臣《依韵和邵不疑以雨止烹茶观画听琴之会》，二五七）
> 少年旋绕看不足，时呼野老来煎茶。（苏辙《方筑西轩穿地得怪石》，八六九）
> 何日煎茶酨香酒，沙边同听暝猿吟。（徐铉《和陈洗马山庄新泉》，九九）

煮茶、饮茶的程序烦琐，需要有闲情逸致才行。而在此闲逸的时光里，喝茶是随兴闲散进行的，所以还可以一面闲看着风景图画，一面清谈，可以聆听乐曲，也可以赏玩园中怪石，或是倾听猿吟。这些活动的交织进行，让园林活动在饮茶的基本行进形式中，同时享有视觉、听觉、味觉、嗅觉以及神游涤虑、哲思辨析等的美感与乐趣。李之仪在《张氏壁记》中叙述一群朋友在"竹影动摇，梅花凌轹"的春日美景中，"德夫烧御香，觉夫点团茶，听美成弹《履霜操》"，在点（斗）茶的同时，还有这样多方面的美感享受，无怪乎他们会有"相顾超然，似非人间"的感受（《姑溪居士前集·卷三七》，册一一二〇）。

园林中饮茶常伴随着优美的山水风光以及多样的雅致活动，使得整个园林中的活动充满美趣，而饮茶之后又能帮助头脑的清晰明觉，所以对于诗文的创作产生相当大的推促作用：

槐窗梦断凤团香，松涧分来雀嘴尝。勾引清风发吟兴，与师意思一般长。（陈著《本堂集·卷三·次韵如岳惠茶》，册一一八五）

煮茗石泉上，清吟云壑间。（梅尧臣《会善寺》，二三二）

一枪试焙春尤早，三盏搜肠句更加。多谢彩笺贻雅贶，想资诗笔思无涯。（余靖《和伯恭自造新茶》，二二八）

何人可作题诗伴，试茗应思谢法曹。（赵湘《萧山李宰君北亭即事》，七七）

待烹石鼎疗诗癯。（方岳《秋崖集·卷六·牛庵后古松五株》，册一一八二）

园林中有众多的自然物色，本身就是充满诗情画意的地方，本身就是诗文创作的丰富资源，但是有了茶的清涤作用，思虑更加明晰，构想更加顺畅。因此在园林中饮茶，往往可以唤起源源不绝的诗情，可以理出清楚的思绪，因而产生诗作。所以方岳在诗思枯竭的时候就等待茶汤的治疗功效，等待明觉清灵的心灵去神游园林中的美景，去酝酿无垠的情思。所以园林中喝茶可以帮助充分地领受所在天地的美与趣。

园林斗茶的道艺境界

煮茶喝茶需要慢条斯理的功夫，所以是有闲者的活动。因此饮茶的本身通常展现出一派悠闲的情调：

煎茶了闲昼。（韩淲《涧泉集·卷四·徐斯远山圃》，册一一八〇）

淹留待烹茶，初觉昼日永。（刘攽《邠园水阁煎茶》，六〇一）

闲烹北苑茶。（祖无择《袁州庆丰堂十闲咏》，三五九）

客至不劳闲酒食，一瓯茶炷一炉香。（韩淲《涧泉集·卷一一·山林》）

白昼漫长，闲散无事，煮茶的精细烦琐的程序，可以打发这长长的一天，可以"了"结这闲而无事的时间。尤其宋代新兴的斗茶法，从碾茶、煮水、注汤（第一汤到第七汤）到点茶等程序，十分精细烦琐，很费时间，是长时的享受。因而煮茶饮茶可以从从容容、精精细细地进行，是十分雅致散逸的事。在香烟缓缓升燃之际，在轻松自在的时空里品味香美的茶汤，眼前的每一件事物也可以深深地感觉摄受，这是愉快而美好的经验。这是喝茶（尤其是斗茶）在形态上的特色。

在质地上，茶的清香甘美可以醒人头脑，沁人心脾，产生一种无染的洁净感：

喜共紫瓯吟且酌，羡君潇洒有余清。（欧阳修《和梅公仪尝茶》，二九三）

蒙顶露芽春味美，湖头月馆夜吟清。烦醒涤尽冲襟爽，暂适萧然物外情。（文彦博《和公仪湖上烹蒙顶新茶作》，二七四）

岂特涓尘虑，昼静清风生。（蔡襄《即惠山煮茶》，三八七）

桥上茗杯烹白雪，枯肠搜遍俗缘消。（韦骧《和山行回坐临清桥啜茶》，七三一）

无眠耿耿不禁茶。（司马光《其夕宿独乐园诘朝将归赋诗》，五一〇）

清，是茶最大的特质，能涤除尘虑俗念、烦醒睡意，让人清清楚楚、舒
畅冲虚、洁净无染，甚至于在清明灵觉之中产生特殊的明辨、领会等能
力。邵雍的《和王平甫教授赏花处惠茶韵》诗就称美王平甫："太学先
生善识花，得花精处却因茶。"（三六八）原本就已经善于鉴赏花了，
可是喝茶之后却更能确切地掌握花的精要所在。可见喝茶对人的清灵作
用之大。

由于饮茶形态的闲逸，饮茶效果的清灵，饮茶便被视为是修道得仙者的
生活内容。如：

闲把道书寻晚径，静携茶鼎洗春潮。（王禹偁《题张处士溪居》，
六三）

道从高后小林泉。谋身只置煎茶鼎。（孙仅《诗一首》，一〇九）

煮茗款道论。（释元净《龙井新亭》，三八二）

紫园仙客共烹茶。（文彦博《家园花开与陈大师饮茶同赏呈伯寿正叔昌
言》，二七七）

我来漫啜茶儿去，疑是神仙境界人。（李曾伯《可斋续稿前·卷六·登
四望亭观雪》，册一一七九）

学道修道者的生活是清简寡欲的、悠闲而无所争竞的，所以我们看到这些修
道学道或得道的人在园林中没有什么太多的物件，只有简单的几个必需品，
茶是其中之一。他们常常静静地品味着茶，看着道书，论道清谈，或深体着
道境。如此清简而悠闲的生活，甚至被人认为或自己感觉是仙境中人。这是
饮茶的清明效果所自然得到的感受。无怪乎修道者喜欢饮茶来体现、感受清
简闲淡的道之境界，也无怪乎禅僧在修禅习定的生活中喜欢以喝茶来帮助清
神涤虑。

尤其到了宋代，饮茶已达到一个高度艺术化的境界，发展出斗茶的形
式，其道艺内涵十分深刻。园林中斗茶的情形如：

且就凉轩斗茗来。（宋庠《今日棋轩风爽天休可纡步无以薄领为解兼戏

成短章》，二〇一）

二三君子相与斗茶于寄傲斋，予为取龙塘水烹之，而第其品。（唐庚《眉山文集·卷二·斗茶记》，册一一二四）

静看茶战第三汤。（韦骧《八月上瀚登步云亭》，七三二）

茶战弱一水。（韦骧《和南岩回》，七二九）

府茶深点卧龙珍。（赵抃《寄酬前人上巳日鉴湖即事三首》，其二·三四二）

这里所称的茶战、点茶均可统称为斗茶。斗茶大约出现在五代，到了北宋中期逐渐盛行而风靡全国（见刘昭瑞《中国古代饮茶艺术》，第112页）。它主要是经由一连串的碾茶、调膏、点茶、击拂等程序，由这些过程的数度重复看其操作技巧之得宜、纯熟与控制之精切与否，并观察茶面汤花的色泽、均匀度以及盏沿与汤花接处的水痕等效果来决定参与斗茶者的胜负。其中的每一步骤每一动作都要十分精细。因此在斗茶时必须专注凝神，心境绝对平静。刘昭瑞在《中国古代饮茶艺术》中对斗茶的境界和精神特质有如下的评述："试看宋代那庄严肃穆、一丝不苟、澄心静虑、面壁参禅式的斗茶，不正反映了在那个时代所特别重视内省功夫的时代精神和心理特质吗？"（同上，第113页）他并且评定斗茶是我国古代品茶艺术的最高表现。因此可以说斗茶活动可以带引人臻于道艺相融合的最高境界。

而在整个斗茶饮茶的过程中，除了澄心定虑的修养境界和庄严肃穆的态度之外，神思想象的过程也十分精彩：

雪乳已翻煎处脚，松风忽作泻时声。（苏轼《汲江煎茶》，八二六）

不知茶鼎沸，但觉雨声寒。（方岳《秋崖集·卷五·煮茶》，册一一八二）

天籁吟松坞，云腴溢茗杯。（宋庠《自宝应踰岭至潜溪临水煎茶》，一九二）

鲜香箸下云，甘滑杯中露。（蔡襄《即惠山煮茶》，三八七）

小垾落茶纷雪片，寒泉得火作松声。（陆游《剑南诗稿·卷七六·池亭夏昼》，册一一六三）

形色上，茶在调膏之后，经由注汤点拂而使茶膏与水交溶之时会产生回旋多变的形色，看来有如云雪飞动翻转，引领观者不自觉地神游于大自然的云飞雪飘。声响上，滚沸的水加上倾倒时的距离、弧度所产生的音响有似于松风、雨声，也能引领人神游于大自然的风雨松瀑等景色之中。总之，茶的形色、音响、香味与它所自来的山水风光都能带给人视觉、听觉、嗅觉、味觉上的美感，还能把人的情思召唤向另一度优美的时空。而其所引发的联想，又是大自然中最丰富多变的美丽景象。

这就是为何饮茶宜于园林中进行的重要原因。园林中丰富的自然物色变化，正为茶汤的沸注变化提供了神游遐思的背景。有时两者之间的转换各自增添了彼此之间可品赏游玩的空间。那不只是自己心灵澄净修养的结果，也是心灵艺术化的表现。所以宋人在园林中斗茶往往追求道艺相合的最高境界。

综观本节所论可知，宋代园林中的喝茶斗茶活动，其要点如下。

其一，中国喝茶的传统发展到宋代，形成了斗茶的精细形式，这是中国品茶文化中的最高艺术表现。

其二，宋人在文字资料中发表了喝茶最适宜在园林中进行的理论，因而造成了宋人时常在园林中喝茶的事实，并且不辞麻烦地携带茶茗与茶具前往各处游园。这也显示宋代园林中往往有煮茶的设备。

其三，园林中具备了诸多便于喝茶的条件，如溪泉活水、自产新鲜的茶叶、松枝柴火、花瓣添茶香、僧人讲释茶道等，这都助兴了园林喝茶之风尚。

其四，园林喝茶可集聚各种视觉、听觉、嗅觉、味觉及神思之美于一体，同时园林宁静幽深的境质又能助成喝茶的闲逸优雅的情致，是宋人十分美好的园林活动经验。

其五，喝茶之后的清明灵畅的感觉能促进诗思，帮助文学创作，也能带领人臻于深刻的道境，因此在宋代园林中深受文人的喜爱。

其六，斗茶过程中的沉静专注的精神状态，与理学家所强调的修养境地正相符合；而且斗茶程序中的种种色泽、形貌、声响等变化都能引发大自然山水景色的联想和神游。这些道艺相合的境界，使斗茶在宋人园林活动中更隽美深刻。

第六章 宋代园林生活所呈现的文化意义

在前五章的论述中，一些宋代园林与园林生活的文化意义已一一展现，如第一章论及私园开放与公园众多时，群体游艺的文化现象与接受美学等问题于焉浮现；如论及园林理论时，园林的家族意义与家风象征、园林与山水绘画之间的问题也得到明确的解说；再如第二章第一节论及以西湖为代表的城市消费奢靡之风；第二节论及郡圃时，中国士人在仕与隐之间的微妙心态等问题，均已于该节探讨。本章则特别提出文化中较为重大且凸显中国特色的部分来加以讨论。

第一节 三教融合的实践道场

儒释道三教的合流在中国发生得很早，早在汉代，儒学便已发生道家化的现象；而东汉末佛教传入，为了便于传教，以中国固有的老庄学说或儒家思想来解释教义而产生的"格义"便是促成三教合流的一股力量。随着政治、社会历史的演变，六朝及唐代这种现象不断在发展，并以各时代不同的学术思想特色面貌在呈现。宋代虽是理学——新儒学兴盛的时代，但是阳儒阴道、阳儒阴释的批评正点出三教合流的悠久历史发展到宋代并未消失，只是以一种新的面貌呈现出来而已。

三教合流的现象除了在学术、思想的领域进行，也在生活中被实践。但是对大部分的人而言，生活只是生活，无所谓儒释道。他们是在无明显判别意识的情况下时而几近儒，时而近释道。只有对于读书人、士大夫或僧道等身份特殊的人而言，是有意识地在实践其心目中认同的道。而这些人因为各自的工作与生活领域各有重心，即使他们心中包容有三教的精义，但也会因环境与身份的限制而难以实践。如士大夫的工作是儒家理念的实践，僧师的生活是释教的实践，而道士或隐者则是道家理念的实践。

然而道术为天下裂。人们因为从不同的角度、不同的立场、不同的思想发展出不同的学说。然而工作、身份是人文划分。在面对人文的社会时，学派的意义、身份的意义和重要性才得以凸显。而在大自然或模拟自然的世界中，这种分别就变得模糊而无意义。大自然只是顺其本能地展现出规律客观的规则、机趣，可以统而言之曰"道"。人们各自依据其所领会、所学习的一套理论来解释"道"，似乎都可以自圆其说。亦即大自然所呈现的"道"，可以切合于各家学说，可以同时含融各家学说而不悖。

人的日常生活当然还是以人文社会为主要的舞台。但是在中国，园林的存在，提供了日常生活以类似于大自然的环境。在园林中可以领略山水自然之美、之趣、之理则。山水悟道的传统在中国由来已久，园林既是自然的模拟与缩影，也是悟道的所在。而这"道"是存于自然中未被"天下裂"的道，所以可以同时包含各家各派的理则。因此园林便成为儒释道三教合流后被实践出来的一个重要的、贴切的场所。

在宋人有关园林生活的纪录或歌颂资料中，确实可以见到，儒释道三教广泛而普遍地融合在生活中。这是一个有趣的文化现象，但是如果我们了解了园林的自然本质，就可以明白，这种现象是十分自然且合于人情、合于"道"的。

以修养为目的的园林观

宋人非常注重园林的环境特质对人的身与心所产生的怡养陶冶作用，这是一个人生命修养（未必只指道德）的重要资源，也是在潜移默化中无形而广大的陶养，较诸学理知识的认知，其影响力更深化、更全面。

园林的环境特质从整体大处而言，其最明显者为远离尘嚣，由山水花木组成的幽寂山林，自成一个独立隔离的完整空间，这对居者的身心与生活将产生莫大的影响，如：

自是轮蹄外，嚣尘岂易侵。（胡宿《别墅园池》，一八一）

尘埃未到交游绝。（陈尧佐《郑州浮波亭》，九七）

十亩名园隔世尘，山嵇风义暗相亲。（宋庠《和参政丁侍郎洛下新置小园寄留台张郎中诗三首》，其三·二〇一）

是非不到耳，名利本无心。（范仲淹《留题小隐山书室》，一六九）

一轩静境阒无尘……谁识羲皇傲世人。（金君卿《题公定兄滴翠亭》，四〇〇）

轮蹄嚣尘不但指实质的声形，也指人事的关系与纷扰。园林不但能隔离轮蹄嚣尘的吵闹与污浊，还能排拒人情世故的纷扰。居于其中的人不但身不受干扰污染，其心也将平静清净，没有机关营作，那么不论此人是高人隐士还是达官富户，都已从这环境得到整体涵泳怡养。这是地理空间的影响。另外因景物优美或氛围气质的影响，身心也会受到陶养，如：

寓闲旷之目，托高远之思，涤荡烦绁，开纳和粹。（余靖《武溪集·卷五·韶亭记》，册一〇八九）

目界既朗彻，心官欣自由。（郭祥正《同陈安止登高明轩》，七六三）

亭幽无俗状，清景涤烦襟。（释智圆《冷泉亭》，一三四）

景幽心自适。（寇准《雪霁池上》，八九）

野芳秀而香不知所从，幽鸟啼而声不知所起。每闭户宴坐，陶然自得，顿忘身世之累。（杨杰《无为集·卷一二·轩记》，册一〇九九）

优美脱俗的景色、悦耳的声音、芬芳宁馨的香气、清新洁净的气息、深幽寂静的气氛，都足以使人的耳目肤触愉悦适意，涤荡烦浊，缚累顿去，体气和粹清畅，进而心官清宁，得以松放悠然。这是一连串的涵泳进程。黄裳在《阅古堂记》中明白地议论说"堂之虚静可以清人心，高明可以移人气"（《演山集·卷一七》，册一一二〇），用的是孟子"居移气，养移体"的理论，认为居游的环境对人的气质情性有潜移默化的涵泳。至此，许多园林的造设如澄心轩、醒心亭（如丁天锡《澄天轩》诗，二二六。如曾巩《醒心亭记》，《元丰类稿·卷一七》，册一〇九八）一类的建筑都是在此理念下完成的。这显现出宋人确信园林景境对心灵涤荡涵养所具的正面效用，并致力于此。

心灵的澄净清明，有助于如实如理地观照，能敏捷地体道，所谓"道向清来胜，机于静处忘"（范师道《题隐圃赠蒋希鲁》，二七二）。因此，园林所具的颐养身心的作用也是一种有助于体道悟道的功能特质。很多资料显示出宋人将园林视为体道悟道的重要的场所，如：

形骸既适则神不烦，观听无邪则道以明。（苏舜钦《苏学士集·卷一三·沧浪亭记》，册一〇九二）

岂直亭也，而道之哉。（刘敞《公是集·卷三六·欣欣亭记》，册一〇九五）

居易能藏气……一瓢吾道在，凉月此忘形。（胡宿《题饮光亭》，一八〇）

使君非是爱山闲，道在盈虚消息间。（陈襄《常州郡斋六首》，其四·四一五）

道与时相会。（徐铉《奉和右省仆射西亭高卧作》，八）

园林物色随着时间季节而有所盈虚消息，在这些变动之中便有道的存在，这也是道的显现，所以园林中的一山一水，一花一亭，岂止山水花木亭台而已，其中处处是道。人一旦置身其间，形体既适则神不烦，则视听清闲无邪，则得以明道。因为园林具有这样的助益功能，所以在体道、悟道之余，园林也是修道的方便场所，道室、道胜堂一类的建筑于焉产生（如张镃有《昼寒一杯辄欲酩酊因静坐道室》诗，《南湖集·卷五》，册一一六四。如梅尧臣有《寄题资州钱固秀才道胜堂》诗，二五八）。

道原是完整的，不是哪一家哪一派学术辨析下的分裂的道，园林是自然的缩影，其所呈现的道应也是完整的、浑圆的，展现在万事万物之上时便是万事万物各各相宜的理则，而不能确指其为儒家或道家。如：

天壤之间横陈错布，莫非至理。虽体道者，不待窥牖而粲焉毕睹。然自学者言之，则见山而悟静寿，观水而知有本，风雨霜露接乎吾前，而天道至教亦昭昭焉可识也。（真德秀《西山文集·卷二五·溪山伟观记》，册一一七四）

妙理冲融无间断，湖边伫立此时心。（张栻《南轩集·卷六·题城南书院三十四咏》其十四，册一一六七）

推物得真意。（梅尧臣《拟水西寺东峰亭九咏·栖烟鸟》，二五〇）

公冲约有清识，既以天趣得真乐……（叶适《水心集·卷一〇·北村记》，册一一六四）

方其（指景和物）交于吾前而其象无穷，触于吾心而其意无穷，惟达者可以道会而不可以知通矣。（韩元吉《南涧甲乙稿·卷一·万象亭赋》，册一一六五）

伫立于园林中观览丰富多变的景物，即使是风雨霜露皆可细推物理物情，则天地之间处处都是冲融妙理，处处都有真意天趣，昭昭然可辨识。其中的一点一滴无所不在的道都足以开启人心灵的明觉，引发人思悟妙理至道。从人的角度出发来看，园林生活的悠闲自在、简单平淡，也能助人在从容徐缓的节奏中，在直接原始的方式里洞见、涵养。所以陈襄《留题表兄三哥养浩亭》诗说："心闲生浩气，味薄得真经。"（四一三）然而不论以物为主体还是以人为主体来思考，这充满丰富物色的园林世界确实是盈满启发人体道悟道的资源，那是不被割裂、不能分属学派、具体真实而又浑圆神妙的至道。

准此，许多宋代园林建造的目的，就是以体道、修道等修养为主的，如：

人之志于道者，在乎去烦释累，静虑和衷，视听动息，不汩不诱。然后以居者则安，以学者则专。自非离尘绝俗不能至于是也。（余靖《武溪集·卷一八·书谭氏东斋》）

仰太虚之无尽，俯长川之不息，则吾之德业非日新不可以言盛，非富有不足以言大，非干干终日不能与道为一。其登览也，所以为进修之地，岂独涤烦疏壅而已邪？（真德秀《西山文集·卷二五·溪山伟观记》）

> 夫君子之为圃……可以观，可以游，可以怡神养性……内省不疚，油然而生，日新无穷者，此君子之乐也。（袁燮《絜斋集·卷一〇·是亦园记》，册一一五七）

> 名之曰颐，用易颐养之义也。（华镇《云溪居士集·卷二八·温州永嘉盐场颐轩记》，册一一一九）

> 治斋于其居，榜之曰静。（李复《潏水集·卷六·静斋记》，册一一二一。儒道两家皆强调"静"的修养功夫）

志于道者不仅志于体道，还志于修道、行道，所以这里强调必须用心经营其居息的环境。所谓"离尘绝俗"未必是远离人世的深山大谷，还可能是如园林可以隔离尘嚣轮迹者，再观其为园林、为景区或建筑命名的意义，观其以登览之所为进修之地，便能清楚地了解宋人以修养为目的的园林观（所谓的修养，未必是儒家的道德修养，可以是道家心灵境界的涵养或佛家定静、观慧的修养）。

虽然客观地看，园林物色所体现的是整全浑圆的道，但是透过人的眼光、立场或预设的修养目的去对待这个道场，其所产生的修养实践的意义便因人的不同而展现或儒或释或道或三教的融合等不同。以下将分论之。

以儒道释为修养依循的园林内容

有许多宋人在园林的建造与活动中对于道的确认或修养追求是以儒家义理为核心的。最常见者莫过于孔子"仁者乐山，智者乐水"的理论：

> 动智静仁须有得，栏干莫只等闲凭。（姚勉《雪坡集·卷一四·溪山堂玩月》，册一一八四）

> 天借使君仁智地，此来山水更相亲。（宋祁《步药北园》，二一二）

> 究其本始，则亦自孔氏智者乐水、仁者乐山之训。（姚勉《雪坡集·卷三六·仁智堂记》）

> 然而寓吾仁智之所乐，凡十有五。（黄裳《演山集·卷一四·东湖三乐

堂记》）

圣人常曰仁者乐山，好石乃乐山之意，盖所谓静而寿者。（孔传《云林石谱原序》，册八四四）

基于这种山水悟道传统的认可与追求而造设了园林的亭堂山石，因此他们自期能常常亲近山水，每一次的凭栏都能有所心得，增进自己在道德方面的修养。叶适便称孔子这种仁智之乐或叹逝水如斯、登泰山小天下等的体会与反思，是一种所谓的"游观之术"（《水心集·卷九·沈氏萱竹堂记》），必须将此心得实践融注到自己的生命中，所谓"天壤间一卉一木无非造化生生之妙，而吾之寓目于此，所以养吾胸中之仁，使盎然常有生意"（真德秀《西山文集·卷二六·观莳园记》）。这是借山水园林来修养仁智德性。

其次还有一些儒家义理的修行见于园林者，如：

筑斋于松竹间，以为修身穷理之地。名之曰浩然，取孟子浩然之气之义。（陈文蔚《克斋集·卷一〇·浩然斋记》，册一一七一）

园东乡，中为志堂，序分十舍：曰求仁，曰立义，曰复礼，曰崇仁……（魏了翁《鹤山集·卷四八·北园记》，册一一七二）

采元子恶圆之意，扁之曰爱方。（方大琮《铁庵集·卷二九·爱方亭记》，册一一七八）

周旋其间，考德问业，忘其为贫。（袁燮《絜斋集·卷一〇·秀野园记》）

稚圭贫亦乐，一部奏池蛙。（文同《晴步西园》，四四四）

所谓浩然正气、求仁、立义、复礼、方正、安贫乐道等均是孔孟义理的要点，也是德行节操修养的着力处。这些都显示有些宋人以园林为道德修养的实践道场的儒家倾向。

最能充分显现园林在儒家的义理实践方面之意义的，莫过于郡圃等地方性公共园林。在本书第二章第二节论及郡圃时曾讨论到郡圃以及地方公园的兴盛与治政大义有密切关系。宋人所强调的郡圃功能如"与民同乐"的孟子主张，使民知国泰民安、太平富足而感恩圣君，纪念地方官吏的甘棠德泽，招待地方贤达以协调地方事务……凡此均使园林成为实践并发扬儒家政治理念的重要场所。

此外，宋人所赋予园林的家风声誉及教化任务，如"当须化闾里，庶使礼义臻"（梅尧臣《寄题苏子美沧浪亭》，二四八）的期许，如"爱其人，化其善，自一家而形一乡，由一乡而推之无远迩"（欧阳修《文忠集·卷四〇·海陵许氏南园记》，册一一〇二）的赞扬，也都使园林在无形中实践着儒家理想的教化，这些都是宋代园林中儒家义理的修持与实践情况。

在道家方面，一般说来，与园林的关系更密切。王振复在《中华古代文化中的建筑美》一书中说："一般而言，园林建筑，尤其文人园林建筑，偏重于受到传统道家情思的濡染。"（见王振复《中华古代文化中的建筑美》，第87页）而宋人园林也深受道家影响。首先是在园林建筑的取名或立意上往往以道家学说的某个精义为依据，如：

庄子曰：乐全之谓得志。（邹浩《道乡集·卷二六·得志轩记》，册一一二一）

因高构宇，名之曰适南，盖取庄周大鹏图南之义。（陆佃《陶山集·卷一一·适南亭记》，册一一一七）

而取庄子所谓注焉而不盈，酌焉而不竭，不知其所由来，夫是之谓葆光。（黄裳《演山集·卷一六·葆光阁记》）

吾之东篱又小国寡民之细者欤。（陆游《渭南文集·卷二〇·东篱记》，册一一六三）

满堂虚白琴三弄。（郑侠《题颐轩》，八九二）

以老庄学说中的某个要点或词义来为园林的景点命名或作比附譬喻，显现出主人对于此景此境所触发或所助成的居息境界及心灵涵养有强烈的期许，期许园居能够乐全自得，能如大鹏适南、逍遥无待，能不盈不竭，能如小国之简淡不扰，能虚室生白……这样的期许正意味着主人的园林生活是以这一类的道家理想为其修养追求的目标。

在生活的实境中，园林的贴近自然以及幽远意境，很容易帮助人契入道家的境界，如：

休论真假意，同是到忘荃。（宋祁《李国博斋中小山作》，二二四）

独观物性得，鹏海均牛涔。（韩维《和原甫盆池种蒲莲畜小鱼》，四二〇）

盘踞而独坐，寂然而言忘，兀然而形忘，杳杳为天游。（黄裳《演山集·卷一七·默室后圃记》）

非得萧散之地、休偃之乐，则何以胖勤体、旺劳神、彷徉日出、专气阗实，入寥天之域哉？（宋祁《景文集·卷四六·西斋休偃记》，册一〇八八）

从容夷犹，逍遥永日……而相忘于沆瀣。（真德秀《西山文集·卷一·鱼计亭后赋》）

忘荃、齐物、坐忘、入寥天之域、逍遥游等均是庄子学说中的至高境界，是得道的自然表现，而这样的自由境地是园林居息游赏时，松放悠闲、忘我赏物的态度所容易契入的，这是从修养的实践中所体会的道家境界。

道家除了心灵境界的涵养之外，流转为道教则又有实际形质的锻炼。其展现在园林生活中，最常见者为种药、采药的活动，如：

治地惟种药。（司马光《酬赵少卿药园见赠》，五〇一）

山里药多人不识，夫君移植更标名。（邵雍《和王安之小园五题·药轩》，三七九）

药斋居中，用药之书聚焉；药轩在北，治药之器具焉。（杨杰《无为集·卷一九·华药圃记》）

为爱盘餐有药苗。（王禹偁《题张处士溪居》，六三）

丸药趁晴明。（文同《山堂偶书》，四四四）

这里可以看到种药、标名的工作，并配合药书的阅读、指导来制药，有的煎煮成盘中餐，有的搓制成丸。虽不乏以此为经济来源，但也可看出许多是自制自用的居家配备。所以可看到园林行药的描写，如"行药来溪上，园秋损物华"（宋祁《行药》，二一〇），如"行药归来即杜门"（林逋《隐居秋日》，一〇六）。生病自然需服药，这是一般人的普遍行为，并非哪一学派所专有。但是在平常的日子中以种药、理药、制药为事，则有养生的目的。养生是道家的功课，也可以算是道家学说的修养实践。

道教养生的目的是求长生或登仙，不论其是否能够达成，但宋人延续唐人传统，视园林为仙境的观念（见本书本章第三节），也间接地显示受道教影响的痕迹。至于像"余年默数能多少，尽付黄庭两卷经"（陆游《剑南诗稿·卷六三·小亭》，册一一六三）这样的生活内容，或是"道服对谈"（魏泰《东轩笔录·卷三》，册一〇三七）这样的服装打扮，则更直接地展现出道家生活形态，也是实践道家修养的一种表现。

至于受佛家的影响者，最典型也最全面的应是寺院园林。为了修行的需要，印度原始佛教已发展出丛林制度，而佛经所描述的佛所也多是园林之地，因而佛教寺院多设立于山林泉石之间，即使在城邑中也营设得有如山林一般（如《洛阳伽蓝记》所述者）。这类园林在布置方面虽然遵循一些传统的美则，但也处处点示着佛教的主题。

至于一般的公共园林或私家园林也有佛教主题的景区或命名。如释元净《龙井十题》之中有潮音堂、萨埵石（三八二）。西湖有放生池一景。如李公麟的龙眠山庄有墨禅堂、观音岩、雨花岩、宝华岩等景（苏辙《题李公麟山庄图》，八六四）。如有园林取名为南禅别墅（宋祁《和鉴宗游南禅别墅》，二〇九）或精舍者。这些都显示佛教对园林的影响或是主人以园林为佛义修行的场所的期许。

若以佛教的义理来看，尘境的清净隔离是收摄根、心的第一步，所以园林是适于修行者清净与修定的场所。若已得定慧，则游宴玩乐均是法喜所在。故周密《武林旧事·卷一〇上·张约斋赏心乐事序》中便有这样的体会："盖光明藏中孰非游戏。若心常清净，离诸取着，于有差别境中而能常入无差别定，则淫房酒肆遍历道场，鼓乐音声皆谈般若。"（册五九〇）这样的境界与道家有其相会通之处，是大自在。这是佛教在园林中被体践的成果。

三教融合实践的道场

宋代更多的资料显现出文人的园林生活是融通了三教的思想内容的。

首先，从仕宦的士大夫这一类儒家人物（外王及治国平天下的实践者）的立场来看，他们的生活中也普遍地富于园林经验，而其园林生活的内容充满了道释的成分。

儒家人物在表现出道家内容的部分，有的是外在形态上的趋近，如：

闲作道家装。（祖无择《袁州庆丰堂十闲咏》，三五九）

玄霜仙帽紫霓裳。（文同《寄永兴吴龙图给事》，四四三）

朝回多着道衣游。（李至《奉和小园独坐偶赋所怀》五二）

张文懿既致政而安健如少年，一日西京看花回，道帽道服……（王巩《闻见近录》，册一〇三七）

也作幽斋着道装。（王禹偁《书斋》，六六）

州郡太守、龙图给事、朝廷官员以及致政退休者，他们同样是参与治政事务的儒家人物，但在郡圃公园的上班时间、自家私园的退朝时间或是出游名园的退休余暇里，却穿着道服道帽。这样的服饰装扮显示出他们生活中道家人物的身份与追求。至于阅读的书籍是道帙与儒经如"道帙儒经各有房"（宋庠《初归咸宁宅坐北斋作二首》其二，二〇〇），也显示他们在义理思想上兼摄儒道两家的事实。

儒家人物穿着道家服饰，这样趣味的画面犹如朱熹号晦庵、遯翁，黄庭坚号山谷道人一般，虽然都只是外在形式，却显现出他们心内对道家生活意境的追求与向往。

形式之外，在生活的实际体践领受上，儒家人物对道家境界也颇有深刻的心得，如：

故魏国忠献韩公，作堂于私第之池上……齐得丧、忘祸福、混贵贱、等贤愚，同乎万物而与造物者游。（苏轼《东坡全集·卷三六·醉白堂记》，

册一一〇七）

归教子弟以宦学……筑亭高原以望玉笥诸山，用其所以斋心服形者。
（黄庭坚《山谷集·卷一·休亭赋序》，册一一一三）

宾主高谈胜，心冥外物齐。（欧阳修《张主簿东斋》，二九一）

上师圣人，下友群贤，窥仁义之原，探礼乐之绪……踽踽焉，洋洋焉
不知天壤之间复有何乐可以代此也。（司马光《传家集·卷七一·独乐园
记》，册一〇九四）

静味丹经金钥匙。（张方平《凉轩秋意》，三〇七，案此凉轩，实为秦
州公署内之建筑，仍属郡圃以及地方官吏的活动）

韩琦的世功迹业辉煌，是成功的儒家典型，但是他的园林经验却是道家最高
的浑忘化境。又如归教子弟以宦学内容和追求的长者，却又以斋心服形为
事。而主簿于其宦舍中，能臻冥心齐物的境界。司马光则窥仁义礼乐的同
时，与天宇合一无间，悠游逍遥。至于在公署中静味丹经金钥匙，则是公园
中的实际道家修炼。这些都是儒家人物在道家形态与境界上的修养实践。

其次是儒家人物在生活中存有佛教内容的现象，如：

梁溪居士既谪居沙阳，官廨陋甚……青松翠竹，花圃荷池，墙壁瓦砾，
皆足以助发实相。（李纲《梁溪集·卷一三二·寓轩记》，册一一二六）

草堂之后有华严庵……余于此圃，朝则诵羲文之《易》、孔氏之《春
秋》，索诗书之精微，明礼乐之度数。（朱长文《乐圃余稿·卷六·乐圃
记》，册一一一九）

植杖焚香贝叶经。（赵抃《题中隐堂二首》，其二·三四三）

野僧留话几侵钟。（胡宿《寄题徐都官吴下园亭》，一八二）

下山居士无归意，却借吴侬作醉乡。（蒋堂《过叶道卿侍读小园》，
一五〇）

李纲既然谪官沙阳，居于官廨，应是儒家人物。但看他的《请立志以成中兴
疏》一文便可清楚见到他积极治世建国的态度。然而他却自号梁溪居士。而

叶道卿身为侍读却自号下山居士。居士，是佛教对在家修行者的称呼，则在官廨中以居士的身份居息，洞悉实相，是儒家人物兼具佛教义理的实践与修证。其他如朱长文在乐圃修习礼乐诗书，却又特设华严庵的佛教道场；赵抃所题的中隐堂，既是儒家的治政兼容隐逸避世的道家倾向，又含括了焚香诵经等佛教活动；至于士大夫与僧师的长谈，应也包含了佛理的修证经验。这些描写都明显地反映了士大夫一类的儒家人物在生活的实际内容上是体践着佛教的义理与修行的。

为什么在出处进退的选择上看似相矛盾的儒与道或儒与释能够在以儒家为主要选择的士大夫身上兼融呢？这主要还是因为园林提供了这些士大夫一个贴近自然、宁谧无尘的清净环境，使其在繁杂纷扰的人世事务中也能享有切近出世的生活氛围，进而帮助他们超越有形的形迹而契入道释的意境精神。

以私家园林而言，公退之余的生活可以完全松放悠游于自家园中，如文同"归来换野服"（《此乐》，四四七）般无所拘泥。尤其是退休，更是全面的解脱与自在，松动轻灵的心境更易切近道家情怀。所以韩琦《题致政赵刚大卿宴息堂》诗叙写赵刚致政后的生活是"家园休息敞虚堂，直造希夷境外乡"（三二九）。而韦骧《和信臣游简夫太丞申园》诗说："洞门流水地仙家，弃禄归来饵晓霞。"（七二九）至于退归阳翟的张升则于紫虚谷"焚香读华严"（吴处厚《青箱杂记·卷八》，册六四五），其所呈现的是士大夫在退去官职身份时的道释情怀。

至于像郡圃这一类地方政府办公所在的公共园林，则更能助成三教的融通。本书于第二章第二节已引例证析论宋代士大夫往往视郡圃为吏隐之地，可以在从事治务的同时享有山林泉壑的幽趣与悠闲清净、简朴无机的隐士生活。故而郡圃中的建筑物每每取名为吏隐或中隐堂。这些充分展现儒家人物生活的道家形态和情调。

又因为郡圃中清闲悠游的情调，宋人也常常强调为官者有如神仙，称赞"主人便是神仙侣，莫作寻常太守看"，颂扬"神仙官职水云乡"。故而不论其客观真实性如何，士大夫们的生活观念中确实渗入了道家理想的追求和向往，并用心在生活形态和情调上趋近这个向往。

而儒家人物与道释联系形成三教融合的情形则如：

位廊庙而趣山林，何害其为仕，身江湖而心魏阙，何害其为隐……与浮屠氏之徒论外形骸、齐死生之说，其与坐树濯泉、采山钓水，乐有异乎？（姚勉《雪坡集·卷三五·盘隐记》）

东寺为报上严先之地……亦庵神居植福，以资静业也。约斋昼处观书，以助老学也。（周密《武林旧事·卷一○上·张约斋赏心乐事序》）

仆守官临安……思得闲静处与道人、纳子辈或围坐谈笑，或……（曹勋《松隐集·卷三一·清隐庵记》，册一一二九）

以尚书司门员外郎致仕，间与浮图、隐者出游，洛阳名园山水无不至也。（《宋史·卷二八六·王曙传》）

七十请老，以三品归第……其东曰三经堂，以藏儒道释氏之书。（范纯仁《范忠宣集·卷一○·薛氏乐安庄园亭记》，册一一○四）

这里我们看到了儒家人物不仅于园居生活中广读儒道释三经，而且与僧衲、道人联袂而游而谈笑，谈笑的内容当广涉三家义理，所以可与浮屠氏之徒论外形骸、齐死生的道家之说，也可与道人隐者论清净、菩提等佛教之说。可以看出不论是儒家人物、道家人物或佛教人物，他们在园林活动的自在逍遥中，思想与生活均无所定执于某一家，而是融会贯通为一。因为三仕中朝的张约斋可以"仕虽多，不使胜闲日"，而其实践的道场便是南湖园，可以于其中娱宴宾亲，敦睦天伦亲情，也能报上严先，同时还植福资静业，兼又助老学。他就在这优美广大的园林道场中实践其三教并兼的修养活动。

最后再来看看宋代著名的理学（新儒学），其人物与场地所表现的三教融通例证，如黄夷简《咏华林书院》诗："茶煮玉泉僧至日……地仙踪迹少人知。"（一九）宋祁《寄题元华书斋》诗："斧烂仙棋路，花飞佛雨天。"（二一一）其中有僧佛的活动，有仙道的比附，有佛境的描绘。再如著名的理学家邵雍，不仅有悠游的园林经验，还为其园居取名："道德坊中旧散仙，洞号长生宜有主。"（《天津弊居蒙诸公共为成买作诗以谢》，三七三）而朱熹的武彝精舍，不仅取用"精舍"之名，而且其中尚有隐求

堂："学子可怜生，远来参老子。"（杨万里《诚斋集·卷二八·寄题朱元
晦武彝精舍十二咏》，册一一六〇）这些均可看出道释内容在理学家的生活
中被体践与追求的情形。

　　再以道家人物的立场来看，园林的本质是属于道家形态的。梁庄爱在论
"台"这种建筑时就认为"中国园林最初的意图或功能是给人们提供一处逃
避现实与尘世的圣地"，但因为台的向外远眺功能，却又将儒家的思想内容
引入了"这一道家的避尘圣地之中"。（见梁庄爱论、郑薇露译《仇英对司
马光独乐园的描绘以及中国园林里的意涵》，《艺术学》第3期，第45页）
既然园林提供的避世功能是切近于道家的，则隐于园林的高人处士基本上
可算是道家人物。他们在日常的行径上也以道家人物自居，像林逋就"肩搭
道衣归"孤山（《湖山小隐》，一〇五），而寇准笔下的隐士也是"闲称林
泉挂道衣"（《和赵渎监丞赠隐士》，九〇）。这些人或像林逋、魏野般是
基于喜爱和选择而隐居林泉，但魏野、种放等人曾多次接受皇帝的召见，居
于宫廷；林逋"高僧相对试茶间"（《林间石》一〇六）；种放隐终南山而
"以讲习为业"（《宋史·卷四五七·隐逸传》）；再如孙明复"四举而不
得一官，鬓发皆皓白，乃退而筑居于泰山之阳，聚徒著书，种竹树果，盖有
所待也"（石介《徂来集·卷九·明隐》，册一〇九〇）。这些道家人物在
园林生活中或者还企盼着儒家身份，或者还与儒家、佛教人物之间相往返相
应答，在其沟通应对之间必然涉及三教思想和实践的混杂融合。

　　再以佛教人物的立场来看，僧师与士大夫、道人频繁的交往游宴、诗文
赠答，寺院优美的园景及对牡丹等花卉精心的栽植等常吸引众多的士大夫或
一般民众的游观，乃至阗咽终日，士子读书寺院山林的风气等，使佛教人物
因园林活动而与俗世、政教和道家之间密切结合，僧师"饵药觉身轻"（释
智圆《闲居书事》，一四〇），与士大夫论外形骸、齐死生之说等有意思的
现象于焉产生。

　　朱翌有一首《园中即事》诗，很清楚明白地揭示了他在园林中的三教融
合的事实，他说："出山道士在家僧，晚诵儒书早佛经。"（《灊山集·卷
二》，册一一三三）既称自己是道士同时也是僧人，但是其早晚课却又是儒
书与佛经。这样自觉的表白，显示他是故意要强调园居生活的兼融特性，也

表示这种三教融合的理念与实践是宋代文人所刻意追求并加以强调、引以为荣的。

这些现象其实肇因于儒道释三教在中国早有合流的传统，而其义理本质也多有可以会通之处。再加上人是多元多面的，生活是杂琐具体的，本可在不同的面向取择或者用不同家派的思想来加以实践。园林正因其契近自然、契近全整之道的特质，故而成为三教融通结合并加以实践的场所。

根据本节所论可知，宋代园林成为三教融合实践的道场，其要点如下。

其一，由于园林是大自然的模拟与缩影，因此它和大自然一样，无所不在地存有整全的、不被分裂的"道"。

其二，由于园林幽寂清净的境质，使其成为涤烦浊、清人心的重要境缘。因此宋人对于园林表现出强烈的修养目的与意图。

其三，基于以上两点，宋人认园林是体道、悟道及修道的最佳道场。而其所谓的"道"，则兼融了儒道释三教的内涵。许多园林景色所呈现出的理则，均可以融贯会通于三教义理之中。

其四，不论是儒家人物、道教人物或佛家人物，其在园林游赏居息的活动中均常常融通了三教的思想，并且具体实践着三教融通的修养内容。

其五，郡圃这种儒家身份的园林，加上园林切近于道家特色的本质，使郡圃成为三教融通实践的典型场地。

其六，书院园林及理学家、士大夫等的私园生活，也很能充分展现三教融通实践的宋园现象。

其七，这种以园林为三教兼融的实践道场的观念，不但被宋人在具体生活中实践着，而且还被文人刻意地强调，引以为荣，显示这种园林认知与事实在宋代文人的园林生活中正被有意识地推广。

第二节　自然与人文的调节融合

园林产生的初衷是缘于人类对自然的喜爱孺慕之情，希望能生活在大自然的怀抱中。但是在人的社会中、在人的活动需求为前提的态势下，山林生活有其种种的困难与不便。因而只好在人的活动空间中，设法建造模拟、近似于自然的生活环境，因而成就了城市园林。这是融合自然到人文的环境中。相对地，多数隐逸的高人，是生活在山林薮泽之间，从人本的立场建构了遮雨蔽日、舒适身心的建筑，铺设了便于游观的动线与观景点，因而成就了自然山水园。这是融合人文到自然的环境中。

再从人的活动来看。一切人为的活动当然都是人文的。尤其很多文人在园林中所从事的人文活动都非常优雅又富于艺术特色，是十分典型的人文活动。但是细加检讨，则可以发现这些富于人文色彩的活动均有其相当程度的与自然相结合相呼应的内容，多含有大自然神思神游的转换程序，使整个人文活动在进行的过程中产生与自然充分融合转化的现象。

相对地，在很多欣赏自然景色、创作自然景色的活动中，文人往往加入非常丰富的想象情意、象征的传统或德行的比附，使得一些贴近自然的活动充满了人文的精神与色彩。

本节将就园林特有的建筑设计艺术，与文人们在园林中活动所富含的特殊丰富的精神意义来探讨宋代园林在自然和人文的融合方面所呈现的现象及所含具的意义。

造园艺术的天人调和观

以自然为造园最高准则

园林的初衷既然是造设一个拟近于自然的环境，那么，其一切造设当然均需以符合自然法则为大前提。杜顺宝在《中国园林》一书中就说："中国

古典园林在对客观自然的关系上，其共同的美学定性是'有若自然''假中有真'。"（见杜顺宝《中国园林》，第72页）

以园林五大要素为例，山石是要创造山林内容。虽然大部分的园林空间无法容纳一座自然的大山，而只能以人工方法堆栈出尺寸较小的假山，但是在堆栈的原则上一定依循真山的态势，而且配置以藤萝草树，萦以曲涧泉流，使其宛然如山林幽谷。基于这种尊重自然、依归自然的叠山原则，即使连盆山这种秀珍的小山水也能营造出"气爽变衡霍，声幽激潇湘"（刘敞《奉和府公新作盆山激水若泉见招十二韵》，四七一）、"前为嵩华高，侧构衡霍秀"（刘敞《作假山》，六〇三）的效果。这是用人为的力量创造自然山景（山景营造的详细内容，可参看本书第三章第一节）。

再如水景。静态的湖池，多半不采用西方的几何形状，而是热爱自然的"曲池"。其池岸的曲折弯转完全是自然随兴的，所谓的"因洿以为池。不方不圆，任其地形；不甃不筑，全其自然"（欧阳修《文忠集·卷六三·养鱼记》，册一一〇二），看来犹如自然天成的池沼。至于动态的泉涧，不仅用竹筒接引水流，而且以埋伏水管、转轮机关等方法让水流在山石之间蜿蜒，喷涌激跃，犹如大自然山林中的泉涧湍瀑般精彩生动。这是用人的力量创造自然水景（水景营造的详细内容，可参看第三章第二节）。

再如花木。花木本身是自然的产物，但在园林中则多半需要人去栽植、养护、整理。宋代的园林花木多力求森茂蓊密、苍古幽深，使人产生山林之想。此外，在花木的布局安排方面，也尽量依循其在自然生长的状态下所应有的姿态，所以李昉种竹就声明强调："何须一一依行种"（《修竹百竿才欣种植……》，一三）。若是依照行列来排植，那树木就会像是排队一般整斋、呆板、机械又滑稽了。所以错落安置，使其自然又富美感。这是用人为的力量来制造花木美景（花木栽植的详细内容，可参看本书第三章第三节）。

至于建筑，算是园林要素中的人文作品，它完完全全是人为创造出来的产物，非大自然界原有的；它完完全全是以人为主体本位而出发的产物，其本质原就不是自然的。但是它的存在却非常重要：它的有无决定着山林野泽与自然山水园的分别；它的存在使园林成为可居息可游赏的人的生活空间。尽管如此，园林建筑的造设仍然力求合于自然。首先是将建筑置设在花木丛翠之中，使其深藏幽隐，那么这人为的、坚硬的建筑体就被含容消融在自然花木之中了。建筑就大大减少了人为感，而增加了自然感，与整个园林协调融合。其次是建筑物本身的形制力求通透虚明，避免重大体积的墙面，而使园林空间得到充分的交流应对，建筑便消融到整个园林景致中了。这是人文建筑化、自然化的追求（建筑设计的详细内容，可参看本书第三章第四节）。

在空间布局方面，一切艺术化的手法、美学上的考量都是尊崇自然原则而进行的。如动线曲折宛转虽有优美戏剧性的精彩效果，但也基于曲折弯弧的线条是自然景物也是山林动线所具的线条特色，是符合自然的原则而考量形成的。其次是因随的原则。虽然空间的布局是设计者的匠心所在，但是仍然尽量避免大费周章，太过露显人为痕迹，故而一切造设采取因随原则，随地势高下而为山池亭榭，不仅事半功倍，而且"随宜得形胜"（蒋堂《飞来山》一五〇），充分实践尊重自然、依循自然的造园观（空间布局的详细内容，可参看本书第三章第五节）。

就整体的造园观念而言，尽量保持或再现自然风貌，尽量减少人为力量的加入，应是宋人努力实践的。所以：

> 石不移而自具，水不引而自环，山不邀而自献。松竹梅桂、若兰与草木等皆不植而自有。莫之为而为者，非天也乎？天固遗之，人固阙之。是孤此奇观，盍修治而呈露之。况事人力不加多乎？（姚勉《雪坡集·卷三五·灵源天境记》，册一一八四）
>
> 岩嶭倏天成，风烟若神援。（刘攽《作假山》，六〇三）
>
> 乱石更成山。（刘攽《幽山》，六〇六）
>
> 万松当篱落。（杨万里《诚斋集·卷七·晚步南溪弄水》，册一一六〇）
>
> 架松为荫。（周应合《景定建康志·卷二一·凉馆》，册四八九）

姚勉认为上天自然生成了很多优美、杰出的佳景条件，这些都等待人为力量的开发挖掘，人只要用少量的力气去略加修治，这些美景就能轻易地呈露出来。这不仅适用于自然山水园，同时也是城市园林造设的法则——点化，简单的几个关键性的造设，就能画龙点睛地展现园林山水之美，所以即使是堆造的假山，也能宛似天成神援，也能乱石成山。所以可栽松为篱，架松成荫。充分地运用自然资源，使其更合于自然天成。

因为尊崇自然，所以也就追求朴素质实，如：

藩篱萦回，窗户简素……幽情野态，如在世外。（曾协《云庄集·卷四·强行之愚庵记》，册一一四〇）

《余于洛城建春门内……结茅构宇，务实去华，野意山情，颇以自适，故作是诗》（文彦博·二七七）

台头结宇尚简朴。（韩琦《休逸台》，三一九）

栋宇朴野……池上寂然有野思。（宋庠《东园池上书所见》注，二〇〇）

茅茨覆采椽，朴拙亦可喜。（薛季宣《浪语集·卷六·新作殊亭》，册一一五九）

简单朴素，则少有人力的加入，比较接近自然天成的原貌，也就比较能再现自然野泽的景态，幽情野态，仿如世外。所以说朴拙是可喜的。这是尊重自然原则所产生的风格与特殊美感。尤有甚者，是由朴野转生出对荒芜偏僻的追求。如：

尽荒台榭景才真。（邵雍《洛下园池》，三六七）

檐任树枝碍，阶从草色侵。不肯一锄斫，恐伤春风心。（许棐《梅屋集·题常宣仲草堂》，册一一八三）

径僻有莎荒。（李至《至启休沐之中静专一室……》，五三）

果落方知熟，莎长不忍除。（司马光《奉和大夫同年张兄会南园诗》，五一〇）

荒芜的台榭或任其生长而不加锄斫的花木，都是尽量维持自然原貌而避免人为的干扰。这是园林追求自然的一个极端表现。大部分的园林虽没有如此极端强烈的维护自然手法，但也都一致地表现出对于自然天成的敬重和遵循。

然而园林再怎么注重自然天成，它终究是人文的产物。

以人力匠心来再现自然

园林不同于一般的自然山林，乃在于其有人为造设的成分，能在既有的自然内涵中略加点化而顿生精彩，故而园林所努力遵循的自然，仍旧是人文的自然。以"因随"这个最注重自然的造园法则而言，它还是人文努力后的实践。如：

解选幽栖地，园居压野开。（宋庠《过留台吴侍郎新葺菜市小园》，
一九四）

择地为亭智思全。（韦骧《丁承受放目亭》，七三三）

胜概本天成，增营智亦精。（韦骧《横翠亭》，七三三）

山林泉石之胜必待贤者而后出。（刘攽《彭城集·卷三二·寄老庵记》，册一〇九六）

则兹境也未必不待我而显，又乌知仆之意不出于造化之所使耶……
因高而基之，就下而凿之。（宗泽《宗忠简集·卷三·贤乐堂记》，册
一一二五）

在展开所有的造园工作之前，一定要经过选地、相地的程序。怎样去选择形胜幽美的灵秀佳地，怎样充分地了解掌握园地形势，这是影响园林艺术成就的第一个重要起步。而这个选地、相地的功夫是由人的智思来决定的。虽然胜概本自天成，但是关键性的点化增营却更能发挥其胜概，这是智思精妙的结果。所以宋人认为山林泉石之胜必待贤者而后出，必待智者而后显。这表示园林美景依恃着人文力量才凸显出来。以人文力量去造设自然景致，这显现园林是自然与人文充分融合调节后的产物。

就整个造园设计工作而看，亦复如此。如：

心营目顾，因高就下。（张嵲《紫微集·卷三一·崇山崖园亭记》，册

一一三一）

亭台花木皆出其目营心匠。（李格非《洛阳名园记·富郑公园》，册
五八七）

旋作园庐指顾成。（陆游《剑南诗稿·卷一·家园小酌》，册
一一六二）

只知造化随人力。（冯山《戏题辛叔仪花园》，七四五）

物色随心匠。（吴中复《西园十咏·方物亭》，三八二）

一切的自然原则与前提都是在人的心营目顾、目营心匠中指顾而成。也就
是说，它不仅经由感官的观察、了解，还经由人心的缜密精微的思索、设
计，是意匠巧思的努力结果。这也就是说，园林拟近于自然的效果，是人为
努力出来的。这里清楚地说明了园林是人文与自然调节、合作、相互融合的
产物。

再就上论的园林要素而言，虽然其最高的理想是自然逼真，但是营造的
过程中却也是人力在促成的。所以在叠山方面，晁迥说："覆篑由心匠，多
奇势逼真。"（《假山》，五五）吴龙翰说："虚岩人力成。"（《古梅遗
稿·卷一·嘉禾沈园》，册一一八八）。经过多方匠心巧思才能将石材堆栈
成逼真奇山，这是以人力来再现自然。

再以花木为例。花木虽然是自然植物，但是在园林中的花木却是需要人
为的养护整理，所以李至说"竹枝宜静应分洗"（《早春寄献仆射相公》，
五二）。另外，在宋代十分进步的花木改良、创品技术，则充分地展现人为
力量的强大：所谓的"夺胎移造化"（洪适《盘洲文集·卷六·观园人接
花》，册一一五八），所谓的"回得东皇造化工"（范仲淹《和葛闳寺丞接
花歌》，一六五），使得花色花品产生繁复多样的变化。而且在花期和花
的质量方面，也借由人工技术加以改良，如陶谷《清异录·卷上·百花门》中
介绍了"抬举牡丹法"，在九月就用碾碎的硫黄拌细土包掩花根，使其土脉温
暖，立春即能提早开花，并用淘汰法使唯一的花蕊肥大如碗（册一〇四七）。
这些都是用精良的人为力量去改变自然，却也成就了更多姿多彩的自然。

再如建筑。这人为建构的空间虽极力地予以园林化的设计，以达成与整

体园林的统一协调；虽然其存在是为观赏自然美景而设的，但这些建筑本身也被视为景色之一而加以欣赏观览。因此韩琦认为在万竿竹林里"为堂于其中，一境遂清绝"（《虚心堂会陈龙图》，三二〇），而郭熙的山水画理论也认为水"得亭榭而明快"（《林泉高致集·山水训》，册八一二），他们认为自然的山水美景加上人文的建筑造型，才能相互辉映，相得益彰。所以胡寅说，在永州澹山岩上盖了一座亭子，"然后斯岩之美全矣"（《斐然集·卷二〇·永州澹山岩局记》，册一一三七）。可见宋人认为圆满的园林应是自然景观与人文景观兼备，因为人文景观含具着人的情感和生命内容，很能触动人心。从这个角度来看，园林是自然与人文配合得宜所成就的圆满空间。

其次，园林特殊的空间结构，使其产生了调节气候的功能，如：

台高而安，深而明，夏凉而冬温。（苏轼《东坡全集·卷三六·超然台记》，册一一〇七）

便斋曲房，两宜寒暑。（黄庭坚《山谷集·卷一七·北京通判厅贤乐堂记》，册一一一三）

圃有花石奇诡之观，居有台馆温凉之适。（叶适《水心集·卷一一·栎斋藏书记》，册一一六四）

构轩凉愈清。（陈庸《凉轩》，四〇八）

高松荫堤三伏凉。（张栻《南轩集·卷四·六月二十六日秀青亭初成与客同集》，册一一六七）

四季的天候本是依循着一定法则在变化，是十分自然的，但是经由园林中建筑物与花木水景的适当配置可以调节、改变其范围内的气候，达到冬温夏凉、两宜寒暑的怡人境况。这是用人为力量来改变自然境质。然而这人为力量仍然是依据并掌握了自然环境的特质和条件在进行的。

再如第四章第二节论及宋代造园艺术特色之一是题写匾榜，往往为一个景区建筑命名，题写揭挂为匾额，或是刻写诗句成联，使其也成为园林中可资赏玩的景致，而其内容则是人文的情感兴味、神思。另一个宋园特色是

"小"，使用的典型化、集中性象征性的手法，使园林的内容糅合了自然成分与人文情思。这些都使园林景色在自然山水之外也充满了人文艺术的趣味。

此外，因为园林是缩影的山水，人们可以在繁华喧嚷的都市城邑中建造园林，因此既可以享有山林烟云的清净怡然之乐，又可以拥有文明机能的齐全之便。开门则跬步市朝之上，闭门则俯仰山林之下。这是人文与自然的融合，也是吏隐、中隐等特殊形态能借园林而成就的重要原因。

以上种种分析，都说明了宋代园林在造设营置的工程中以人为去成就园林，兼摄自然美景与人文情思的现象，充分展现出其融合自然与人文的特质。

然而简单地说，园林既是用人力去营造山水自然，其兼容自然与人文的本质就十分明显了。

园林活动的天人融合境界

园林的造设一方面在再现自然，一方面却是为了给人们提供活动的自然空间，亦即园林的存在是为了人文的目的。

人在园林中活动，尤其文人在园林中嗜爱进行某些活动，其间园林不仅扮演舞台背景，它的种种特质还会在无形中影响进行的活动，造成自然与人文之间交流相应的现象。

自然移化人文

自然对人文的影响，从最基本的生理开始，而后渐渐浸染到心灵层次。首先生理方面受园林影响的如：

廊庑悉舒明，瞻望快耳目。（韩琦《善养堂》，三二〇）

松声工醒酒。（司马光《清燕亭》，五〇五）

澄光秀气，喷入几席，令人肺肝醒然。（真德秀《西山文集·卷二五·溪山伟观记》，册一一七四）

登斯亭以向坐，则又志意舒徐，气血和平。（陈师道《后山集·忘归亭

记》，册一一一四）

是足以朝游而夕嬉也，是足以心休而身逸也。（张侃《拙轩集·卷
六·四并亭记》，册一一八一）

园林优美的景色可以快人耳目，使感官愉悦舒适。清幽洁净的境质可以使人
全身清畅振作，气自和平，从而感觉全身安逸顺惬。其中尤其是园林清凉的
特质："亭台清凉水竹净"（文同《夏日湖亭试笔》，四四五），"绿荷红
芰水风清"（韩维《湖上招曼叔》，四三〇），使人置身其中深感"尽日清
虚全却暑"（蔡襄《和吴省副北轩湖山之什》，三九二）。这种种都显示园
林境质对人产生的最直接、最基本的影响是生理的怡然舒适。

由生理的变化进一步会影响到心理层面，如：

目界既朗彻，心官欣自由。（郭祥正《同陈安止登高明轩》，七六三）

南榭薰风偏解愠，北阶萱草更忘忧。（杨亿《王寺丞借西第避暑因有寄
赠》，一一七）

眺听之际，可以释幽郁，可以道和粹。（祖无择《龙学文集·卷七·袁
州东湖记》，册一〇九八）

堂之虚静可以清人心，高明可以移人气。（黄裳《演山集·卷一七·阅
古堂记》，册一一二〇）

茂林修竹、奇葩异草，可以舒忧隘而快窥临者。（葛胜仲《丹阳集·卷
八·钱氏遂初亭记》，册一一二七）

感官的怡悦愉快、气血的和平清畅，可以涤除忧烦阴郁，可以化解愠怒愤
恚，而后心灵清明和粹，自在逍遥。至此就使人整体身心、整个生命受到涤
荡澄汰。这样，园林环境就不只怡悦人的身体感官，还能改善人的心灵、陶
冶人的性情。在一次又一次的怡悦、涤荡经验之后，人的生活态度、人生也
会有所变化：

吾甘老此境，无暇事机关。（苏舜钦《沧浪亭》，三一六）

此心机息转，只好弄群鸥。（宋庠《初憩河阳郡斋三首》，其
二·一九二）

机忘更何事，鱼鸟亦留连。（宋祁《集江渎池亭》，二〇八）

群鸥只在轻舟畔，知我无心自不飞。（韩琦《狎鸥亭》，三三〇）

野性群麋鹿，忘机狎鸥鹏。（王禹偁《游虎丘》，六二）

园林的愉快舒畅、轻松自在使人对于凡尘俗世中汲汲营营、处心积虑的机关布排感到疲惫惧怕，而一心想在清净简单的园林中享其逸乐，与群鸥游玩。这种"拙谋身"的"钝人"（宋庠《溪斋春日》，一九六）最爱"山林终日掩柴门"（韩淲《涧泉集·卷一一·山林》，册一一八〇），全然沉浸于其园林生活，甘老于此境，一生轻安自在。这是园林境质对人生命选择、人生态度的重大影响。可见自然对人文移化之深远。

此外，上一节曾论及园林几近于自然的内容，使其富于物事理则，富于整全未分裂的道，致使人于其中可以得到各种领受、体悟，进而修养情性、提升心灵境界。这当中便是自然深深移化人文的历程，也是自然与人文得到感应、融合的历程。

再者，园林中丰富多样的物色景致，常常会触动人心，生发各种感兴，如：

攀花弄草兴常新。（王安石《窥园》，五六四）

偶来凭槛见奇峰，便有江湖秋思起。（苏颂《省中早出与同僚过谭文思西轩咏太湖石》，二一）

我嗟不及群鱼乐，虚作人间半世人。（苏舜钦《沧浪观鱼》，三一六）

才看如粟吐花床，已想江南万里香。（韩维《晏相公西园雪后栽梅三首》其二，四二九）

茂草与斜阳，脉脉情多少。（陈尧佐《闲步过芳菲园》，九七）

人在观物之际，除了情感的投射之外，常常会从物身上反射回自身，或兴感或反省。因此在攀花弄草、凭轩赏峰、俯观鱼戏等情境时，各种身世的感兴、景境的想望或自处的道理便油然生起，而且常起变换。然而不论其感兴

的内容如何，这些都是由园林自然引生人文变化。而在所有的感兴之中，常见的内容是无常的岁月感伤，如：

园林犹有前朝木，冠盖难寻故主花。（程师孟《次韵元厚之少保留题朱伯原秘校园亭三首》，其三·三五四）

湖上四时看不足，惟有人生飘若浮。（苏轼《和蔡准郎中见邀游西湖三首》，其一·七九〇）

头上光阴瞥尔过，昨日少年今老大。（张咏《书园吏申花开榜子》，四八）

风月犹疑惨，园林顿觉空。（魏野《悼鹤》，八二）

莫叹朝开还暮落，人生荣辱事皆然。（释智圆《栽花》，一四一）

自然与人为相较之下，人为的一切事况都显得短暂易变，自然则较为长久（变中有不变，如四季递嬗却规律）。因而常常有主人更换或物故而园林却依旧如常的现象发生，使人有景物依旧、人事已非的伤慨，使人有光阴似箭、老大难从头的悲感。在空间上园林的位置不改，可是人的踪迹漂泊奔走，所以也会兴起人生漂浮流浪的感慨。以上是自其不变者而观之。若自其变者而观之，则花朵的朝开暮落，四季景色的转变等瞬息万变的物象，莫不是衍生人事感慨的资源。凡此种种均是自然对人文情意、心思的影响变化。

以人文巧思融合自然

人在园林中活动，尤其是文人在园林中活动，其内容多半涉及人文，尤其是文字记载上的园林活动更是洋溢着典雅优美的人文色彩。文人们喜欢在园林环境中从事这些雅致活动，表现的不仅是空间关系上自然与人文的结合具在，而且在精神内涵上也充分地呈现出以人文巧思融和自然的深隽意境。

第一章第四节论及园林丰富且多变的物色是引发诗情吟思的最佳触媒，所以有"五亩园林都是诗""天供好景助诗豪"的诗句出现。写作诗歌、吟咏诗歌是极典型化、艺术化的人文活动，充满了人的情感、想法，展现了文字的技巧，成就了想象、神思的奇妙……但是细读作品可以了解到，这些情感、构思多半是借着自然物色来表达的，如：

> 好景尽将诗记录。（邵雍《安乐窝中吟》，三七〇）
> 林泉好处将诗买。（邵雍《岁暮自贻》，三六八）
> 鸥分江色献诗材。（吴泳《鹤林集·卷三·湖亭酌王史君纪事并呈看花诸君子》，册一一七六）
> 风光未忍轻抛掷，聊付诗囊与酒卮。（陆游《剑南诗稿·卷七〇·初春幽居》，册一一六三）
> 一首诗吟一种花。（史弥宁《友林乙稿·再赋晏子直百花林》，册一一七八）

风光好景感动人心，不忍轻易将其抛掷，希望能长久保留、广远传看分享，于是用诗加以记录，将好景收付诗歌之中，用诗歌来买取翔鸥江色等林泉诗材。可见这些诗歌作品中呈现了丰富的园林物色，借物色来表意，物象与情意交融为一，物境与情意交融浑然，就成就了意境悠远的佳作，所以"诗参化匠自天成"（强至《依韵和判府司徒侍中雪霁登休逸台》，五九五），"不费思量句有神"（陈文蔚《克斋集·卷一六·任申春社前一日晚步欣欣园》，册一一七一）。这是宋人园林活动中自然与人文融合的典型内容之一。

其次是在园林中弹琴。音乐，也是非常典型化、艺术化的人文活动，在宋人的园林活动中十分时兴：

> 《九月十五日观月听琴西湖示坐客》。（苏轼·八一七）
> 我来踞石弄琴瑟。（苏舜钦《和子履雍家园》，三一一）
> 临流鼓瑶琴。（林景熙《霁山文集·卷二·纳凉过林氏居》，册一一八八）
> 拂琴惊水鸟。（欧阳修《普明院避暑》，三〇一）
> 泉响置琴听。（郭祥正《和石声叔留题君仪基石亭》，七六九）

这里所谓的琴，多是指琴瑟一类的古琴，古琴音乐非常疏淡冲虚，在唐代胡乐大量传入之际已经没落，所以它不是流行音乐，而是文人之间古雅的艺术。文人们喜欢在园林中弹琴，认为"有琴方是乐，无竹不成家"（王禹偁《闲居》，六五），并不单单因为园林的幽静宜于弹奏，还有更内在的原因：

> 携琴秀野弹流水。（文同《邛州东园晚兴》，四三八）
> 静弹流水曲。（文彦博《古寺清秋日》，二七三）
> 携琴谱涧泉。（姚勉《冷泉亭》，一〇三）
> 调琴和涧流。（穆修《和毛秀才江墅幽居好十首》，其五·一四五）
> 倚琴谁共听流泉。（苏颂《次韵葛大卿题江氏寒光阁》，五二六）

中国有大量的琴曲在描写山水自然界的景色，其中尤以流水及松风之声是最典型的弹奏题材，因此，这里可以看到很多在园林里弹奏流水涧泉的琴曲。这就产生有趣的情境：手中弹泻出流水声，身旁则萦回着泉涧的流水声，二者交相应和，因此，后二则诗句中的涧流、流泉一语双关，显现出自然与人文的泉涧流水同时流泻和声。上一段引诗中可发现园林弹琴常是在临流、泉响、有水鸟之处，其原因就在这里。

其次是琴曲所描写的松竹声："高风动长松，萧瑟清我心。"（刘敞《澄心寺后阁弹琴》，六〇二）"时引惊猿撼竹轩。"（苏轼《次韵子由弹琴》，七八七）"清风萧萧生，修竹摇晚翠。"（梅尧臣《赠琴僧知白》，二四〇）这是以人文方式来再现松竹摇动之声，使人经由其模拟近似的声音去想象山林风动的景况，去感受清寂冷风袭人的感觉，使置身的园林与想象中的山林得到冥和、共鸣。因此李之仪"听美成弹《履霜操》，相顾超然，似非人间"。（《姑溪居士前集·卷三七·张氏壁记》，册一一二〇）这是人文与自然冥和的浑然超然境界。

再次，文人也常在园林宴集清谈，其热衷投入的情况往往是"终日清谈"（范祖禹《吏部彭侍郎召会冯少师园亭即席赋诗》，八八八）。清谈是人的思理、才辩的表现，也是非常人文化的活动，文人们也喜欢在园林中进行：

> 且将清话对檀栾。（曾巩《招泽甫竹亭闲话》，四六一）
> 异花间棠梅……矗矗物外谈。（孙甫《和运司园亭·西园》，二〇三）
> 被除名利开清论。（韩维《和晏相公小园静话》，四二九）
> 宾主高谈胜，心冥外物齐。（欧阳修《张主簿东斋》，二九一）
> 为谈笑以寓道情之至乐。（黄裳《演山集·卷一七·默室后圃记》）

　　园林谈话有很多种，有近似魏晋名士的清谈，有日常生活的闲谈，也有轻松幽默的谈笑。不论哪一种，对大部分的文人而言，其谈话的内容总是撇除名利尘俗之事，是超乎物外的、寓道冥齐的清话。园林隔尘僻静的环境适合这样的内容，其清幽明净的特质有助于思考，其富含物性物理的道境也提供清谈的佐证资源。而其对谈的内容也多涉及人与自然的对应之道和经验。这也是自然与人文结合的一种园林活动。

　　其次，在第五章第三节曾论及宋人新兴的园林斗茶活动。茶，虽是自然产物，但经由人工处理，长期改创出一套优雅的斗赛形式，它就成为非常艺术化的人文活动。园林中煮茶，可以就近汲取清泉，可以拾取柴火，还可以在品味的同时眼观耳闻美景。而在斗茶阶段，碾茶、点水、搅触等程序中所产生的色泽、形态、声音上的变化，还会引发"汹汹乎如涧松之发清吹，皓皓乎如春空之行白云"（黄庭坚《山谷集·卷一·煎茶赋》），"蟹眼已过鱼眼生，飕飕欲作松风鸣"（苏轼《试院煎茶》，七九一），"但觉雨声寒"（方岳《秋崖集·卷五·煮茶》，册一一八二）等联想。这种神思遐想使参与者浸淫在自然与人文交融互应的神奇境界中。

　　文人在园林中的活动，与园林物色最直接的对应关系应是游赏活动。在面对丰富的自然景物时，文人们仍然发挥了充分的人文精神：

> 鸣蛙送鼓吹，好鸟来笙竽。（潘兴嗣《逍遥亭》，五三四）
> 松韵笙竽径，云容水墨天。（胡宿《山居》，一八〇）
> 客来鱼鸟皆知乐。（宋祁《题翠樾亭》，二一三）

啼鸟鸣蛙常与人意相值。（黄庭坚《山谷别集·卷四·张仲吉绿阴堂记》）

冰雪相看人更好，竹君梅友岁寒心。（姚勉《雪坡集·卷一四·题百花林书堂》）

蛙鸣听来犹似鼓吹，好鸟、松韵有如笙竽妙音，云容变化正是一幅染演生动的水墨画。欣赏中的自然景物不仅有可爱的形相姿容和音声，而且与人文艺术神似，想象的加入，使赏玩园景变得意趣盎然。此外，鱼鸟蛙木等生命与游人之间产生"情往似赠，兴来如答"的感应共鸣，这是情感的加入使赏玩园景变得情意深隽。而性情德品的赋予，又使园景充满可敬可感的启示。这些游观经验都证明宋代文人"游观须作意"（苏辙《次韵李简夫秋园》，八五一）、"风景只随人意好"（孔武仲《西园独步二首》其二，八八三）的园林理论。而这些想象、移情、悟道的赏景态度，使自然景物充满人文内涵和意趣，这正是天人融合冥一的艺术化境界。

纵观本节所论可知，宋代园林在造园与游园方面所含具的天人融合的意义，其要点如下。

其一，园林是用人文巧思的力量以再现自然美景，故而在本质上园林即是自然与人文结合交融的产物。

其二，宋人造园所依循的最高法则即是合于自然。在造园五大要素的营设上或整体园林风格上都力求自然天成。

其三，而所有力求自然的目标都是用人为的意匠巧思去设计营造的。所以整个造园的过程正是人文与自然调节融合的过程。

其四，园林虽是再现的自然，但因其所有造设都是为提供人的活动而存在，所以以人为主体的思考模式于焉产生。建筑的收纳美景、调节气温使其怡人舒适，题名刻诗以助人品玩的设计，呈现出园林以自然为最高准则、以人本为主体考量的特色。

其五，园林对人可以产生重大影响，从生理的清醒畅逸，到心灵的涤荡清净，到人生态度选择的改换，均使人文接受自然莫大的潜移默化。

其六，园林中许多典型的人文活动如作诗、弹听琴、清谈、斗茶等，在其活动的过程和内容上都与自然有密切关系，或借重自然物色，或移情再现物色，或思辨自然与人的关系，或以想象神游自然，都能产生自然与人文交融互应的神妙境界。

其七，宋人注重游观活动中人文精神的作用，以想象、情感和悟道的赏景态度去对应自然景物，使其充满人文内涵和意趣，进而臻于天人融合的艺术化境界。

第三节　乐园的象征与实现

现实生活受到种种客观条件的影响，而有其限制、困难、缺憾和妥协，致使大部分的人只能将其心中理想的生活境地藏置于内心深处，或加以某种程度的幻想，成为最圆满的世界，以滋润并慰藉在现实生活中奋斗的心灵。这是乐园。

在中国，对乐园的向往发生很早。从神话传说中的黄帝玄圃（参见《山海经》的《西次三经》《海内西经》，《淮南子·墬形篇》）、鸾鸟自歌、凤鸟自舞、有永吃不尽的"视肉"的开明、沃野（参见《山海经》的《海内西经》与《大荒西经》）开始，就显现初民心中已向往某个幸福圆满的、快乐无忧的、自给自足的园地。而《诗经·卫风·硕鼠》所歌的"逝将去女，适彼乐土"就是受到重税压榨的人民不堪生活痛苦，转而想象并向往一块自由逍遥的乐土。这些乐园虽然难以在现实生活世界中完全实现，却一直是人们希望的所在，滋润安慰着困苦失落的人心，支持着生活的进行。

对大部分的人而言，其心目中的乐园因身份的差别、欠缺感的不同、追求的理想不一也就各有不同的理想模式。但是对每一个人而言，生活的富足无缺是共同的基本希望，而长生不死该是最大的希求和向往，因而仙境就成为东汉以后最常见的乐园向往。

尽管乐园理想在现实生活中很难圆满地被实现，但是人们还是尽其力之所能，在其平常的生活中去创造美好的生活环境，园林就是其成绩之一。园林不仅满足人们对山水自然的孺慕之情，同时也是乐园的象征。"仙"字由"山""人"构成，想象中的神仙也多住在幽深神秘的山林之中，因此，园林环境的造设特色本已很贴近于这种仙境乐园。而事实上，中国园林从最早神话传说中的黄帝玄圃到文惠太子的玄圃园、秦代在园林中堆造海上仙山、汉代园林的海上仙岛、仙人（参见《诗情与幽境——唐代文人的园林生活》第一章第一节），及至唐代桃花源的比附、西方净土的象征等（参见同上第六章第二节），整个园林的发展都与仙境的模拟或创造有着密切的关系，整个园林史也都在肩负并实现其乐园象征的责任。

宋代园林也继承了这个悠远的传统，处处地在文字资料中表达这种园林观，使宋代园林在中国的乐园文化中仍深具意义。本节将先呈现这种象征的事况现象，再分析其内容特色，而后讨论中国文化中理想的生活环境质量。

宋人的园林仙境观

在宋代的园林文字资料中，仍处处显现出视园林为仙境的看法，如：

南纪仙乡景最佳，林泉幽致有儒家。（姚秘《题义门胡氏华林书院》，一七）

选胜共诣金仙宫。（毛渐《此君亭歌》，八四三）

楼台高下满仙风。（苏颂《次韵蒋颖叔游西湖入南屏山》，五二六）

万景并归闲日月，一身常寄小蓬瀛。（韩琦《留题相州王琬推官园亭》，三三〇）

只尺是蓬瀛。（徐鹿卿《清正存稿·卷六·小英石峰》，册一一七八）

书院园林视为仙乡，竹亭称为仙宫，西湖众多的园林组群说是充满仙风，以小蓬瀛比附园亭，将小石峰神思为蓬岛仙山，这些都显示宋人乐园象征的园林观。尤其书院既被当作儒家教育的场地，却又被视为仙乡，可见这种园林观的普遍。这种观念在宋人并不只是一种歌颂或向往，可能还被视为是真实的实现，如：

地仙踪迹少人知。（黄夷简《咏华林书院》，一九）

洞门流水地仙家。（韦骧《和信臣游简夫太丞申园》，七二九）

谁肯同来作地仙。（欧阳修《幽谷种花洗山》，三〇一）

更有田园即世仙。（苏颂《龙舒太守杨郎中示及诸公题咏洛阳新居见邀同作辄依安乐先生首唱元韵继和》，五二八）

在葛洪《抱朴子·内篇·论仙卷第二》曾引《仙经》说："上士举形升虚，谓之天仙；中士游于名山，谓之地仙；下士先死后蜕，谓之尸解仙。"游于名山，逍遥闲适者即可谓为地仙。这一品仙人不必在形质上有任何特异的变化，是一般人比较容易臻至的境地。而园林胜景有似山林，游园有似游于名山，因此有直接称园林为地仙家者。或者如苏颂所说的更明白，拥有田园宅居即是世仙——现实俗世中的仙人，一点也不玄虚神奇，而是实实在在享有园居之乐的人。

基于园林仙境的比附，许多园林在造景或景区的命名上就直接表达出这样的看法，如有：

《会仙岩》。（陶弼·四〇〇）

《望仙亭》。（梅尧臣·二四二）

九仙台。（徐铉《送孟宾于员外还新淦》，八）

仙人洲。（杨亿《建溪十咏》，一一八）

披仙阁。（杨万里《诚斋集·卷二五·郡圃晓步因登披仙阁》，册一一六〇）

聚仙、弈仙。（牟巘《陵阳集·卷五·题束季博山园二十韵》，册一一八八）

此外，在许多郡圃等地方公园方面，也有被视为仙境的情况，不但郡圃是仙府、仙家、小蓬莱，而且官职是神仙官职，地方长官是神仙侣〔韩琦《再代（郡园）答》诗："已葺吾园似仙府。"（三三三）余靖《和伯恭自造新茶》诗："郡庭无事即仙家。"（二二八）李觏《宜春台》诗："谪官谁住小蓬莱。"（三五〇）章得象《王光亭》诗："神仙官职水云乡。"
（一四三）赵抃《次韵程给事会稽八咏·鉴湖》诗："主人便是神仙侣，莫
作寻常太守看。"（三四三）〕。这正证明视园林为仙境乐园的象征与实现
的观念在宋代是多么普及，连最入世的治政之地也不例外。

既然园林是仙境，那么居住在园林的主人便是神仙：

林亭缥缈仙翁乐。（陈文蔚《克斋集·卷一六·题赵守飞霞亭》，册
一一七一）

仙翁晚归来。（姚勉《雪坡集·卷一六·王君猷花圃八绝·鉴池》，册
一一八四）

试问仙翁为阿谁。（陈淳《北溪大全集·卷二·咏陈世良天开图画之
阁》，册一一六八）

环仙翁之居皆山也。（谢逸《溪堂集·卷七·小隐园记》，册
一一二二）

野亭何处访仙翁。（冯山《寄题合江知县杨寿祺著作野亭》，七四五）

神仙该是无忧无虑，得意自在者。称园主为仙翁不单是因为园林犹如仙境，
也因园林中的生活确实容易使人远离尘扰、除去机心俗虑，过得悠闲清净，
成为真正的快乐者。从"快乐似神仙"这样的感受和心境来说，他们的确
也可以说是神仙了。下面的形容可以进一步说明园主为仙的看法有其内在
原因：

闲如云鹤散如仙……道从高后小林泉。（孙仅《诗一首》，一〇九）

道德坊中旧散仙……窝名安乐岂无权。（邵雍《天津弊居蒙诸公共为成
买作诗以谢》，三七三）

尊前垂钓似仙翁。（吕希纯《王氏亭池》，八四三）

偶到上方凭槛久……恍如员峤蹑云飞。（苏颂《次韵奉酬通判姚郎中宴
望湖楼过昭庆院暮归偶作》，五二七）

只忧火解神仙骨，赖有泉声发素琴。（刘筠《苦热》，一一一）

在一般的印象中，仙人没有工作的压力，没有寿命时间的限制，所以其举措都非常从容安适，可以徐缓行事。因此，闲散的园居生活有如仙人，邵雍干脆直称自己是散仙。闲散，故而可以从事垂钓等耗时从容的活动。此外，登上高亭远眺，云飞岚漫等变化也让人有腾云驾飞的仙感。而园林清凉的境质使人冷静平定，恬然冲淡，心似神仙。这些原因，更促成了园林的乐园仙境观。

在乐园象征的传统中，陶潜的《桃花源记》一文中所创造出来的桃花源，是优美而令人神往的一个。从此，桃花源就成为中国人心目中理想的乐土代表。唐代已经出现过很多以桃源比拟园林的说法，宋代依然延续着：

请君更种桃千树，准拟渔郎来问津。（裘万顷《竹斋诗集·卷二·题小桃源》，册一一七五）

叠石连山麓，栽桃拟洞天。（赵汝鐩《野谷诗稿·卷五·刘干东园》，册一一六九）

移舟更寻胜，远见小桃花。（张方平《初春游李太尉宅东池》，三〇七）

我欲千树桃……夺取武陵春。（释智圆《孤山种桃》，一三九）

桃源径。（林旦《余至象山得邑西山谷佳处……离为十咏》，七四八）

这里可看出以桃源取名，其意在于表达其园林也如桃花源里的世界：自足、和乐、无争、宁静、优美。有些诗文比较间接地表达这种桃源比拟，如"水浮花出人间去"（欧阳修《寄题景纯学士藏春坞新居》，三〇三），如"一条水引闲花出"（释延寿《山居诗》，二），落英缤纷地随着流水流出园居去到人间，显示那落花所自来的是非人间的隐秘之地，那该是像桃源一般的奇异世界。当然，引领武陵渔夫进入桃源的是那成林的桃花，因此，在园林中栽种桃树就成为桃源的象征。这样的模拟，表现出园主对其园林成为乐园象征的期待与努力，而且是付出实际的行动去经营一座乐园。

园林所呈现的乐园内涵

园林所含具的乐园象征，虽然有其悠久的传统，可追溯自神话时期的黄帝玄圃。但是它的发生并非是偶然的，也不是盲目地继承，而是有其本质上的原因。在园林山水的居游经验中（包括早期帝王苑囿的田猎宴飨活动），人们体验领受了其中的快乐欢悦，如文同所说的："向晚双亲共诸子，相将来此乐无涯。"（《邛州东园晚兴》，四三八）究竟是什么因素让园林能够带来无涯的欢乐呢？优美的风景、安适的建筑、家族团聚的场所、悠闲的生活步调、无污染无俗扰的独立空间等都足以让人安乐。此外，还有一些近似于乐园的实质内容值得讨论强调。

首先，一般说来快乐的生活应是在物质无缺的基础之上建立的。园林就具有这样的基础功能：

> 列侯生计在，千户橘含霜。（胡宿《和人山居》，一八〇）
>
> 吴中士大夫园圃多种橙橘者。（洪迈《夷坚志乙·卷五·一年好处》，册一〇四七）
>
> 果树嫌繁更擘栽。（李至《早春寄献仆射相公》，五二）
>
> 摘果衣沾露。（文同《庶先北谷》，四三四）
>
> 叶深时坠果。（司马光《和复古小园书事》，五一〇）

园林的宽广空间可以栽植成千上万的花木，许多观赏性花木具有经济生产的效益，如桃、李、梅、杏、莲、竹等。即或如橙橘等果树虽不特别具有绰约美感，但其成林苍森的形态仍能创造幽深境质。不论是何者，它们的确为园林带来颇多经济助益，或自食自足，或贩售得利。此外，园林还可以生产更多食物，如：

> 鲜鳞香稻，浊醪黄鸡，无待城市。山木之实，水草之滋，终岁不乏。（华镇《云溪居士集·卷二八·温州永嘉盐场颐轩记》，册一一一九）
>
> 果蔬可以饱邻里，鱼鳖笋茹可以馈四方之宾客。（苏轼《东坡全集·卷

三六·灵璧张氏园亭记》，册一一〇七）

　　种秫以备酒材，畜鱼以供膳羞，果蔬薪樵，取足于畛域之内。（曾协
《云庄集·卷四·大愚堂记》，册一一四〇）

　　前种桃李卢橘杨梅之属，迟之数年，可以馈宾客及邻里。杂种戎葵、
枸杞四时之蔬，地黄、荆芥闲居适用之物。（吴儆《竹洲集·卷一〇·竹洲
记》，册一一四二）

　　更拟种胡麻。（王禹偁《闲居》，六五）

　　园林内可以种植蔬菜、稻秫、胡麻、各种果类、药材，可以畜养鱼鲜、鸡
鸭、龟属，可以酿酒，可以取薪。几乎是山珍海味，从生产到烹煮之所需，
均一应俱全，终岁不乏。这么一来，饮食方面已然是自给自足，无须仰赖外
来供应，这为园林独立不受尘扰的空间特质提供了基础，也表示园林在经济
上无忧无虑。而且园林生产不仅能自给自足，还可以饱邻里，馈宾客，这也
可以在互换有无或贩售中增添所得。

　　在所有园林生产中，竹的经济效益最大。不但可以生产竹笋，其竹竿在
建筑、工具上所提供的功能甚多（如可以盖竹屋、竹桥、竹篱，可以做竹
筒、竹笕、笔筒，可以编竹椅、竹桌、竹帽……），而且竹子的生长速度很
快，在形色、声触、象喻等方面具有多重美感。所以在中国园林里，竹子的
栽种最多也最常见。

　　由上所论可知，宋代园林之所以被视为乐园，其最基本的原因是园林有
丰富多样的物产，提供了物质方面的自足。这是第一步的乐。

　　其次，是园林景色的优美除了能令人愉快之外，景色本身也往往充满快
乐的情态和气氛，其最典型的是鱼鸟：

　　自歌自笑游鱼乐，时去时来白鸟双。（刘宰《漫塘集·卷二·寄题戴氏
别墅》，册一一七〇）

　　观鱼亭槛俯临流……吾心大欲同斯乐。（韩琦《观鱼轩》，三三〇）

　　凿沼观鱼乐。（陈襄《留题表兄三哥养浩亭》，四一三）

　　山鸟自呼鱼自乐。（张栻《南轩集·卷六·题城南书院三十四咏》，册

一一六七）

时时观鱼之泅，闻鸟之啭，窃感鱼鸟之乐，几动林壑之恋。（祖无择《龙学文集·卷七·申中堂记》，册一〇九八）

园林多花木、水景。花木丛密自然会引来鸟族栖息；水景可添增动态生命力，可以畜养鱼龟。鸟类可以飞翔跳动，来去自如，给人自由活泼的感觉；可以啼叫鸣唱，给人快乐无忧的感觉。鱼则因悠游于水中，流畅柔滑的摆动线条，无往而不自得的样子，加以它们"浪轻鱼喜掷"（宋祁《公园》，二一〇）、"鱼戏上圆荷"（王禹偁《池上作》，六七）的顽皮嬉戏的形容，所以庄子时代就有鱼乐的讨论。这些生命形象带给园林快乐活泼的气氛，而游居于其间的人也浸染感受到这份欢乐。

此外，乐园与世无争的特质，也可以在鱼鸟的身上得到展现：

机忘更何事，鱼鸟亦留连。（宋祁《集江读池亭》，二〇八）
迹与豺狼远，心随鱼鸟闲。（苏舜钦《沧浪亭》，三一六）
鱼戏应同乐，鸥闲亦自来。（余靖《留题澄虚亭》，二二七）
此心机息转，只好弄群鸥。（宋庠《初憩河阳郡斋三首》，其二·一九二）
群鸥只在轻舟畔，知我无心自不飞。（韩琦《狎鸥亭》，三三〇）

鱼鸟无忧无虑、活泼顽皮，也就带有天真无邪的气味。它们纯真原朴的生命，比较容易感应人心的机巧或纯挚，所以清净不染、与世无争、悠闲自得的形象特征就经由鱼鸟尤其是群鸥舞戏的画面得到彰显。这也是乐园形象之一。

再者，在群鸟当中，还有鹤鸟一类典型的园鸟也很能展现园林的乐园特质，而大受园林主人的喜爱和欢迎：

琴鹤亦长闲。（寇准《巴东县斋秋书》，九〇）
竹静鹤同孤。（施枢《芸隐倦游稿·高园》，册一一八二）

重露惊栖鹤。（宋祁《夕坐》，二一〇）

舞鹤迎人作好音。（韩元吉《南涧甲乙稿·卷四·韩子师读书堂置酒见留》，册一一六五）

孤标只好和松画，清唳偏宜带月闻。（韩琦《谢丹阳李公素学士惠鹤》，三二二）

鹤鸟羽毛洁白，体态颀长清瘦，本就予人清高洁净、仙风道骨之感。而它的动作徐缓，也就给人从容闲雅、文静沉着之感。它的寂静敏锐，连露滴之声都能惊醒，它的唳鸣之音清亮，它的舞姿轻盈优美。这种种视觉、听觉及气质上的特色都使人深喜养鹤，为园林增添美景和气氛。然而最重要的，还是鹤的象征意涵：

庭鹤寿而闲。（蒋堂《溪馆二首》，其一·一五〇）

风弦静舞千龄鹤。（韦骧《和信臣游简夫太丞中园》，七二九）

仙翁好鹤非徒尔。（真德秀《西山文集·卷一·舞鹤亭歌》，册一一七四）

仙鹤舞随人击筑。（刘过《龙洲集·卷六·游北墅》，册一一七二）

远寄仙禽至洛城。（文彦博《梅公仪见寄华亭鹤一只》，二七四）

鹤的寿命长，再加上华亭仙鹤的典故，使其很早就成为仙者象征，而且它洁白清高、闲云野鹤的形象也成为高人隐士的象征。所以林逋以鹤为子，苏轼《放鹤亭记》与《后赤壁赋》中对鹤多所钦羡仰慕。这些象征，使园林也充满了与世无争、洁净清高、闲雅自得的仙境气象。

以上是园林景物的乐园特征。以下再从人的园林活动来看。弈棋是常见的一项：

一局闲棋留野客。（邵雍《后园即事三首》，其二·三六五）

竹下闲棋局。（梅尧臣《吴正仲同诸宾泛舟归池上》，二五五）

山客对棋闲觅劫。（胡宿《寄题徐都官吴下园亭》，一八二）

人闲与世远……独收万虑心，于此一枰竞。（欧阳修《新开棋轩呈元珍表臣》，二九七）

影侵棋局助清欢。（王禹偁《官舍竹，》六五）

下棋需要长久的时间，需要放下尘俗万虑，以极专注清明之心来进行，所以是闲情逸致的，是盈溢清欢的活动。在园中竹下行棋对弈，是闲逸人士才能享有的，表示他们没有俗扰，没有生活压力，可以自由自在随兴生活，这也是乐园的景象。尤其是棋戏也具有神仙象征意义：

斧烂仙棋路。（宋祁《寄题元华书斋》，二一一）

烂柯应有着棋人。（裘万顷《竹斋诗集·卷二·题小桃源》）

恰似仙翁一局棋。（钱昭度《咏方池》，五四）

棋仙俱自负。（赵汝鐩《野谷诗稿·卷三·游刘园分韵得峡字》）

王国良先生曾说："观棋传说源自古仙人博戏之传统。盖棋局虽小，棋戏已成为神仙洞彻世事之象征。"（见王国良《魏晋南北朝志怪小说研究》，第271页）而其传说故事可见于南朝宋刘敬叔《异苑》卷五所载："昔有人乘马山行，遥望岫里有二老翁相对樗蒲，遂下马造焉。以策柱地而观之，自谓俄顷。视其马鞭，摧然已烂……"可见在山洞中下棋的是两位仙翁。因此这里说下的棋是仙棋，下棋者是仙翁、棋仙。由此可知园林下棋也是乐园象征的内涵。

此外，园中喝茶不仅是闲逸活动，也能借茶消俗骨而成为神仙之人（详见本书第五章第三节）。其他如饮酒的飘然、垂钓的闲定、昼眠的散逸、游赏的快乐……这些多方多样的快乐自得的活动，也多是乐园形象的呈现。

园林所含具的乐园境质

除了园林内容与活动含具有乐园的特质之外，园林的环境质量本身也处处地表现出乐园性质。首先，乐园完全独立的空间，使其与一般的尘世产生某种程度的隔离，如：

　　澄波桥北多嫌远，少有交朋到我居。（李昉《昉著灸数朝废吟
累……》，一二）
　　院僻帘深昼景虚。（苏舜钦《夏中》，三一四）
　　闲眠尽日无人到。（王安石《竹里》，五六四）
　　小院地偏人不到。（司马光《夏日西斋书事》，五〇二）
　　虽不丘壑，如隐薜萝。（黄仲元《四如集·卷二·意足亭记》，册
一一八八）

　　对于建在风景优美的山林中的园林而言，由于其距离城邑市集较远，人迹罕
至，自然与尘世间产生隔绝。至于在城郊或朝市之中的园林，虽不是在丘
壑之间，却也因其墙围的分隔，花木重重环绕覆荫，而与外面的世界保持着
相对的隔离状态，仿如隐蔽于薜萝之内一般，无人到临。这样完全独立的空
间，使园林自成一个世界。
　　其次，园林内部在空间布局的安排上力求幽深，这也是中国园林重要的
境质。宋代资料中，常可看到园林称为幽圃、幽栖：

　　小庭幽圃绝清佳。（文同《北斋雨后》，四四四）
　　架泉叠石构幽栖。（李昭述《书用师庵》，一五三）

山石也称幽：

　　绕亭怪石小山幽。（杨万里《诚斋集·卷八·祷雨报恩因到瞿园》）
　　薜荔攀缘怪石幽。（李至《奉和小园独坐偶赋所怀》，五二）

水景也称幽：

　　促促开幽沼。（文同《幽沼》，四三九）

幽池明可鉴。（韩维《崔象之过西轩以诗见贶依韵答赋》，四一八）

建筑物也称幽：

幽亭恣盘礴。（卫宗武《秋声集·卷一·赏桂》，册一一八七）
亭幽路郁纡。（王举正《奉集东园赋得叶字》，一七〇）

还有幽径、幽景等，几乎园林中的景物多无所不幽了。所谓幽，即是曲深，宛转隽永。依前所论，园林造景在花木方面力求茂密阴森，可以使园林显得深邃；在建筑方面，常常遮映在花木的围绕深处，可以显得隐秘；在动线方面喜欢曲折逶迤，可使园林空间显得深不可测。这些都使园林深具幽邃隽永的情味，成为一般人不容易进入、不容易览尽的神秘空间。园林的超尘出世，迥别于人间的特性于焉显见。

幽深的特质能够为园林增添美感和趣味，对游居者而言，"幽深有佳趣"（梅尧臣《留题希深美桧亭》，二三三），"小亭新构藏幽趣"（焦千之《砚池》，六八九），这种趣味使他们一再沉醉于此，纵使"费日试幽寻"（刘敞《泛舟西湖》，六〇六），依然能够"乐幽事"（韩维《和原甫盆池种蒲莲畜小鱼》，四二〇）。这种快乐的生活内容，以及神秘难入的幽深空间，都使园林近似于传说中的乐园。

由于与俗世隔离，由于幽深难入的空间特质，园林遂具有洁净的质量：

乔松翠竹绝纤埃。（张宗永《题陈相别业》，三五四）
高斋新境断纤尘。（宋庠《次韵和运使王密学新葺西亭移花之作》，二〇一）
红尘不到绿阴浓。（刘宰《漫塘集·卷一·题子登侄环绿斋》）
尘埃未到交游绝。（陈尧佐《郑州浮波亭》，九七）
自是轮蹄外，嚣尘岂易侵。（胡宿《别墅园池》，一八一）

既然与俗世隔离，自然尘埃嚣闹均不易进入，不易受到外界的污浊所染，成为一片洁净的世界。这种情形在刘延世的《孙公谈圃·卷中》里亦有记载：孙莘老等人曾在京师拜访一园，"入一小巷中，行数步至一门，陋甚；又数步至大门，特壮丽。造厅下马……因曰：今日风埃。主人曰：此中不觉"（册一〇三七）。园林躲在小巷中，外面用一非常简陋的小门来障眼，其实内中却非常美丽，"杂花盛开，雕栏画楯，楼观甚丽"，以至于游京师花最盛处的孙莘老赞叹说："平生看花，只此一处。"可知这是一座相当幽深莫测的园林，故而当京城一片风吹尘飞之时，居中却丝毫不觉，完全自成一个不受干扰的世界，可以保有洁净。

洁净是乐园的特质。乐园当然与俗世不同，俗世往往是纷扰的、劳苦的、风尘仆仆的、沧桑的、浊垢的。与此相对，乐园自是安逸而纯净的。这也是为什么桃花源不轻易让俗人进入的原因。

偏僻幽深的环境自然是安静的，没有嚣闹之音的：

公馆静寥寥，园亭景物饶。（文同《彭山县君居》，四三八）
槛边生静意。（梅尧臣《澄虚阁》，二五〇）
一径静中深。（王周《和程刑部三首·碧鲜亭》，一五四）
窗静蜂迷出。（苏舜钦《静胜堂夏日呈王尉》，三一四）
楼月静纤纤。（宋祁《公会亭》，二〇九）

没有外来的人事、琐务的干扰，没有尘世声音的侵入，园林自然寂静安宁，一条曲径通幽，一口明净窗洞，一片槛边水色，都是幽静小景。因为没有俗扰，所以园地常见苔藓踪迹，苔藓的存在便意味着寂静，所谓"地静苔过竹"（赵湘《暮春郊园雨霁》，七六），"扫径绿苔静"（欧阳修《暇日雨后绿竹堂独居兼简府中诸僚》，二九六）。此外，园林中充满的潺湲泉响、萧萧竹声和鸟啼虫鸣等各种自然天籁，都一再地衬映着园林背景的静谧。

宁静的环境使人心获得平静，所以祖无择《袁州庆丰堂十闲咏》说"迹静心还静"（三五九），而欧阳修《非非堂记》也说："以其静也，闭目澄心，览今照古，虑无所不至焉。"（《文忠集·卷六三》，册一一〇二）心静可以安闲深定，可以通观洞彻，这是神仙人物的特质。此外定静宁谧可使人专注凝神，深得情味，所以"静中情味世无双"（苏舜钦《沧浪静吟》三一六），"静赏兴无尽"（文彦博《次韵和公仪月夕游南湖》，二七四）。这种深得静赏三昧的乐趣与喜悦，是园林的乐园境质之一。

园林的另一个重要的环境质量是清，而清的境质与凉有深切关系。园林因为多花木，可以遮除暑日，带来阴凉，所以可以得到"翛然万木凉"（梅尧臣《依韵和希深新秋会东堂》，二三四）的效果，其中尤以松的寒气、竹的凉气作用最大。而且这些树木可以摇摆生风，而有"凉风来松梢"（邵雍《燕堂暑饮》，三六三）、"凉风万叶翻"（刘攽《灵壁张氏园亭二首》其一，六〇九）的清凉景象。加上园内的寒泉、寒池，虚透通风的建筑如凉亭、凉轩、凉堂等的配合，都使园林涵泳在一片清凉爽畅之中。所以杨万里《新暑追凉》诗大加赞叹："满园无数好亭子，一夏不知何许凉。"（《诚斋集·卷二五》）而刘述则在《涵碧亭》中享受凉气，以至于达到"不知天上有炎曦"（二六七）的忘我境地。

凉就不至于燥，就会清。所以园林景色通常是充满清气的，如：

> 林泉清可佳。（欧阳修《普明院避暑》，三〇一）
> 园林风物尚清和。（韩琦《首夏西亭》，三二七）
> 清绝倚禅扃。（张咏《登崇阳县美美亭》，四九）
> 开轩纳清景。（范纯仁《签判李太博静胜轩二首》，其一·六二二）
> 泉石与松竹，声影交相清。（文彦博《题史馆兵部傅君草堂》，二七三）

清，有清洁、清爽、清凉、清明之意。园林中的山石可以清气醒人（尤其太湖石），水是寒凉清冽的，树本是清凉的，建筑是清虚的，所以整个园林景色清绝和畅，笼浸在一片清气之中。清气不但可以使人身体安适轻逸，是最怡悦身体的状况；而且清的境质可以使人心收敛、沉淀，而不浮躁、涣散，保持清醒明觉的状态：

> 对此已清神。（晁迥《假山》，五五）

潺潺朝暮入神清。（赵抃《新到睦州五首·玉泉亭》，三四三）

心为水凉开。（韩琦《郡圃初夏》，三二三）

令人到此骨毛清。（邵雍《依韵和陈成伯著作史馆园会上作》，三六六）

开轩唯对竹清修。（刘克庄《后村集·寄题赵广文南墅》，册一一八〇）

置身在这样的清境之中，人会从毛、骨到心、神都为之清畅提振，仿佛所有的俗骨尘虑都得到大清扫。这样一种去浊入清的历程也是一种修养。这里提到潺湲的泉声、清凉的水质，使人心开神清，有似于六朝游历仙境小说中那些由凡俗进入圣地的关键常常在通过水的洗礼一般（参见李丰《六朝道教洞天说与游历仙境小说》，刊《小说戏曲研究》第一集）。总之，清凉的境质使人通体舒畅怡然，使心神清明灵觉，这都使园林趋近于乐园状态，使人趋近于神仙境界。

综合本节所论可知，宋代园林作为乐园的象征与实现，其要点如下。

其一，以园林作为乐园的象征与实现，在中国已有悠久的传统，宋代继续传承这个传统的园林观。

其二，在所有乐园传说中，宋代园林最普遍采用仙境的说法，视园林为神仙境域，连最为入世的郡圃亦笼罩在这种观念中。

其三，在所有乐园传说中，宋园也常采用桃花源的象征，希冀其园林能如桃花源般和乐、自足，而且也在实际的造园行动中去模拟桃花源。

其四，园林在其内涵上也充满了乐园实质：丰富自足的经济生产，快乐嬉戏的鱼鸟，长寿悠闲的仙鹤，弈棋闲游的逍遥活动……

其五，园林在其环境质量上也充满了乐园特质：僻远的地点，与俗世隔离的独立空间，幽深莫测的神秘布局，洁净无染的、安详静宁的、清凉醒神的环境……

其六，视园林为乐园的传统虽然起源很早，但是其幻想、比附、期待的色彩较浓。但是到了唐宋，从其园林的内涵、境质与活动境界来看，则已是在实际上趋近于理想乐园了。

第四节　对文学创作的多元影响

园林有丰富的创作资源

从第一章第四节所论可以了解，因为宋代文人认为园林对诗歌创作不但提供丰富变化的物色以触发诗思、充沛意象，而且还能以其诗情画意的造境提升诗歌的艺术成就。可以说园林对诗歌的质与量都有相当大的助益。

对注重诗歌造诣，而且作诗普遍深植生活中成为相当生活化的表达方式的宋代文人而言，在园林中，不论居住、休息、游乐、欣赏还是交游、宴集，往往伴随着作诗的活动内容。综观宋代文人的园林活动，诗歌创作可以说是非常重要而且普遍的一项。

下面的描写可以呈现出宋代文人园林活动中作诗的一面：

余游于斯，吟于斯，见宾于斯，而不能去也。（周应合《景定建康志·卷二一·使华堂·戴桷记》，册四八九）

结茅为庵于其所居会隐之园……或弈棋、投壶、饮酒、赋诗。（范祖禹《范太史集·卷三六·和乐庵记》，册一一〇〇）

设席芳洲咏落霞。（文同《邛州东园晚兴》，四三八。作者于诗末自注：芳洲为园中亭名）

韦编卷罢短长吟。（张栻《南轩集·卷六·题城南书院三十四咏》，册一一六七）

不离炼药煎茶屋，便坐吟诗看雪厅。（王禹偁《移入官舍偶题四韵呈仲咸》，七〇）

在两篇记文中同样记述园林主人在园林中活动的内容，显示赋诗吟咏是园主生活中非常重要的部分，也是园林活动中常常进行的部分。而文同为了吟咏落霞而设席于芳洲亭中，让自己在舒适松放的情态下从容精致地构思创作，也表示他对赋咏的重视。张栻所在的书院园林虽然以读书考经为主，但还是会在读罢《易经》之后有所感地吟咏。至于王禹偁这位著名的文人更是在他的郡圃官舍中得以悠闲吟咏。他用"不……便……"的句式来表达品茶与赋咏这两件事在他郡圃生活中的重要性与频繁性。

对于敏感的，或是以诗歌创作为重的文人而言，园林中几乎无不可吟创的物事。春天时候的赏花，就有韦骧《和刘守以诗约赏牡丹》（七三二）一类的诗作与唱和。轩前简单几竿竹，也可以引发诗思，像梅尧臣就有"谁与哦其间，风窗数竿竹"（《答韩六玉汝戏题西轩》，二四七）的诗句。又如在郡庭野圃之间斗茶，会有"三盏搜肠句更加""想资诗笔思无涯"（余靖《和伯恭自造新茶》，二二八）的美妙经验。秋天的时候，戴昺在《项宜父涉趣园》中有"秋来饶景物，斟酌费诗材"（《东野农歌集·卷三》，册一一七八）的忙碌经验。在魏泰的《东轩笔录·卷一一》中记载着晏殊与欧阳修、陆经三人在其西园中即席赋咏大雪的事（册一〇三七），这是寂寥冬景的咏歌。由此可以了解园林之所以较其他地方更宜于作诗，在于它能明显地展现季节时间与天气等的变化，而将生命的流动与轨迹的感兴引发出来，而且较诸同具上述优点的大自然又更接近人文的生活和需求。所以文人在园林中便常常有诗歌创作的活动与作品产生。

园林赋咏对人与园产生的意义

园林中赋诗除了表现、磨炼诗才等文艺成就之外，作为园林活动，它还含带着表现人与园林的意义。对人而言，它表现出文人园林生活的闲逸自在，如：

消遣个中闲日月，赋诗应不送春归。（陈文蔚《克斋集·卷一六·题赵守飞霞亭》，册一一七一）

　　闲暇犹吟送老诗。（吕陶《郡斋春暮》，六六六）

　　作诗遣闲愁，一笑无留觞。（陆游《剑南诗稿·卷六六·园中作》，册
一一六三）

　　逍遥成咏歌，吏隐欣得地。（杨杰《至游堂》，六七三）

由于太过闲暇了，甚至闲到愁闷了，要将这过于闲暇无事的时间排遣掉，
便选择了吟咏赋诗。这一方面当然因为掌握园林宜于作诗的特质而加以善
用，另一方面却也因为作诗在构思、吟哦、遣字和修改等过程中将耗费相
当多的时间。作者不仅要注意用字的稳妥、情意的动人、造境的深远、意
象的鲜明精确，还得斟酌音韵的优美悦耳，所以在字斟音酌的思量中，花
费很多时间，因此是消遣闲日月和闲愁的方法。然而闲暇更表示悠然逍
遥。因为悠然自在，因为逍遥放松，所以可以将时间岁月放在赋咏上面，
而不急于迅速求得成果。因此诗人在诗中记述的吟咏情态喜欢表达出闲的
意味，如：

　　静吟闲步岸华阳。（林逋《酬画师西湖春望》，一〇七）
　　闲醉闲吟聊自得，渐无魂梦忆归山。（张咏《吴宫石》，五〇）
　　公退资清兴，闲吟倚槛裁。（穆修《鲁从事清晖阁》，一四五）
　　雨霁轻埃息，闲吟面曲池。（祖无择《袁州庆丰堂十闲咏》，三五九）

静吟、闲吟表达的不仅是一种事况，还是一种心境，一种悠闲宁谧的心境，
它的意义在于（文）人而不是事。表示文人整个地投入园林的怀抱中，沉醉
于美景里，不追求尘世中所宝贵的事物，也不再忆念眷爱家园故乡，整个生
命已经完全归属于园林，已完全契入园林超然的情境。所以韩维《寄题苏子
美沧浪亭》诗中欣羡且赞叹苏舜钦"岁华全得属文章"（四二四），王禹偁
的《闲居》生活是"吟里销春色"（六五），孟贯《早秋吟眺》时，"好云
吟里还"（一五。诗题虽不见园林意涵，但诗末有"园林懒闲关"之句），
都显示吟咏赋诗的同时消磨了美好的岁月，但却丝毫没有悲伤感慨的愁情产
生。因为唯其如此，才更能展现文人园林生活的心境之自在逍遥与超拔。

下面一些诗句能够更清楚地表示出园林吟咏所含带的心境意义：

吟狂不觉惊幽鹭。（张咏《新移蓼花》，五〇）

高吟幽赏无羁束，始觉趋时事事非。（寇准《和赵渎监丞赠隐士》，九〇）

吟卧欲忘机。（苏舜钦《静胜堂夏日呈王尉》，三一四）

清吟云壑间。（梅尧臣《会善寺》，二三二）

吟余清兴杳无际。（吕夷简《忆越州》，一四六。此诗题虽不见园林意涵，但诗中有"贺监湖边山斗高，水轩水坞频抽毫"之句）

吟狂、高吟、吟卧、清吟等词都展现出吟咏的情态是舒放纵逸的。因为园林的幽静，使人在赏玩之际忘掉尘念机心，可以清明朗净，可以毫无羁束地奔放情思和感受，而所赋咏出来的诗句自然就高卓清逸。

正因为园林吟咏时常寓含着作者心境的清远悠闲，因此许多地方官吏喜欢在园林（尤其是郡圃）的活动中强调吟诗创作的部分，如：

两衙簿领外，尽日吟望时。（王禹偁《北楼感事》，六一）

吏隐聊自宽。孤吟刻幽石。（王禹偁《扬州池亭即事》，六二）

日午亭中无事，使君来此吟诗。（文同《郡斋水阁闲书》，四四六）

看画亭中默坐，吟诗岸上微行。人谓偷闲太守，自谓窃禄先生。（文同《郡斋水阁闲书·自咏》，四四六）

公退客去，惟看书赋诗以为燕息之事。（祖无择《龙学文集·卷七·中申堂记》，册一〇九八）

除了例行的公文处理之外，似乎并无多少公事，因而可以时常到园中漫步、眺望、吟创诗歌。对于不得意的文人而言，便以这种闲暇悠游充当隐逸生活而自我慰藉，像文同则是幽默自嘲偷闲窃禄。他们同样都是以园林赋咏所含具的闲逸情调来抒发为吏生活的情感。而祖无择的园林赋咏是公退客去之后的宴息生活，也是以赋咏为放松自在的活动。可见这一类为官者的园林赋咏仍然借重了其悠闲清逸、自得超越的特质来纾解官宦生涯易有的困顿和浊污感。所以园林赋咏对文人所涵具的意义更多时候是心灵境界的展现与自得。

至于园林中作诗所含具的园林方面的意义则是对造景造境的助益。除了在宋代兴起的园林景点的题匾之外，在园中题诗情形也非常普遍，这便增添了园林可赏玩的内容：

题诗翠壁称逋客。（徐铉《送孟宾于员外还新淦》，八）

壁有谢公题好句。（程师孟《次韵元厚之少保留题朱伯原秘校园亭三首》其二，三五四）

水边台榭许题诗。（赵湘《寄兰江鞠评事》，七七）

新诗许我题。（释惟凤《留题河中柴给事望云亭》，一二五）

题诗湖上舟。（韩维《送戴处士还卢州》，四二三）

这些题诗或题写于墙壁上，或写于台榭亭阁的楹柱上，有时就在泛舟湖上时随笔题写于舟板。这些题诗应该或多或少对园中景物有所描写，而诗歌意境的深化经营也会使园林的景境得到优美的诗化，算是对园林做了一次造境。所以园林主人往往准许游者题诗，从文彦博一首诗的标题为《仆射侍中贾荣过溪上小园兼题嘉句谨成五十六言仰谢贲饰》（二七五），可以了解到名人大家称美园林景色的题诗是备受园主欢迎的，文彦博不但欣喜，而且深为感谢。从"贲饰"两个字可以知道这些题诗已被视为园中的景物，可谓对园林具有造景的功用。

因为题诗可以为园林造景、造境，所以有时园主还特意开设题诗的地方，或以题诗为一个景点的特色，如：

郡斋欲立题诗石。（田锡《池上》，四二）

联毫赋诗题，刻石留翠奁。（孙甫《和运司园亭·西园》，二〇三）

又砻三石，来言曰：其一求文，以记其事，其二请书两公诗，与记俱传也。（晁补之《鸡肋集·卷三〇·金乡张氏重修园亭记》，册一一一八）

王公诗版砌虹梁。（张孝隆《题义门胡氏华林书院》，一七）

作诗榜门户……（陈舜俞《东台》，四〇二）

立一块或一些石头专为题诗之用，既供游人题咏，应不限一人题或每人一首，所以可以想见石头之大或多（当时已有所谓石林），被题咏的作品之多。那么这题诗石可以让人驻足良久，品玩欣赏多时，已经是园林中一个可赏玩的景点。文同在《兴元府园亭杂咏》十四首诗中描述到"照筠坛"这个景是"中惟一诗石，独坐拥寒玉"（四四四），在翠绿竹丛的环绕之下，只有一块诗石独坐其中，这就构成了兴元府园亭十四景中的一个景点，由此可知当中那块诗石应是整个景点的重心所在，是供人游赏的焦点。这是园林题咏可以造景的部分，而诗中的情境可以帮助观者领略所置身的景境之美，故又有造境之益。有时候一次宴集的联句或探题所得，以及对从前名家的留题加以刻石表示出主人的珍视，而这些题咏刻石所成的景还具有纪念意义，对欣赏的人而言，其所展现的景境当含带了时间的内容。此外将题诗刻于拱形桥梁上或门首两旁，也都使该景增添了诗情与书艺的美感。所以园林中赋咏对园林所产生的意义是助于造景与造境。

园林赋诗的多种形态

园林中赋诗的形态非常多，亦即文人在园林中有多种不同的情况都会促使他们提笔赋咏。首先是为宴集场合中的应酬需要而作。其中最特殊的情形应是帝王在皇家园囿中赐宴游赏的应制活动，这在《宋史》的各本纪中以及《全宋诗》中均可多处见到记载与作品（又如欧阳修《归田录》中记载：真宗朝，岁岁赏花钓鱼，群臣应制。见册一一〇三。而《全宋诗》中《上巳至玉津园赐宴》一类的应制作品亦常见）。然而就一般文人而言，最普遍最常态的宴集还是朋友、同僚之间的酬唱。其中规定比较严格的是探题、分韵、联句一类，如：

韩维《北园坐上探题得新杏》。（四二四）
赵汝镳《游刘园分韵得峡字》。（《野谷诗稿·卷三》，册一一七五）

欧阳修有《来燕堂与赵叔平王禹玉王原叔韩子华联句》。（二九九）

不论是限定题目还是韵部，乃至多人轮流接续诗句，都是在既定的限制之下创作，对于文人才力的考验性很大，因而竞争、比较或展现才华的意味就变得很强。所以赵汝鐩在《范园避暑》诗中说"醉客竞赓诗"（《野谷诗稿·卷五》），直接用一个"竞"字来说明其性质和文人赋咏时的心态。

宴集当中也有比较宽松或随兴的赋咏酬唱，如：

韩维有《同辛杨游李氏园随意各赋古律诗一首》。（四二三）
杨仪有《春集东园诗》。（二六二）
范祖禹有《吏部彭侍郎召会冯少师园亭即席赋诗》。（八八八）

这是在宴席座上即席随兴的赋咏，虽有体裁的限制，但题目、内容和用韵都很自由，这应该是每一位在座者都参与的。此外更为随兴的情形则是在众人唱和之余，个人的赋咏，如：

宋庠有《立春日置酒郡斋因追感三为郡六迎春矣呈坐客》诗。（一九八）
苏轼有《九月十五日观月听琴西湖示坐客》诗。（八一七）
朱长文有《雪夕林亭小酌因成拙诗四十韵以贻坐客昔……》。（八四五）
徐铉《奉和右省仆射西亭高卧作》有"赋诗贻座客"之句。（八）

宴集的应制酬唱或者受限于题、韵，或者碍于所即之事，有时难免无法尽抒所怀，因此在规定的赋咏之余，完全依据自己当时的情思感怀而书写诗作，然后再传递示众。这其中分享共鸣的意味比较多，而竞争夸才的意味则比较淡。

以上所论是宴集场合中群体酬唱的各种形态，下面尚有个人单独的赋咏，如：

> 孤吟时有得。（蔡襄《题僧希元禅隐堂》，三八九）
> 孤吟夜倚琴边月。（赵湘《赠兰江鞠明府》，七七）
> 知君独吟苦。（梅尧臣《河南张应之东斋》，二三四）
> 何人可作题诗伴。（赵湘《萧山李宰君北亭即事》，七七）

孤吟独吟的形态没有探题分韵等的限制，没有竞赛角力的压力，也没有人情世故的顾虑，可全心观照、检视自己内在的情感，完全依照当时内心的感情而写，所以是抒发而且较贴切于文人真实情感的。所以在第一章第四节中我们看到像陆游等人一样为了诗情的引发、为了磨炼、提升诗艺而特别进入园林中的，都是单独前行的。然而孤吟独吟终究是比较寂寥，也容易兴起感慨伤怀，尤其是一些以作诗为游园林的主要目的的人，在百般苦思中更易兴感悲伤情感。所以这一类形态所写的诗就不像宴集诗作那般热闹活泼、快乐、欢欣。

其次是在夜晚吟赋的情形，如：

> 醉残红日夜吟多。（谭用之《幽居寄李秘书》，三）
> 月亭诗作客。（文同《庶先北谷》，四三四）
> 任琴歌酒赋，夜以继日。（李觏《盱江集·卷二三·虔州柏林温氏书楼记》，册一〇九五）
> 晓色欲来犹赋诗。（赵湘《宿成秀才水阁》，七七）
> 苦吟终夜月。（释智圆《题湖上僧房》，一四二）

在夜晚里吟赋诗歌可以描写夜园独特的宁谧幽寂的情境，其情境又与月色之幽冷孤绝相加强。园林中以欣赏月色为主而设计的景点如月台、月亭、月榭等很多，是宜于夜吟的场所，因此文同说来到月亭做客的其实是诗，而不是人。由此可知园林之宜于夜吟。所以在园林中赋诗就往往是日夜相继不断，即使终夜不眠，还是会在晓色拂现时继续吟赋下去。夜园幽寂，基本上不适合群集的宴游酬唱，因此夜吟通常是个人幽居的活动。很多人琢磨诗才的练习就充分利用这寂静无扰的夜晚来用功，在仔细推敲琢磨的功夫中苦吟终夜。这种形态自然是迥别于白日，更与宴集酬唱是天壤之别。

在园林中反复琢磨、练习赋诗的情形也是常见的，如：

若论此时吟思苦，纵磨铁砚也成凹。（陆游《剑南诗稿·卷七〇·小园春思》，册一一六三〇）

自改旧诗殊未稳。（许棐《梅屋集·招高菊涧时在县斋》，册一一八三）

久欲留诗去，惭无绮靡才。（余靖《留题澄虚亭》，二二七）

（晏殊）步游池上，时春晚，有落花，晏公云：每得句或弥年不能对。（吴曾《能改斋漫录》，册八五〇〇）

勋名事事皆堪避，只有诗情未肯降。（诸葛赓《归休亭》，一七五）

在第一章第四节已论及宋代很多文人将园林视为赋诗的重要创作资源与触媒，常常以吟创为其游园的首要目的。因此在园林中努力构思，仔细琢磨推敲，连陆游、晏殊等诗词名家都有铁砚磨凹、弥年不能对的苦思窘境，更何况一般的文人。这其中当然也有精益求精追求完善的心态，故而修改、自觉不稳妥、惭无华才等的执着情况便出现了。因为文人在乎文学成绩，倚重园林的创作助力，因而即或连勋名已弃，亦对作诗执着不已，因而造成了园林苦思的赋咏形态。

不论是群体的宴集或是个人游赏幽居，赋咏诗歌的活动大多伴以饮酒的形态，如：

每与风月期，可无诗酒助。（范仲淹《绛州园池》，一六五）

闲醉闲吟聊自得。（张咏《吴宫石》，五〇）

老倚芳樽从外诮，且将吟啸代经纶。（宋庠《后园新水初满坐高明台远眺》，一九八）

纵横兴来笔，攲侧醉中冠。（司马光《何秀才郊园五首》其三，

四九八）

饮酣落笔歌绿水。（王益柔《遥题钱公辅众乐亭》，四〇八）

面对风月佳景，诗与酒可以助兴。因为与风月相期本是来自一份雅兴，这份雅兴若得到助长滋润将会使园林游赏活动更富趣味。而诗（意象、意境）是最与风月相应相契的，酒又是帮助文人放松身心、驰骋情思的文学催化剂。因此园林中赋咏往往伴以饮酒。上面的资料可以看到醉中吟咏的闲情、狂态，故而酣醉中赋诗也就能够纵横奇笔。个人的赋咏如此，宴集的场面更是诗酒相随，上引的"醉客竞赓诗""半酣索分吟"等描述即是。上所论显现出园林赋咏与一般文艺创作构思的历程一样，都仍然以酒来帮助神思。诗酒相助可谓中国文学传统的典型形态。

宋代文人在园林中赋咏的形态也受当时斗茶风尚的影响，而可见到茶诗相伴的情形，如：

煮茗石泉上，清吟云壑间。（梅尧臣《会善寺》，二三二）

煮茗林间寺，题诗湖上舟。（韩维《送戴处士还卢州》，四二三）

（郡亭）三盏搜肠句更加……想资诗笔思无涯。（余靖《和伯恭自造新茶》，二二八）

桥上茗杯烹白雪，枯肠搜遍俗缘消。（韦骧《和山行回坐临清桥啜茶》，七三一）

斗茶、品茶似乎没有饮酒那般飘逸酣畅，有助于神思妙想，但是宋人喜欢品茗后清明觉醒的精神状态，在无俗尘垢蔽后思想的敏捷精利也有助于诗思吟情的流畅。茶的清涤作用在宋人看来也能使人清极而逸，因此欧阳修《和梅公仪尝茶》诗说"喜共紫瓯吟且酌，羡君潇洒有余清"（二九三），表示茶也是宋代文人赋咏时常常伴随出现的。这较诸诗酒相助为传统典型形态而言，是宋代较为特殊的园林赋咏形态。

有时候文人在园林中虽是独自赋咏，却是为了应酬，如：

《岁暮值雪山斋焚香独坐命童取雪烹茗……乃为诗兼简居士公济彼上人冲晦》。（释契嵩·二八一）

隔云时复寄佳篇。（伍乔《僻居酬友人》，一四）

和诗防积压。（文同《山堂偶书》，四四四）

偷闲旋要偿诗债。（李昉《宿雨初晴春风顿至小园独步……》，一二）

在独处时，对境有所感兴而发为吟咏，同时又希望与友人共享共鸣，因此也时有寄诗往返的情形。这种寄答的行为使得赋咏成为应酬，也成为人际交往中的一种负担。只要一得空，坐对着优美景色就要赶紧写作唱和，以防和诗积压，成为诗债。所以这种看似幽静独处的赋咏形态事实上是出自与人世交往的外加需要，有着浓厚的应酬色彩。

园林产生的题咏形式及其意义

由于园林与诗歌之间存在着密切的互动关系，园林可触发诗情，诗歌的题写又可成为园林中彰显意境的景物。为了增添充满诗情画意的景观，园林主人除了自己赋咏或开放供游人题写之外，还会主动地向一些名家求取诗作，纵使这些名家并未曾游过其园亦然。如苏轼有一首诗题目记述道：《莘老葺天庆观小园有亭北向道士山宗说乞名与诗》（七九一），文同有诗题为《富春山人为予道其所获石于江中者状甚怪伟欲予作诗言若可得持归刻其上当相与传无穷余夜坐平云阁是时山月清凛啼虫正苦余因此景物索笔砚为山人赋之》（四四一），戴昺有诗题为《夏曼卿作新楼扁曰潇湘片景来求拙画且索诗》（《东野农歌集·卷三》，册一一七八），从其详细的叙述中可知他们受到邀请为某园某景而赋诗，纵或未曾亲临亲见，也可以对着自己眼前的景物或主人捎来的图画（宋代的记文中常可见到园林主人提供一幅园林绘画便求取名家题记的事情）加以自己的想象，便可写下诗作，供给园林作为提高身价、增益诗景诗境之用。

与此相类似的情形是"寄题"之诗的产生，如：

胡宿有《寄题徐都官吴下园亭》。（一八二）

苏舜钦有《寄题赵叔平嘉树亭》。（三一六）

韩维有《寄题周著作江山县溪亭》。（四二四）

张栻有《寄题周功父溪园三咏》。（《南轩集·卷五》，册一一六七）

韩淲有《寄题熊氏得要亭》。（《涧泉集·卷二》，册一一八〇）

若是亲临其园而有所创作，应可当即题于其中。现在却用寄题的方式，表示诗作写成之际，人并不在园林里。这有两种情形，一种情形是确实亲游园林之后，依其记忆所写成的；一种情形则是完全不曾亲临其园，只是依照传闻的记述或他过去的游园经验或一般的园林模式的想当然耳的描写。像韩淲所寄题的得要亭诗就说："未踏得要亭，先写得要诗。"既然未踏上得要亭，怎写得出得要亭诗呢？但他还是写了，是依照他心中理想的园亭形式来赞咏的。而张栻所寄题的溪园也是："未识主人面，先为溪上吟。"他是连主人都不认识的，那么应也是未曾游过，却也题咏了三首诗，可能是应要求而写的。其依据除了是"闻说亭花好，居然似蜀乡"的闻说之外，也有自己的想象和想当然耳，其中从听闻而来的——包括他人的转述或主人捎来书信、派来使者描述的情形颇为常见，除上述张栻诗外，尚如：

闻君买宅洞庭旁。（韩维《寄题苏子美沧浪亭》，四二四）

闻君有佳尚，买胜不论钱。（韩维《寄题刘仲更泽州家园》，四二四）

闻说西斋水，潺湲逼画楹。（宋庠《寄题奉宁枢密直谏议新葺漱玉斋》，一九〇）

这种依据听闻的描述而寄题的诗歌必然还需加入作者大量的想象和园林见解。而魏了翁《寄题雅州胥园》诗则又有"未识胥园面，诗卷自画图"（《鹤山集·卷一》，册一一七二）的图画参考，宋代文集题记类作品中有很多都是参考园林主人提供的图画写成的。凡此都显示出宋代文人有依其园林常识与理想而题咏出文学作品的习尚。

这类寄题形式的园林题咏透露出三个信息。其一，园林主人十分珍视园林的题诗，尤其是名家或有声望者的作品，往往主动携图前去求诗，故而造成许多未亲临园林却有题咏之作的情形。其二，诸多文人可以在未临其园的情形下就加以歌咏并寄题，这表示宋人心目中成功的园林模式已形成，也就是园林艺术化的法则已经在宋人心中形成，所以文人依照这些法则来描写各景就能写成一首充满优美情境的诗歌。一些园林就在这些文人的笔下显得意境幽深、趣味盎然，园林主人因而将之立为园中佳景。总之，中国园林发展到宋代，一些造园的原理原则已臻于成熟，且成为宋人的生活常识了。其三，当像韩维《和宋中散寄题景仁新池》（四二六）这类由寄题之作而辗转产生朋友之间的唱和作品的情况发生时，和诗中对园林的描写更是几乎完全由其想象与园林理想来构思的，那么上述第二点所论的意义就更为明显且普遍。

园林赋咏产生的另一种形式是大量的游赏组诗。以下兹先将组诗录列出来，再行讨论其意义：

《武林山十咏》：飞来笔、莲花峰、呼猿洞、龙泓洞、炼丹井、冷泉亭、灵隐寺、水台盘、翻经台、高峰塔。（梅询·九九）

《五泄山三学院十题》：五泄、西源、夹岩、龙井、石鼓、石门、石屏、俱胝岩、祷雨潭、摘星岩。（释咸润·一〇九）

《建溪十咏》：武夷山、北苑焙、朗山寺、陆羽井、梨山庙、勤公亭、大中塔、仙人州、延平津、毛竹洞。（杨亿·一一八）

《南山十咏》：鸣弦峰、薰风亭、涵晖谷、凌烟嶂、宣圣庙、沂风亭、来学亭、集儒阁、读易堂、□书院（《全宋诗·卷一四六》，此诗题目缺一字，作《□书院》，刘仲堪·一四六）

《四明十题》：雪窦山、龙隐潭、含珠林、偃盖亭、云外庵、石笋峰、宴坐岩、三层瀑、丹山洞、师子岩。（释昙颖·一七〇）

《和运司园亭》：潺玉亭、茅庵、水阁、小亭。（孙甫·二〇三）

《寿州十咏》：熙熙阁、白莲堂、春晖亭、式燕亭、秋香亭、狎鸥亭、齐云亭、望仙亭、清涟亭、美阴亭。（宋祁·二〇四）

《和延州经略庞龙图八咏》：迎薰亭、供兵磴、延利渠、柳湖、飞盖

园、绿云轩、翠漪亭、禊堂。（宋祁·二二一）

《赋成中丞临川侍郎西园杂题十首》：双假山、烟竹、牡丹、酴醿架、柳、射棚、柏树、小池、李树、小桃。（宋祁·二二四）

《县斋十咏》：思齐楼、永益池、惟勤阁、藏书阁、习射亭、古植槐、载荣桐、小庭松、波纹石、石席。（宁参·二二六）

《和寿州宋待制九题》：熙熙阁、春晖亭、白莲堂、式宴亭、秋香亭、狎鸥亭、齐云亭、美荫亭、望仙亭。（梅尧臣·二四三）

《和资政侍郎湖亭杂咏绝句十首》：远山、莲堂、渔潭、稻畦、苔径、流泉、小桥、渔艇、采菱、汀鹭。（梅尧臣·二四七）

《和石昌言学士官舍十题》：病竹、石榴花、薏苡、石兰、萱草、葵花、蔬畦、水红、甘菊、兰。（梅尧臣·二四九）

《拟水西寺东峰亭九咏》：垂涧藤、岭上云、林中翠、栖烟鸟、古壁苔、幽径石、阴崖竹、临轩桂、寒溪草。（梅尧臣·二五〇）

《和普公赋东园十题》：撷芳亭、清心堂、石笋、待月亭、虚白堂、假山、书斋、小池、紫竹、山茶。（梅尧臣·二五三）

《和昙颖师四明十题》：同前《四明十题》。（梅尧臣·二五四）

《依韵和刘原甫舍人扬州五题》：时会堂、竹西亭、春贡亭、蒙谷、昆丘。（梅尧臣·二五九）

《嵩山十二首》：公路涧、拜马涧、二室道、自峻极中院步登太室中峰、玉女窗、玉女捣衣石、天门、天门泉、天池、三醉石、峻极寺、中峰。（欧阳修·二九六）

《阅古堂八咏》：牡丹、芍药、垂柳、叠石、药圃、沟泉、小桧、芭蕉。（韩琦·三二三）

《中书东厅十咏》：迎春、牡丹、夜舍、四季、绿筿、芎藭、山芋、盆池、假山、驯鹊。（韩琦·三二六）

《长安府舍十咏》：流泉、凉榭、北塘、双石、月台、池亭、山楼、流杯、石林、竹径。（韩琦·三二八）

《次韵毛维瞻白云庄三咏》：掬泉轩、平溪堂、眺望台。（赵抃·三四二）

《新到睦州五首》：观风阁、赏春亭、高峰塔、玉泉亭、乌龙山。（赵抃·三四三）

《杭州八咏》：有美堂、中和堂、清暑堂、虚白堂、巽亭、望海楼、望湖楼、介亭。（赵抃·三四三）

《次韵程给事会稽八咏》：鉴湖、望海亭、望秦楼、拂云亭、邃亭、妙乐庵、禹穴、戒珠寺。（赵抃·三四三）

《退居十咏》：高斋、水月阁、放鱼、双松、竹轩、柳轩、归驭亭、濯缨亭、负郭田、望南山。（赵抃·三四三）

《和育王十二题》：金沙池、佛迹峰、七佛石、袈裟石、明月台、石屏风、灵鳗井、供奉泉、育王塔、八角殿、晋年松、重台莲。（李觏·三四八）

《共城十吟》：春郊闲居、春郊闲步、春郊芳草、春郊花开、春郊寒食、春郊晚望、春郊雨中、春郊雨后、春郊旧酒、春郊花落。（邵雍·三八一。此诗序中邵雍说明所写乃其数十亩家园。故所谓春郊，实乃其位于卫之西郊的园林。）

《西园十咏》：西楼、翠柏亭、圆通庵、众熙亭、琴坛、流杯亭、乔楠亭、竹洞、锦亭、方物亭。（吴中复·三八二）

《龙井十题》：风篁岭、龙井亭、归隐桥、潮音堂、坤泉、讷斋、寂室、照阁、狮子峰、萨埵石。（释元净·三八二）

《阆州东园十咏》：锦屏阁、清风台、四照亭、柳桥、曲池、明月台、三角亭、花坞、药栏、郎中庵。（文同·四三五）

《寄题杭州通判胡学士官居诗四首》：凤咮堂、溅玉斋、方庵、月岩斋。（文同·四四〇）

《郡斋水阁闲书》：湖上、独坐、湖桥、推琴、静观、亭馆、流水、报国、闻道、相如、彭泽、凭几、衰后、自悟、鹭鸶、莲子、采莲、翡翠、朱槿、青鹳、车轩、偶书、北岸、自咏、再赠鹭鸶、闲书。（文同·四四六）

《李坚甫净居杂题一十三首》：静居、静叟、琴室、棋室、书斋、画斋、春轩、秋轩、竹轩、桧轩、水亭、退庵、北堂。（文同·四四七）

《和柳子玉官舍十首》：心适堂、思山斋、小池、新泉、竹坞、土榻、

怪石、茴香、蜜蜂、芭蕉。（黄庶·四五三）

《奉和经略庞龙图延州南城八咏》：迎薰亭、供兵碛、柳湖、飞盖园、翠漪亭、延利渠、绿云轩、禊堂。（司马光·四九八）

《和邵不疑校理蒲州十诗》：饮亭、涌泉石、翠楼、碧楼、静斋、槐轩、凉□（《全宋诗》此处缺字）、芙蕖轩、惜花亭、竹轩。（司马光·四九八）

《和昌言官舍十题》：石榴花、薏苡、石兰、萱草、蜀葵、畦蔬、水红、甘菊、兰、病竹。（司马光·四九八）

《和利州鲜于转运公居八咏》：桐轩、竹轩、柏轩、巽堂、山斋、闲燕亭、会景亭、宝峰亭。（司马光·五〇一）

《洋州三十景》：冰池、书轩、披锦亭、横湖、湖桥、望云楼、待月亭、二乐轩、觉泉亭、吏隐亭、霜筠亭、无言亭、露香亭、涵虚亭、过溪亭、禊亭、菡萏亭、野人庐、此君庵、金橙径、荼蘼洞、南园、北园、竹坞、荻浦、蓼屿、寒芦港、天汉台、溪花亭、筼筜谷。（鲜于侁·五一三）

《补和王深甫颍川西湖四篇》：甘棠湖、宜远桥、竹间亭、明月舫。（苏颂·五二一）

《和梁签判颍州西湖十三题》：涵春圃、射堂、碧澜堂、野翠堂、西湖、飞盖桥、临胜阁、清风亭、撷芳亭、四望亭、去思堂、西溪、女郎台。（苏颂·五二五）

《踞湖山六题》：踞湖山、芳桂坞、飞泉坞、修竹坞、丹霞坞、白云坞。（马云·六一七）

《寄题洋川与可学士公园十七首》：湖桥、横湖、荻浦、蓼屿、涵虚亭、觉泉亭、露香亭、溪光亭、过溪亭、禊亭、菡萏轩、书轩、荼蘼洞、筼筜谷、寒芦港、野人庐、金橙径。（吕陶·六七〇）

《和运司园亭》：西园、玉溪堂、雪峰楼、海棠轩、月台、翠锦亭、潺玉亭、茅庵、水阁、小亭。（丰稷·七二四）

《琅邪三十二咏》：琅邪山门、长松径、净镜亭、翠微亭、白云亭、醉翁亭、薛老桥、逊泉、班春亭、石流渠、琅邪山、回马岭、开化寺、御书阁、阳冰篆、庶子泉、白龙泉、酴醾轩、寂乐亭、招隐堂、归云洞、清风

亭、大历井、千佛塔、石庵、晓光亭、了了堂、望日台、石屏风、会峰亭、法华池、东峰亭。（韦骧·七三一）

《利州漕宇八景》：会景亭、巽堂、桐轩、柏轩、竹轩、山斋、闲宴亭、宝峰亭。（冯山·七三五）

《阆中蒲氏园亭十咏》：方湖、清蟾桥、芙蓉溪、莲池、朝真台、白莲堂、涵碧亭、鱼池、稻畦、草庵。（冯山·七四一）

《和文与可洋川园池三十首》：湖桥、横湖、书轩、冰池、竹坞、荻蒲、蓼屿、望云楼、天汉台、待月台、二乐榭、傃泉亭、吏隐亭、霜筠亭、无言亭、露香亭、涵虚亭、溪光亭、过溪亭、披锦亭、禊亭、菡萏亭、荼蘼洞、筼筜谷、寒芦港、野人庐、此君庵、金橙径、南园、北园。（苏轼·七九七。苏辙亦有和诗·八五四）

《成都运司西园亭诗》：西园、玉溪堂、雪峰楼、海棠轩、月台、翠锦亭、潺玉亭、茅庵、水阁、小亭。（许将·八四〇）

《成都运司园亭十首》：同上。（杨怡·八四一）

《苏学十题》：泮池、玲珑石、百干黄杨、公堂槐、辛夷、石楠、多干柏、并秀桧、新松、泮山。（朱长文·八四五）

《游李少师园十题》：松岛、芡池、笛竹、鹤、水轮、竹径、莲池、月桂、雁翅柏、茅庵。（范祖禹·八八六）

《和刘珵西湖十洲》：花屿、芳草洲、柳汀、竹屿、烟屿、芙蓉洲、菊花洲、月岛、雪汀、松岛。（舒亶·八八九）

《双源六题》：水阁、钓几、澄心堂、濯缨堂、重莲轩、日休亭。（黄裳《演山集·卷三》，册一一二〇）

《东湖留题》：云门馆、鹭下亭、钓璜台、驻兴桥、步虚桥、鸳鸯渚、鸿雁渚、玩鸥亭、绿岩亭、歌丰堂、醉归亭、水鉴亭、竹林斋、湘江亭、桃溪庵。（同上卷四）

《王立之园亭七咏》：顿有亭、漱醉亭、大褱轩、泠然斋、介庵、载酒堂、永日亭。（谢逸《溪堂集·卷一》，册一一二二）

《蒲中杂咏》：安民堂、吏隐堂、进思阁、颂乐堂、赏心亭、红云阁、名闻堂、逍遥楼、白楼、文瑞堂、建安堂、必种轩、河山阁、种学轩、精思轩、竹轩、北阁、鹳雀楼、披风亭、碗斋、临川亭、河西亭、行庆关、铁佛寺、李园、淙玉亭、逍遥亭、此君亭、御波亭、王母观、面山堂、涵虚阁、南轩。（赵鼎《忠正德文集·卷六》，册一一二八）

《邵公济求泰定山房十诗》：下马桥、邵公泉、褒劝堂、松门、采薇洞、尽山亭、怀伊亭、柳陌、桃溪、竹溪。（苏籀《双溪集·卷三》，册一一三六）

《题吕节夫园亭十一首》：云林堂、半隐寮、岁寒坡、朝阳台、众芳阁、藤洞、学圃亭、卷书阁、舒啸轩、越香堂、容安轩。（周紫芝《太仓稊米集·卷一三》，册一一四一）

《次韵杨少辅山居六咏》：叠山、凿池、栽松、洗竹、浇竹、薙草。（史浩《鄮峰真隐漫录·卷一》，同上）

《次韵张汉卿梦庵十八咏》：梦庵、勤斋、妙用寮、玉沼、碧溪庵、山房、喜老堂、宴默庵、众香堂、禅窟、隐山岩、霞外、驻屐、月林、积翠、醉宜、澄漪、听松。（同上卷二）

《题刘平甫定庵五咏》：定庵、巢云、山台、井泉、寿穴。（朱熹《晦庵集·卷六》，册一一四三）

《次吕季克东堂九咏》：野堂小隐、敬义堂、方拙寮、吟哦室、爱莲、月台、菜畦、海棠屏、橘堤。（同上卷八）

《东阳郭希吕山园十咏》：清旷亭、桂墅、月峡、小烂柯、倾月、阅云关、玉泉、飞云、壶天阁、石井。（陈傅良《止斋集·卷四》，册一一五〇）

《和沈仲一北湖十咏》：北湖、豫章阁、仰止亭、药房、穆波亭、粹白堂、迟客台、萱竹堂、楚颂亭、宜雨亭。（同上卷七）

《州宅杂咏》：甘露堂、万卷堂、瑞白堂、诗史堂、易治堂、细香堂、静晖楼、制胜楼、穿杨亭、无隐、跳珠、土洞、柏、荔、柑、竹。（王十朋《梅溪后集·卷一三》，册一一五一）

《鹿伯可郎中园池杂咏》：见一堂、止室、小东山、桂堂、云龛、柑隅、桃蹊、月沼、星潭、三友径、竹坞、梅坡、松岭。（楼钥《攻愧集·卷八》，册一一五二）

《吕待制所居八咏》：半隐、舒啸、缓步、月台、藤洞、岁寒、朝阳、

醉松。（王炎《双溪类稿·卷二》，册一一五五）

《和马宜州卜居七首》：卜居、足堂、复斋、退圃、欣欣亭、冰雪轩、白莲池。（同上卷五）

《张德夫园亭八咏》：梅隐、山堂、玉椽、渔村、兼远、橘渚、山椒、可莹。（同上卷六）

《山居二十咏》：山居、竹坡、芝榭、樵径、茶丘、栗岭、茅轩、蜂庐、情话斋、榴花城、锦被堆、赪桐、双鱼、蔷薇、迎春、长生草、云松关、山樊、踯躅崦、野草。（洪适《盘洲文集·卷九》，册一一五八）

《幽居三咏》：钓雪舟、雪卧庐、诚斋。（杨万里《诚斋集·卷四》，册一一六○）

《寄题喻叔奇国傅郎中园亭二十六咏》：亦好园、馨湖、钓几、芦苇林、亦好亭、横枝、清浅池、荼蘼洞、小山、花屏、紫君林、方池、野桥、菊径、药畦、弄月亭、花屿、柳堤、曲水、水帘、水乐、竹岩、堑塘、爱山堂、海棠坞、月山。（同上卷二一）

《寄题朱元晦武彝精舍十二咏》：精舍、仁智堂、隐求堂、止宿寮、石门坞、观善斋、寒栖馆、晚对亭、铁笛亭、钓几、茶灶、渔艇。（同上卷二八）

《寄题万元亨舍人园亭七景》：意山、蒲鱼港、溪云、闲世界、也贤、倚苕、绵隐堂。（同上卷三七）

《城南杂咏二十首》：纳湖、东渚、咏归桥、船斋、丽泽、兰涧、山斋、书楼、蒙轩、石濑、卷云亭、柳堤、月榭、濯清亭、西屿、琼琤谷、梅堤、听雨舫、采菱舟、南阜。（张栻《南轩集·卷七》，册一一六七）

《重庆阃治十咏》：华明堂、尊安堂、一廉堂、集思堂、生意堂、龙虎屏、友石、吟啸、横丹、六角亭。（李曾伯《可斋续稿后·卷一○》，册一一七九）

《山居十六咏》：入山林处、幽谷、便是山、石梯、清樾、雪林、小山、桃李蹊、归来馆、着图书所、草堂、锦巢、寒泓、饭牛庵、秋崖、田园居。（方岳《秋崖集·卷一》，册一一八二）

《次韵宋尚书山居》：日涉园、虚静堂、息斋、见南山亭、赋梅堂、踔

然堂、亦乐堂、醉陶轩。（方岳《秋崖集·卷四》）

《山居七咏》：经史阁、省斋、中隐洞、丹桂轩、乳泉、瑞萱堂、湛然亭。（同上）

《王君猷花圃八绝》：海棠城、薇香洞、若春、花谷、橘隐、临清桥、山扉、鉴池。（姚勉《雪坡集·卷一六》，册一一八四）

《题束季博山园二十韵》：垂柳、瑞雪、东墅、枇杷坞、西崦、绿绕、第一溪、桃源、小谷帘、南涧、钓台、石桥、山亭、安乐窝、寒湫、云关、蓍卜林、梅岩、聚仙、弈仙。（牟巘《陵阳集·卷五》，册一一八八）

上列各组园林组诗，在园林方面具有如下的意义。

其一，所产生的园林组诗大约有两种类型：一种是以一座园林内的各个景点为单元，一个景点吟作一首诗，如吴中复的《西园十咏》；另一种是以一个大地区内的各个园林或景点为单元，有许多是属于开放性、无明确范围分界线的自然山水式园林，如梅询的《武林山十咏》。

其二，一组组诗吟咏一座园林的情形，显示出园林的设计已经发展到主题式分区造景的阶段。而分区的主题或以景物为主，如最后一例的枇杷坞、梅岩等；或以功能为主，如钓台、弈仙等。

其三，一组组诗吟咏一个大区域内的诸园诸景的情形，显示出区域性园林组群的形成，如武林山内以西湖为中心所形成的难以数计的园林，也显示在宋人心目中，一个地区中园林胜地的典型性代表已在逐渐形成中，而且也告示着开放形态的公共园林组群已在宋代形成，并且逐渐兴盛。

其四，从一些相唱和的组诗中可以见到同样的景点在称名上略有出入，这除了传抄的笔误之外，尚可见宋人对建筑形制的认定不严的情形。如同为洋州三十景之一，苏轼称为二乐榭，鲜于侁却称为二乐轩，显示出轩、榭、亭、阁之类的建筑在形制与名称所具的关系十分松动。

而其在文学方面所含具的意义是：

其一，组诗的形式在六朝虽然非常常见，但是在唐代已有减少趋势，宋代园林景区的形成，使其题咏也因景区的兼具个别性与整体性而适于用组诗表达，使组诗在园林赋咏中成为常见的作品形式。

其二，由于园林各景之间虽有承接转换的关系却无必然的先后关系，因此园林组诗各首之间比较不具严密的接续关系，因此每一首诗均各有其小子题，正显示其各有自己的主题，并没有情感上的连贯，只是同一园林标题下并在的诗作而已。

其三，这类组诗透露出以创作为强烈目的的事实。它是依据既有的景，一个个赋咏，而非发自内心不可抑遏的自然感兴。像曹植《赠白马王彪》组诗是依其离开京城的时间、路程来抒发心中情感，各首之间紧密不可分割，情感也是连贯奔泻而下。又如陶潜《归园田居》也是由自己年少、误落尘网，依序写到退隐、结庐、隐居生活，完全是生活经历的自然反映，在情感上各首之间有其承接的必然性。而园林组诗因缺乏有机的结构，而使情感的流动较难连贯，是为了既定的创作目的而赋咏。

其四，园林组诗的遗留也告示着文字作品比起空间结构艺术更能承受时间的冲汰。所以像《武林旧事·卷一〇上》所载的《张约斋赏心乐事序》中提及张为南湖园内各个景点"各赋小诗，总八十余首"（册四八五）。如今南湖园已不复存在，而《南湖集》中对各景的记述却仍存留至今。这应该也是园林主人致力于各种方式的诗歌题咏的原因之一。

综观本节所论可知，园林对赋咏活动的意义、形态及作品形式的影响，其要点如下。

其一，文人喜欢描述园林中赋咏的情态，以展现其悠游自得、闲逸超拔的心境。因此园林赋咏对人所涵具的意义在于心灵境界的展现。

其二，园林赋咏不但可使园林景色得到诗化的境界，又可用题写刻铭的方式成为园林中特有的景致。因此园林赋咏对园林所涵具的意义在于帮助造境与造景。

其三，园林赋咏的形态甚多，有宴集上的探题、分韵、联句等唱和形态，亦有宴集中随兴咏作的自我抒发与呈献分享。此外尚有个人单独的吟赋、夜吟、苦吟。

其四，园林赋咏时常伴随饮酒、品茶等活动。诗酒相伴是中国文学固有的传统，以酒起神思，以诗佐酒。至于诗茶相伴则在宋代斗茶风尚的兴盛中渐多，以茶清神后，助于构思。

其五，由于园林赋咏的盛行及园主对题诗造景造境的喜爱与注重，产生很多寄题形式的作品。作者虽未曾亲临某园却能赋咏，显示宋代一般文人已拥有丰富的园林经验，而且造园法则已普遍在一般文人的常识中了。

其六，园林赋咏产生非常多的组诗形式，其在园林与文学方面具有诸多意义，可见第四目所条列的要点。

余论：唐宋园林的比较——宋代园林的承先启后

由于本书的各节在文末结束之前多有条列式的结论，将各节问题做了简要的归纳条理，因此此处不再重复，而转以余论的方式将宋代园林与唐代做一个简要的比较，借此彰显出宋代园林有哪些是继承旧有的传统与成就，有哪些是新的创发与进展，从而能明了宋代在中国园林史上承先启后的情形，确定其在历史上的地位。

承先

诚如第一章第一节所录示的，唐代的园林不但已逐渐兴盛和普遍，而且在长期发展的基础上以及因文人大量的参与，其园林的造设成就已相当成熟，其园林活动的内容也已相当丰富。因此，宋代园林在传统的继承上非常多，可归纳为如下的要点。

其一，在山石造景方面，宋代继承唐代以石山为主的叠山风气。太湖石在中晚唐开始受到重视，宋代承此更加发展石景。

唐代在石山或单个立石之上加以各种水木的柔化装饰，在宋代也得到继承和发扬。

其二，在水景方面，宋代继承唐代对水景的重视，把水当作园林最重要的元素，而以"水竹""园池"等名来称唤园林。

在水的动态与静态景观方面的造设，水岸设计方面，均承袭了唐代既有的成就。

其三，在花木方面，宋园承继了唐代既有的审美观，不但赏其形色姿态，也爱其性质、德行上的象征意涵。

传统所注重的竹、松、柳、荷莲、梅、牡丹等花木，在宋代依然不减其重要性。

其四，在建筑方面，宋园继承唐代在形制上通透明朗的特色，并注重建筑四周花木掩映隐蔽的效果，以达建筑园林化的要求。此外，也依然以亭子为园林的主要建筑。

其五，在空间布局方面，宋园依然承继了唐代既有的动线曲折以增加幽深，消泯轮廓线及借景，以增添空间感等做法。大抵上幽与旷两宜的空间原则继续被发扬。

其六，在园林活动方面，宋代文人延续着唐代既有的赋咏、弹琴、饮酒、读书、谈议、下棋、垂钓等活动传统，既展现优雅风韵的传统，也隐喻着与世无争的隐逸心志。

其七，宋代文人依然继续着唐代视园林为吏隐兼得的最圆满场所，这在郡圃一类官舍公园中表现得最为明显。

其八，视园林为修养身性、体践至道的道场，以及视园林为乐园的理想的实现等园林观，在唐宋两代均十分盛行。

启后

虽然宋代园林继承了上列这么多的园林传统和成就，但是在浩浩的历史长河不断地推浪前进的历程中，宋代园林确实也踏在前代成就的基础之上，创造了许多新的成绩，将园林艺术推向一个巅峰境界。这些成就不但奠定了宋代在园林史上的重要地位，而且还创造了宋代园林的特色，开启了明清两代的园林成就。其要点可归纳如下。

其一，宋代园林突破了唐代（及其以前）以北方为重心的区域限制。

唐代及其以前的园林多半集中在中原地区，尤其以长安与洛阳两地最为集中，也就是此期的园林发展受到政治权力的影响很大，因而发生了明显的地域困限与失衡（战国吴越与南朝金陵虽然也出现过一些帝王苑囿，但是均非常短暂且未能普及与民同乐，所以并未影响民风，也未促成园林的兴盛）。

宋代因为商业的发达，江南地区出现很多繁荣的城市，再加上南宋偏安，遂使得吴兴、杭州、扬州乃至四川等地的园林大大地兴盛起来，许多著名的园林都在此地出现（宋代的《武林旧事》《梦粱录》一类的笔记丛谈的载籍中有很多的江南园林资料，可参阅）。

这不但使宋代园林在地域上真正地达到兴盛与普及，也使江南园林日后在中国园林史上创造了辉煌且重要的成就。

其二，宋代园林较诸唐代，大量地开发创设了公共园林，使各地人民能充分地享受游赏乐趣。

唐代只有一个著名的大型公共园林，那就是曲江（乐游园）。但是曲江位处于京城长安城内，虽为长安城的皇族、公卿士大夫乃至贩夫走卒提供了游乐场所，却仅限于这个角落，未能在地域上面开展以普遍影响众多人民的生活。

宋代则在各州县广设有公园，由地方政府负责开发、整修和维护。地方首长每每以此为平治久安、民生康乐的象征，视此为政绩乐民的表现，而勤于造设或增建，使得地方性公共园林大增，各地一般的民众得以频繁地游园。

西湖是宋代最著名的巨型公共园林（组群）。

其三，宋代出现很多小园，风格更为秀丽、精巧、富于变化。

唐代园林比较富于宏伟刚健的风格。虽然在一些文人的理念中已注意精巧、艺术境界的追求，但仍较为分散地被含容在园林中，而没有集中普遍地设计实践，也还没酝酿成一个明确的理念。

宋代则在实践上创造很多小园，而且在理念上已明确刻意地赞扬小园的艺术成就与游观时的神思逸趣，认定小园是"道"高的表现。

在技术方面，宋园不但加强借景手法与曲折动线来创造小园的趣味空间，而且注意比例配置和态"势"的完成，来创造神游的恢宏空间。可以说小园的兴盛使宋园臻于艺术化的顶峰。

其四，宋代园林广泛地出现主题性景区的设计。

在唐代，只有王维辋川二十景与卢鸿一嵩山草堂十景出现过这种主题分区的设计，所以还只是个萌芽的阶段。

宋代是园林开始盛行主题分区的重要时代，其主题大约可分景色主题、功能主题和修养主题三类。

这使得园林所提供的游赏、居息等功能得以与造景充分配合，使园林活动能够与所在景区的环境特质适切呼应交流。

这些主题性景区在造景上，多半采取以某一建筑为中心的方式，在建筑四周配置以特质相应的造景，显现出这些主题性景区以人为主体的共同特色。

其五，宋代园林流行题写匾榜和诗联，使园林艺术与书法艺术、诗歌情境产生融合。

在唐代，诗歌受到园林意境的启发与影响很大，园林帮助促成了唐诗创作上的辉煌成就，但诗歌的兴荣还来不及对园林产生启发。

宋代园林不仅在造景造境上得到很多诗歌的启发，而且特别选用著名诗句命名，题榜于景区之中，而且常刻写诗联于楹柱间，或集聚诗石以成特殊景区。这不但深化了园景的诗情意境，也为园林增添了书法艺术的欣赏内容。

这使园林成为多种艺术综合且交融呈现的深刻作品。

其六，宋人在游赏园林的时间分布上，突破了季节限制，呈现四季皆游的常态。

唐代的园林活动虽有其盛况，但明显地受制于季节：春夏两季为游春、纳凉的游园盛季，秋冬则萧条冷清，游园甚少，园林呈现闭锁状态。这正和唐人热情活泼的文化风格相应。

宋代不仅在春天热情探春，夏天避暑纳凉，秋冬两季仍然对秋园、冬园充满爱赏，并在造园上注重四季景色花木的配置，使园林的四季各有可观的特色。

尤其宋人特别表现出对冬雪的赞叹，这正和宋人收敛、沉静、理学盛行的文化风格相应。

其七，宋代园林出现十分通俗化的百戏和买卖活动。

唐代园林开始兴盛，其活动多半仍集中地出现在文人的生活圈中，故仍局限为赋咏、弹琴、饮酒、读书、谈议、下棋、垂钓等优雅风韵之事。

宋代因园林进一步兴盛普及，且地方性公园众多，一般的市井平民都得以充分地参与园林活动，因此使园林活动加入了十分通俗化的内容：玩乐、嬉戏、投壶、球赛、水戏、秋千、斗草、抛堶、弄禽、买卖等热闹嚣喧之事，致使园林的优美景色消退成无意义的空间背景。

活动的通俗化乃是宋代公共园林兴盛普及下的必然发展。

其八，宋代建立了更多更完整的园林理论。

唐代由于园林经验多半感发为诗歌创作，文人对园林参与所产生的美感经验和园林见解只能写意式、随兴式、分散式地偶见于诗句之中。

宋代各类笔记丛谈可以较主题式地表达园林意见，而其诗歌多为说明式的理念表达，也较能明白地、有意识地说述其园林理念。

宋人不但条理出更多更具体的造园法则，而且在涵泳功能、家族意义和造园才能方面也多有理论建立。

其九，宋代园林在花石的造诣上达到登峰造极的境界。

唐代虽已注重假山的叠造，而且白居易也嗜爱太湖石，另外在牡丹的改良上也有成就，但这些都在起步阶段。

宋代由于徽宗设立花石纲，花石的搜集、装设变得十分精巧。宋人不但酷爱各种有特色的石头，采石、运石、叠石的技术精进，而且以单石立山或做成精彩盆山的情形大增，使石头的艺术价值获得充分开发。

米芾为石颠的典故是一个著名的典型。

在花木的接枝创造新品种方面，宋人也有优异的成绩。宋代出现了很多花谱、石谱之类的专书，是这种艺术成绩的后续成果。此外，荼蘼与海棠也成为宋园中新兴的宠景。

其十，船形建筑与飞檐的新兴。

在园林建筑方面，宋代虽然大多承袭唐代既有的建筑体式，但却出现了很多舫斋、舣轩一类的建筑形制。将船形的建筑盖设在水面上，随着水波上下浮动，犹如舟船。这种新兴的建筑形制充分呈现宋代园林建筑精巧的特色。

此外建筑的屋角大量出现扬起如飞翅的形式，使园林建筑充分展现灵动秀逸的风韵。

其十一，宋园已出现颇多以水为动线、为中心的空间布局。

　　虽然宋代和唐代都一样地看重水在园林中的重要地位，但是宋代更精巧地发展出以水为中心的园林结构原则：在动态的泉溪方面，用人工控引的水道以贯穿起每一个重要的景区，使流水成为园林游赏的动线。在静态的水池方面，则由沿水岸立石山、造亭榭的向心方式来挽摄各景。

　　其十二，藏书园林与书院园林的兴起。

　　藏书风气的盛行，结合上幽静山林读书的传统风气，使宋代产生很多典藏丰富的藏书园林。同时因为书院教育的发达，书院园林的兴起也为读书的年轻文士提供了园林经验。

参考书目

古籍

1. 北京大学古文献研究所. 全宋诗[M]. 北京：北京大学出版社，2019.
2. 文渊阁四库全书[M]. 影印本. 台北：台湾商务印书馆，1983.

［1］徐铉.骑省集[M]//文渊阁四库全书：册一〇八五.

［2］柳开.河东集[M]//文渊阁四库全书：册一〇八五.

［3］田锡.咸平集[M]//文渊阁四库全书：册一〇八五.

［4］潘阆.逍遥集[M]//文渊阁四库全书：册一〇八五.

［5］张咏.乖崖集[M]//文渊阁四库全书：册一〇八五.

［6］寇准.忠愍集[M]//文渊阁四库全书：册一〇八五.

［7］王禹偁.小畜集[M]//文渊阁四库全书：册一〇八六.

［8］赵湘.南阳集[M]//文渊阁四库全书：册一〇八六.

［9］杨亿.武夷新集[M]//文渊阁四库全书：册一〇八六.

［10］林逋.林和靖集[M]//文渊阁四库全书：册一〇八六.

［11］穆修.穆参军集[M]//文渊阁四库全书：册一〇八七.

［12］晏殊.元献遗文[M]//文渊阁四库全书：册一〇八七.

［13］夏竦.文庄集[M]//文渊阁四库全书：册一〇八七.

［14］蒋堂.春卿遗稿[M]//文渊阁四库全书：册一〇八七.

［15］魏野.东观集[M]//文渊阁四库全书：册一〇八七.

［16］宋庠.元宪集[M]//文渊阁四库全书：册一〇八七.

［17］宋祁.景文集[M]//文渊阁四库全书：册一〇八八.

［18］胡宿.文恭集[M]//文渊阁四库全书：册一〇八八.

［19］余靖.武溪集[M]//文渊阁四库全书：册一〇八九.

［20］韩琦.安阳集[M]//文渊阁四库全书：册一〇八九.

［21］范仲淹.范文正集[M]//文渊阁四库全书：册一〇八九.

［22］尹洙.河南集[M]//文渊阁四库全书：册一〇九〇.

［23］孙复.孙明复小集[M]//文渊阁四库全书：册一〇九〇.

［24］石介.徂徕集[M]//文渊阁四库全书：册一〇九〇.

［25］蔡襄.端明集[M]//文渊阁四库全书：册一〇九〇.

［26］强至.祠部集[M]//文渊阁四库全书：册一〇九一.

［27］释契嵩.镡津集[M] //文渊阁四库全书：
　　册一〇九一.

［28］释重显.祖英集[M] //文渊阁四库全书：
　　册一〇九一.

［29］苏舜钦.苏学士集[M] //文渊阁四库全
　　书：册一〇九二.

［30］苏颂.苏魏公文集[M] //文渊阁四库全
　　书：册一〇九二.

［31］黄庶.伐檀集[M] //文渊阁四库全书：册
　　一〇九二.

［32］王珪.华阳集[M] //文渊阁四库全书：册
　　一〇九三.

［33］陈襄.古灵集[M] //文渊阁四库全书：册
　　一〇九三.

［34］司马光.传家集[M] //文渊阁四库全书：
　　册一〇九四.

［35］赵抃.清献集[M] //文渊阁四库全书：册
　　一〇九四.

［36］李觏.旴江集[M] //文渊阁四库全书：册
　　一〇九五.

［37］金君卿.金氏文集[M] //文渊阁四库全
　　书：册一〇九五.

［38］刘敞.公是集[M] //文渊阁四库全书：册
　　一〇九五.

［39］刘攽.彭城集[M] //文渊阁四库全书：册
　　一〇九六.

［40］陶弼.邕州小集[M] //文渊阁四库全书：
　　册一〇九六.

［41］陈舜俞.都官集[M] //文渊阁四库全书：
　　册一〇九六.

［42］文同.丹渊集[M] //文渊阁四库全书：册
　　一〇九六.

［43］沈遘.西溪集[M] //文渊阁四库全书：册
　　一〇九七.

［44］郑獬.郧溪集[M] //文渊阁四库全书：册
　　一〇九七.

［45］韦骧.钱塘集[M] //文渊阁四库全书：册
　　一〇九七.

［46］吕陶.净德集[M] //文渊阁四库全书：册
　　一〇九八.

［47］冯山.安岳集[M] //文渊阁四库全书：册
　　一〇九八.

［48］曾巩.元丰类稿[M] //文渊阁四库全书：
　　册一〇九八.

［49］祖无择.龙学文集[M] //文渊阁四库全
　　书：册一〇九八.

［50］梅尧臣.宛陵集[M] //文渊阁四库全书：
　　册一〇九九.

［51］刘挚.忠肃集[M] //文渊阁四库全书：册
　　一〇九九.

［52］杨杰.无为集[M] //文渊阁四库全书：册
　　一〇九九.

［53］王安礼.王魏公集[M] //文渊阁四库全
　　书：册一一〇〇.

［54］范祖禹.范太史集[M] //文渊阁四库全
　　书：册一一〇〇.

［55］文彦博.潞公文集[M] //文渊阁四库全
　　书：册一一〇〇.

［56］邵雍.击壤集[M] //文渊阁四库全书：册
　　一一〇一.

［57］彭汝砺.鄱阳集[M] //文渊阁四库全书：
　　册一一〇一.

［58］曾肇.曲阜集[M] //文渊阁四库全书：册
　　一一〇一.

［59］周敦颐.周元公集[M] //文渊阁四库全
　　书：册一一〇一.

［60］韩维.南阳集[M] //文渊阁四库全书：册
　　一一〇一.

［61］徐积.节孝集[M] //文渊阁四库全书：册
　　一一〇一.

［62］欧阳修.文忠集[M] //文渊阁四库全书：
　　册一一〇二、一一〇三.

［63］欧阳修.欧阳文粹[M] //文渊阁四库全
　　书：册一一〇三.

［64］张方平.乐全集[M] //文渊阁四库全书：册一一〇四.

［65］范纯仁.范忠宣集[M] //文渊阁四库全书：册一一〇四.

［66］苏洵.嘉祐集[M] //文渊阁四库全书：册一一〇四.

［67］王安石.临川文集[M] //文渊阁四库全书：册一一〇五.

［68］李壁.王荆公诗注[M] //文渊阁四库全书：册一一〇六.

［69］王令.广陵集[M] //文渊阁四库全书：册一一〇六.

［70］苏轼.东坡全集[M] //文渊阁四库全书：册一一〇七、一一〇八.

［71］苏辙.栾城集[M] //文渊阁四库全书：册一一一二.

［72］黄庭坚.山谷集[M] //文渊阁四库全书：册一一一三.

［73］陈师道.后山集[M] //文渊阁四库全书：册一一一四.

［74］张耒.柯山集[M] //文渊阁四库全书：册一一一五.

［75］秦观.淮海集[M] //文渊阁四库全书：册一一一五.

［76］李廌.济南集[M] //文渊阁四库全书：册一一一五.

［77］释道潜.参寥子诗集[M] //文渊阁四库全书：册一一一六.

［78］米芾.宝晋英光集[M] //文渊阁四库全书：册一一一六.

［79］释惠洪.石门文字禅[M] //文渊阁四库全书：册一一一六.

［80］郭祥正.青山集[M] //文渊阁四库全书：册一一一六.

［81］郭祥正.青山续集[M] //文渊阁四库全书：册一一一六.

［82］张舜民.画墁集[M] //文渊阁四库全书：册一一一七.

［83］陆佃.陶山集[M] //文渊阁四库全书：册一一一七.

［84］饶节.倚松诗集[M] //文渊阁四库全书：册一一一七.

［85］沈括.长兴集[M] //文渊阁四库全书：册一一一七.

［86］郑侠.西塘集[M] //文渊阁四库全书：册一一一七.

［87］沈辽.云巢编[M] //文渊阁四库全书：册一一一七.

［88］晁说之.景迂生集[M] //文渊阁四库全书：册一一一八.

［89］晁补之.鸡肋集[M] //文渊阁四库全书：册一一一八.

［90］朱长文.乐圃余稿[M] //文渊阁四库全书：册一一一九.

［91］刘弇.龙云集[M] //文渊阁四库全书：册一一一九.

［92］华镇.云溪居士集[M] //文渊阁四库全书：册一一一九.

［93］黄裳.演山集[M] //文渊阁四库全书：册一一二〇.

［94］李之仪.姑溪居士前集[M] //文渊阁四库全书：册一一二〇.

［95］李之仪.姑溪居士后集[M] //文渊阁四库全书：册一一二〇.

［96］李复.潏水集[M] //文渊阁四库全书：册一一二一.

［97］邹浩.道乡集[M] //文渊阁四库全书：册一一二一.

［98］刘跂.学易集[M] //文渊阁四库全书：册一一二一.

［99］游酢.游廌山集[M] //文渊阁四库全书：册一一二一.

［100］毕仲游.西台集[M] //文渊阁四库全书：册一一二二.

［101］李昭.乐静集[M] //文渊阁四库全书：
　　　册一一二二.

［102］吴则礼.北湖集[M] //文渊阁四库全书：
　　　册一一二二.

［103］谢逸.溪堂集[M] //文渊阁四库全书：
　　　册一一二二.

［104］谢过.竹友集[M] //文渊阁四库全书：
　　　册一一二二.

［105］李彭.日涉园集[M] //文渊阁四库全书：
　　　册一一二二.

［106］吕南公.灌园集[M] //文渊阁四库全书：
　　　册一一二三.

［107］贺铸.庆湖遗老诗集[M] //文渊阁四库
　　　全书：册一一二三.

［108］慕容彦逢.摛文堂集[M] //文渊阁四
　　　库全书：册一一二三.

［109］许翰.襄陵文集[M] //文渊阁四库全书：
　　　册一一二三.

［110］周行己.浮沚集[M] //文渊阁四库全书：
　　　册一一二三.

［111］毛滂.东堂集[M] //文渊阁四库全书：
　　　册一一二三.

［112］刘安上.给事集[M] //文渊阁四库全书：
　　　册一一二四.

［113］刘安节.刘左史集[M] //文渊阁四库全书：
　　　册一一二四.

［114］赵鼎臣.竹隐畸士集[M] //文渊阁四
　　　库全书：册一一二四.

［115］唐庚.眉山集[M] //文渊阁四库全书：
　　　册一一二四.

［116］洪朋.洪龟父集[M] //文渊阁四库全书：
　　　册一一二四.

［117］李新.跨鳌集[M] //文渊阁四库全书：
　　　册一一二四.

［118］李若水.忠愍集[M] //文渊阁四库全书：
　　　册一一二四.

［119］傅察.忠肃集[M] //文渊阁四库全书：

［120］宗泽.宗忠简集[M] //文渊阁四库全书：
　　　册一一二五.

［121］杨时.龟山集[M] //文渊阁四库全书：
　　　册一一二五.

［122］李纲.梁溪集[M] //文渊阁四库全书：册
　　　一一二五、一一二六.

［123］王安中.初寮集[M] //文渊阁四库全书：
　　　册一一二七.

［124］许景衡.横塘集[M] //文渊阁四库全书：
　　　册一一二七.

［125］洪炎.西渡集[M] //文渊阁四库全书：
　　　册一一二七.

［126］洪刍.老圃集[M] //文渊阁四库全书：
　　　册一一二七.

［127］葛胜仲.丹阳集[M] //文渊阁四库全书：
　　　册一一二七.

［128］张守.毗陵集[M] //文渊阁四库全书：
　　　册一一二七.

［129］汪藻.浮溪集[M] //文渊阁四库全书：
　　　册一一二八.

［130］汪藻.浮溪文粹[M] //文渊阁四库全书：
　　　册一一二八.

［131］李光.庄简集[M] //文渊阁四库全书：册
　　　一一二八.

［132］赵鼎.忠正德文集[M] //文渊阁四库全书：
　　　册一一二八.

［133］张扩.东窗集[M] //文渊阁四库全书：
　　　册一一二九.

［134］翟汝文.忠惠集[M] //文渊阁四库全书：
　　　册一一二九.

［135］曹勋.松隐集[M] //文渊阁四库全书：
　　　册一一二九.

［136］叶梦得.建康集[M] //文渊阁四库全书：
　　　册一一二九.

［137］陈与义.简斋集[M] //文渊阁四库全书：
　　　册一一二九.

[138] 程俱.北山集[M] //文渊阁四库全书:
　　　册一一三〇.

[139] 刘才邵.楹溪居士集[M] //文渊阁四库全书:
　　　册一一三〇.

[140] 李弥逊.筠溪集[M] //文渊阁四库全书:
　　　册一一三〇.

[141] 张纲.华阳集[M] //文渊阁四库全书:
　　　册一一三一.

[142] 吕颐浩.忠穆集[M] //文渊阁四库全书:
　　　册一一三一.

[143] 张嵲.紫微集[M] //文渊阁四库全书:
　　　册一一三一.

[144] 刘一止.苕溪集[M] //文渊阁四库全书:
　　　册一一三二.

[145] 王洋.东牟集[M] //文渊阁四库全书:
　　　册一一三二.

[146] 王之道.相山集[M] //文渊阁四库全书:
　　　册一一三二.

[147] 黄彦平.三余集[M] //文渊阁四库全书:
　　　册一一三二.

[148] 李正民.大隐集[M] //文渊阁四库全书:
　　　册一一三三.

[149] 沈与求.龟溪集[M] //文渊阁四库全书:
　　　册一一三三.

[150] 邓肃.栟榈集[M] //文渊阁四库全书:
　　　册一一三三.

[151] 潘良贵.默成文集[M] //文渊阁四
　　　库全书: 册一一三三.

[152] 洪皓.鄱阳集[M] //文渊阁四库全书:
　　　册一一三三.

[153] 朱松.韦斋集[M] //文渊阁四库全书:
　　　册一一三三.

[154] 李流谦.澹斋集[M] //文渊阁四库全书:
　　　册一一三三.

[155] 韩驹.陵阳集[M] //文渊阁四库全书:
　　　册一一三三.

[156] 朱翌.灊山集[M] //文渊阁四库全书:

　　　册一一三三.

[157] 郭印.云溪集[M] //文渊阁四库全书:
　　　册一一三四.

[158] 王庭珪.卢溪文集[M] //文渊阁四库
　　　全书: 册一一三四.

[159] 刘子翚.屏山集[M] //文渊阁四库全书:
　　　册一一三四.

[160] 綦崇礼.北海集[M] //文渊阁四库全书:
　　　册一一三四.

[161] 孙觌.鸿庆居士集[M] //文渊阁四库全
　　　书: 册一一三五.

[162] 孙觌.内简尺牍[M] //文渊阁四库全书:
　　　册一一三五.

[163] 李处权.崧庵集[M] //文渊阁四库全书:
　　　册一一三五.

[164] 罗从彦.豫章文集[M] //文渊阁四库
　　　全书: 册一一三五.

[165] 吴可.藏海居士集[M] //文渊阁四库全
　　　书: 册一一三五.

[166] 尹焞.和靖集[M] //文渊阁四库全书:
　　　册一一三六.

[167] 王蘋.王著作集[M] //文渊阁四库全书:
　　　册一一三六.

[168] 阮阅.郴江百咏[M] //文渊阁四库全书:
　　　册一一三六.

[169] 苏籀.双溪集[M] //文渊阁四库全书:
　　　册一一三六.

[170] 陈东.少阳集[M] //文渊阁四库全书:
　　　册一一三六.

[171] 欧阳澈.欧阳修撰集[M] //文渊阁四
　　　库全书: 册一一三六.

[172] 高登.东溪集[M] //文渊阁四库全书:
　　　册一一三六.

[173] 岳飞.岳武穆遗文[M]] 岳飞.册
　　　一一三六.

[174] 曾幾.茶山集[M] //文渊阁四库全书:
　　　册一一三六.

[175] 王铚.雪溪集[M] //文渊阁四库全书：册一一三六.

[176] 张元幹.芦川归来集[M] //文渊阁四库全书：册一一三六.

[177] 吕本中.东莱诗集[M] //文渊阁四库全书：册一一三六.

[178] 胡铨.澹庵文集[M] //文渊阁四库全书：册一一三七.

[179] 胡宏.五峰集[M] //文渊阁四库全书：册一一三七.

[180] 胡寅.斐然集[M] //文渊阁四库全书：册一一三七.

[181] 邓深.大隐居士诗集[M] //文渊阁四库全书：册一一三七.

[182] 仲并.浮山集[M] //文渊阁四库全书：册一一三七.

[183] 郑刚中.北山集[M] //文渊阁四库全书：册一一三八.

[184] 张九成.横浦集[M] //文渊阁四库全书：册一一三八.

[185] 吴芾.湖山集[M] //文渊阁四库全书：册一一三八.

[186] 汪应辰.文定集[M] //文渊阁四库全书：册一一三八.

[187] 冯时行.缙云文集[M] //文渊阁四库全书：册一一三八.

[188] 晁公遡.嵩山集[M] //文渊阁四库全书：册一一三九.

[189] 陈渊.默堂集[M] //文渊阁四库全书：册一一三九.

[190] 黄公度.知稼翁集[M] //文渊阁四库全书：册一一三九.

[191] 陈长方.唯室集[M] //文渊阁四库全书：册一一三九.

[192] 王之望.汉滨集[M] //文渊阁四库全书：册一一三九.

[193] 范浚.香溪集[M] //文渊阁四库全书：

[194] 郑兴裔.郑忠肃奏议遗集[M] //文渊阁四库全书：册一一四〇.

[195] 曾协.云庄集[M] //文渊阁四库全书：册一一四〇.

[196] 林季仲.竹轩杂著[M] //文渊阁四库全书：册一一四〇.

[197] 林之奇.拙斋文集[M] //文渊阁四库全书：册一一四〇.

[198] 张孝祥.于湖集[M] //文渊阁四库全书：册一一四〇.

[199] 周紫芝.太仓稊米集[M] //文渊阁四库全书：册一一四一.

[200] 郑樵.夹漈遗稿[M] //文渊阁四库全书：册一一四一.

[201] 史浩.峰真隐漫录[M] //文渊阁四库全书：册一一四一.

[202] 周麟之.海陵集[M] //文渊阁四库全书：册一一四二.

[203] 赵公豫.燕堂诗稿[M] //文渊阁四库全书：册一一四二.

[204] 吴儆.竹洲集[M] //文渊阁四库全书：册一一四二.

[205] 廖刚.高峰文集[M] //文渊阁四库全书：册一一四二.

[206] 罗愿.罗鄂州小集[M] //文渊阁四库全书：册一一四二.

[207] 林光朝.艾轩集[M] //文渊阁四库全书：册一一四二.

[208] 朱熹.晦庵集[M] //文渊阁四库全书：册一一四三——一一四六.

[209] 周必大.文忠集[M] //文渊阁四库全书：册一一四七——一一四九.

[210] 王质.雪山集[M] //文渊阁四库全书：册一一四九.

[211] 尤袤.梁溪遗稿[M] //文渊阁四库全书：册一一四九.

[212] 李石.方舟集[M] //文渊阁四库全书：
　　　册一一四九.

[213] 林亦之.网山集[M] //文渊阁四库全书：
　　　册一一四九.

[214] 吕祖谦.东莱集[M] //文渊阁四库全书：
　　　册一一五〇.

[215] 陈傅良.止斋集[M] //文渊阁四库全书：
　　　册一一五〇.

[216] 王子俊.格斋四六[M] //文渊阁四
　　　库全书：册一一五一.

[217] 王十朋.梅溪集[M] //文渊阁四库全书：
　　　册一一五一.

[218] 喻良能.香山集[M] //文渊阁四库全书：
　　　册一一五一.

[219] 陈棣.隐蒙集[M] //文渊阁四库全书：
　　　册一一五一.

[220] 崔敦礼.宫教集[M] //文渊阁四库全书：
　　　册一一五一.

[221] 倪朴.倪石陵书[M] //文渊阁四库全书：
　　　册一一五二.

[222] 陈藻.乐轩集[M] //文渊阁四库全书：
　　　册一一五二.

[223] 卫博.定庵类稿[M] //文渊阁四库全书：
　　　册一一五二.

[224] 李吕.澹轩集[M] //文渊阁四库全书：
　　　册一一五二.

[225] 楼钥.攻愧集[M] //文渊阁四库全书：册
　　　一一五二、一一五三.

[226] 虞俦.尊白堂集[M] //文渊阁四库全书：
　　　册一一五四.

[227] 袁说友.东塘集[M] //文渊阁四库全书：
　　　册一一五四.

[228] 许纶.涉斋集[M] //文渊阁四库全书：
　　　册一一五四.

[229] 王阮.义丰集[M] //文渊阁四库全书：
　　　册一一五四.

[230] 周孚.蠹斋铅刀集[M] //文渊阁四库全书：

[231] 赵蕃.干道稿[M] //文渊阁四库全书：
　　　册一一五五.

[232] 王炎.双溪类稿[M] //文渊阁四库全
　　　书：册一一五五.

[233] 彭龟年.止堂集[M] //文渊阁四库全
　　　书：册一一五五.

[234] 曾丰.缘督集[M] //文渊阁四库全书：
　　　册一一五六.

[235] 陆九渊.象山集[M] //文渊阁四库全
　　　书：册一一五六.

[236] 杨简.慈湖遗书[M] //文渊阁四库全
　　　书：册一一五六.

[237] 袁燮.絜斋集[M] //文渊阁四库全书：
　　　册一一五七.

[238] 刘爚.云庄集[M] //文渊阁四库全书：
　　　册一一五七.

[239] 舒璘.舒文靖集[M] //文渊阁四库全
　　　书：册一一五七.

[240] 蔡戡.定斋集[M] //文渊阁四库全书：
　　　册一一五七.

[241] 员兴宗.九华集[M] //文渊阁四库全书：
　　　册一一五八.

[242] 洪迈.野处类稿[M] //文渊阁四库全
　　　书：册一一五八.

[243] 洪适.盘洲文集[M] //文渊阁四库全
　　　书：册一一五八.

[244] 赵善括.应斋杂著[M] //文渊阁四库全
　　　书：册一一五九.

[245] 李洪.芸庵类稿[M] //文渊阁四库全
　　　书：册一一五九.

[246] 薛季宣.浪语集[M] //文渊阁四库全
　　　书：册一一五九.

[247] 范成大.石湖诗集[M] //文渊阁四库全
　　　书：册一一五九.

[248] 杨万里.诚斋集[M] //文渊阁四库全书：册
　　　一一六〇，册一一六一.

[249] 陆游.剑南诗稿[M]//文渊阁四库全书：册一一六二，册一一六三.

[250] 陆游.渭南文集[M]//文渊阁四库全书：册一一六三.

[251] 陆游.放翁诗选[M]//文渊阁四库全书：册一一六三.

[252] 曾极.金陵百咏[M]//文渊阁四库全书：册一一六四.

[253] 刘应时.颐庵居士集[M]//文渊阁四库全书：册一一六四.

[254] 叶适.水心集[M]//文渊阁四库全书：册一一六四.

[255] 张镃.南湖集[M]//文渊阁四库全书：册一一六四.

[256] 韩元吉.南涧甲乙稿[M]//文渊阁四库全书：册一一六五.

[257] 章甫.自鸣集[M]//文渊阁四库全书：册一一六五.

[258] 杨冠卿.客亭类稿[M]//文渊阁四库全书：册一一六五.

[259] 戴复古.石屏诗集[M]//文渊阁四库全书：册一一六五.

[260] 史尧弼.莲峰集[M]//文渊阁四库全书：册一一六五.

[261] 陈造.江湖长翁集[M]//文渊阁四库全书：册一一六六.

[262] 孙应时.烛湖集[M]//文渊阁四库全书：册一一六六.

[263] 曹彦约.昌谷集[M]//文渊阁四库全书：册一一六七.

[264] 廖行之.省斋集[M]//文渊阁四库全书：册一一六七.

[265] 张栻.南轩集[M]//文渊阁四库全书：册一一六七.

[266] 黄榦.勉斋集[M]//文渊阁四库全书：册一一六八.

[267] 陈淳.北溪大全集[M]//文渊阁四库全书：册一一六八.

[268] 周南.山房集[M]//文渊阁四库全书：册一一六九.

[269] 李廷忠.橘山四六[M]//文渊阁四库全书：册一一六九.

[270] 裘万顷.竹斋诗集[M]//文渊阁四库全书：册一一六九.

[271] 卫泾.后乐集[M]//文渊阁四库全书：册一一六九.

[272] 许尚.华亭百咏[M]//文渊阁四库全书：册一一七〇.

[273] 姜特立.梅山续稿[M]//文渊阁四库全书：册一一七〇.

[274] 高翥.菊涧集[M]//文渊阁四库全书：册一一七〇.

[275] 度正.性善堂稿[M]//文渊阁四库全书：册一一七〇.

[276] 刘宰.漫塘集[M]//文渊阁四库全书：册一一七〇.

[277] 陈文蔚.克斋集[M]//文渊阁四库全书：册一一七一.

[278] 徐照.芳兰轩集[M]//文渊阁四库全书：册一一七一.

[279] 徐玑.二薇亭诗集[M]//文渊阁四库全书：册一一七一.

[280] 翁卷.西岩集[M]//文渊阁四库全书：册一一七一.

[281] 赵师秀.清苑斋诗集[M]//文渊阁四库全书：册一一七一.

[282] 薛师石.瓜庐集[M]//文渊阁四库全书：册一一七一.

[283] 程珌.洺水集[M]//文渊阁四库全书：册一一七一.

[284] 陈亮.龙川集[M]//文渊阁四库全书：册一一七一.

[285] 刘过.龙洲集[M]//文渊阁四库全书：册一一七二.

［286］魏了翁.鹤山集[M] //文渊阁四库全书：册一一七二、一一七三.

［287］真德秀.西山文集[M] //文渊阁四库全书：册一一七四.

［288］周文璞.方泉诗集[M] //文渊阁四库全书：册一一七五.

［289］葛绍体.东山诗选[M] //文渊阁四库全书：册一一七五.

［290］姜夔.白石道人诗集[M] //文渊阁四库全书：册一一七五.

［291］赵汝鐩.野谷诗稿[M] //文渊阁四库全书：册一一七五.

［292］洪咨夔.平斋集[M] //文渊阁四库全书：册一一七五.

［293］袁甫.蒙斋集[M] //文渊阁四库全书：册一一七五.

［294］汪焯.康范诗集[M] //文渊阁四库全书：册一一七五.

［295］杜范.清献集[M] //文渊阁四库全书：册一一七五.

［296］吴泳.鹤林集[M] //文渊阁四库全书：册一一七六.

［297］许应龙.东涧集[M] //文渊阁四库全书：册一一七六.

［298］刘学箕.方是闲居士小稿[M] //文渊阁四库全书：册一一七六.

［299］华岳.翠微南征录[M] //文渊阁四库全书：册一一七六.

［300］戴栩.浣川集[M] //文渊阁四库全书：册一一七六.

［301］陈元晋.渔墅类稿[M] //文渊阁四库全书：册一一七六.

［302］郑清之.安晚堂集[M] //文渊阁四库全书：册一一七六.

［303］程公许.沧洲尘缶编[M] //文渊阁四库全书：册一一七六.

［304］陈耆卿.筼窗集[M] //文渊阁四库全书：册一一七八.

［305］史弥宁.友林乙稿[M] //文渊阁四库全书：册一一七八.

［306］汪莘.方壶存稿[M] //文渊阁四库全书：册一一七八.

［307］方大琮.铁庵集[M] //文渊阁四库全书：册一一七八.

［308］游九言.默斋遗稿[M] //文渊阁四库全书：册一一七八.

［309］吴潜.履斋遗稿[M] //文渊阁四库全书：册一一七八.

［310］王迈.臞轩集[M] //文渊阁四库全书：册一一七八.

［311］戴昺.东野农歌集[M] //文渊阁四库全书：册一一七八.

［312］包恢.敝帚稿略[M] //文渊阁四库全书：册一一七八.

［313］徐鹿卿.清正存稿[M] //文渊阁四库全书：册一一七八.

［314］詹初.寒松阁集[M] //文渊阁四库全书：册一一七九.

［315］严羽.沧浪集[M] //文渊阁四库全书：册一一七九.

［316］苏泂.冷然斋诗集[M] //文渊阁四库全书：册一一七九.

［317］李曾伯.可斋杂稿[M] //文渊阁四库全书：册一一七九.

［318］刘克庄.后村集[M] //文渊阁四库全书：册一一八〇.

［319］韩淲.涧泉集[M] //文渊阁四库全书：册一一八〇.

［320］徐经孙.矩山存稿[M] //文渊阁四库全书：册一一八一.

［321］孙梦观.雪窗集[M] //文渊阁四库全书：册一一八一.

［322］李昴英.文溪集[M] //文渊阁四库全书：册一一八一.

［323］赵汝腾.庸斋集[M]//文渊阁四库全书：册一一八一.

［324］赵孟坚.彝斋文编[M]//文渊阁四库全书：册一一八一.

［325］张侃.张氏拙轩集[M]//文渊阁四库全书：册一一八一.

［326］岳珂.玉楮集[M]//文渊阁四库全书：册一一八一.

［327］唐士耻.灵岩集[M]//文渊阁四库全书：册一一八一.

［328］徐元杰.梅野集[M]//文渊阁四库全书：册一一八一.

［329］高斯得.耻堂存稿[M]//文渊阁四库全书：册一一八二.

［330］方岳.秋崖集[M]//文渊阁四库全书：册一一八二.

［331］施枢.芸隐倦游稿[M]//文渊阁四库全书：册一一八二.

［332］刘黻.蒙川遗稿[M]//文渊阁四库全书：册一一八二.

［333］乐雷发.雪矶丛稿[M]//文渊阁四库全书：册一一八二.

［334］释居简.北涧集[M]//文渊阁四库全书：册一一八三.

［335］宋伯仁.西塍集[M]//文渊阁四库全书：册一一八三.

［336］许棐.梅屋集[M]//文渊阁四库全书：册一一八三.

［337］阳枋.字溪集[M]//文渊阁四库全书：册一一八三.

［338］杨至质.勿斋集[M]//文渊阁四库全书：册一一八三.

［339］欧阳守道.巽斋文集[M]//文渊阁四库全书：册一一八三.

［340］姚勉.雪坡集[M]//文渊阁四库全书：册一一八四.

［341］文天祥.文山集[M]//文渊阁四库全书：册一一八四.

［342］谢枋得.叠山集[M]//文渊阁四库全书：册一一八四.

［343］陈著.本堂集[M]//文渊阁四库全书：册一一八五.

［344］周弼.端平诗隽[M]//文渊阁四库全书：册一一八五.

［345］林希逸.竹溪鬳斋十一稿续集[M]//文渊阁四库全书：册一一八五.

［346］王柏.鲁斋集[M]//文渊阁四库全书：册一一八六.

［347］释文珦.潜山集[M]//文渊阁四库全书：册一一八六.

［348］刘辰翁.须溪集[M]//文渊阁四库全书：册一一八六.

［349］刘辰翁.须溪四景诗集[M]//文渊阁四库全书：册一一八六.

［350］胡仲弓.苇航漫游稿[M]//文渊阁四库全书：册一一八六.

［351］吴锡畴.兰皋集[M]//文渊阁四库全书：册一一八六.

［352］薛嵎.云泉集[M]//文渊阁四库全书：册一一八六.

［353］张尧同.嘉禾百咏[M]//文渊阁四库全书：册一一八六.

［354］释道璨.柳塘外集[M]//文渊阁四库全书：册一一八六.

［355］马廷鸾.碧梧玩芳集[M]//文渊阁四库全书：册一一八七.

［356］王应麟.四明文献集[M]//文渊阁四库全书：册一一八七.

［357］赵必.覆瓿集[M]//文渊阁四库全书：册一一八七.

［358］舒岳祥.阆风集[M]//文渊阁四库全书：册一一八七.

［359］汪梦斗.北游集[M]//文渊阁四库全书：册一一八七.

[360] 柴望.秋堂集[M] //文渊阁四库全书：册一一八七.

[361] 方逢辰.蛟峰文集[M] //文渊阁四库全书：册一一八七.

[362] 卫宗武.秋声集[M] //文渊阁四库全书：册一一八七.

[363] 牟巘.陵阳集[M] //文渊阁四库全书：册一一八八.

[364] 汪元量.湖山类稿[M] //文渊阁四库全书：册一一八八.

[365] 谢翱.晞发集[M] //文渊阁四库全书：册一一八八.

[366] 何梦桂.潜斋集[M] //文渊阁四库全书：册一一八八.

[367] 胡次焱.梅岩文集[M] //文渊阁四库全书：册一一八八.

[368] 黄仲元.四如集[M] //文渊阁四库全书：册一一八八.

[369] 林景熙.霁山文集[M] //文渊阁四库全书：册一一八八.

[370] 熊禾.勿轩集[M] //文渊阁四库全书：册一一八八.

[371] 吴龙翰.古梅遗稿[M] //文渊阁四库全书：册一一八八.

[372] 俞德邻.佩韦斋集[M] //文渊阁四库全书：册一一八九.

[373] 董嗣杲.庐山集[M] //文渊阁四库全书：册一一八九.

[374] 董嗣杲.西湖百咏[M] //文渊阁四库全书：册一一八九.

[375] 家铉翁.则堂集[M] //文渊阁四库全书：册一一八九.

[376] 方夔.富山遗稿[M] //文渊阁四库全书：册一一八九.

[377] 真桂芳.真山民集[M] //文渊阁四库全书：册一一八九.

[378] 连文凤.百正集[M] //文渊阁四库全书：册一一八九.

[379] 王镃.月洞吟[M] //文渊阁四库全书：册一一八九.

[380] 邓牧.伯牙琴[M] //文渊阁四库全书：册一一八九.

[381] 方凤.存雅堂遗稿[M] //文渊阁四库全书：册一一八九.

[382] 王炎午.吾汶稿[M] //文渊阁四库全书：册一一八九.

[383] 黄公绍.在轩集[M] //文渊阁四库全书：册一一八九.

[384] 于石.紫岩诗选[M] //文渊阁四库全书：册一一八九.

[385] 陈岩.九华诗集[M] //文渊阁四库全书：册一一八九.

[386] 陈深.宁极斋稿[M] //文渊阁四库全书：册一一八九.

[387] 陈杰.自堂存稿[M] //文渊阁四库全书：册一一八九.

[388] 金履祥.仁山文集[M] //文渊阁四库全书：册一一八九.

[389] 蒲寿宬.心泉学诗稿[M] //文渊阁四库全书：册一一八九.

[390] 祝穆.方舆胜览[M] //文渊阁四库全书：册四七一.

[391] 朱长文.吴郡图经续记[M] //文渊阁四库全书：册四八四.

[392] 梁克家.淳熙三山志[M] //文渊阁四库全书：册四八四.

[393] 范成大.吴郡志[M] //文渊阁四库全书：册四八五.

[394] 罗愿.新安志[M] //文渊阁四库全书：册四八五.

[395] 施宿.会稽志[M] //文渊阁四库全书：册四八六.

[396] 陈耆卿.赤城志[M] //文渊阁四库全书：册四八六.

[397] 罗濬.宝庆四明续志[M] //文渊阁四库全书：册四八七.

[398] 周应合.景定建康志[M] //文渊阁四库全书：册四八八、四八九.

[399] 潜说友.咸淳临安志[M] //文渊阁四库全书：册四九〇.

[400] 陈舜俞.庐山记[M] //文渊阁四库全书：册五八五.

[401] 倪守约.赤松山志[M] //文渊阁四库全书：册五八五.

[402] 李格非.洛阳名园记[M] //文渊阁四库全书：册五八七.

[403] 程大昌.雍录[M] //文渊阁四库全书：册五八七.

[404] 范致明.岳阳风土记[M] //文渊阁四库全书：册五八九.

[405] 孟元老.东京梦华录[M] //文渊阁四库全书：册五八九.

[406] 龚明之.中吴纪闻[M] //文渊阁四库全书：册五八九.

[407] 耐得翁.都城纪胜[M] //文渊阁四库全书：册五九〇.

[408] 吴自牧.梦粱录[M] //文渊阁四库全书：册五九〇.

[409] 周密.武林旧事[M] //文渊阁四库全书：册五九〇.

[410] 张礼.游城南记[M] //文渊阁四库全书：册五九三.

[411] 刘道醇.宋朝名画评[M] //文渊阁四库全书：册八一二.

[412] 郭熙.林泉高致集[M] //文渊阁四库全书：册八一二.

[413] 不著撰人.宣和画谱[M] //文渊阁四库全书：册八一三.

[414] 杜绾.云林石谱[M] //文渊阁四库全书：册八四三.

[415] 黄儒.品茶要录[M] //文渊阁四库全书：册八四四.

[416] 宋子安.东溪试茶录[M] //文渊阁四库全书：册八四四.

[417] 欧阳修.洛阳牡丹记[M] //文渊阁四库全书：册八四五.

[418] 吴曾.能改斋漫录[M] //文渊阁四库全书：册八五〇.

[419] 张淏.云谷杂纪[M] //文渊阁四库全书：册八五〇.

[420] 洪迈.容斋随笔[M] //文渊阁四库全书：册八五一.

[421] 龚颐正.芥隐笔记[M] //文渊阁四库全书：册八五二.

[422] 王钦臣.王氏谈录[M] //文渊阁四库全书：册八六二.

[423] 沈括.梦溪笔谈[M] //文渊阁四库全书：册八六二.

[424] 苏轼.东坡志林[M] //文渊阁四库全书：册八六三.

[425] 释惠洪.冷斋夜话[M] //文渊阁四库全书：册八六三.

[426] 朱弁.曲洧旧闻[M] //文渊阁四库全书：册八六三.

[427] 叶梦得.避暑录话[M] //文渊阁四库全书：册八六三.

[428] 徐度.却扫编[M] //文渊阁四库全书：册八六三.

[429] 吴坰.五总志[M] //文渊阁四库全书：册八六三.

[430] 陆游.老学庵笔记[M] //文渊阁四库全书：册八六五.

[431] 张端义.贵耳集[M] //文渊阁四库全书：册八六五.

[432] 周密.齐东野语[M] //文渊阁四库全书：册八六五.

[433] 司马光.涑水记闻[M] //文渊阁四库全书：册一〇三六.

［434］王辟之.渑水燕谈录[M] //文渊阁四库全书：册一〇三六.

［435］欧阳修.归田录[M] //文渊阁四库全书：册一〇三六.

［436］吴处厚.青箱杂记[M] //文渊阁四库全书：册一〇三六.

［437］孙升.孙公谈圃[M] //文渊阁四库全书：册一〇三七.

［438］张舜民.画墁录[M] //文渊阁四库全书：册一〇三七.

［439］王巩.闻见近录[M] //文渊阁四库全书：册一〇三七.

［440］释文莹.湘山野录[M] //文渊阁四库全书：册一〇三七.

［441］赵令畤.侯鲭录[M] //文渊阁四库全书：册一〇三七.

［442］魏泰.东轩笔录[M] //文渊阁四库全书：册一〇三七.

［443］方勺.泊宅编[M] //文渊阁四库全书：册一〇三七.

［444］蔡絛.铁围山丛谈[M] //文渊阁四库全书：册一〇三七.

［445］彭乘.墨客挥犀[M] //文渊阁四库全书：册一〇三七.

［446］朱彧.萍洲可谈[M] //文渊阁四库全书：册一〇三八.

［447］王明清.玉照新志[M] //文渊阁四库全书：册一〇三八.

［448］邵伯温.闻见录[M] //文渊阁四库全书：册一〇三八.

［449］邵博.闻见后录[M] //文渊阁四库全书：册一〇三九.

［450］叶绍翁.四朝闻见录[M] //文渊阁四库全书：册一〇三九.

［451］周密.癸辛杂识[M] //文渊阁四库全书：册一〇四〇.

［452］黄休复.茅亭客话[M] //文渊阁四库全书：册一〇四二.

［453］明·田汝成.西湖游览志[M] //文渊阁四库全书：册五八五.

［454］清·梁诗正等.西湖志纂[M] //文渊阁四库全书：册五八六.

［455］明·李濂.汴京遗迹志[M] //文渊阁四库全书：册五八七.

［456］明·吴之鲸.武林梵志[M] //文渊阁四库全书：册五八八.

［457］明·朱廷焕.增补武林旧事[M] //文渊阁四库全书：册五九〇.

［458］元·费著.岁华纪丽谱[M] //文渊阁四库全书：册五九〇.

［459］元·陆友仁.吴中旧事[M] //文渊阁四库全书：册五九〇.

［460］明·何良俊.何氏语林[M] //文渊阁四库全书：册一〇四一.

3. 脱脱，等.宋史[M]. 台北：鼎文书局，1980.

现代研究专著

1. 林文月.山水与古典[M]. 上海：生活·读书·新知三联书店，1976.

2. 乐嘉藻.中国建筑史[M]. 台北：华世出版社，1977.

3. 杜而未.昆仑文化与不死观念[M]. 台北：台湾学生书局，1977.

4. 张绍载.中国的建筑艺术[M]. 台北：东大图书股份有限公司，1979.

5. 杜而未.山海经神话系统[M]. 台北：台湾学生书局，1980.

6. 黄俊杰.理想与现实·中国文化新论思想篇一[M]. 台北：联经出版事业公司，1982.

7. 黄俊杰.天道与人道·中国文化新论思想篇二[M]. 台北：联经出版事业公司，1982.

8. 蓝吉富，刘增贵.敬天与亲人·中国文化新论宗教礼俗篇[M]. 台北：联经出版事业公司，1982.

9. 蔡英俊.抒情的境界·中国文化新论文学篇

一[M]. 台北：联经出版事业公司，1982.

10. 郭继生.美感与造型·中国文化新论艺术篇[M]. 台北：联经出版事业公司，1982.

11. 丁传靖.宋人轶事汇编[M]. 台北：远流出版事业股份有限公司，1982.

12. 李泽厚.美的历程[M]. 香港：蒲公英出版社，1984.

13. 程兆熊.中国庭园建筑[M]. 台北：台湾明文书局，1984.

14. 程兆熊.论中国观赏树木——中国树木与性情之教[M]. 台北：明文书局，1984.

15. 程兆熊.论中国之花卉——中国花卉与性情之教[M]. 台北：明文书局，1984.

16. 王国良.魏晋南北朝志怪小说研究[M]. 台北：文史哲出版社，1984.

17. 吴怡.禅与老庄[M]. 台北：三民书局，1985.

18. 冯钟平.中国园林建筑研究[M]. 台北：丹青图书有限公司，1985.

19. 马千英.中国造园艺术泛论[M]. 台北：詹氏书局，1985.

20. 杨荫浏.中国古代音乐史稿[M]. 台北：丹青图书有限公司，1985.

21. 玄珠等.中国古代神话[M]. 台北：里仁书局，1985.

22. 卿希泰.中国道教思想史纲·第一卷[M]. 台北：木铎出版社，1986.

23. 张家骥.中国造园史[M]. 哈尔滨：黑龙江人民出版社，1986.

24. 王国璎.中国山水诗研究[M]. 台北：联经出版事业公司，1986.

25. 华世编辑部.中国历史大事年表[M]. 台北：华世出版社，1986.

26. 伍蠡甫.山水与美学[M]. 台北：丹青图书有限公司，1987.

27. 台北故宫博物院编辑委员会.园林名画特展图录[M]. 台北在故宫博物院，1987.

28. 徐复观.中国艺术精神[M]. 台北：台湾学生书局，1988.

29. 黄长美.中国庭园与文人思想[M]. 台北：明文书局，1988.

30. 杜顺宝.中国园林[M]. 新北：淑馨出版社，1988.

31. 陈万益.晚明小品与明季文人生活[M]. 台北：大安出版社，1988.

32. 彭一刚.中国古典园林分析[M]. 台北：博远出版有限公司，1989.

33. 袁行霈.中国诗歌艺术研究[M]. 台北：五南图书出版公司，1989.

34. 刘昭瑞.中国古代饮茶艺术[M]. 台北：文津出版社，1989.

35. 郑兴文、韩养民.中国古代节日风俗[M]. 台北：博远出版有限公司，1989.

36. 金学智.中国园林美学[M]. 南京：江苏文艺出版社，1990.

37. 林俊宽.水在中国造园上之运用[M]. 台北：地景出版社，1990.

38. 漆侠.宋史研究论丛[M]. 保定：河北大学出版社，1990.

39. 侯迺慧.诗情与幽境——唐代文人的园林生活[M]. 台北：东大图书股份有限公司，1991.

40. 叶明媚.古琴音乐艺术[M]. 香港：香港商务印书馆，1991.

41. 直江广治.中国民俗文化[M]. 上海：上海古籍出版社，1991.

42. 刘天华.园林美学[M]. 台北：地景出版社，1992.

43. 刘文刚.宋代的隐士与文学[M]. 成都：四川大学出版社，1992.

44. 丁钢，刘琪.书院与中国文化[M]. 上海：上海教育出版社，1992.

45. 姚瀛艇.宋代文化史[M]. 郑州：河南大学出版社，1992.

46. 耿刘同.中国古代园林[M]. 台北：台湾商务印书馆，1993.

47. 楼庆西.中国古代建筑[M]. 台北：台湾商务印书馆，1993.

48. 王振复.中华古代文化中的建筑美[M]. 台北：博远出版有限公司，1993.

49. 殷登国.岁时佳节记趣[M]. 台北：世界文物出版社，1993.

50. 李春棠.坊墙倒塌以后——宋代城市生活长卷[M]. 长沙：湖南人民出版社，1993.

51. 徐家亮.中国古代棋艺[M]. 台北：台湾商务印书馆，1993.

52. 刘荫柏.中国古代杂技[M]. 台北：台湾商务印书馆，1993.

53. 庆振轩.两宋党争与文学[M]. 兰州：敦煌文艺出版社，1993.

54. 陈伟明.唐宋饮食文化初探[M]. 北京：中国商业出版社，1993.

55. 潘家平.中国传统园林与堆山叠石[M]. 台北：田园城市出版社，1994.

56. 顾鸣塘.中国游戏文化：斗草藏钩[M]. 上海：上海古籍出版社，1994.

57. 赵晓耕.宋代法制研究[M]. 北京：中国政法大学出版社，1994.

论文

1. 程光裕.茶与唐宋思想界的关系[J]. 大陆杂志，1960（20）.

2. 陈瑞源.中国造园与中国山水画相关之研究[D]. 台北：台湾大学，1972.

3. 黄文王.从假山论中国庭园艺术[D]. 台北：

台湾大学，1976.

4. 李丰楙.魏晋南北朝文士与道教之关系[D]. 台北：台湾政治大学，1978.

5. 李莉玲.中国文人庭之研究[D]. 台北：台湾文化大学，1978.

6. 唐君毅.中国哲学中自然宇宙观之特质[C]// 中西哲学思想之比较研究集.台北：宗青图书出版有限公司，1978.

7. 林俊宽.竹在中国造园上运用之研究[D]. 台北：台湾文化大学，1980.

8. 曾锦煌.中国庭园中相地与借景之研究[D]. 台北：台湾文化大学，1982.

9. 陈英姬.中国士人仕与隐的研究[D]. 台北：台湾师范大学，1983.

10. 陈泽修.中国建筑中文人生活的趣观[J]. 逢甲建筑，1984（21）.

11. 汉宝德.诗画的空间与园林[N]. 联合报（副刊），1989-07-29（30）.

12. 梁庄爱.仇英对司马光独乐园的描绘以及中国园林里的意涵[J]. 郑薇露，译.艺术学,1998（3）.

13. 盖瑞忠.元明时期的园林建筑研究[J]. 嘉义师院学报,1991（5）.

14. 王振复.中国园林文化的道家境界[J]. 学术月刊,1993（9）.

15. 朱云鹏.论北宋时期之崇道及其对官员的影响[J]. 中州学刊,1993（4）.

16. 陶文鹏.论宋代山水诗的绘画意趣[J]. 中国社会科学,1994（2）.